普通高等教育“十一五”国家级规划教材

住房城乡建设部土建类学科专业“十三五”规划教材

21世纪建筑装饰工程系列教材

建筑装饰制图与识图

第4版

主　编　高　远

副主编　魏艳萍　张　巍

参　编　何国青　樊文迪　史瑞英

主　审　杨晓光

机械工业出版社

本书紧密结合建筑装饰工程的实际应用，介绍了绘图工具的使用及制图的基本知识、画法几何基础知识、建筑及装饰制图与识图以及给排水、采暖与空调、建筑电气等设备施工图的识读等内容。书后附有装饰施工图实例，便于读者对照学习。

本书全部按照现行的房屋建筑制图统一标准及其他相关专业制图标准编写，内容上突出实践性、应用性，注意与工程实际相结合，以工程识图、制图为主，理论知识以够用为度。

本书可作为高职高专及应用型本科建筑装饰、环境艺术等专业学生学习画法几何及建筑装饰制图课程的教材，也可供相关专业的工程技术人员及自学者参考、学习。

与本书配套的《建筑装饰制图与识图习题集》同时出版，供参考选用。为方便教学，本书配有电子课件，凡使用本书作为教材的教师可登录机械工业出版社教育服务网 www. cmpedu. com 注册下载。咨询电话：010-88379375。

图书在版编目（CIP）数据

建筑装饰制图与识图/高远主编．—4 版．—北京：机械工业出版社，2019. 9（2023. 8 重印）

21 世纪建筑装饰工程系列教材

ISBN 978-7-111-63887-2

Ⅰ. ①建…　Ⅱ. ①高…　Ⅲ. ①建筑装饰－建筑制图－高等职业教育－教材②建筑装饰－建筑制图－识图－高等职业教育－教材　Ⅳ. ①TU238

中国版本图书馆 CIP 数据核字（2019）第 214547 号

机械工业出版社（北京市百万庄大街 22 号　邮政编码 100037）

策划编辑：常金锋　责任编辑：常金锋

责任校对：肖　琳　封面设计：马精明

责任印制：任维东

北京中兴印刷有限公司印刷

2023 年 8 月第 4 版第 10 次印刷

184mm×260mm · 19. 5 印张 · 479 千字

标准书号：ISBN 978-7-111-63887-2

定价：45. 00 元

电话服务	网络服务
客服电话：010－88361066	机　工　官　网：www. cmpbook. com
010－88379833	机　工　官　博：weibo. com/cmp1952
010－68326294	金　　书　　网：www. golden－book. com
封底无防伪标均为盗版	机工教育服务网：www. cmpedu. com

前　言

随着我国社会、经济的发展和人民生活水平的提高，行业、企业对高职教育提出了更高的要求：教学一定要满足企业生产、管理一线的需要，培养用得上、留得住、服务一线、应用能力强的高技能人才。而建筑装饰工程技术又是建设行业提供最后一批建筑产品的、最一线的技术类专业，作为建筑装饰工程技术专业的在校生（或自学者），在学好基本理论的同时，掌握好实践应用和动手技能，做到学以致用非常重要。作为高职教师队伍中的一员，我们深感有一本好教材的重要性，也在不断努力地把这本书写得更好，同时把书教得更好，培养更多的基础好、实践性强的装饰技术人才，满足企业和社会的需要。

本书第3版从出版至今已多年，这些年随着科学技术日新月异的发展，建筑业的技术应用也有了新的发展。面对发展就需要我们尽快把建筑装饰工程一线应用最多的新技术、新规范、新标准融入到这本书中，同时结合近年来本课程教改的一些经验和做法以及读者使用后的意见、建议，对本书进行修订。本次修订了每章前的“主要内容”和“学习目标”，使读者在每章开始就知晓本章学习的知识和能力要点，提高学习效率。修订中对涉及技术标准、规范的内容均按新颁布的版本内容进行了全面更新和增补，以符合技术发展的要求。

本书编写注重“坚持产教融合，校企双元开发”，由西安三好软件技术股份有限公司高级工程师张巍担任副主编，在教材内容方面深度参与，做到了紧跟产业发展趋势和行业人才需求，及时将产业发展的新技术、新工艺、新规范纳入教材内容。另外，配套开发了三好锐课教学平台，课程相关教学资源丰富，有助于教师开展教学。本课程涉及的主要素材专门制作了二维码资源，详见“课程素材资源列表”。

本书由高远担任主编，魏艳萍、张巍担任副主编，何国青、樊文迪、史瑞英参与了本书的编写工作。

鉴于理论和实践水平所限，在此次修订中难免会有不足和缺憾，恳请读者和同行批评指正（可发邮件至243666268@qq.com），再次表示深深的谢意。

编　者

课程素材资源列表

序号	名称	二维码	序号	名称	二维码
1	图纸幅面		2	图线	
3	尺寸标注		4	中心投影	
5	正投影		6	平行投影的特性	
7	投影比较		8	三面投影图的形成	
9	三面投影图的展开		10	三视图作图步骤	
11	视图方位关系		12	点的投影	
13	点的三面投影		14	点的投影规律	
15	重影点		16	点到直线的距离	
17	两点的相对位置		18	水平线	
19	正平线		20	侧平线	

（续）

序号	名称	二维码	序号	名称	二维码
21	正垂线		22	铅垂线	
23	侧垂线		24	水平面	
25	正平面		26	侧平面	
27	铅垂面		28	正垂面	
29	侧垂面		30	一般位置平面	
31	直线曲面的形成		32	柱面的形成	
33	圆柱投影		34	圆锥面线	
35	圆锥面形成		36	组合体	
37	组合体的组成		38	组合体投影	
39	带缺口的三棱锥的投影		40	带缺口的曲面立体	

目　录

第一章 绪论

就像人们日常生活用语言交流一样，在工程技术上也要用相应的语言来进行交流，这种语言，就是图样。表达和交流设计构思、解决技术问题，都需要用图样来进行，只有图纸上的图样才能准确、详细地记录与表达设计师的意图和要求，明确施工、制作的依据和质量要求，所以工程图样是工程技术界的共同语言。对于这门特殊语言，也有它相应的表达方式和要求，那就是工程图样的投影理论、作图方法以及图样的表达规则和识读方法。对于从事建筑装饰设计、施工的人员来说，掌握工程图样的识读和绘制是非常重要的。“建筑装饰制图与识图”这门课是学习如何用规定的投影法和图示法来表达空间物体、培养空间想象和思维能力、培养绘制和识读建筑装饰工程图及其他相关专业图能力的技术基础课程。只有通过“建筑装饰制图与识图”课程的学习，掌握这门语言，才能为学习专业课及今后从事专业工作打下良好的基础。

一、本课程的学习内容

本课程的主要内容有：

（一）制图基本知识部分

介绍制图工具、仪器、用品的使用方法；有关建筑及装饰专业的国家及行业的制图标准和基本规定。

（二）投影作图部分

介绍物体的投影基本原理和图示方法，它为绘制和识读工程图样提供理论基础。

（三）专业施工图部分

介绍建筑工程及装饰装修工程图样的种类、图示方法和图示特点，以及绘制与识读专业施工图的基本方法，这部分是与专业知识联系非常密切的实践性环节。

二、本课程的学习要求

通过本课程的学习应达到下列基本要求：

（1）熟练应用正投影的基本原理和作图方法，熟悉轴测投影的基本知识，能准确绘制物体的投影图并标注尺寸。

（2）能正确使用手工绘图仪器和工具，掌握用仪器绘图的方法和技能，做到熟练、规范。

（3）能绘制和识读一般建筑及装饰装修施工图，所绘图样符合国家和行业的制图标准，并具有良好的图面质量。

（4）养成认真负责、一丝不苟的工作作风。

三、本课程的学习方法

“建筑装饰制图与识图”是一门既有理论又有实践的技术基础课。在学习投影原理部分时有些内容的空间分析较抽象，要求读者应具有一定的平面及立体几何知识。在学习中要有认真细致、肯于钻研的精神；要对所学内容善于分析和应用，提高空间想象、图示表达和识读能力；要多看、多练、多画，注意将课本知识与工程实际相结合，认真总结归纳、及时复习巩固。学习时应注意以下几点：

（1）要树立为祖国的建设和繁荣、发展做出贡献的远大抱负。有了这种抱负，就能激发自己的学习热情，就能在学习中振奋精神、端正态度、自觉刻苦，努力取得优良成绩。

（2）要下功夫培养空间思维能力，即从二维的平面图形想象出三维立体的形状。无论是听课还是做作业，都要将画图和识图相结合，根据实物或立体图画出二维平面图形后，要移开实物和立体图，从所画的图样再想象出原物体的形状。经过从立体到平面、再从平面到立体的循环和反复训练，将有助于提高空间思维和想象力。

（3）要培养空间分析和解题能力。解决有关空间几何问题，要坚持先对问题进行空间分析，遵照投影理论选择相应方法，从中找出解题方案，逐步作图表达、求解。只有这样才能不断提高分析空间问题、解决空间问题的能力。

（4）要提高自学能力。学习中做到课前预习，课堂上认真听讲，课后独立完成作业。投影原理的内容一环紧扣一环，前面的学习不透彻、不牢固，必将影响后面的学习。要善于培养自己的自学能力，对学习中存在的问题，要努力寻找解决问题的方法（包括查阅课本、找资料及请教老师和同学），积极探索、深钻细研、熟练掌握，并重视技能的锻炼。

（5）要培养严谨的工作作风和认真负责的态度。建筑及装饰工程图中的每一条线和符号都代表着相应的工程内容，如有差错必将造成返工和浪费。所以从初学制图开始，就要严格要求自己，养成认真负责的态度，一丝不苟、精益求精。

（6）在日常生活中要把学到的投影知识与实际应用结合起来，多作实物的投影图测绘和尺寸标注练习，在实践中印证自己学过的知识。多观察建筑及装饰装修工程形体，有条件时到各种建筑装饰场所及施工现场参观，对照施工图进行理解，有助于提高对施工图的阅读能力。

总之，经过自己的不懈努力、刻苦勤奋，一定能够学好本门课程，不断提高专业素质，达到本专业人才培养目标的要求。

四、工程制图的发展

工程制图同其他学科一样，是人们在长期生产实践活动中创造、总结和发展起来的。

我国古代劳动人民根据建筑工程的需要，在营造技术上早已广泛使用了类似现代所用的正投影或轴测投影原理来绘制图样。1977 年在河北省平山县一座古墓（公元前四世纪战国时期中山王墓）中发掘的建筑平面图铜板，不仅采用了现代人采用的正投影原理绘图，而且还以当时的中山国尺寸长度为单位，选用了 1:500 缩小的比例，并标注了尺寸。这块铜板用金银丝线镶嵌出国王和王后的坟墓及相应享堂的位置和尺寸。据专家考证，这块铜板曾用于指导陵墓的施工，这是世界范围内罕见的建筑图样遗物，它有力地证明了中国在 2000 多年前已经能在施工之前进行设计和绘制工程图样。再如公元 12 世纪李诫写的 34 卷的《营造法式》，这是世界上最早的建筑规范巨著，对建筑技术、用工用料估算以及建筑装饰等均有详细的论述。书中有图样 6 卷、共 1000 余幅，“图样”一词从此肯定下来并沿用至今。该书中的图样包括宫殿房屋平面图、立面图、剖面图、详图等，其中有很多用正投影法绘制，如图 1-1 所示为大殿的正投影剖面图。以上示例说明我国在工程技术上使用图样已有悠久的历史。

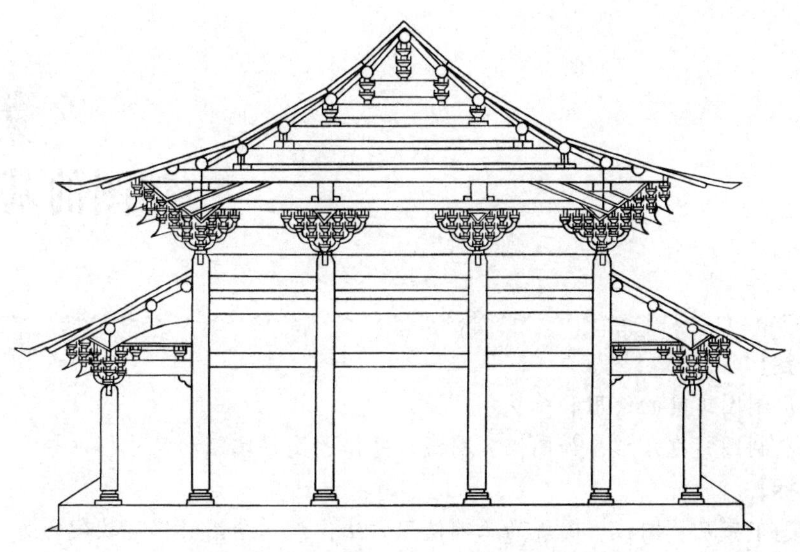

图 1-1 《营造法式》中的大殿剖面图

在世界范围内，1795 年法国数学家加斯帕得·蒙诺创造了按多面正投影法绘制工程图的方法，并出版了画法几何著作，使制图的投影理论和方法系统化，为工程制图奠定了理论基础。

随着科学技术的发展，在现代化生产中，工程制图技术正朝着智能化方向发展，尤其是近年来计算机科学的普及和发展，进一步促进了制图理论和技术的发展，出现了很多绘图应用软件，如 AUTO CAD 计算机辅助设计软件，以及建立在 AUTO CAD 平台上的国产建筑设计、装饰设计软件，如天正建筑等。因此，我们不仅要学好制图的基本理论和知识，还要了解和掌握制图技术的新发展，在此基础上继往开来、不断创新，把工程制图这门学科发展到更高的水平。

第二章
制图的基本知识

【主要内容】

1. 常用制图工具的使用和维护。
2. 基本制图标准介绍，如图幅、图线、字体、图样比例和尺寸标注等。

【学习目标】

1. 熟悉丁字尺、图板、圆规的正确使用方法，注意绘图时铅笔软硬的选用。
2. 在制图练习中，A2、A3 是最常用图幅，应熟记其规格、尺寸。
3. 记住各种线型及相互交接处的画法，熟悉图样比例概念和应用。
4. 知道长仿宋字的书写要领，写好长仿宋字。
5. 记住尺寸的标注要求和标注方法。

第一节　常用制图工具和用品

学习建筑装饰制图，必须了解制图工具和用品的构造、性能和特点，熟练掌握它们正确的使用方法，并注意经常维护、保养，这是提高制图质量和速度的前提条件。

一、制图工具

（一）绘图板

绘图板是一块专门用来固定图纸的长方形木板，四周镶有硬木边框，如图 2-1 所示，是制图的主要工具之一。绘图板板面要求平整，板的四边要求平直、光滑。图板应防止受潮、暴晒，以免翘裂。图板有不同的规格，用其制图时多用 1 号或 2 号图板。

（二）丁字尺

丁字尺由互相垂直的尺头和尺身组成，如图 2-2 所示。丁字尺是用来画水平线的。使用时必须将尺头内侧紧靠绘图板左侧工作边，然后上下推动，并将尺身上边缘对准画线位置，用左手压紧尺身，右手执笔，从左到右画线，如图 2-3 所示。丁字尺尺头只能靠在绘图板左侧边、不能靠在绘图板的右边或上、下边使用，也不能在尺身的下边画线。图 2-4 所示为丁字尺的错误用法。丁字尺用毕后要放置妥当，不要随便靠在桌边或墙边，以防止尺身变形和尺头松动。

（三）三角板

三角板可与丁字尺配合使用画垂直线（图 2-3）及各种角度倾斜线（图 2-5）。

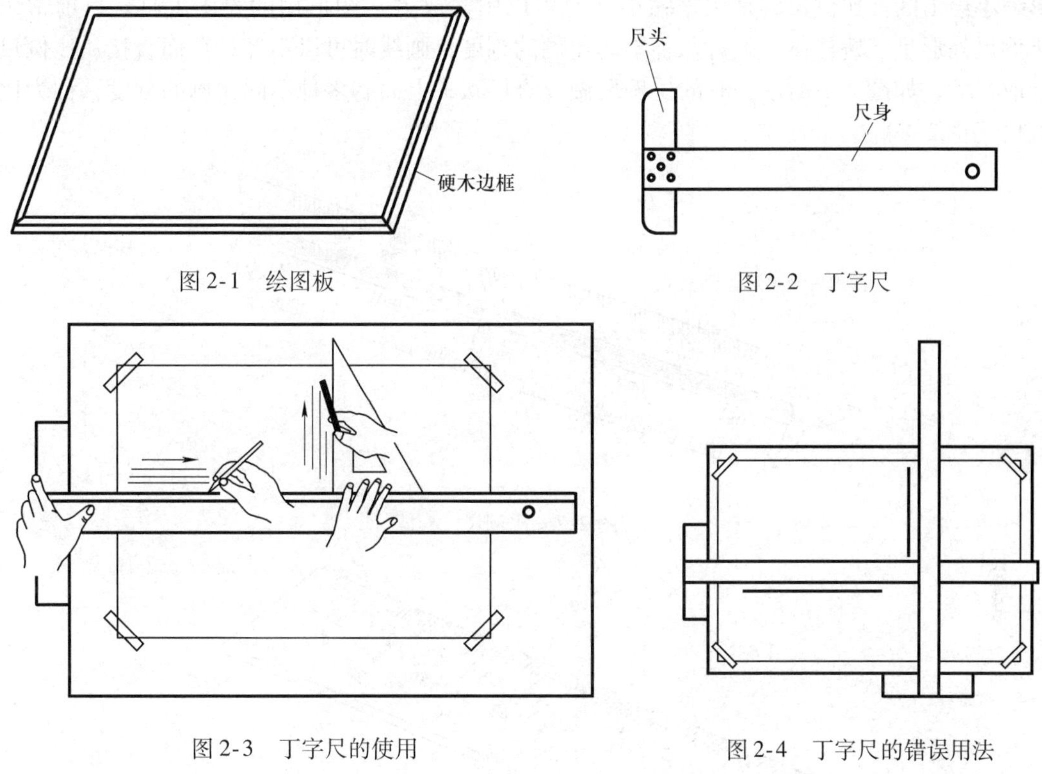

图 2-1　绘图板

图 2-2　丁字尺

图 2-3　丁字尺的使用

图 2-4　丁字尺的错误用法

图 2-5　三角板与丁字尺配合画各种不同角度的倾斜线

用两块三角板配合，也可画出任意直线的平行线或垂直线（图 2-6）。

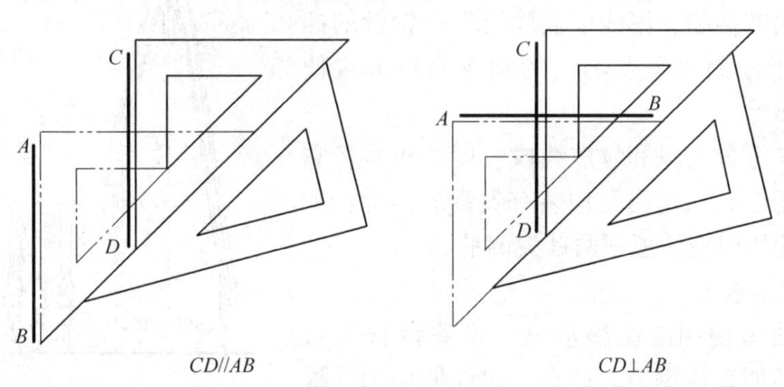

图 2-6　两块三角板配合画任意直线的平行线和垂直线

（四）比例尺

建筑物的形体比图纸大得多，它的图形是根据实际需要和图纸大小，选用适当的比例将图形缩小绘出的。比例尺就是用来缩小（也可以用来放大）图形用的绘图工具。目前常用的比例尺外形呈三棱柱体，上有六种不同比例的刻度，画线时可以不经计算而直接从比例尺上量取尺寸，如图 2-7 所示。有的比例尺做成直尺状，上面有多种不同比例的刻度，称为比例直尺（图 2-8）。

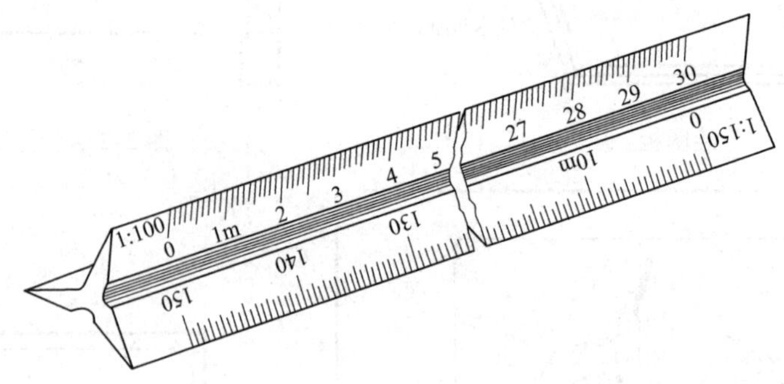

图 2-7　比例尺

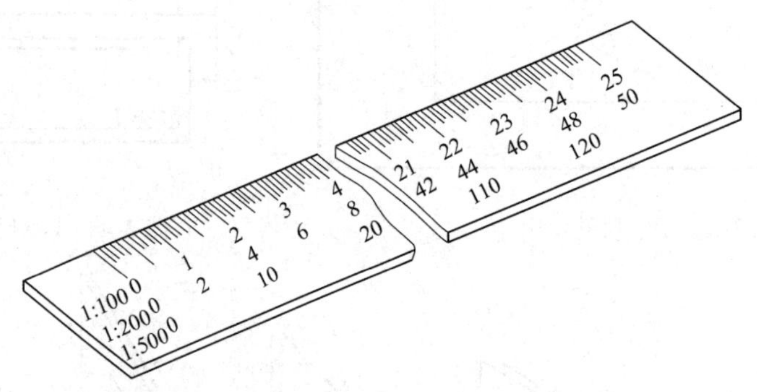

图 2-8　比例直尺

（五）圆规和分规

圆规是用来画圆和圆弧的工具，通常用的是组合式圆规。圆规一条腿为固定针脚，另一条腿上有插接构造，可插接铅芯插腿、墨线笔插腿及带有钢针的插腿等，分别用于绘制铅笔及墨线的圆或当作分规使用，如图 2-9 所示。

分规是用来等分线段和量取线段长度的工具。它的形状与圆规相似，只是两腿均装有尖锥形钢针，如图2-10所示，使用时应注意把两针尖调平。

（六）绘图墨水笔

近年来描图多使用绘图墨水笔（也称针管笔），这种笔的外形类似普通钢笔，还有一次性使用的，根据笔的粗细选择使用，如图 2-11 所示。绘图墨水笔按画线笔尖的粗细口径分为多种规格，可按不同线型粗细选用。

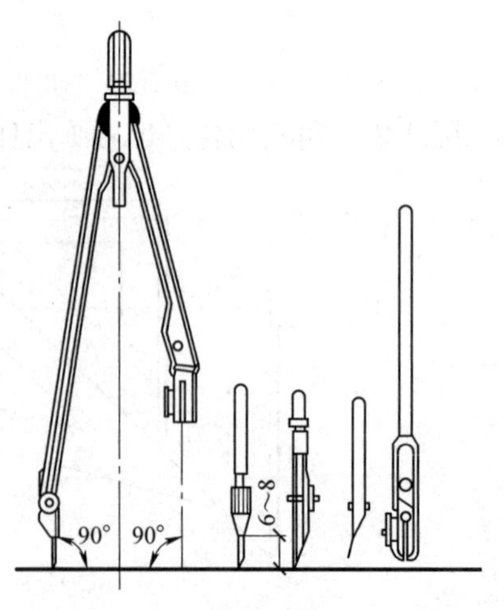

图 2-9　圆规及其插脚

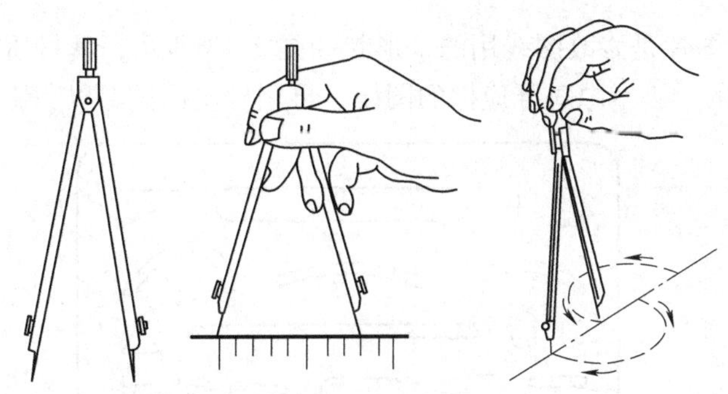

图 2-10　分规及其用途

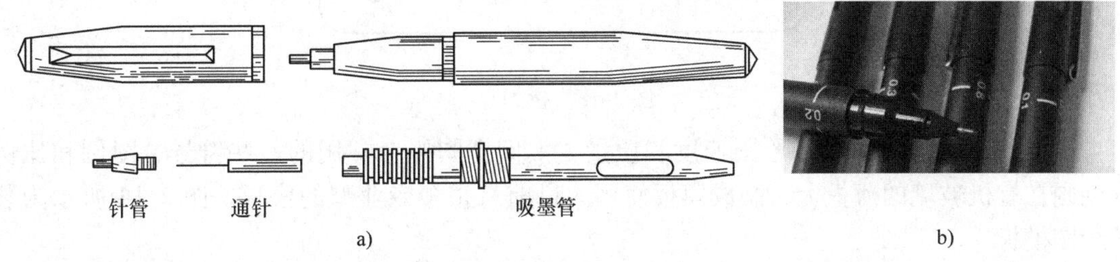

图 2-11　绘图墨水笔

a）传统绘图笔　b）一次性绘图笔

（七）曲线板

曲线板是用来绘制非圆弧曲线的工具之一，如图 2-12 所示。画曲线时，先要定出曲线上足够数量的点，徒手将各点轻轻地连成光滑的曲线，然后根据曲线弯曲趋势和曲率的大小，选择曲线板上合适的部分，沿着曲线板边缘，将该段曲线画出，每段至少要通过曲线上的三个点。而且在画后一段时，必须使曲线板与前一段中的两点或一定的长度相叠合。

图 2-12　曲线板

二、制图用品

（一）图纸

图纸有绘图纸和描图纸两种。

绘图纸用于画铅笔图或墨线图，要求纸面洁白，质地坚硬，橡皮擦后不易起毛。

描图纸（也称硫酸纸）专门用于墨水笔绘图，描绘的黑线图样即为复制蓝图的底图，要求纸张透明度要好，画墨线时不洇，表面平整挺括。

（二）绘图铅笔

绘图铅笔的型号以铅芯的软硬程度来分。H 表示硬芯铅笔，数字愈大表示铅芯愈硬；B 表示软芯铅笔，数字愈大表示铅芯愈软；HB 表示中等软硬铅笔。通常用 H ~ 3H 铅笔画底稿，B ~ 3B 铅笔加深图线，HB 铅笔用于注写文字及数字等。

（三）其他用品

1. 绘图墨水　用于绘图的墨水有碳素墨水和普通绘图墨水两种。碳素墨水不易结块，

适用于绘图墨水笔。

2. 擦图片　擦图片是修改图线用的，形状如图 2-13 所示，其材质多为不锈钢薄片。使用时，将擦图片上的适当空隙对准应擦的图线，再用橡皮擦拭，以免影响临近的线条。

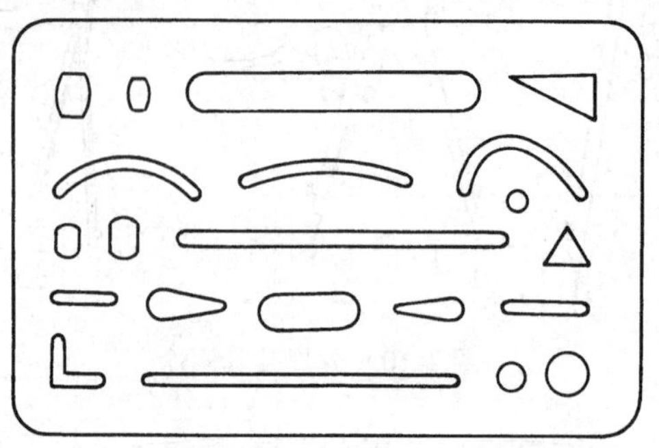

图 2-13　擦图片

3. 制图模板　为了提高绘图速度和质量，人们把图样上常用的一些符号、图例和比例等刻画在有机玻璃的薄板上，制成模板使用。目前有很多专业型的模板，图 2-14 所示为装潢绘图模板。

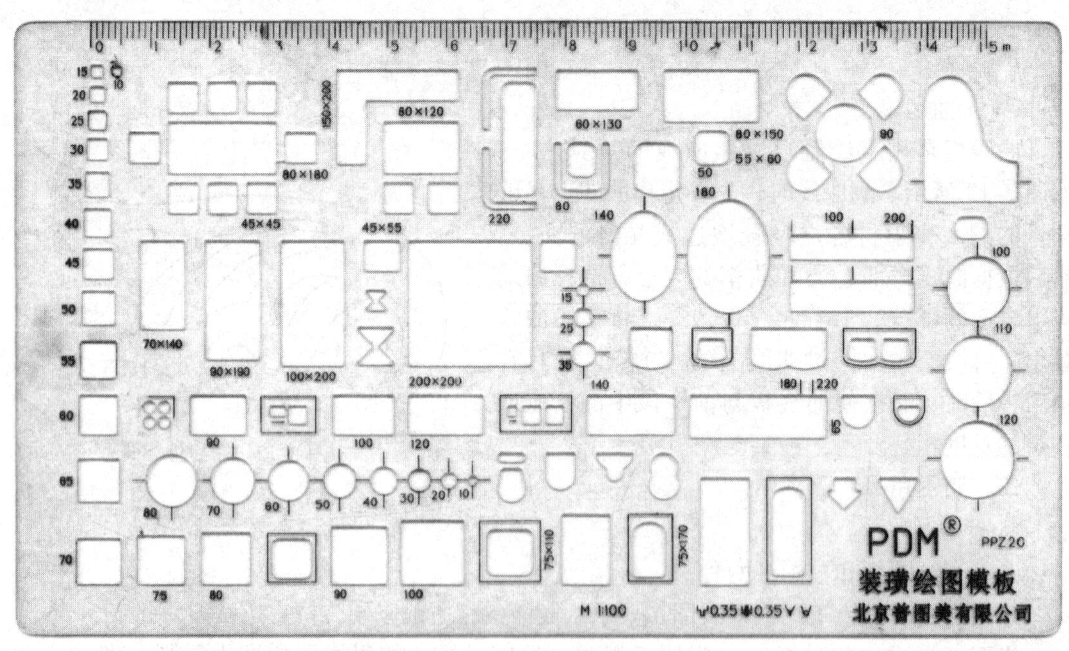

图 2-14　装潢绘图模板

4. 排笔　用橡皮擦拭图纸时，会出现很多橡皮屑，为保持图面整洁，应及时用排笔（图 2-15）将橡皮屑清扫干净。

另外，绘图时还需用胶带纸（或绘图钉）、砂纸、小刀、单（双）面刀片等用品。

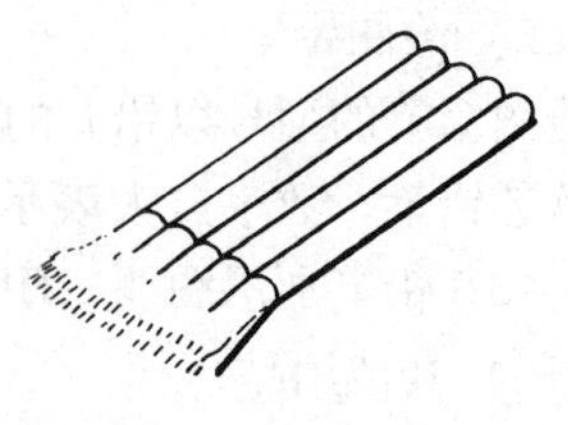

图 2-15　排笔

第二节　基本制图标准

工程图样是“工程技术界的共同语言”，是用来表达设计意图，交流技术思想的重要工具。因此，为了统一房屋建筑制图规则，保证制图质量，提高制图效率，做到图面清晰、简明，符合设计、施工、存档的要求，适应工程建设的需要，国家制定了全国统一的建筑工程制图标准。《房屋建筑制图统一标准》（GB/T 50001—2010）是房屋建筑制图的基本规定，是各专业制图的通用部分，自 2011 年 3 月 1 日起实施，而《房屋建筑室内装饰装修制图标准》（JGJ/T 244—2011）是室内装饰装修工程专业制图的行业标准，自 2012 年 3 月 1 日起实施。

本节参照《房屋建筑制图统一标准》，介绍图幅、图线、字体、比例和尺寸标注等制图标准，其他标准（如《房屋建筑室内装饰装修制图标准》等）规定在专业施工图中介绍。

一、图纸幅面规格

（一）图纸幅面

图纸幅面是指图纸的大小。为了使图纸在使用上方便，便于装订和保存，国家标准对建筑工程的图纸幅面作了规定。图纸幅面及图框尺寸应符合表 2-1 的规定。

表 2-1　幅面及图框尺寸　　（单位：mm）

尺寸 \ 幅面代号	A0	A1	A2	A3	A4
$b\times l$	841×1189	594×841	420×594	297×420	210×297
c	10			5	
a	25				

在表 2-1 中，b 和 l 分别代表幅面短边和长边的尺寸，其短边与长边之比为 $1:\sqrt{2}$，a 代表图框线到装订边的距离，c 代表图框线到幅面线的距离。图纸裁切方式如图 2-16 所示。

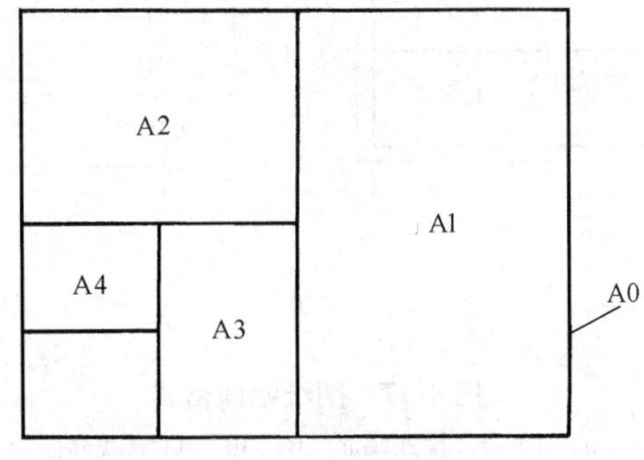

图 2-16　图纸的裁切

图纸以短边作为垂直边称为横式，以短边作为水平边称为立式。一般 A0～A3 图纸宜横式使用，必要时也可立式使用，如图 2-17 所示。

必要时，图纸幅面的长边可按表 2-2 的规定加长，短边一般不应加长。

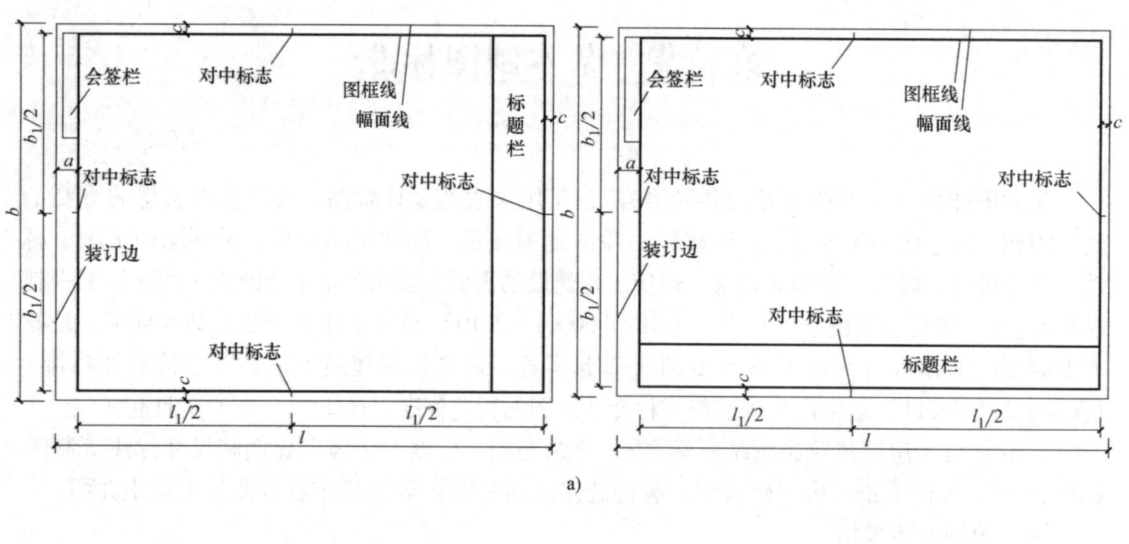

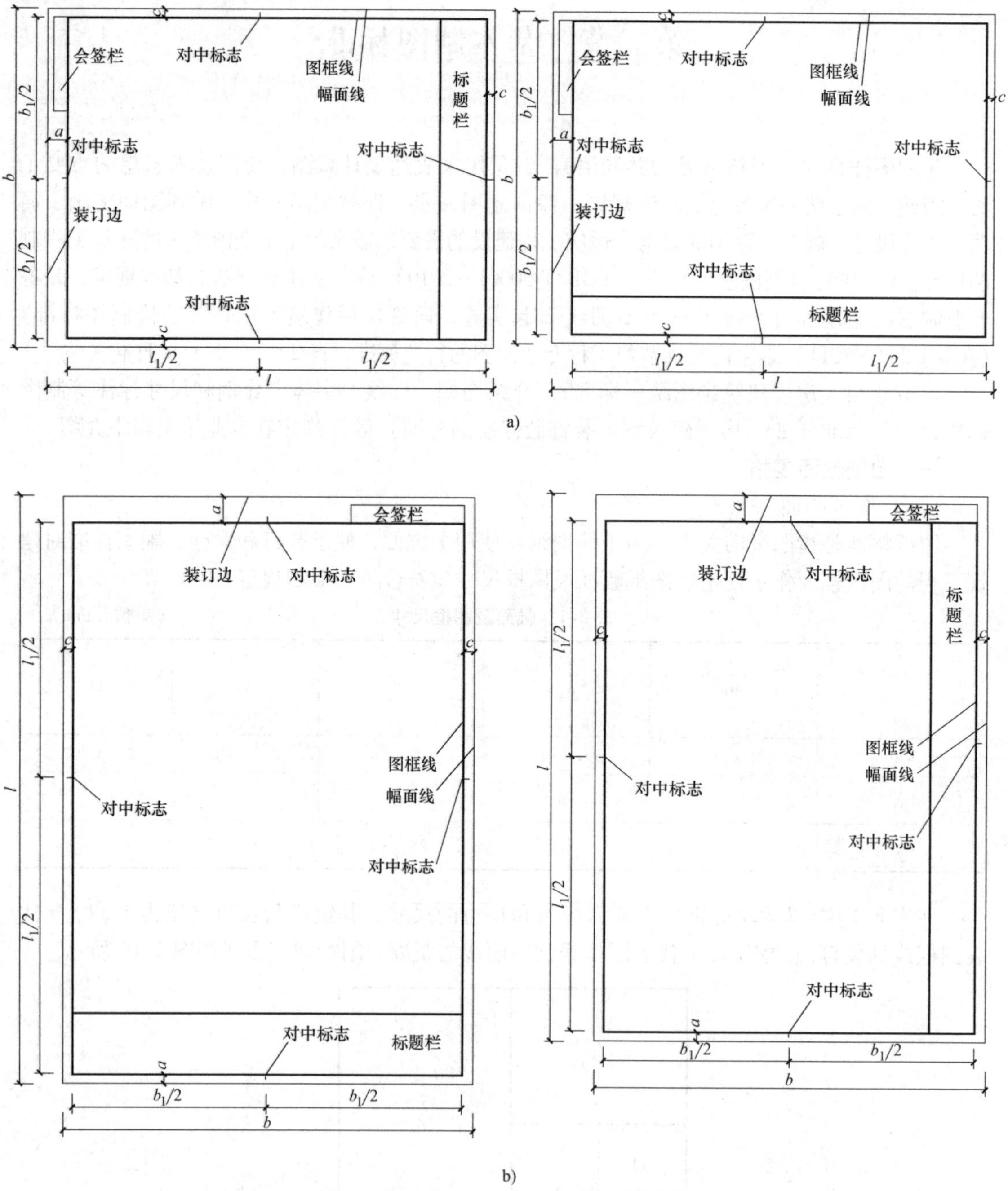

a)

b)

图 2-17　图纸幅面格式

a）A0 ~ A3 横式幅面　b）A0 ~ A4 立式幅面

（二）标题栏与会签栏

每张图纸都应在图框下侧或右侧设置标题栏（简称图标），应按图 2-17 所示布置标题栏。标题栏应根据工程需要选择确定其尺寸、格式及分区，一般按图 2-18 的格式分区。签字栏内应包括实名列和签名列。学生作业所用标题栏如图 2-19 所示，绘制在图框右下角位置。

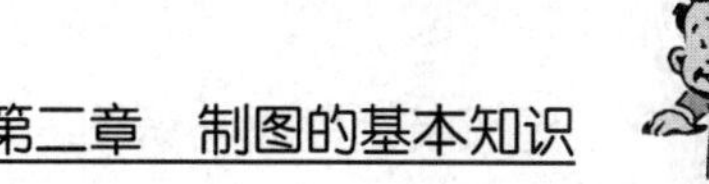

表 2-2　图纸长边加长尺寸　　（单位：mm）

幅面代号	长边尺寸	长边加长后的尺寸
A0	1189	1486(A0 + 1/4l)　1635(A0 + 3/8l)　1783(A0 + 1/2l)　1932(A0 + 5/8l)　2080(A0 + 3/4l)　2230(A0 + 7/8l)　2378(A0 + 1l)
A1	841	1051(A1 + 1/4l)　1261(A1 + 1/2l)　1471(A1 + 3/4l)　1682(A1 + 1l)　1892(A1 + 5/4l)　2102(A1 + 3/2l)
A2	594	743(A2 + 1/4l)　891(A2 + 1/2l)　1041(A2 + 3/4l)　1189(A2 + 1l)　1338(A2 + 5/4l)　1486(A2 + 3/2l)　1635(A2 + 7/4l)　1783(A2 + 2l)　1932(A2 + 9/4l)　2080(A2 + 5/2l)
A3	420	630(A3 + 1/2l)　841(A3 + 1l)　1051(A3 + 3/2l)　1261(A3 + 2l)　1471(A3 + 5/2l)　1682(A3 + 3l)　1892(A3 + 7/2l)

注：有特殊需要的图纸，可采用 $b \times l$ 为 841mm × 891mm 与 1189mm × 1261mm 的幅面。

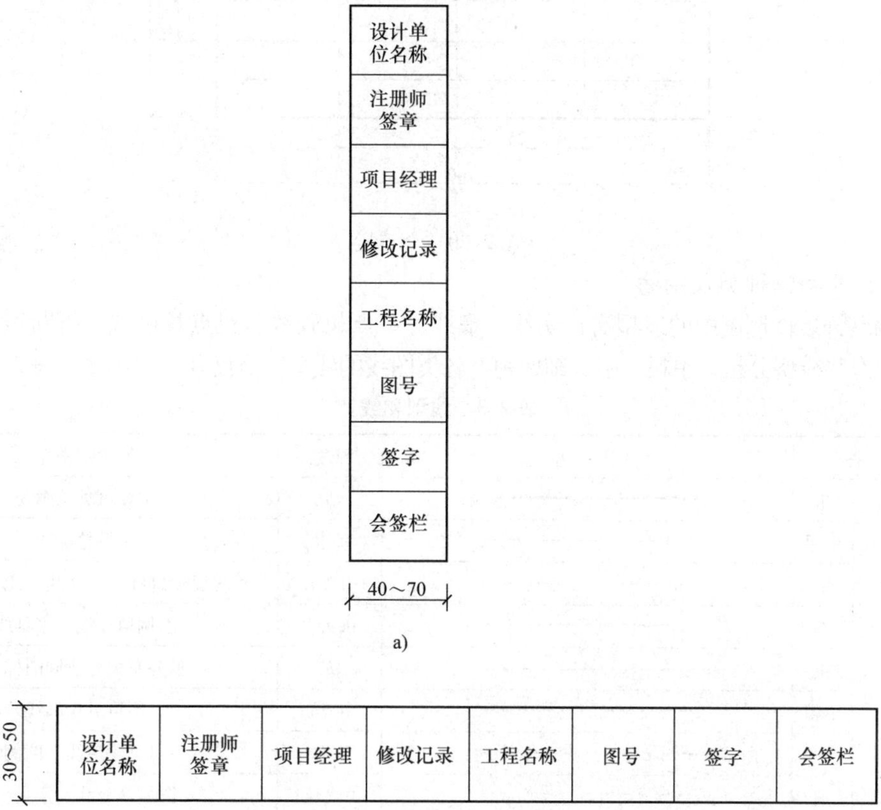

设计单位名称
注册师签章
项目经理
修改记录
工程名称
图号
签字
会签栏

40～70

a)

设计单位名称	注册师签章	项目经理	修改记录	工程名称	图号	签字	会签栏

30～50

b)

图 2-18　标题栏

a）标题栏一　b）标题栏二

需要各相关专业负责人会签的图，还应画出会签栏。会签栏如图 2-20 所示，学生作业图一般不绘制会签栏。

二、图线

图线是构成图形的基本元素，在建筑装饰装修制图中，为了表达图样的不同内容，并使图样主次分明，绘图时必须采用不同的线型和线宽来表示设计内容。

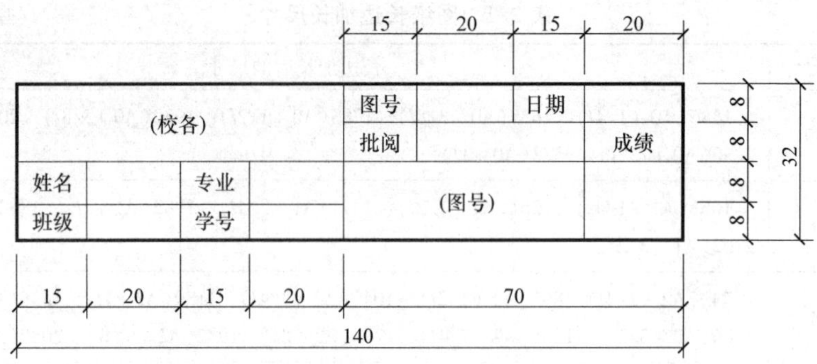

图 2-19　制图作业用标题栏

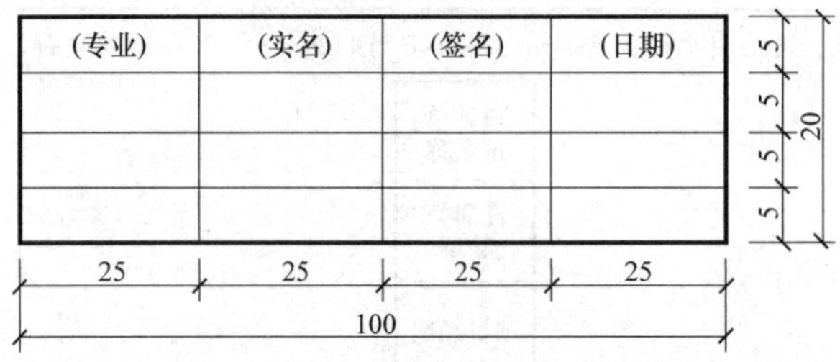

图 2-20　会签栏

（一）线型的种类及用途

建筑装饰装修制图中的线型有：实线、虚线、单点长画线、双点长画线、折断线和波浪线等，其中有些线型分粗、中粗、中、细四种。各类图线的线型、宽度及一般用途见表 2-3。

表 2-3　线型和线宽

名　称		线　型	线宽	一般用途
实线	粗		b	主要可见轮廓线
	中粗		$0.7b$	可见轮廓线
	中		$0.5b$	可见轮廓线、尺寸线、变更云线
	细		$0.25b$	图例填充线、家具线
虚线	粗		b	见各有关专业制图标准
	中粗		$0.7b$	不可见轮廓线
	中		$0.5b$	不可见轮廓线、图例线
	细		$0.25b$	图例填充线、家具线
单点长画线	粗		b	见各有关专业制图标准
	中		$0.5b$	见各有关专业制图标准
	细		$0.25b$	中心线、对称线、轴线等
双点长画线	粗		b	见各有关专业制图标准
	中		$0.5b$	见各有关专业制图标准
	细		$0.25b$	假想轮廓线、成型前原始轮廓线
折断线	细		$0.25b$	断开界线
波浪线	细		$0.25b$	断开界线

（二）图线的画法要求

（1）对于表示不同内容的图线，其宽度（线宽）b 宜从下列线宽系列中选取：1.4mm、1.0mm、0.7mm、0.5mm、0.35mm、0.25mm、0.18mm、0.13mm，图线宽度不应小于0.1mm。每个图样应根据复杂程度与比例大小，先选定基本线宽 b 为粗线，然后按 $0.7b$、$0.5b$、$0.25b$ 确定中粗线、中线和细线的宽度。在绘图时选用粗、中粗、中、细线搭配而形成一组线宽组，见表2-4。

表2-4 线宽组

线宽比	线 宽 组			
b	1.4	1.0	0.7	0.5
$0.7b$	1.0	0.7	0.5	0.35
$0.5b$	0.7	0.5	0.35	0.25
$0.25b$	0.35	0.25	0.18	0.13

注：1. 需要缩微的图纸，不宜采用0.18及更细的线宽。

2. 同一张图纸内，各不同线宽中的细线，可统一采用较细的线宽组的细线。

（2）同一张图纸内，相同比例的各图样，应选用相同的线宽组。

（3）图纸的图框和标题栏线，可采用表2-5的线宽。

表2-5 图框线、标题栏线的宽度要求

幅面代号	图框线	标题栏外框线	标题栏分格线
A0、A1	b	$0.5b$	$0.25b$
A2、A3、A4	b	$0.7b$	$0.35b$

（4）相互平行的图线，其净间隙或线中间间隙，不宜小于0.2mm。

（5）虚线、单点长画线或双点长画线的线段长度和间隔，宜各自相等。

（6）单点长画线或双点长画线，在较小图形中绘制有困难时，可用实线代替。

（7）单点长画线或双点长画线的两端，不应是点。点画线与点画线交接或点画线与其他图线交接时，应是线段交接，如图2-21a所示。

（8）虚线与虚线交接或虚线与其他图线交接时，应是线段交接。虚线为实线的延长线时，不得与实线连接，如图2-21b所示。

（9）图线不得与文字、数字或符号重叠、混淆，不可避免时，应首先保证文字的清晰。

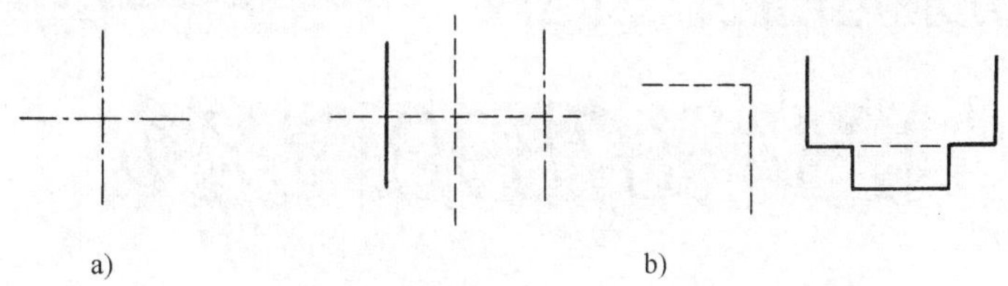

图2-21 图线交接的正确画法

三、字体

工程图上书写的文字、数字及符号等，均应笔画清晰、字体端正、排列整齐，标点符号应清楚正确。

（一）文字

图样及说明中的文字，宜采用长仿宋体（矢量字体）或黑体，同一图纸字体种类不应超过两种。长仿宋体的宽度与高度的关系应符合表 2-6 的规定，黑体字的宽度与高度应相同。

表 2-6　长仿宋体字高宽关系　（单位：mm）

字高	20	14	10	7	5	3.5
字宽	14	10	7	5	3.5	2.5

大标题、图册封面、地形图等的文字，也可书写成其他字体，但应易于辨认。字的大小用字号表示，字号即为字的高度。

长仿宋体的字高与字宽的比例大约为 3:2，汉字的高度应不小于 3.5mm。初学者应写好长仿宋字。为了保证字体写得大小一致，整齐匀称，初学长仿宋体时应先打格，然后书写，如图 2-22 所示。

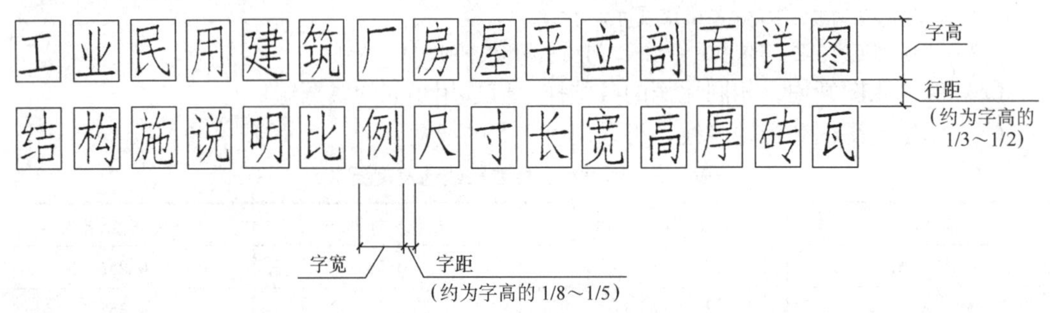

图 2-22　仿宋字示例

仿宋字的书写要领是：横平竖直、起落分明、粗细一致、钩长锋锐、结构均匀、充满方格。

（二）数字和字母

数字和字母在图样上的书写分直体和斜体两种，但同一张图纸上必须统一。如写成斜体字，其斜度应是从字的底线逆时针向上倾斜 75°。斜体字的高度与宽度应与相应的直体字相等，如图 2-23 所示。

h ABCDEFGHIJKLMN $\frac{7}{10}h$ abcdefghijklmn

1234567890IVXφ

ABCabc123IVφ 75°

图 2-23　字母、数字示例

在汉字中的阿拉伯数字、罗马数字或拉丁字母，其字高宜比汉字字高小一号，但应不小

于2.5mm。

四、比例

图形与实物相对应的线性尺寸之比称为图样的比例。比例的大小，是指其比值的大小。如图样上某线段长为0.36m，而实物上与其相对应的线段长为36.00m，那么它的比例为：图样上的线段长度/实物上的线段长度=0.36/36.00=1/100。

工程图中的各个图形，都应分别注明其比例。绘图所用的比例，应根据图样的用途与被绘对象的复杂程度，从表2-7中选用，并优先选用表中的常用比例。

表2-7　绘图所用的比例

常用比例	1:1、1:2、1:5、1:10、1:20、1:30、1:50、1:100、1:150、1:200、1:500、1:1000、1:2000
可用比例	1:3、1:4、1:6、1:15、1:25、1:40、1:60、1:80、1:250、1:300、1:400、1:600、1:5000、1:10000、1:20000、1:50000、1:100000、1:200000

比例应以阿拉伯数字表示，如1:1、1:2、1:100等。比例一般注写在图名的右侧，其字高宜比图名的字高小一号或二号，如图2-24所示。

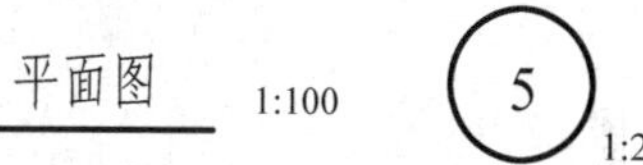

图2-24　比例的注写

五、尺寸标注

图样上的图形只能表示物体的形状，至于物体各部分的具体位置和大小，还必须在图上标注出物体的尺寸作为施工的依据。尺寸标注要求完整、准确、清晰、整齐。

（一）尺寸的组成

图样上的尺寸由尺寸界线、尺寸线、尺寸起止符号和尺寸数字组成，如图2-25所示。

（1）尺寸界线应用细实线绘制，一般应与被注长度垂直，其一端应离开图样轮廓线不小于2mm，另一端宜超出尺寸线2~3mm，图样轮廓线可用作尺寸界线，如图2-26所示。

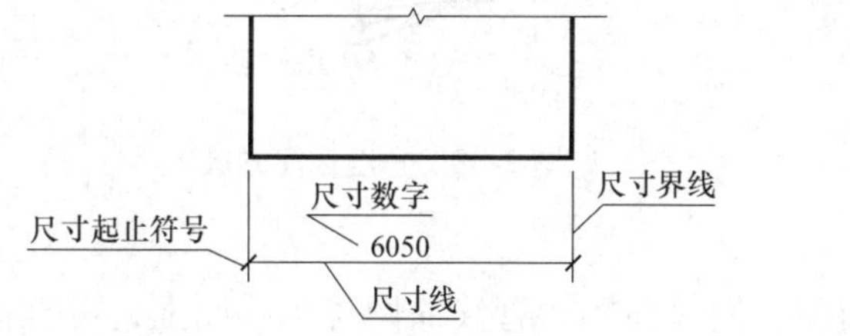

图2-25　尺寸的组成

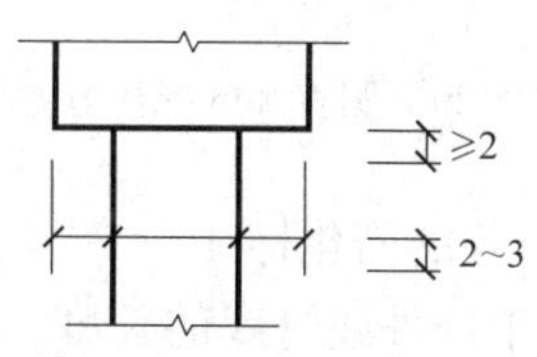

图2-26　尺寸界线

（2）尺寸线应用细实线绘制，应与被注长度平行。图样本身的任何图线均不得用作尺寸线。

（3）尺寸起止符号一般用中粗斜短线绘制，其斜度方向应与尺寸界线成顺时针45°，长度宜为2~3mm。半径、直径、角度与弧长的尺寸起止符号，宜用箭头表示，其形式如图2-27所示。

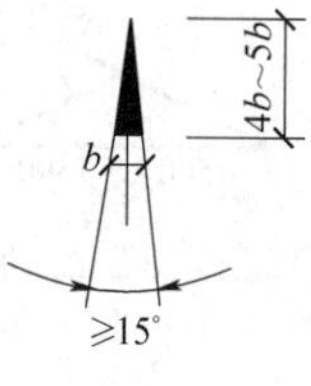

图2-27　箭头尺寸起止符号

（4）图样上的尺寸，应以尺寸数字为准，不得从图中直接量取。尺寸单位，除标高及总平面以米为单位外，其他一律以毫米为单位。

（二）圆、圆弧及角度的尺寸标注

（1）小于或等于1/2圆周的圆弧通常标注半径尺寸，半径的尺寸线一端从圆心开始，另一端画箭头指到圆弧。半径数字前应加注半径符号"R"，如图 2-28a 所示。较小圆弧或较大圆弧尺寸的标注按图 2-28b、c 所示。

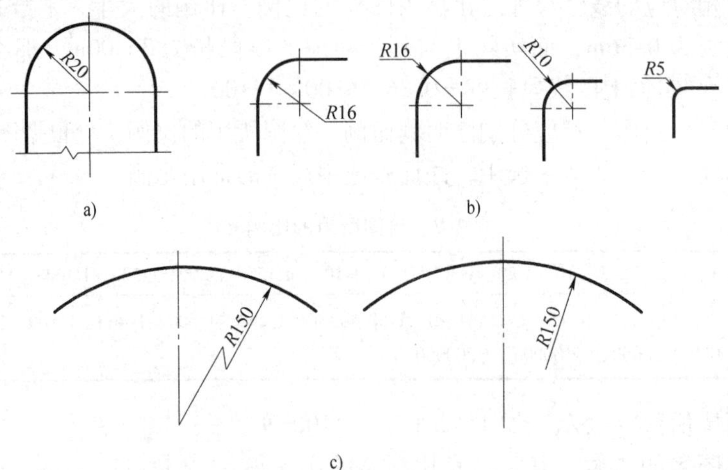

图 2-28　圆弧尺寸的标注方法

（2）完整的圆或大于 1/2 圆周的圆弧应标注直径尺寸，同时直径数字前应加直径符号"ϕ"。在圆内标注的尺寸线应通过圆心，两端画箭头指到圆弧，如图 2-29 所示。

（3）标注角度时以角的两边作为尺寸界线，尺寸线应以圆弧表示。圆弧的圆心应是该角的顶点，起止符号应以箭头表示，如没有足够的位置画箭头，可用圆点代替，角度数字应沿尺寸线方向注写，如图 2-30 所示。

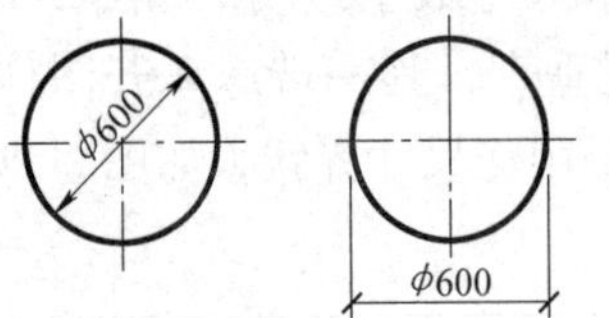

图 2-29　圆直径的标注方法

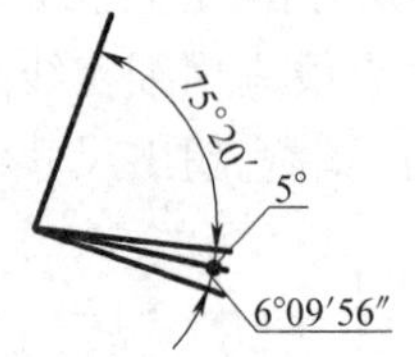

图 2-30　角度标注方法

（三）尺寸的简化标注

（1）对于杆件或管线的长度，在桁架简图、钢筋简图、管线简图等单线图上，可直接将尺寸数字沿杆件或管线的一侧注写，如图 2-31a、b 所示。

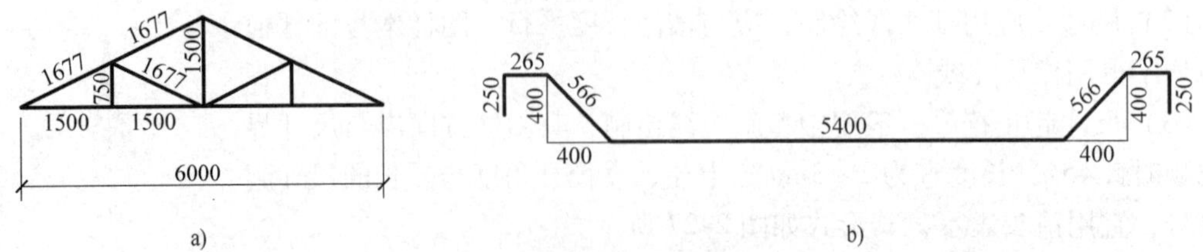

图 2-31　单线图尺寸标注方法

（2）连续排列的等长尺寸，可用"等长尺寸 × 个数 = 总长"的形式标注，如图 2-32a 所示；也可采用如图 2-32b 形式注写。

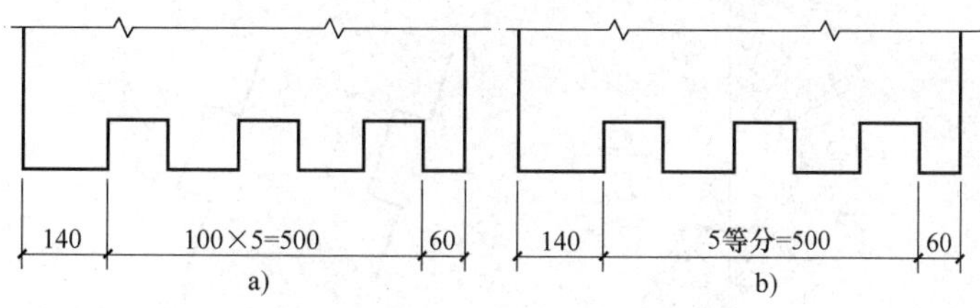

图 2-32　等长尺寸简化标注方法

（3）对于形体上有许多相同要素的尺寸标注，可仅标注其中一个要素尺寸，如图 2-33 所示。

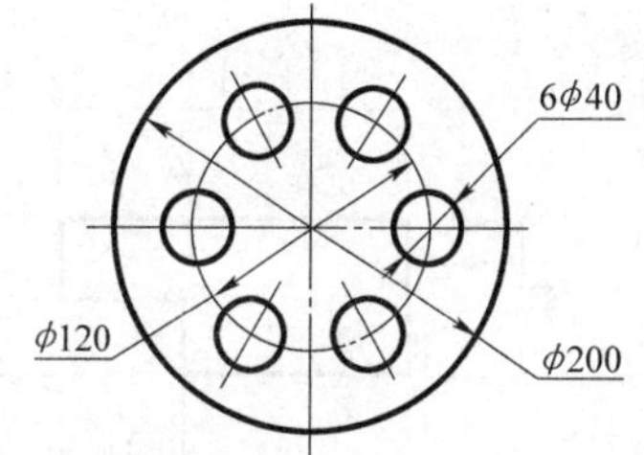

图 2-33　相同要素尺寸标注方法

（四）尺寸标注的注意事项

（1）尺寸宜标注在图样轮廓以外，不宜与图线、文字及符号等相交，如需标注时，图线应断开，令图内的尺寸数字清晰，如图 2-34 所示。

（2）互相平行的尺寸线，应从被注写的图样轮廓线由近向远整齐排列，应将大尺寸标在外侧，小尺寸标在内侧。尺寸线距图样最外轮廓之间的距离，不宜小于 10mm。平行排列的尺寸线的间距，宜为 7 ~ 10mm，并应保持一致，如图 2-35 所示。

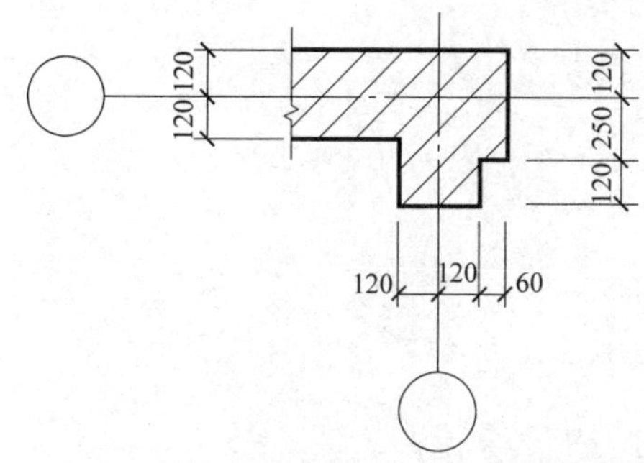

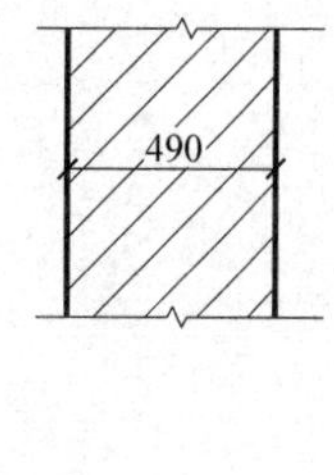

图 2-34　尺寸不宜与图线相交

（3）尺寸数字的方向应按图 2-36a 的规定注写。若尺寸数字在 30°斜线区内，宜按图2-36b的形式注写。

（4）水平方向的尺寸数字，注写在尺寸线的上方中部，字头应朝正上方。竖直方向的尺寸数字，注写在竖直尺寸线的左方中部，字头应朝左。所有注写的尺寸数字应离开尺寸线 0.6 ~ 1mm，如图 2-37a所示。当尺寸界线距离较近时，最外边的尺寸数字可注写在尺寸界线的外侧，中间相邻的尺寸数字可错开注写，如图 2-37b 所示。

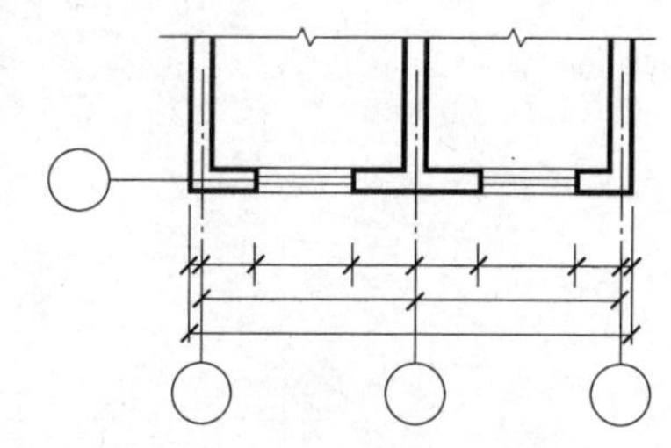

图 2-35　尺寸线的排列

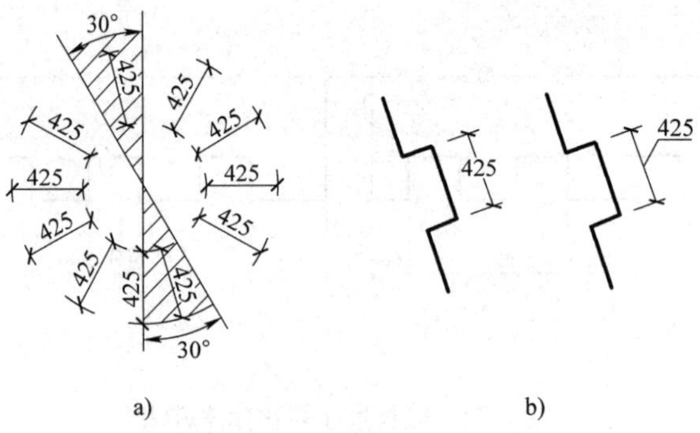

图 2-36　尺寸数字的注写方向

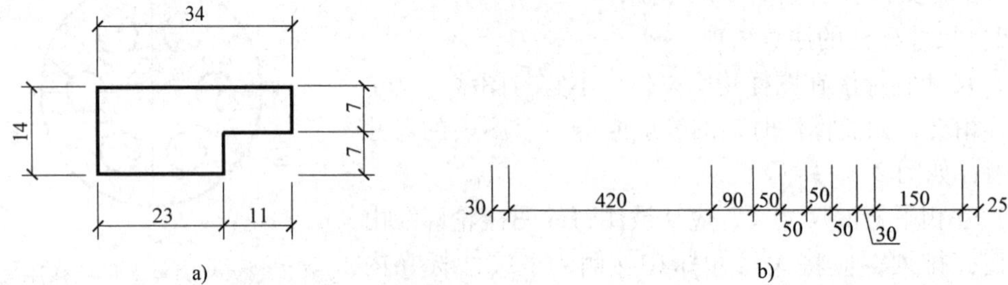

图 2-37　尺寸数字的标注

第三章
正投影的基本知识

【主要内容】

1. 投影概念，正投影形成及其投影特性，各种投影图在工程中的应用，第三角投影。

2. 三面正投影体系的建立和三面正投影图的形成。

3. 三面正投影图的投影规律、各投影图中的方位规律及其基本作图方法。

【学习目标】

1. 能说出正投影的形成原理及投影特性。

2. 理解并熟记三面正投影图的投影规律及投影图中的方位规律，为以后的学习打好基础。

3. 牢记并会用三面投影图的基本作图方法，懂得投影规律在作图中的应用。

第一节　投影的基本概念和分类

在日常生活中，人们对“形影不离”这个自然现象是习以为常的，也就是物体在阳光照射下，会在附近的墙面、地面等处留下它的影子，这就是自然界的落影现象。人们从这一现象中认识到光线、物体和影子之间的关系，并归纳出了平面上表达物体形状、大小的投影原理和作图方法。

一、投影、投影法和投影图

自然界所见的物体影子与工程图样所反映的投影是有区别的，前者只能反映物体的外轮廓而内部灰黑一片，后者反映的物体不仅外轮廓清晰，同时还反映出其内部轮廓，这样才能清楚地表达工程物体的形状和大小，如图 3-1 所示。因此，要形成工程图样所要求的投影，应有三个假设条件：一是假设光线能穿透物体；二是光线在穿透物体的同时，能反映其内、外轮廓线；三是对形成投影的光线的投影方向作相应选择，以便得到所需要的投影。

在投影理论中，把发出光线的光源称为投射中心；光线称为投射线；落影的平面称为投影面；组成的影子能反映物体形状的内、外轮廓线称为投影。用投影表示物体的形状和大小的方法称为投影法；用投影法画出的物体的图形称为投影图。综上所述，投影图的形成过程如图 3-2 所示。

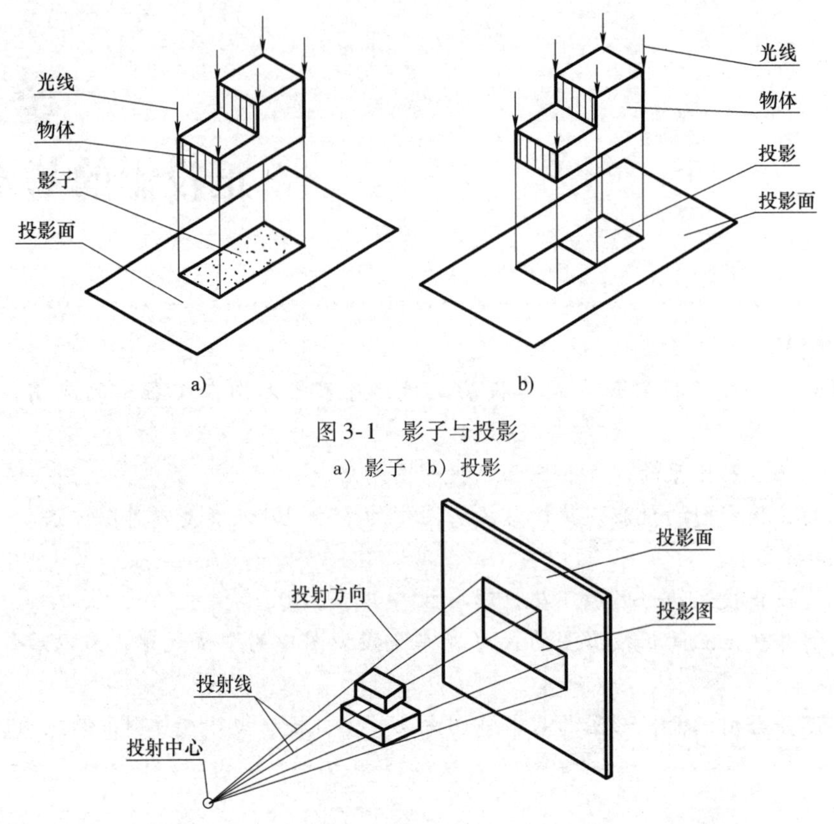

图 3-1　影子与投影

a）影子　b）投影

图 3-2　投影图的形成

二、投影的分类

投影分中心投影和平行投影两大类。

1. 中心投影　由一点发出投射线投射物体所形成的投影，称为中心投影，如图 3-3a 所示。中心投影的特性是：投射线相交于一点 S，投影的大小与物体离投影面的距离有关。在投射中心点 S 与投影面距离不变的情况下，物体离点 S 愈近，投影愈大，反之愈小。

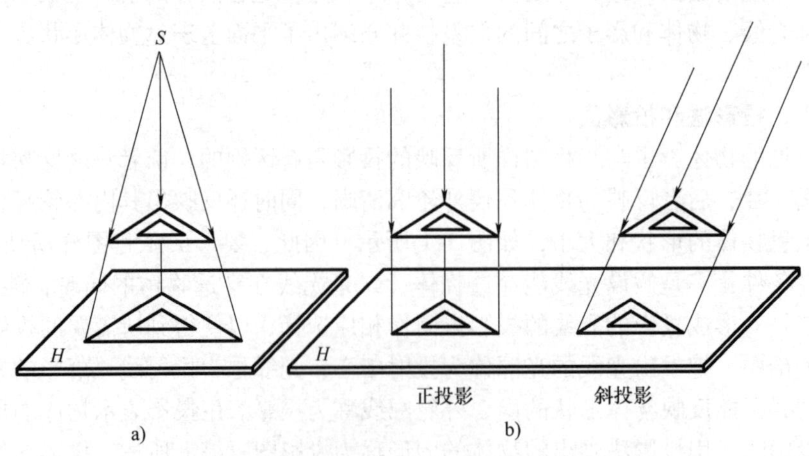

图 3-3　投影的分类

a）中心投影　b）平行投影

2. 平行投影　由相互平行的投影线投影物体所形成的投影，称为平行投影。平行投影图形的大小与物体离投影面的距离远近无关。根据投影线和投影面的夹角不同，平行投影又分为正投影和斜投影两种，如图 3-3b 所示。平行投影线垂直于投影面时所得的投影，称为正投影；平行投影线倾斜于投影面时所得的投影，称为斜投影。

三、正投影的基本特性

（一）正投影图及其表达

正投影条件下使物体的某个表面平行于投影面，则该面的正投影可反映其实际形状，标上尺寸就可知其大小。所以，一般工程图样都选用正投影原理绘制。用正投影法绘制的图样称为正投影图。在正投影图中，习惯上将可见的内、外轮廓线画成粗实线；不可见的孔、洞、槽等轮廓线画成细虚线，如图 3-4 所示。

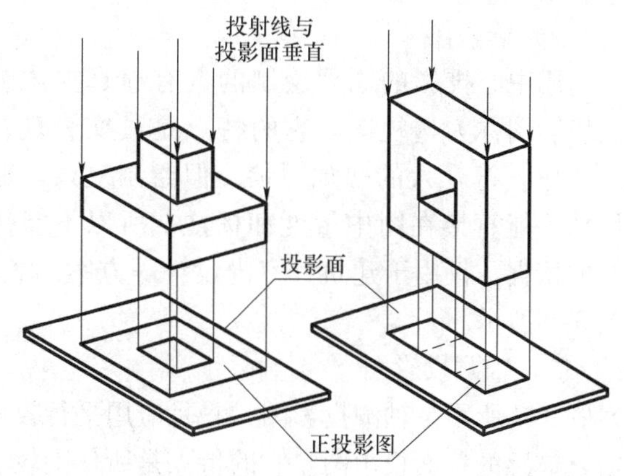

图 3-4　正投影图及其表达

（二）直线和平面的正投影特性

1. 积聚性　当空间的直线和平面垂直于投影面时，直线的投影变为一个点，平面的投影变为一条直线，如图 3-5a所示。这种具有收缩、积聚性质的正投影特性称为积聚性。

2. 显实性　当直线和平面平行于投影面时，它们的投影分别反映实长和实形，如图 3-5b所示。在正投影中具有反映实长或实形的投影特性称为显实性。

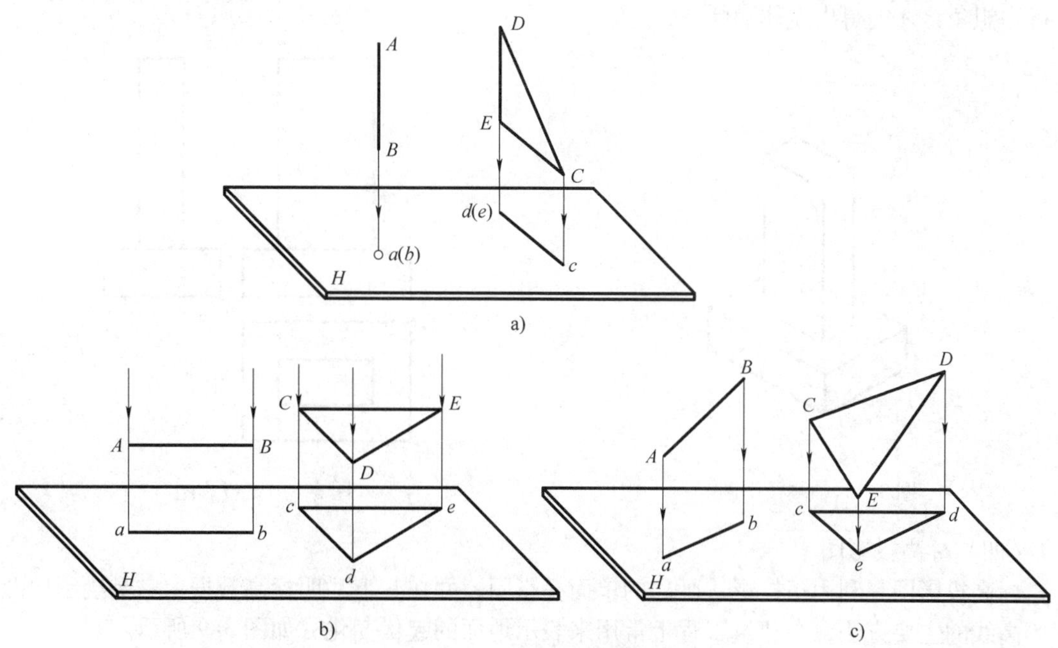

图 3-5　正投影的基本特性

a）正投影的积聚性　b）正投影的显实性　c）正投影的类似性

3. 类似性　当直线与平面均倾斜于投影面时，如图 3-5c 所示，直线的投影都比实长缩短；平面的投影比原来的实际图形面积缩小，但仍反映其原来图形的类似形状，在正投影中这种特性称为类似性。

为了叙述的方便，在以后的各章节除特别说明外，凡提投影均指正投影。

四、工程中常用的投影图

为了清楚地表达不同的工程对象，满足工程建设的需要，在实践中人们应用上述投影方法，总结出四种常用的投影图。

（一）透视图

应用中心投影的原理绘制的具有逼真立体感的单面投影图称为透视图。它的特点是真实直观、具有立体感，符合人的视觉习惯，但绘制复杂，形体的尺寸不能直接在图中量度和标注，所以不能作为施工的依据，仅用于建筑、室内设计等方案的表现，如图 3-6 所示。

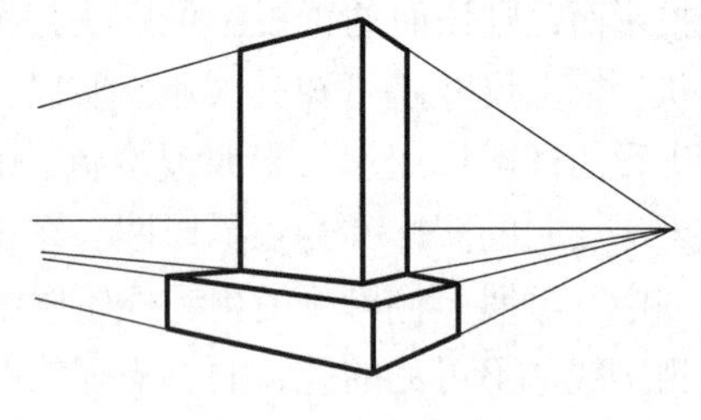
图 3-6　透视图

（二）轴测投影图

图 3-7 所示是轴测投影图，它是应用平行投影的原理，只需在一个投影面上作出的具有一定立体感的单面投影图。它的特点是所作图较透视图简单、快捷，但立体感稍差，表面形状有变形和失真，因此一般作为工程上的辅助图样。

（三）正投影图

正投影图是应用正投影法使物体在互相垂直的多个投影面上得到正投影，然后按规则展开在一个平面上所形成的多面投影图，如图 3-8 所示。正投影图的特点是作图比以上图样简便，图样可反映实形，便于度量和尺寸标注；缺点是无立体感，需将多个正投影图结合起来分析、想象，才能得出立体形状。

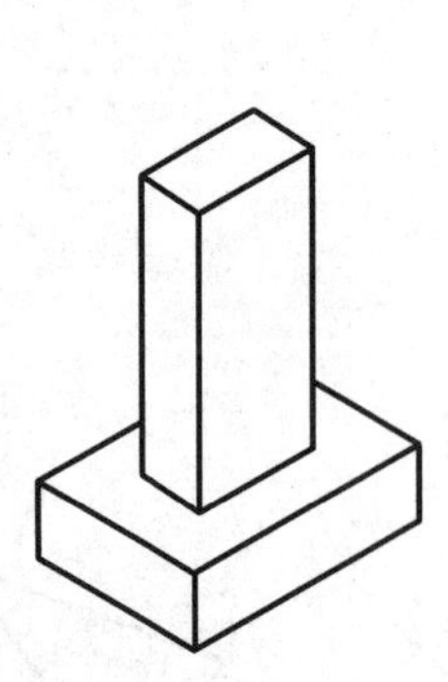
图 3-7　轴测投影图

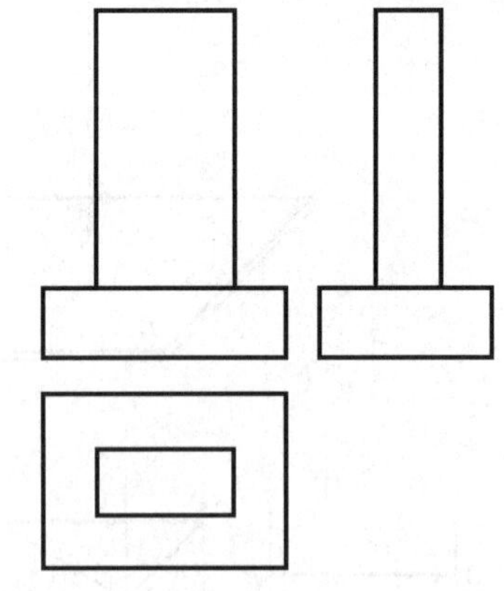
图 3-8　正投影图

（四）标高投影图

标高投影图是利用正投影法画出的单面投影图，并在其上注明标高数据。它是绘制地形图等高线的主要方法，在建筑工程上常用来表示地面的起伏变化，如图 3-9 所示。

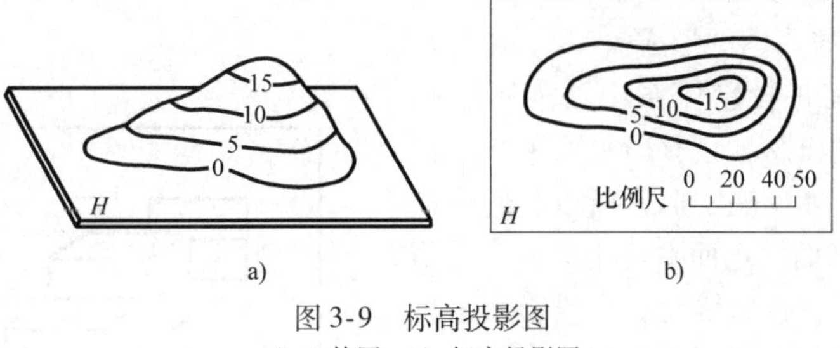

图 3-9　标高投影图

a）立体图　b）标高投影图

第二节　三面正投影图及其特性

一、三面正投影体系

由于正投影法具有图示方法简便、能真实反映物体的形状和大小、容易度量等特点，因此正投影图成为建筑工程领域中主要采用的图样形式。

从正投影的概念可以知道，当确定投影方向和投影面后，一个物体便能在此投影面上获得唯一的投影图，但这个正投影图并不能反映该物体的全貌。从图 3-10 中可以看到，空中 4 个不同形状的物体，它们在同一个投影面上的正投影都是相同的。所以，物体的一个正投影图是不能全面反映空间物体的形状的，通常必须建立一个三面投影体系，才能准确、完整地描述一个物体的形状。为此，我们设立三个相互垂直的平面作为投影面，如图 3-11 所示，处于水平位置的投影面称为水平投影面，简称水平面，用 H 表示；处于正立位置的投影面称为正立投影面，简称正立面，用 V 表示；处于侧立位置的投影面称为侧立投影面，简称侧立面，用 W 表示。这三个投影面互相垂直相交，形成 OX、OY、OZ 三条交线，称为投影轴，三条轴线的交汇点 O 称为投影原点。这样三个投影面围合而成的空间投影体系，我们称之为三面正投影体系。

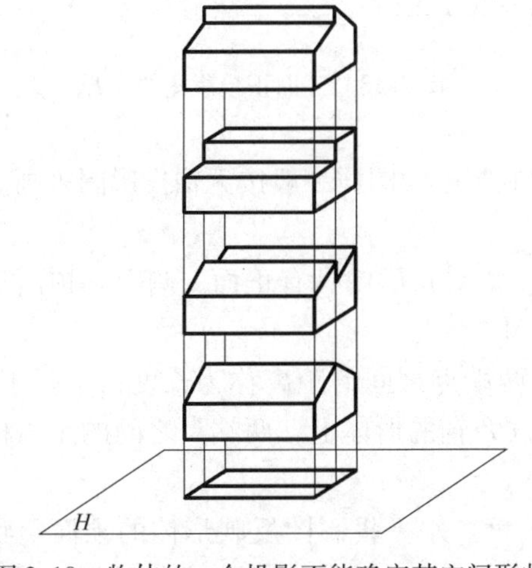

图 3-10　物体的一个投影不能确定其空间形状

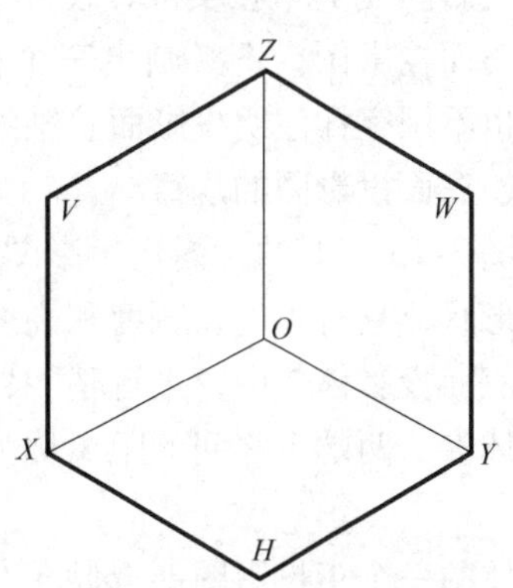

图 3-11　三面正投影体系的建立

二、三面正投影图

（一）三面正投影图的形成

在建立的三面正投影体系中放入一个物体，根据正投影的概念，只有当平面平行于投影面时，它的投影才反映实形，所以我们将物体的底面平行于 H 面，正面平行于 V 面。采用三组不同方向的平行投影线向三个投影面垂直投影，在三个投影面上分别得到该物体的正投影图，我们称之为三面正投影图，如图 3-12 所示。

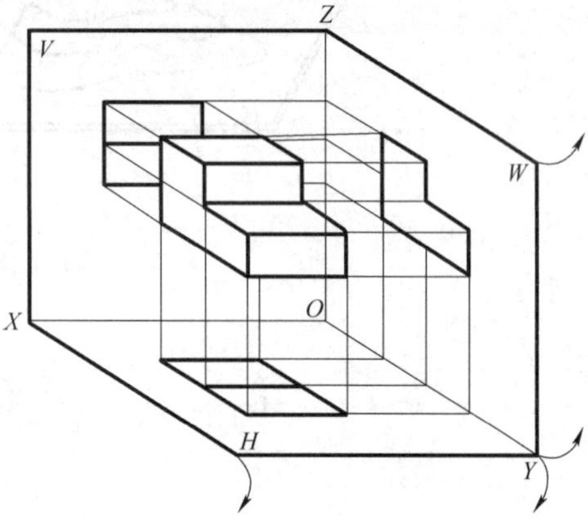

图 3-12　三面正投影图的形成

由于这三个投影图与我们观察的视线方向一致，因此在制图中常简称为三视图。H 投影面上的投影图，称为水平投影图或俯视图；V 投影面上的投影图，称为正面投影图或正视图；W 投影面上的投影图，称为侧面投影图或侧视图。

（二）三面正投影图的展开

在工程制图中，我们需要将空间形体图示于二维平面上，即图纸上。所以我们必须将三个垂直投影面上的投影图画在一个平面上，这就是三面投影图的展开。展开时，必须遵循一个原则：V 面始终保持不动，首先将 H 面绕 OX 轴向下旋转 90°，然后将 W 面绕 OZ 轴向右旋转 90°，最终使三个投影图位于一个平面图上，如图 3-13 所示。此时，OY 轴线分解成 OY_W、OY_H 两根轴线，它们分别与 OX 轴和 OZ 轴处于同一直线上。

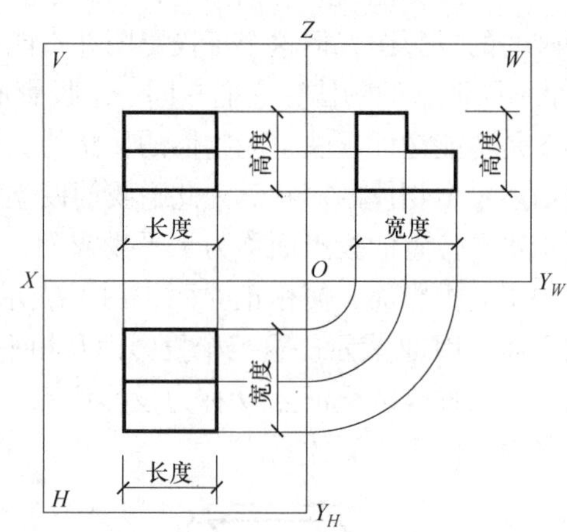

图 3-13　三面正投影图的展开

三面投影体系的位置是固定的，投影面的大小与投影图无关。在实际作图中，只需画出物体的三面投影图，不必画出三个投影面的边框线，也不用字样注明投影面、轴线与原点。工程制图中的图样一般按无轴投影图来画。

三、三面投影图的规律

在图 3-13 展开的三面正投影图中可以看出，一个空间形体具有正面、侧面和顶面三个方向的形状，具有长度、宽度和高度三个方向的尺寸。

在三面投影体系中，平行于 OX 轴的形体上，两端点之间的距离称为长度；平行于 OY 轴的形体上，两端点之间的距离称为宽度；平行于 OZ 轴的形体上，两端点之间的距离称为高度。

形体的一个正投影图能反映形体两个方向的尺度。水平投影图反映形体的顶面形状和长、宽两个方向的尺度；正面投影图反映形体的前面形状和长、高两个方向的尺度；侧面投影图反映形体的侧面形状和高、宽两个方向的尺度。因此，我们根据三面投影图可以得出形

体在空间的形状与大小。

分析图3-13，可以发现三面投影图两两之间，都存在着一定的联系：正面投影和侧面投影具有相同的高度；水平投影和正面投影具有相同的长度；侧面投影和水平投影具有相同的宽度。因此在作图中，必须使 *V*、*H* 面投影位置左右对正，即遵循“长对正”的规律；使 *V*、*W* 面投影上下平齐，即遵循“高平齐”的规律；使 *H*、*W* 面投影宽度相等，即遵循“宽相等”的规律。“三等关系”是三面投影图的基本规律。

此外，分析图3-14，可以看到三面投影图还能反映空间形体在三面投影体系中上下、左右及前后六个方位的位置关系，每个投影图可以分别反映形体相应的四个方位。水平投影图反映形体前、后、左、右四个方位；正面投影图反映形体上、下、左、右四个方位；侧面投影图反映形体前、后、上、下四个方位。因此，我们可以根据投影图所反映的方位对应关系，判断形体上任意点、线、面的空间位置关系。

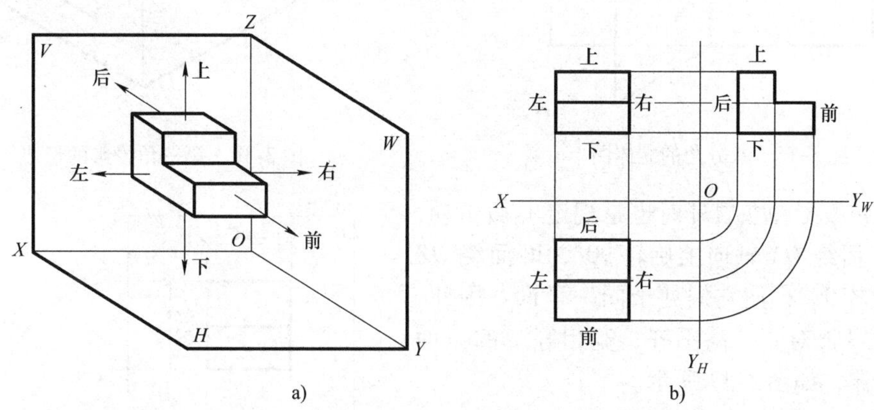

图3-14　形体在三面投影体系中的方位
a）立体图　b）投影图

第三节　第三角投影

在三面投影体系中，三个相互垂直的投影面 *H*、*V*、*W* 延伸后将空间划分为八个分角。将 *V* 面之前、*H* 面之上与 *W* 面之左形成的分角作为第一分角，依次将空间逆时针分为第二、三、四、五、六、七、八分角，如图3-15所示。我国的工程制图采用的是第一分角正投影法，而欧洲及日本等一些国家多采用第三角投影法，即在第三角采用正投影法完成投影图。

随着国际间技术交流的不断增加，我们也会看到用第三角投影法画的工程技术图样。因此，我们有必要对第三角投影的知识有所了解，下面就第三角投影作一简介。

一、第三角投影的形成

我们已经知道在第一角投影中，采用的投影顺序是：观察者→物体→投影面，即投影线先通过物体上各点，然后投影到投影面上，得到物体的正投影图，见图3-13。投影图展开时，规定 *V* 面不动，*H* 面向下转 90°，*W* 面向右旋转 90°。而在第三角投影中，将物体置于

第三分角内，投影时采用的顺序是：观察者→投影面→物体。所设投影面是透明的，如同隔玻璃观看物体一般。它同样采用正投影的方法，投影线先穿过投影面，然后投射到物体的各顶点，投影线与投影面的各交点形成物体的投影图，如图 3-16 所示。

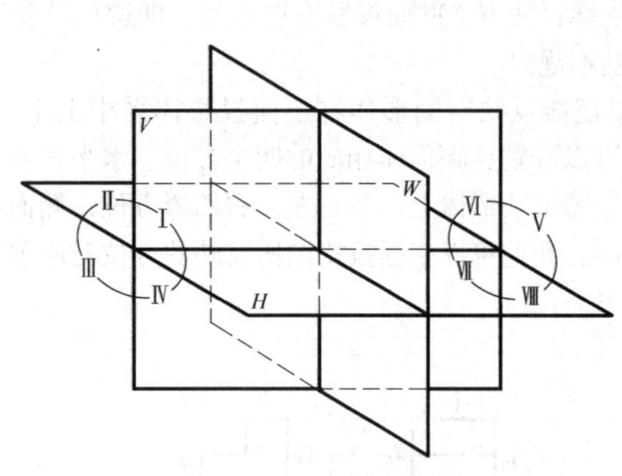

图 3-15　八分角的立体图

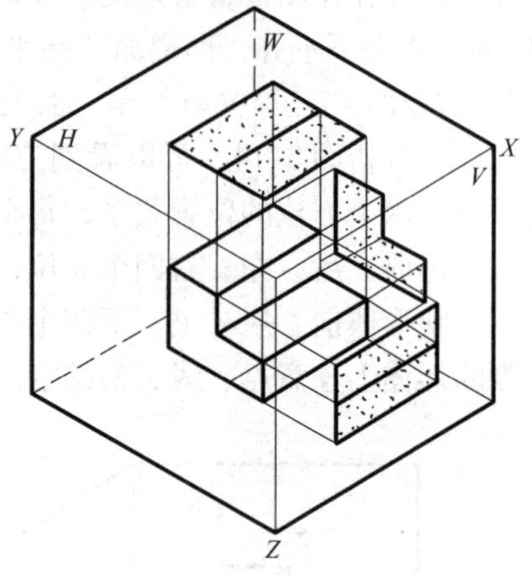

图 3-16　第三角投影的形成

第三角投影图在展开时也是规定 V 面不动，而是将 H 面绕 OX 轴向上旋转 90°，W 面绕 OZ 轴向前翻转 90°，使它们处于同一平面。因此，同样遵循“长对正、高平齐、宽相等”的三面正投影规律，如图 3-17 所示。

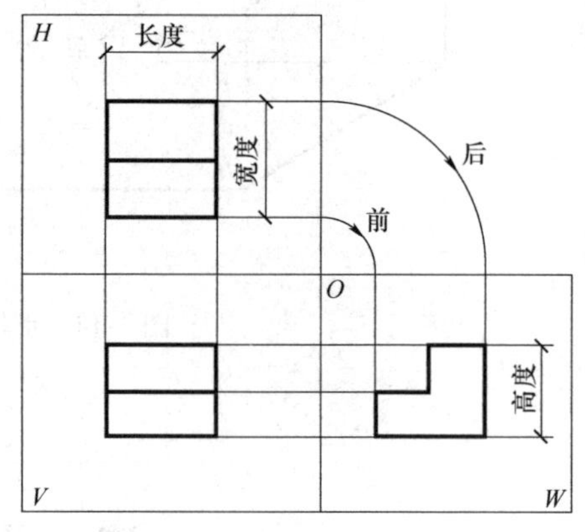

图 3-17　第三角投影的展开

二、第三角投影与第一角投影的比较

对照第三角投影图与第一角投影图，两者有以下几点不同：

（1）观察者、物体、投影面三者的相对位置不同。

（2）投影图的名称和投影图的摆放位置有所不同。在图 3-17 所示的第三角投影图中，在 V 面上得到的投影图，称为前视图；在 H 面得到的投影图，称为顶视图；在 W 面得到的投影图，称为右视图。顶视图在前视图的上方，右视图在前视图的右方。

（3）投影图形及其所反映的方位关系有差别。对比图 3-13 和图 3-17，两者的 V 面及 H 面的投影图形完全相同，而 W 面的投影图则有差别，且反映物体的前后关系不同。在第三角投影图中，顶视图的下方与右视图的左方，都表示物体的前面；顶视图的上方与右视图的右方，都表示物体的后面，这与第一角投影法的投影关系截然相反。

第四章
点、直线、平面的投影

【主要内容】

1. 点的三面投影规律及其作图，点的坐标与投影的关系，重影点的作图及可见性判断。

2. 直线的空间位置（一般位置直线、投影面平行线和垂直线），它们的投影特性及其作图。两直线的相对位置（两直线的平行、相交和交叉）投影作图、分析判断。

3. 直角三角形法求一般位置直线的实长和倾角。

4. 平面的空间位置（一般位置平面、投影面平行面和垂直面），它们的投影特性及其作图。

5. 平面上取点和取直线的作图。

【学习目标】

1. 会画、会想象点的三面投影，建立立体感、空间感。懂得点的三面投影规律在作图和分析中的应用，注意重影点的判断与投影标记。

2. 懂得各种位置直线的投影特性及其作图，会正确判断直线的相对位置。

3. 求一般位置直线的实长和与投影面间的倾角是本章学习的难点。求一般位置直线的实长时，需注意理解直角三角形法的空间意义。

点、线、面是任何空间形体的构成要素，所以分析点、线、面的投影规律是研究空间形体投影的前提。点是形体的最基本的要素，是定位的依据，点的投影是线、面、体投影的基础。

第一节　点的投影

一、点的投影的形成

过空间一点 A 向投影面 H 作垂直投射线，投射线与投影面相交于点 a，则点 a 就是空间点 A 在 H 投影面上的投影，如图 4-1 所示。一般情况下，为区别空间点及其投影，在投影法中规定：空间点用大写字母表示，如 A、B、C、…，点的投影用对应的小写字母表示，如 a、b、c、…。

二、点的两面投影

如图 4-2 所示，在 Aa 投射线上假设有两点 A_1、A_2，则 A_1、A_2 的投影 a_1、a_2 与点 A 的

投影 a 重合为一点。可见，空间点在一个投影面上的投影，不能唯一确定该点在空间的位置。为此，需要另设一个正投影面 V，使 V 面与 H 面互相垂直，组成点的两面投影体系，V 面与 H 面的交线为投影轴 OX。

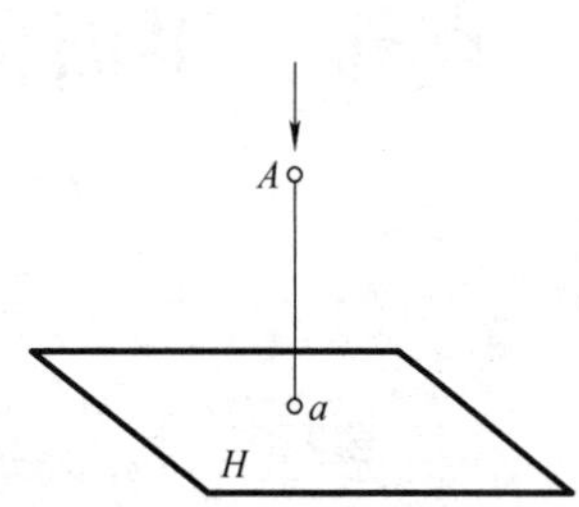

图 4-1　点的投影的形成

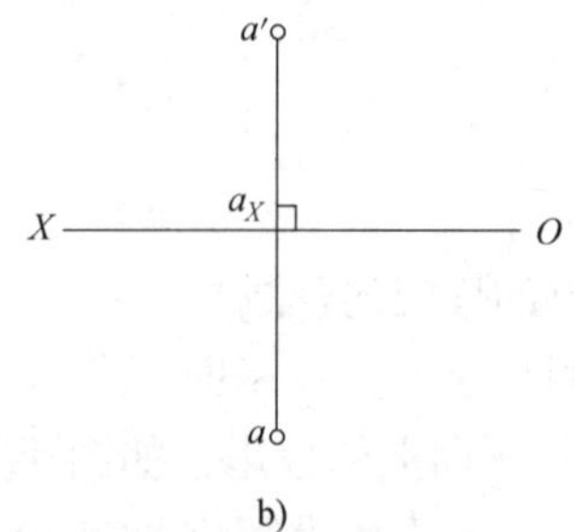

图 4-2　点的单面投影的多样性

如图 4-3a 所示，在两面投影体系中，过点 A 分别向 H 面及 V 面作垂直投射线，与 H 面及 V 面分别相交于点 a 及 a'。在投影法中，V 面的投影用相应小写字母右上角加一撇表示，a'即为点 A 在 V 面上的投影，称为点 A 的正面投影；a 为点 A 在 H 面的投影，称为点 A 的水平投影。

过点 A 的两条投射线 Aa 和 Aa'确定了一个平面 Q。因为 Q 面既垂直于 H 面，又垂直于 V 面，又知 H 面和 V 面是互相垂直的，所以它与 H 面和 V 面的交线 aa_X 和 $a'a_X$ 也就互相垂直，并且 aa_X 和 $a'a_X$ 还同时垂直于 OX 轴，并相交于点 a_X。这就证明四边形 Aaa_Xa'是个矩形。由此得知：$a'a_X = Aa$；$aa_X = Aa'$。又因为线段 Aa 表示点 A 到 H 面的距离，而线段 Aa' 表示点 A 到 V 面的距离，由此可知：

线段 $a'a_X$ = 点 A 到 H 面的距离；

线段 aa_X = 点 A 到 V 面的距离。

由此可得出结论一：点到某一投影面的距离等于该点在另一投影面上的投影到相应投影轴的距离。

由上面分析可知，$aa_X \perp OX$，$a'a_X \perp OX$。当 H 面绕 OX 轴旋转 90°与 V 面成为一个平面时，点的水平投影 a 与正面投影 a'的连线就成为一条垂直于 OX 轴的直线，即 $aa' \perp OX$，如图 4-3b 所示。

由此可得出结论二：点的两面投影之间的连线，一定垂直于两投影面的交线，即垂直于相应的投影轴。

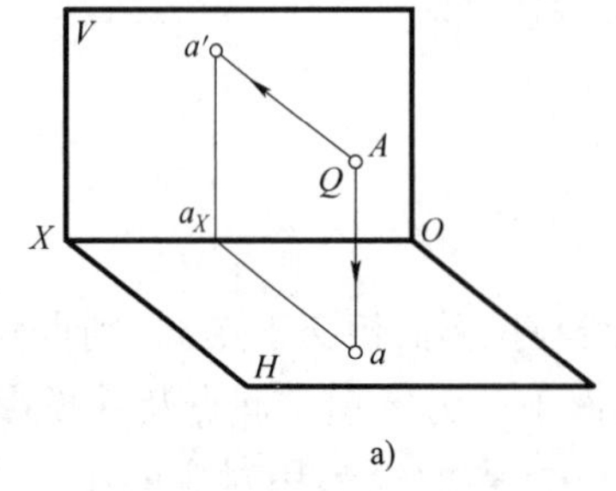

a)

b)

图 4-3　点的两面投影图

a）直观图　b）投影图

三、点的三面投影及其规律

在图 4-3 所示的 V、H 两投影面上，再加上第三个投影面 W 面，它与 V 面和 H 面均垂直

相交，形成三面投影体系，如图4-4所示。为作出点A在W面上的投影，从点A向W面作垂直投射线，所得垂足即为点A的侧面投影或称W面投影，用字母a''表示。把三个投影面展开在一个平面上时，仍使V面保持不动，H面绕OX轴向下旋转90°，W面绕OZ轴向后旋转90°，得到点的三面投影图。按前述点的两面投影特性，同理可分析出点在三面投影体系中的投影规律：

（1）点A的V面投影a'和点A的H面投影a的连线垂直于OX轴，即$aa' \perp OX$。

（2）点A的V面投影a'和点A的W面投影a''的连线垂直于OZ轴，即$aa'' \perp OZ$。

（3）点A的H面投影到OX轴的距离等于该点的W面投影到OZ轴的距离，即$aa_X = a''a_Z$，它们都反映该点到V面的距离。

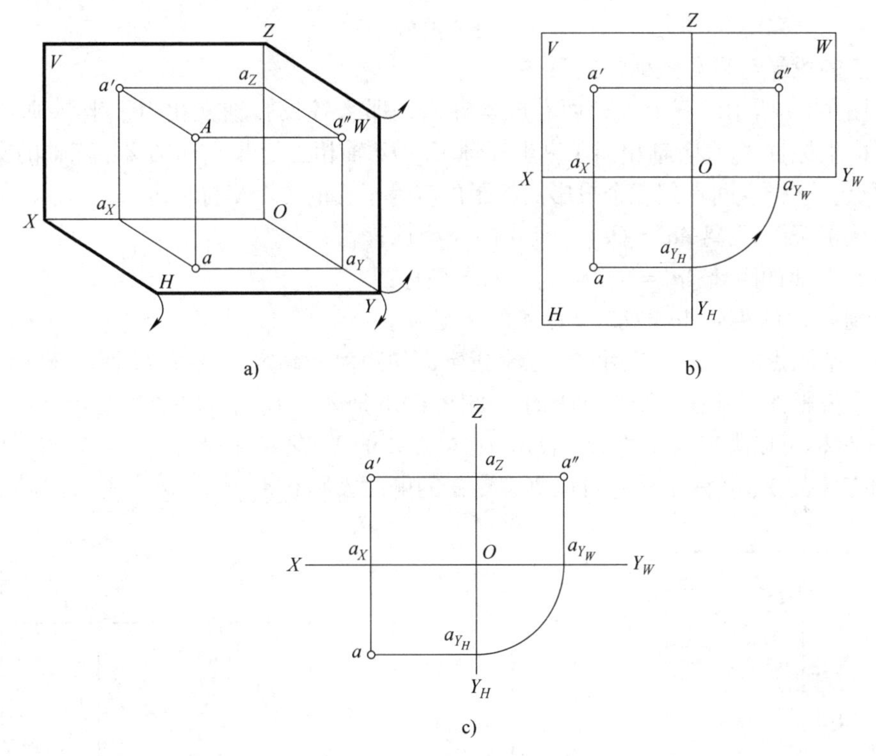

图4-4　点的三面投影图

a）直观图　b）展开图　c）投影图

根据以上点的投影特性，点的每两个投影之间都存在一定的联系。因此，只要给出一点的任意两个投影，便可以求出其第三投影。

例4-1　在图4-5a中，已知一点A的水平投影a和正面投影a'，求其侧面投影a''。

作图步骤：

（1）过a'引OZ轴的垂线$a'a_Z$。

（2）在$a'a_Z$的延长线上截取$a''a_Z = aa_X$，则a''即为所求，如图4-5b所示。按图4-5c作法也可求出。

按照点的三面投影特性，我们同样可以根据已知点的正面投影和侧面投影作水平投影，或已知点的侧面投影和水平投影作正面投影。

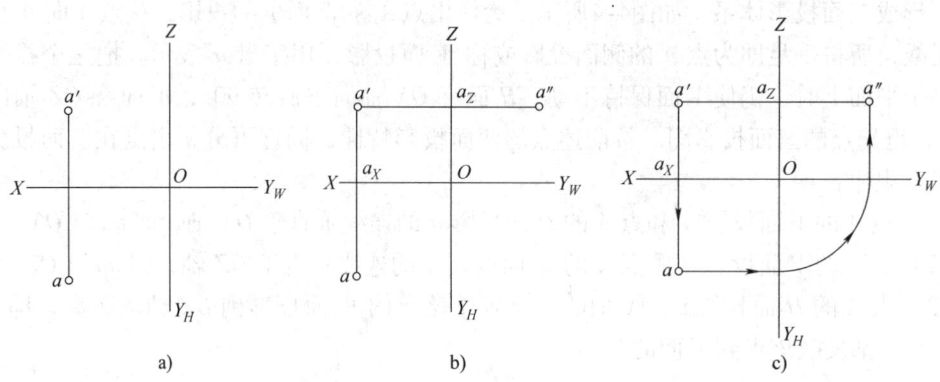

图 4-5　求点的第三面投影

四、点的投影与直角坐标的关系

若把图 4-6a 所示的三个投影面看成坐标面，那么各投影轴就相当于坐标轴，其中 OX 轴相当于横坐标轴 X，OY 轴相当于纵坐标轴 Y，OZ 轴相当于竖坐标轴 Z。三轴的交点 O 就是坐标原点。这样空间点到三个投影面的距离就等于它的三个坐标，即

点 A 到 W 面的距离 $Aa''=Oa_X=$ 点 A 的 X 坐标；

点 A 到 V 面的距离 $Aa'=Oa_Y=$ 点 A 的 Y 坐标；

点 A 到 H 面的距离 $Aa=Oa_Z=$ 点 A 的 Z 坐标。

因此，空间点的位置可以用它到三个投影面的距离来确定，也可以用它的坐标来确定。

当三个投影面展开在一个平面上时，如图 4-6b 所示，我们可以清楚地看出：由点 A 的 X、Y 两个坐标可以决定点 A 的水平投影 a；由点 A 的 X、Z 两个坐标可以决定点 A 的正面投影 a'；由点 A 的 Y、Z 两个坐标可以决定点 A 的侧面投影 a''。

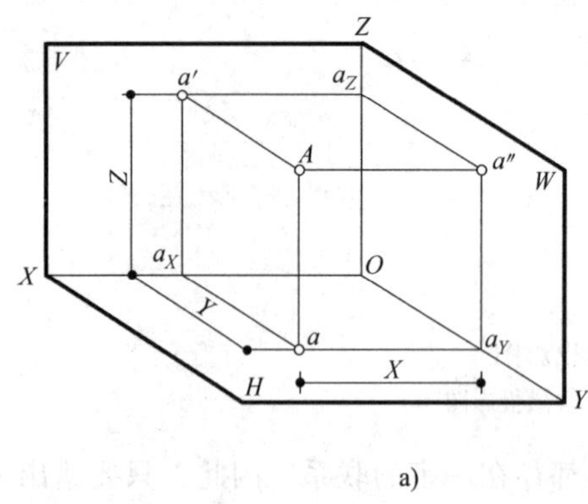

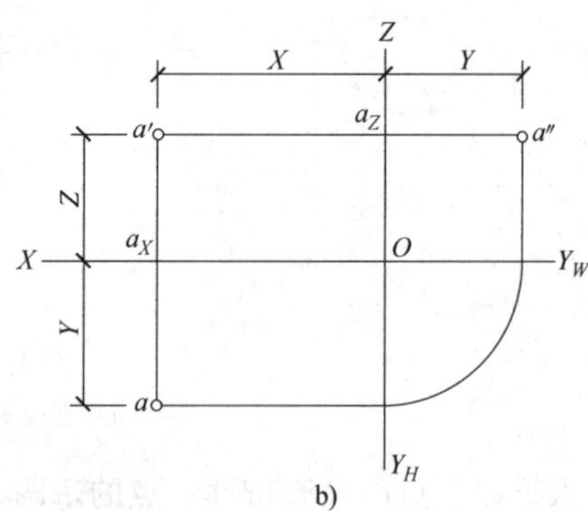

图 4-6　点的投影与直角坐标的关系

a）直观图　b）投影图

这样就得出结论：已知一点的三面投影，就可以求出该点的三个坐标；反过来，已知点的三个坐标，同样可以作出该点的三面投影。

例 4-2　已知点 A 的坐标（15，20，10），试作出该点的三面投影图。

作图步骤（图 4-7）：

（1）作投影轴，视投影轴为坐标轴。在 OX 轴上，从点 O 向左截取点 a_X，使 $Oa_X=15$。

（2）过点 a_X 引 OX 轴的垂线，在该垂线上自点 a_X 向下截取 $aa_X=20$ 和向上截取

$a'a_X=10$，得到水平投影 a 及正面投影 a'。

（3）过点 a' 引 OZ 轴的垂线，在所引垂线上截取 $a''a_Z=20$，求得侧面投影 a''。

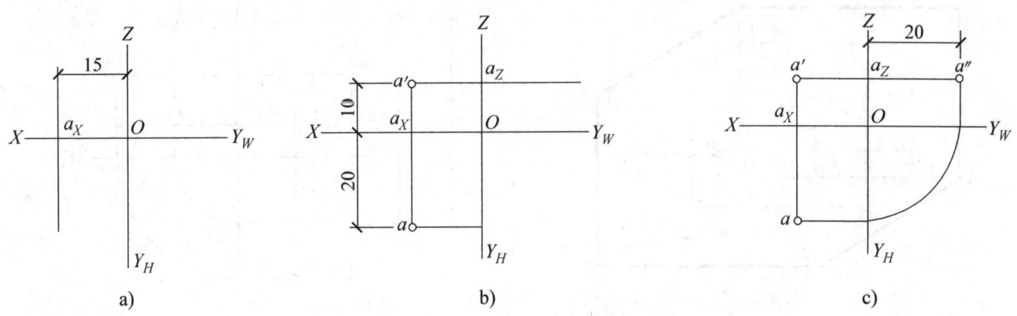

图 4-7 根据点的坐标作点的投影图

当空间点位于一个投影面内时，它的三个坐标中必有一个为零。在图 4-8 中，点 D 位于 H 面内，则点 D 的 Z 坐标值为 0。点 D 的水平投影 d 与点 D 本身重合；正面投影 d' 落在 OX 轴上；侧面投影 d'' 落在 OY 轴上。当三面投影图展开时，d'' 在 OY_W 轴上。

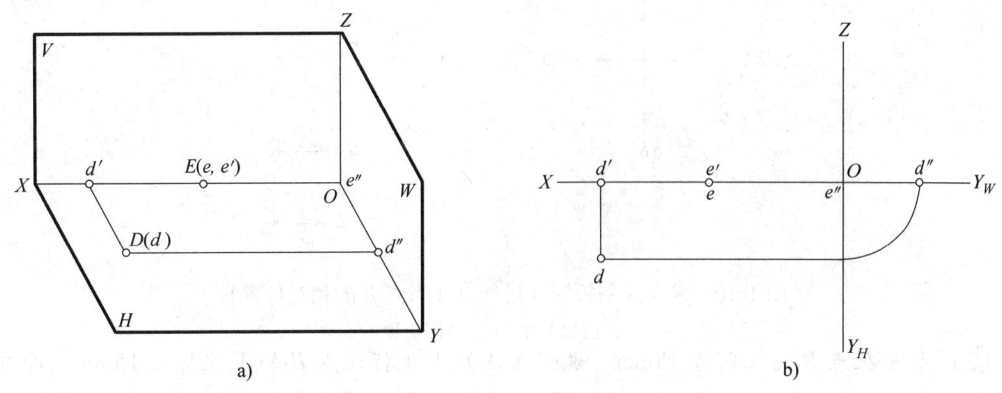

图 4-8 特殊位置点的投影

当空间点位于投影轴上，它的两个坐标等于零，即该点的两个投影与点本身重合，第三个投影与原点重合，见图 4-8 中的点 E。在投影面或投影轴上的点，称为特殊位置点。

五、空间点的相对位置及重影点

（一）两点的相对位置

两点的相对位置是指沿平行于投影轴 OX、OY、OZ 方向的左右、前后和上下的相对关系，是由两点相对于投影面 W、V、H 的距离差（即坐标差）决定的。X 坐标差表示两点的左右位置，Y 坐标差表示两点的前后位置，Z 坐标差表示两点的上下位置。即 X 坐标大者在左，小者在右；Y 坐标值大者在前，小者在后；Z 坐标值大者在上，小者在下。在图 4-9 中，分析比较 A、B 两点的投影及坐标关系，可知点 A 位于点 B 的左后上方。

例 4-3 已知点 A 在点 B 的正前方 15mm 处，如图 4-10a 所示。求作点 A 的 V、H 面投影。

作图步骤（图 4-10b）：

（1）由于点 A 在点 B 的正前方，说明点 A 的 X、Z 坐标都与点 B 的相同，所以 a' 重合于 b'，b' 在 a' 之后，b' 不可见，所以记作“(b')”。

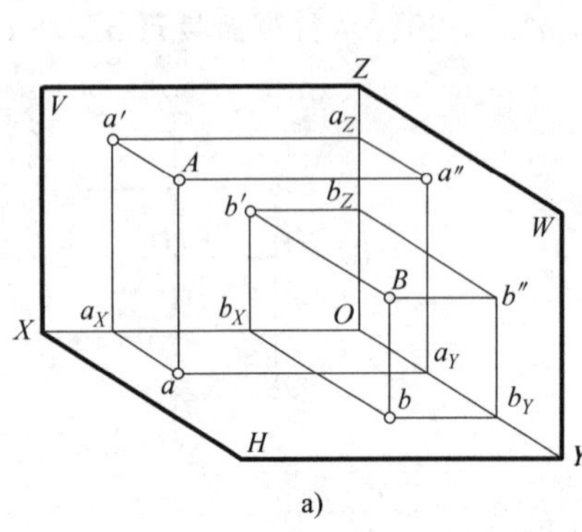

a)

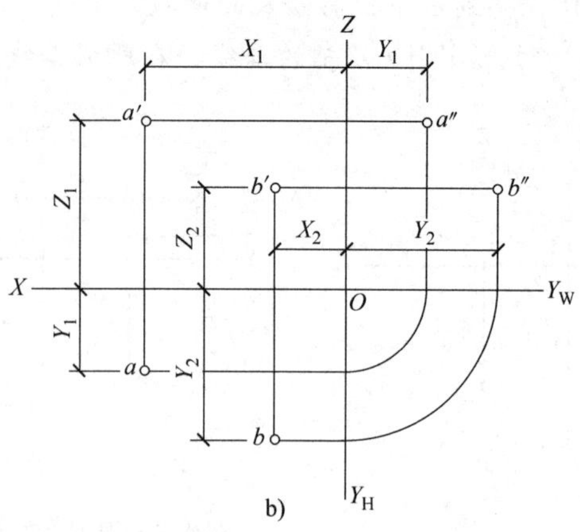

b)

图 4-9　两个点的相对位置

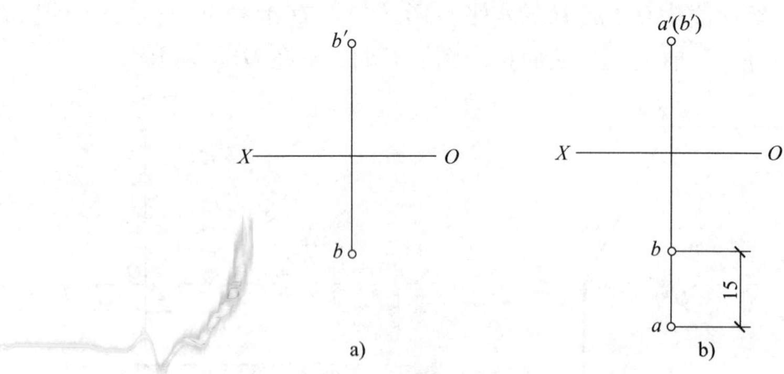

图 4-10　求点 A 的投影（已知点 A 对点 B 的相对位置）

a）已知条件　b）作图步骤

（2）点 A 在点 B 的正前方 15mm，说明点 A 的 Y 坐标比点 B 的 Y 坐标大 15mm，即在 H 面上点 A 距 OX 轴比点 B 远 15mm。所以延长 $b'b$，并在其延长线上截取 $ba=15\text{mm}$，得到 a。

（二）重影点及可见性判断

当两点某个方向坐标差等于零时，两点必位于同一投射线上，则它们在与该投射线相垂直的投影面上的投影必定重合。若两点（或多点）位于某一投影面的同一投射线上时，则它们在该投影面上的投影必然重合，这些点称为该投影面的重影点，见表 4-1。

表 4-1　投影面的重影点

名称	H 面的重影点（上下重影）	V 面的重影点（前后重影）	W 面的重影点（左右重影）
立体图	V, Z, W, X, H, Y, O, a′, A, a″, b, B, b″, a(b)	V, Z, W, X, H, Y, O, c′(d′), D, C, d″, c″, d, c	V, Z, W, X, H, Y, O, e′, f′, E, F, e″(f″), e, f

（续）

名称	H 面的重影点（上下重影）	V 面的重影点（前后重影）	W 面的重影点（左右重影）
投影图			
投影特性	A、B 两点的水平投影 a、b 重合，说明这两点的 X、Y 坐标相同，位于向 H 面的同一条投射线上，所以 a、b 为 H 面的重影点。A、B 两点的相对高度，可在 V 面投影或 W 面投影看出，因为 A 在 B 的正上方，即 $Z_A > Z_B$。向 H 面投影时，A 遮挡 B，点 A 的 H 面投影可见，点 B 的 H 面投影不可见，重合的投影标记为 $a(b)$	C、D 两点的正面投影 c'、d' 重合，说明这两点的 X、Z 坐标相同，位于向 V 面的同一投射线上，所以 c'、d' 为 V 面的重影点。从 H 面或 W 面投影可以看出，点 C 在点 D 的前方，即 $Y_C > Y_D$，对 V 面投影而言，C 遮挡 D，点 C 可见，点 D 不可见，重合的投影标记为 $c'(d')$	E、F 两点的侧面投影 e''、f'' 重合，说明这两点的 Y、Z 坐标相同，位于向 W 面的同一投射线上，所以 e''、f'' 为 W 面的重影点。从 H 面或 V 面投影可以看出，点 E 在点 F 的左方，即 $X_E > X_F$，对 W 面投影而言，点 E 可见，点 F 为不可见，重合的投影标记为 $e''(f'')$

分析上表可以得知，当两点的某一投影重合时，就会产生判断重影的可见与不可见的问题。可见性是相对一个投影面而言的，我们可以由点的另外两个投影面的投影关系或点的坐标关系来确定其可见或不可见。坐标大者为可见，坐标小者为不可见。在作图中，不可见点的投影字母需加小括号区别。

第二节　直线的投影

一、直线投影的形成

由几何学可知，直线的空间位置可以由直线上任意两点来确定，因此直线的投影可通过直线上任意两点的投影决定。求作直线的投影，只要作出直线上两点的投影，两点的同面投影连线，就是直线在该投影面上的投影，如图 4-11 所示。

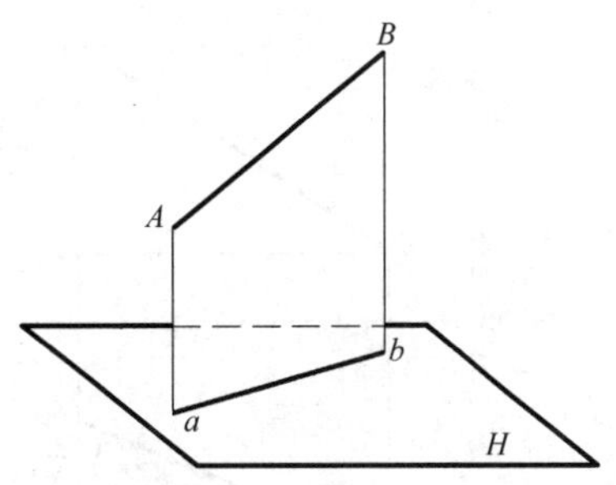

图 4-11　直线投影的形成

二、一般位置直线

（一）一般位置直线的投影特点

如图 4-12 所示，直线 AB 与三个投影面都倾斜，它与投影面 H、V、W 分别有一倾角，用 α、β、γ 表示，且 α、β、γ 均为锐角，这种直线称为一般位置直线，简称一般直线。

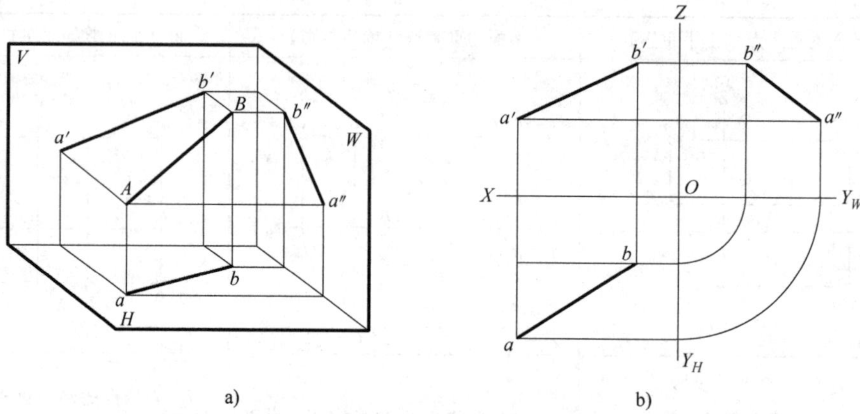

图 4-12　一般位置直线的投影

一般位置直线的投影特点如下：

（1）一般直线在三个投影面上的投影均倾斜于投影轴。

（2）一般直线的投影与三个投影轴的夹角，均不反映空间直线对投影面的倾角。

（3）一般直线的投影长度均小于实长。

（二）一般位置直线的实长及其对投影面的倾角

由一般位置直线的投影特点可以得知，直线的投影不反映实长，投影与投影轴的夹角也不反映空间直线对投影面的倾角。在投影图中可运用直角三角形法求解一般直线的实长及其倾角，如图 4-13 所示。

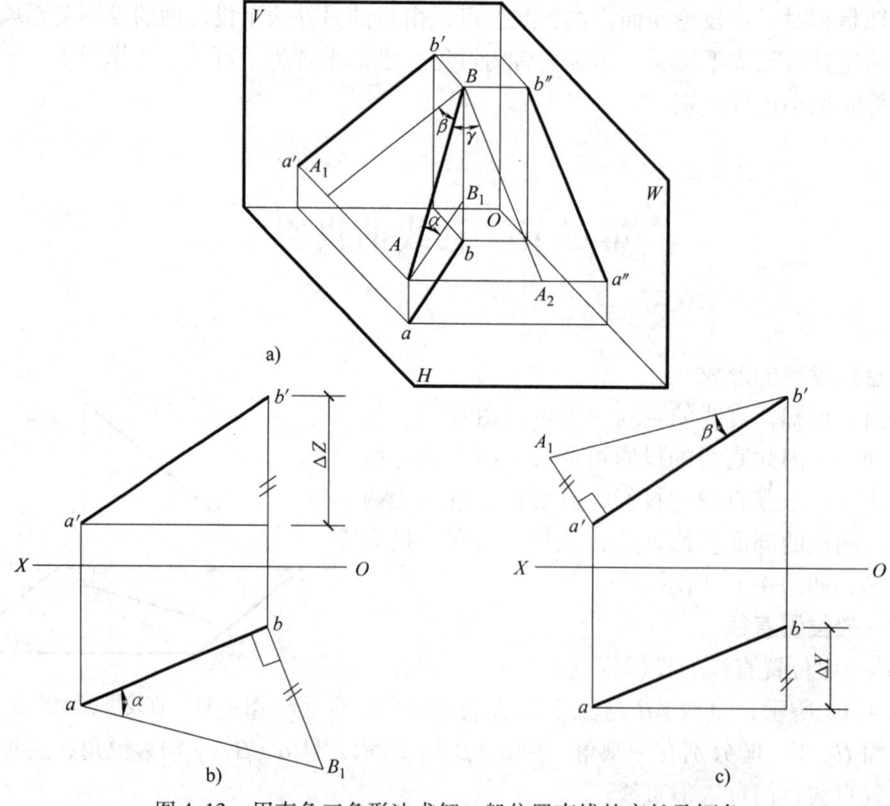

图 4-13　用直角三角形法求解一般位置直线的实长及倾角

a）直观图　b）以水平投影作直角三角形　c）以正面投影作直角三角形

在投影图上求线段实长的方法是：以线段在某个投影面上的投影为一直角边（如 ab），以线段两端点到该投影面的距离差为另一直角边（如 ΔZ），作一个直角三角形，这个直角三角形的斜边就是所求线段的实长（如 aB_1），此斜边与投影的夹角就等于线段对该投影面的倾角。

例 4-4　试用直角三角形法求图4-14a所示直线 CD 的实长及其对投影面 H 的倾角 α。

分析：要求直线 CD 对投影面 H 的倾角，必须以直线的水平投影 cd 为直角边，另一直角边则是正投影 $c'd'$ 两端点到 OX 轴的距离差 ΔZ。

作图步骤：详见图 4-14b 所示。

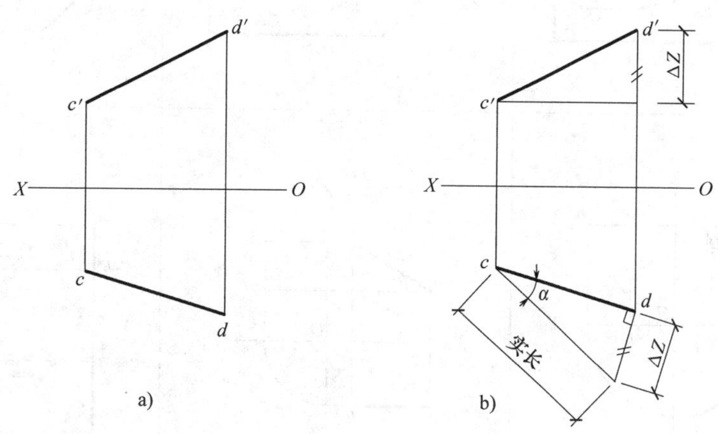

图 4-14　求解线段 CD 的实长及倾角

a）已知条件　b）作图步骤

三、特殊位置直线

（一）投影面平行线

平行于一个投影面，但与另两个投影面都倾斜的直线称为投影面平行线。

投影面平行线有三种形式（表 4-2）：

水平线——平行于水平投影面 H 的直线；

正平线——平行于正立投影面 V 的直线；

侧平线——平行于侧立投影面 W 的直线。

表 4-2　投影面的平行线

名称	水平线（$AB /\!/ H$）	正平线（$AB /\!/ V$）	侧平线（$AB /\!/ W$）
直线在形体上的位置	A　B	B　A	A　B

（续）

名称	水平线（$AB/\!/H$）	正平线（$AB/\!/V$）	侧平线（$AB/\!/W$）
立体图	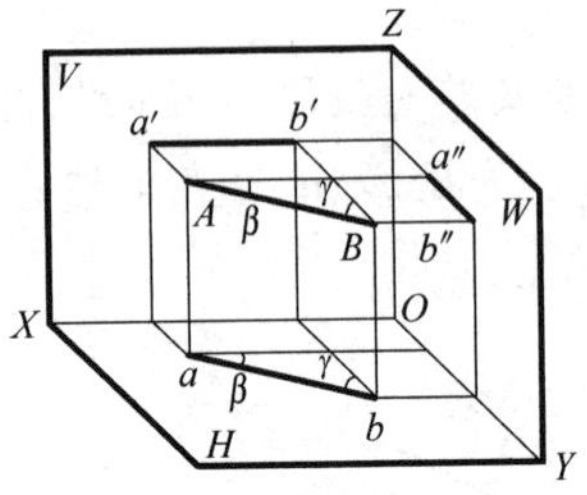	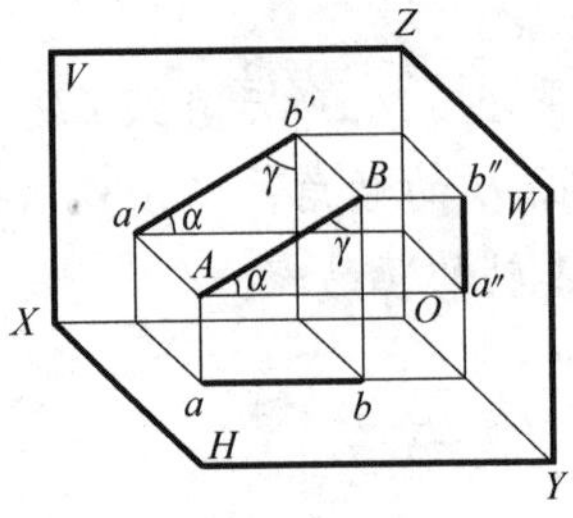	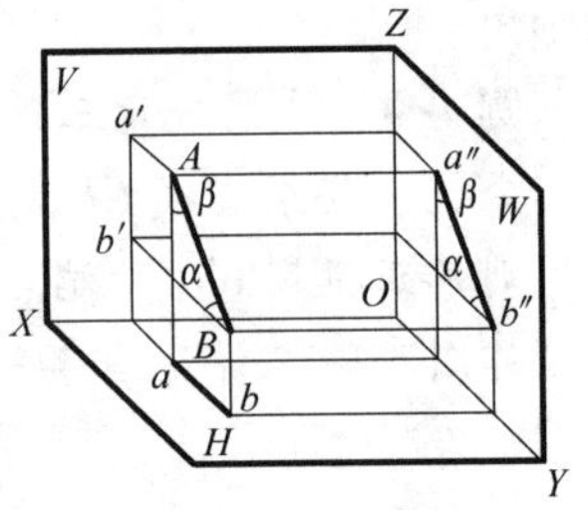
投影图	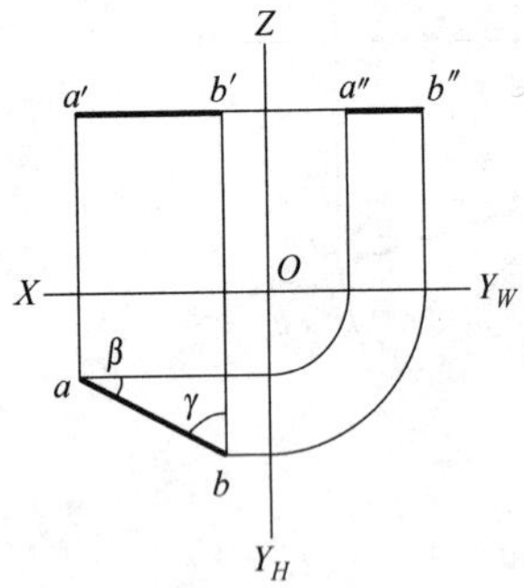	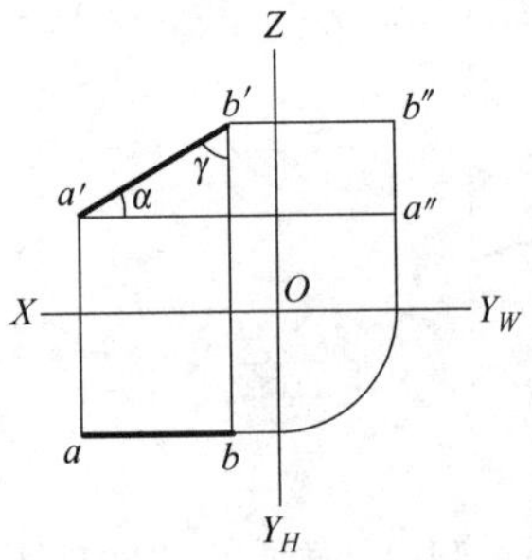	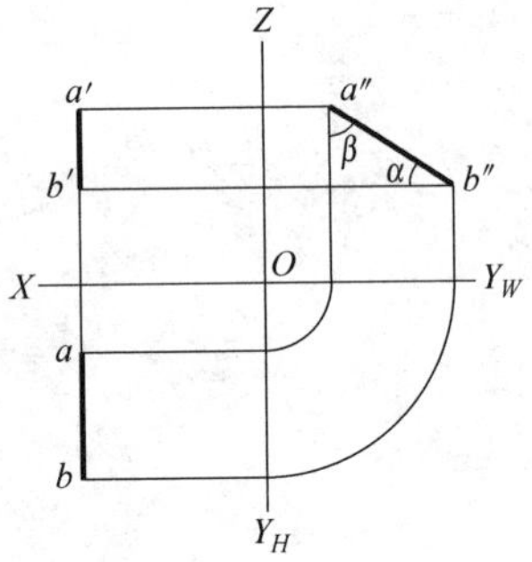
投影特性	1. H 面投影反映实长 2. H 面投影与 OX 轴、OY_H 轴的夹角，分别反映直线 AB 与 V 面、W 面的倾角 β、γ 3. V 面投影及 W 面投影分别平行于 OX 轴和 OY_W 轴，但均不反映实长，且比实长短	1. V 面投影反映实长 2. V 面投影与 OX 轴、OZ 轴的夹角，分别反映直线 AB 与 H 面、W 面的倾角 α、γ 3. H 面投影及 W 面投影分别平行于 OX 轴和 OZ 轴，但均不反映实长，且比实长短	1. W 面投影反映实长 2. W 面投影与 OY_W 轴、OZ 轴的夹角，分别反映直线 AB 与 H 面、V 面的倾角 α、β 3. H 面投影及 V 面投影分别平行于 OY_H 轴和 OZ 轴，但均不反映实长，且比实长短

分析表 4-2，可以归纳出投影面平行线的投影特性：

（1）投影面平行线在它所平行的投影面上的投影反映实长（即有显实性），此投影与投影轴的夹角，反映直线与相应投影面的倾角。

（2）投影面平行线的其他两个投影平行于相应的投影轴，但不反映实长。

（二）投影面的垂直线

垂直于一个投影面，平行于另两个投影面的直线，称为投影面的垂直线。

投影面垂直线有三种形式（表 4-3）：

铅垂线——垂直于水平投影面 H 的直线；

正垂线——垂直于正立投影面 V 的直线；

侧垂线——垂直于侧立投影面 W 的直线。

表 4-3　投影面的垂直线

名称	铅垂线（$AB\perp H$）	正垂线（$AB\perp V$）	侧垂线（$AB\perp W$）
直线在形体上的位置			
立体图			
投影图			
投影特性	1. H 面投影积聚成一点 2. V 面投影与 W 面投影分别垂直于 OX 轴和 OY_H 轴，且均反映实长	1. V 面投影积聚成一点 2. H 面投影与 W 面投影分别垂直于 OX 轴和 OZ 轴，且均反映实长	1. W 面投影积聚成一点 2. V 面投影与 H 面投影分别垂直于 OZ 轴和 OY_H 轴，且反映实长

分析表 4-3，可以归纳得出投影面垂直线的投影特性：

（1）投影面垂直线在它所垂直的投影面上的投影积聚成一点（即有积聚性）。

（2）投影面垂直线的其他两个投影分别垂直于相应的投影轴，并反映实长（即有显实性）。

四、直线上的点

直线上的点有如下投影特性：

（1）直线上点的各面投影必在直线的同面投影上，且符合点的投影规律。

假设 C 是直线 AB 上的一个点，过点 C 作 H 及 V 面的垂直投射线 Cc 和 Cc'，如图 4-15 所示。由初等几何可以推理出点 C 的水平投影 c 及正面投影 c' 分别在直线 AB 的水平投影 ab

及正面投影 $a'b'$ 上。

(2) 点分割直线段成一定比例，则该点的投影按相同的比例分割直线段的同面投影。

在图 4-15 中，Aa、Bb、Cc 是互相平行的投射线，根据平面几何的知识可知：同一平面内的直线 AB 和 ab 被一组平行线截得的比例不变，即 $AC:CB = ac:cb$。

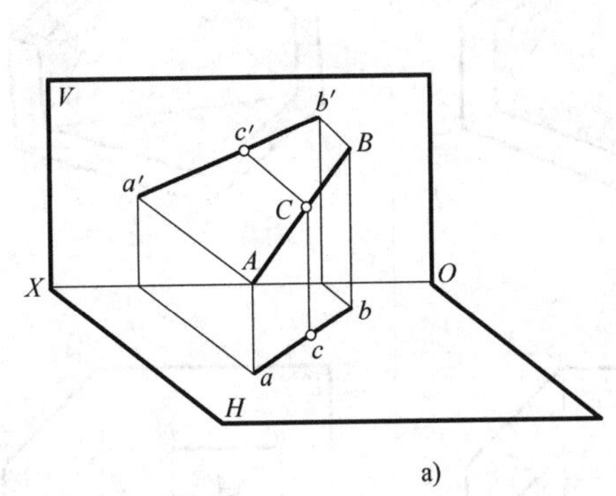

a)

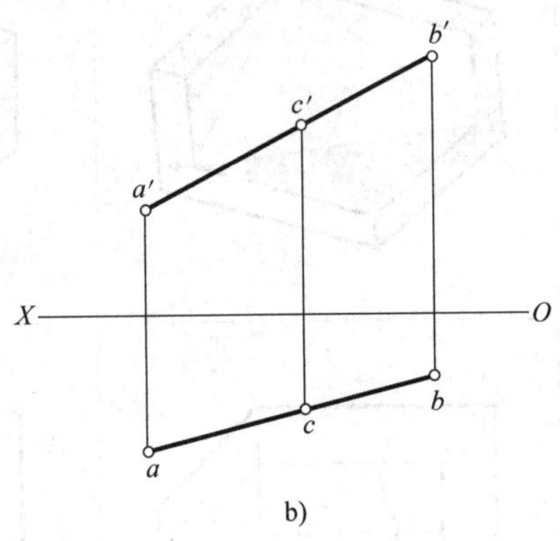

b)

图 4-15　直线上点的投影

a) 直观图　b) 投影图

例 4-5　判断图4-16 中 AB 两点是否在直线 MN 上。

分析：因为点 A 的 V 面投影 a' 不在直线 MN 的 V 面投影 $m'n'$ 上，所以点 A 不在直线 MN 上；而点 B 的 V 面投影 b' 和 H 面投影 b 都在直线 MN 的同面投影上，所以点 B 在直线 MN 上。

一般情况下，判断点是否在直线上，只需观察它们的两面投影即可，但对一些投影面的平行线，判断点是否在其上，还须观察它们的第三面投影，才能准确无误。

例 4-6　点 A 和侧平线 MN 的投影如图4-17a 所示，判断点 A 是否在 MN 上。

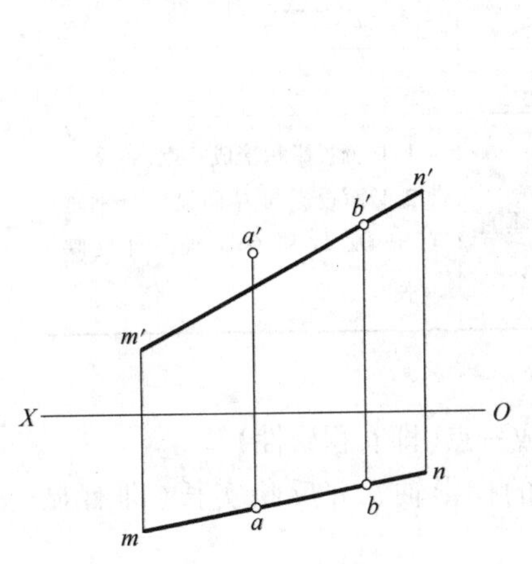

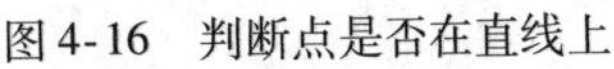
图 4-16　判断点是否在直线上

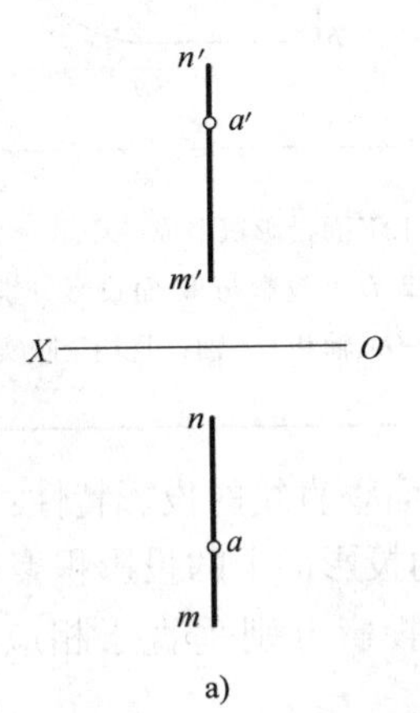

a)

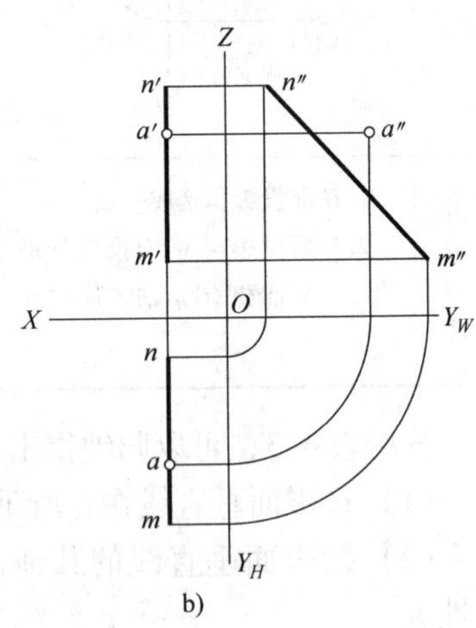

b)

图 4-17　判断点是否在侧平线上

a) 已知条件　b) 作图步骤

分析：由于直线为侧平线，需先作出它们的侧面投影 a''。由图可看出，尽管 a 和 a' 都分别在直线的同面投影 mn 和 $m'n'$ 上，但 a'' 不在 $m''n''$ 上，所以点 A 不在直线 MN 上。

作图步骤：详见图 4-17b 所示。

例 4-7　直线 AB 的投影如图4-18所示，如将直线 AB 按 $AC:CB=3:4$ 进行分割，求作分割点 C 的投影。

作图步骤：

(1) 过投影点 a 作任意直线 ab_0，并在直线上截取任意长度的七等份，找出点 c_0，使 $ac_0:cb_0=3:4$。

(2) 将点 b 和点 b_0 两点连线，过点 c_0 作辅助线平行于 b_0b，交 ab 于点 c，此点便是分割点 C 的水平投影。

(3) 由点 c 向上作铅垂线，与 $a'b'$ 的交点便是分割点 C 的正面投影 c'。

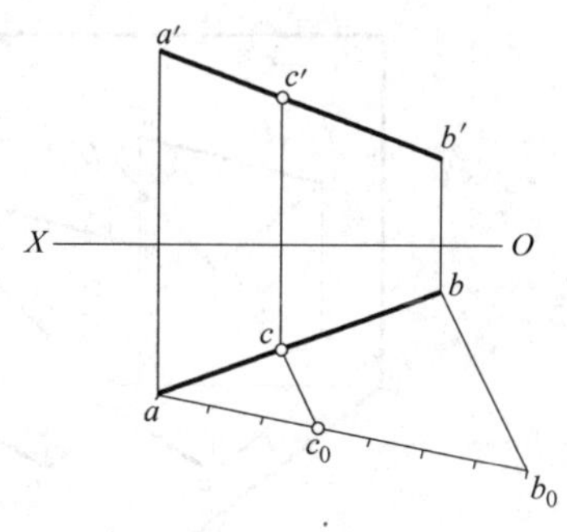

图 4-18　点分割直线成比例的投影

例 4-8　侧平线 BC 的 V、H 面投影及 BC 上点 M 的 H 面投影如图4-19a 所示，求作点 M 的 V 面投影。

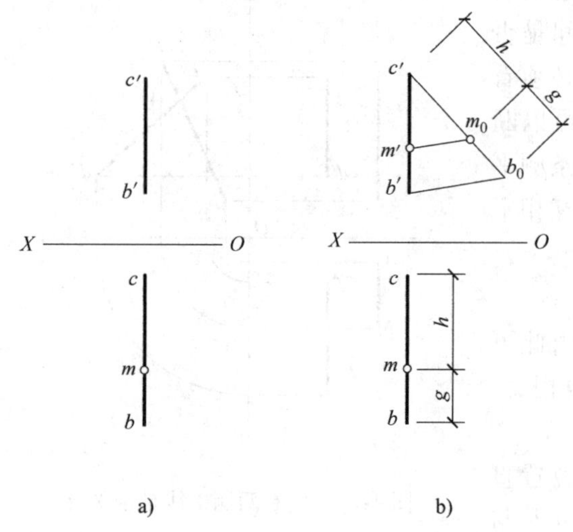

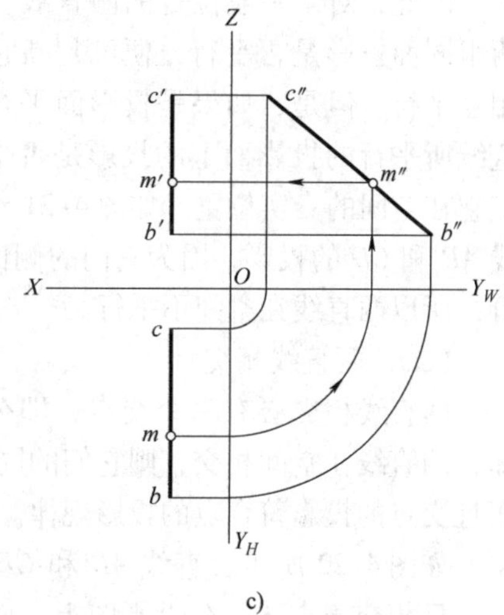

图 4-19　在侧平线上取点

a) 已知条件　b) 方法 1　c) 方法 2

作图步骤：

方法 1：把点 M 水平投影 m 所分 bc 的比例 $g:h$ 移到正面投影 $b'c'$ 上，作出 m'，如图 4-19b 所示。

方法 2：作出 BC 的侧面投影 $b''c''$，然后在 $b''c''$ 上作出 m''，最后在 bc 上求得 m'，如图 4-19c 所示。

五、两直线的相对位置

两直线在空间的相对位置有三种：平行、相交和交叉。下面分别论述它们的投影特性。

(一) 两直线平行

根据平行投影的特性可知：两直线在空间互相平行，则它们的同面投影也互相平行。反之，若两直线的各个同面投影分别互相平行，则两直线在空间平行。

如图 4-20 所示，直线 AB 和 CD 是一般位置直线，且 $AB /\!/ CD$，则直线 AB、CD 的水平投影 ab、cd 一定互相平行。同理可知，其正面投影和侧面投影也互相平行，即 $a'b' /\!/ c'd'$，$a''b'' /\!/ c''d''$。

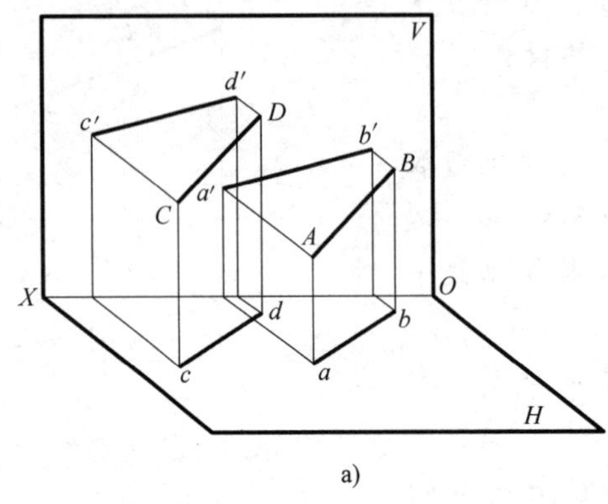

a)

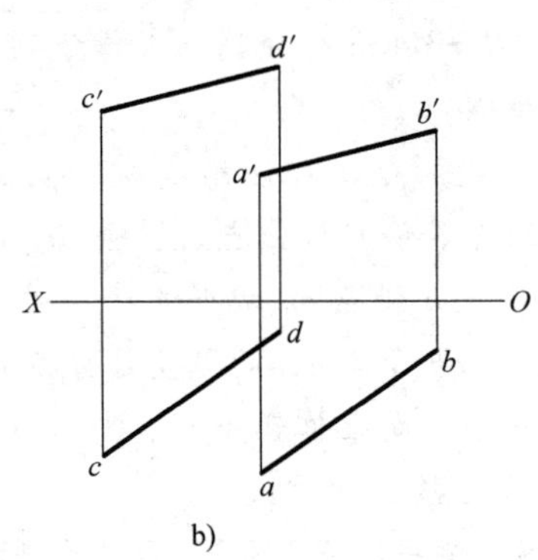

b)

图4-20 平行两直线的投影

因此，对于一般位置的两直线，仅根据它们的两组同面投影是否平行，便可判断它们在空间是否相互平行。但是，如果是投影面平行线，则必须看直线所平行的投影面上的投影是否平行，才可以断定它在空间的真实位置。如图4-21给出的两条侧平线 AB 和 CD 的投影，因为它们的侧面投影不互相平行，所以两直线在空间不平行。

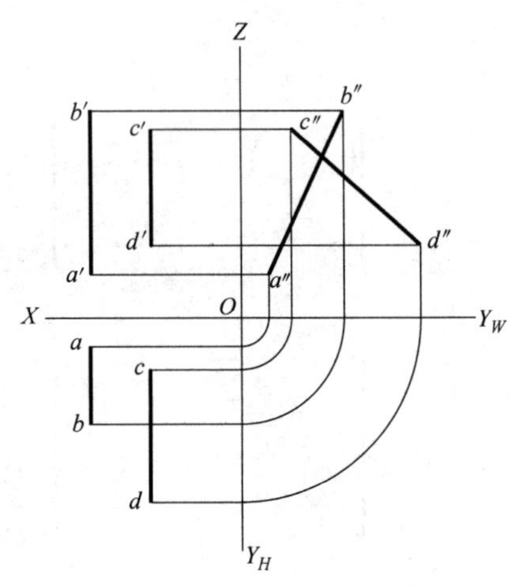

图4-21 判断两侧平线是否平行

（二）两直线相交

两直线相交必有一个交点，即公共点。由此可知，两直线在空间相交，则它们的同面投影也相交，而且交点的投影符合点的投影规律。

如图4-22所示，直线 AB 和 CD 是一般位置直线，且相交于点 K，在投影图上，ab 与 cd、$a'b'$ 与 $c'd'$ 均相交，且交点 K 的投影 k 和 k' 的连线垂直于 OX 轴。

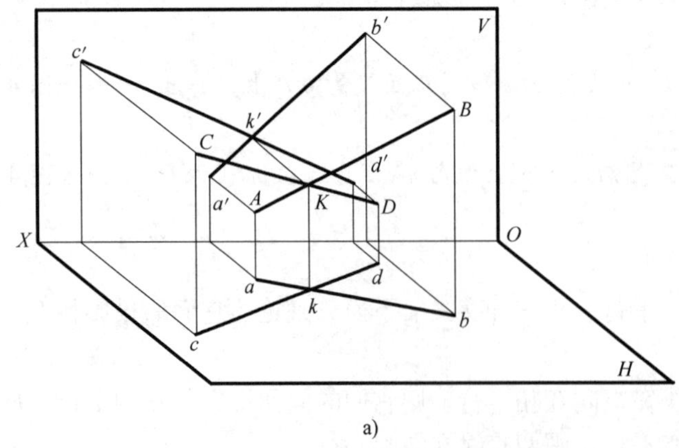

a)

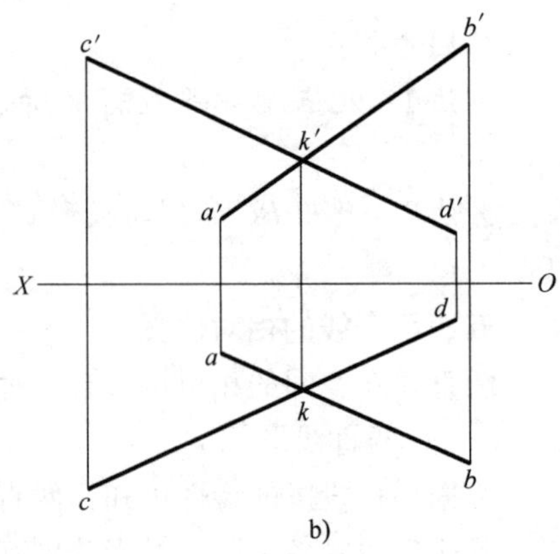

b)

图4-22 相交两直线的投影

同两直线平行的判断一样，若两直线为一般位置的直线，判断空间两直线是否相交，只要根据它们的两组同面投影判断即可。但当其中有一条为投影面的平行线时，则必须根据它

们的第三面投影是否相交，且各投影面上交点的投影连线是否与投影轴垂直，才能准确地断定两直线是否相交。如图 4-23 所示，直线 *AB* 和 *CD* 的水平投影与正面投影都相交，但由于直线 *AB* 是侧平线，应先画出两直线的侧面投影，从图中可以看出，两直线的侧面投影相交，但交点的侧面投影与正面投影的连线不垂直于 *OZ* 轴，即交点不符合点的投影规律，则可以断定 *AB* 与 *CD* 不相交。

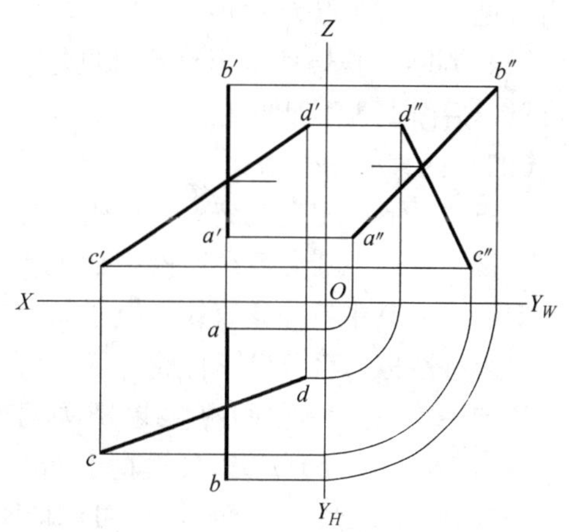

图 4-23 判断两直线是否相交

（三）两直线交叉

空间既不平行也不相交的直线，称为交叉直线，如图 4-24a 所示的直线 *AB* 和 *CD* 即为交叉直线。因为交叉两直线不同属于一个平面，所以在几何学上又称为“异面直线”。

判断一般位置两直线是相交还是交叉，就是要判断它们的同面投影的交点是否符合点的投影规律。若是真正的交点则表示相交，若交点不符合点的投影规律则表示是交叉。但如果其中一条或两条是投影面的平行线，则需根据第三面投影加以判断。

虽然交叉两直线的同面投影有时也相互平行，但所有同面投影不可能同时都互相平行。交叉两直线的同面投影也可能相交，但交点是交叉直线上两个点的投影，由于这两个点有一对同面投影相重合，因此是该投影面的重影点。如图 4-24 所示，*ab* 和 *cd* 的交点是 *AB* 上点Ⅰ和 *CD* 上点Ⅱ的水平投影，由于点Ⅰ和点Ⅱ位于同一铅垂线上，所以水平投影 1 重合于 2，而点Ⅰ遮挡点Ⅱ，用重影点的可见性表示为 1(2)。同样 *a′b′* 和 *c′d′* 的交点是 *AB* 上点Ⅳ和 *CD* 上点Ⅲ的正面投影，由于点Ⅲ和点Ⅳ位于同一正垂线上，所以正面投影 3′重合于 4′，点Ⅲ可见，点Ⅳ不可见，用 3′(4′) 表示。

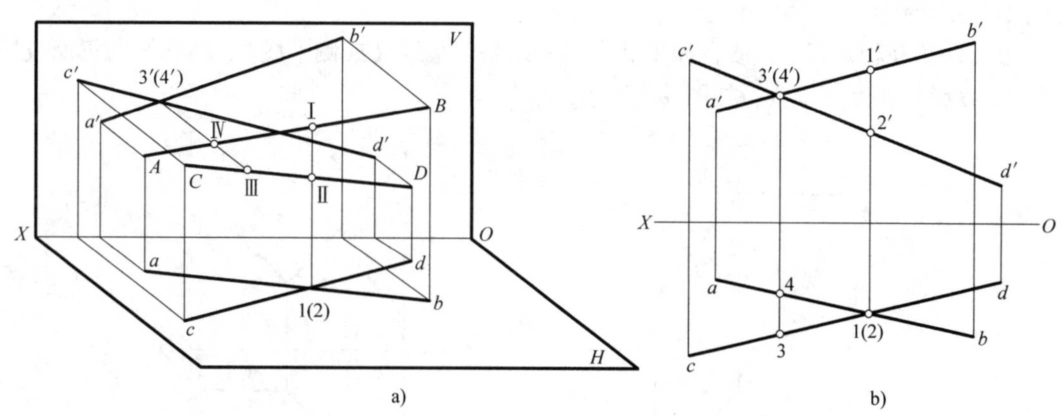

图 4-24 交叉两直线的投影及重影点的可见性判断

因此，在交叉两直线的投影图中，对于同面投影相重合的两点，需要判断该投影面重影点的可见性。一般遵循以下原则：

（1）判断 *H* 投影面重影点的可见性，必须作出它们的 *V* 面投影，从上向下看，上面一

点为可见，下面一点为不可见。

（2）判断 V 投影面重影点的可见性，必须作出它们的 H 面投影，从前向后看，前面点为可见，后面点为不可见。

（四）两直线垂直

一般情况下，相交或交叉两直线的投影不反映两直线夹角的真实大小。当两直线都平行于某一投影面时，其夹角在该投影面上反映实形。但空间相交或交叉的两直线为直角（垂直）时，只要其中有一条直线平行于某一投影面，则该直角在此投影面上的投影仍为直角。这一投影特性称为直角投影特性。

如图 4-25 所示，空间两直线 AB 垂直于 BC，且直线 AB 平行于 H 面，直线 BC 倾斜于 H 面，因为 AB 既垂直于 BC，又垂直于 Bb，所以 AB 垂直于平面 $BCcb$。又因为 AB 平行于 ab，所以 ab 也垂直于平面 $BCcb$。因此可以证明，ab 垂直于 bc，即 $\angle abc = 90°$。

同理，可以证明图 4-26 中所示的互相垂直的两交叉直线 DE 与 BC，如 $DE /\!/ H$ 面，则水平投影 $de \perp bc$。因此，直角的投影特性适用于相互垂直的相交直线和交叉直线。

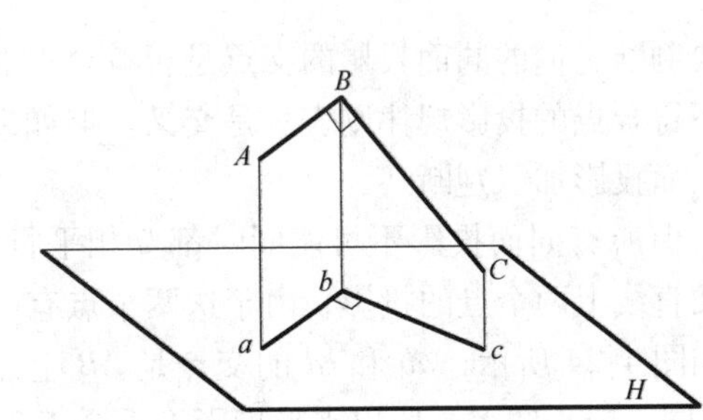

图 4-25　直角投影（一）

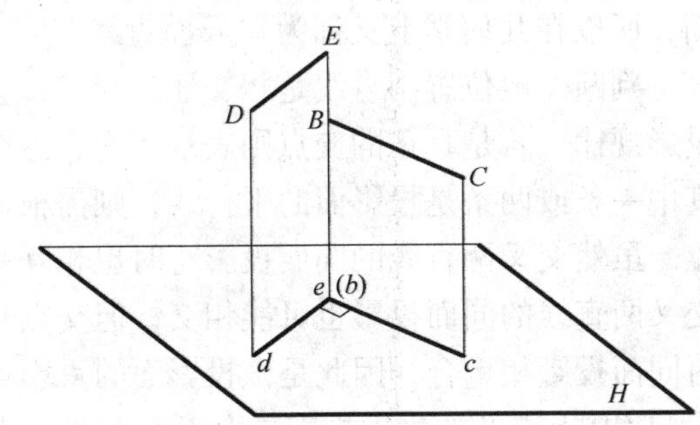

图 4-26　直角投影（二）

由直角投影的特性，我们可以得出以下结论：

（1）两条互相垂直的直线，如果其中有一条是水平线，则它们的水平投影必互相垂直，如图 4-27a 所示。

（2）两条互相垂直的直线，如果其中有一条是正平线（或侧平线），则它们的正面投影（或侧面投影）必互相垂直，如图 4-27b 所示。

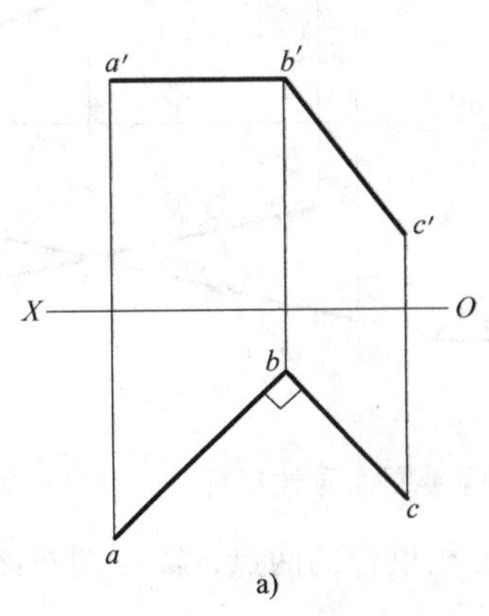

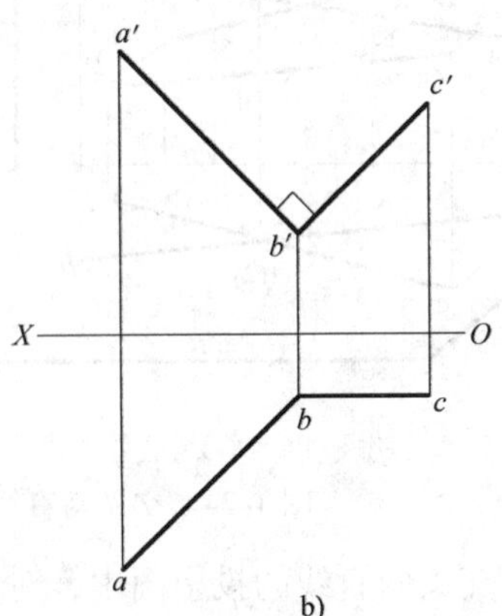

图 4-27　直角投影（三）

我们可以利用直角投影的特性，解答有关距离的问题。

例 4-9　求作图4-28a 中点 A 到正平线 CD 的距离。

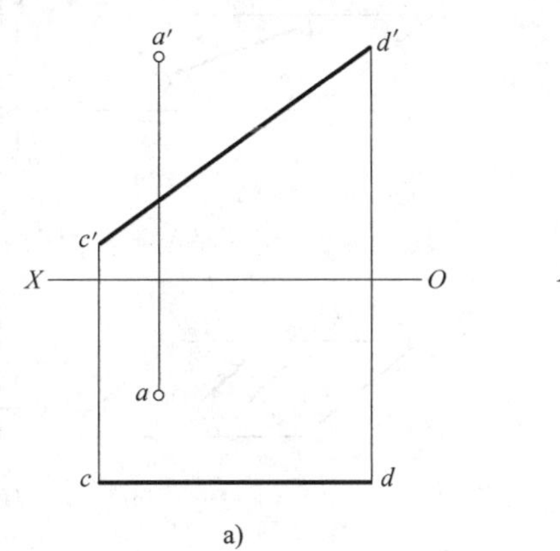

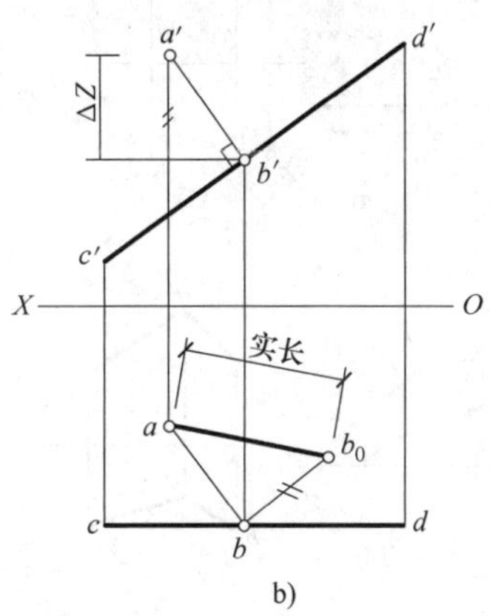

图 4-28　求点到直线的距离

a）已知条件　b）作图步骤

作图步骤：

（1）过点 a' 作直线 $a'b'$ 垂直于 $c'd'$，得垂足 b'，$a'b'$ 即为点 A 到 CD 的垂线的正面投影。

（2）过点 b' 向下作 OX 轴的垂线，在 cd 上得到交点 b。

（3）连接点 a 和点 b，得到水平投影 ab。

（4）用直角三角形法，作出垂线 AB 的实长 ab_0。

第三节　平面的投影

一、平面的表示法

由几何学可知，平面可由以下几何元素来确定：

（1）不在同一直线上的三个点（图 4-29a）。

（2）一直线和线外一点（图 4-29b）。

（3）两相交直线（图 4-29c）。

（4）两平行直线（图 4-29d）。

（5）任一平面图形（图 4-29e）。

以上五种平面的表示方法，称为几何元素表示法。这几种方法所表示的平面位置是唯一的，而且可以相互转换，后四个方法可由第一种基本方法转化而来。

二、各种位置平面的投影

空间平面在三面投影体系中的位置可以划分为三种情况：

一般位置平面——与三个投影面都倾斜的平面；

投影面平行面——只平行于一个投影面，而与另外两个投影面垂直的平面；

投影面垂直面——只垂直于一个投影面，而与另外两个投影面倾斜的平面。

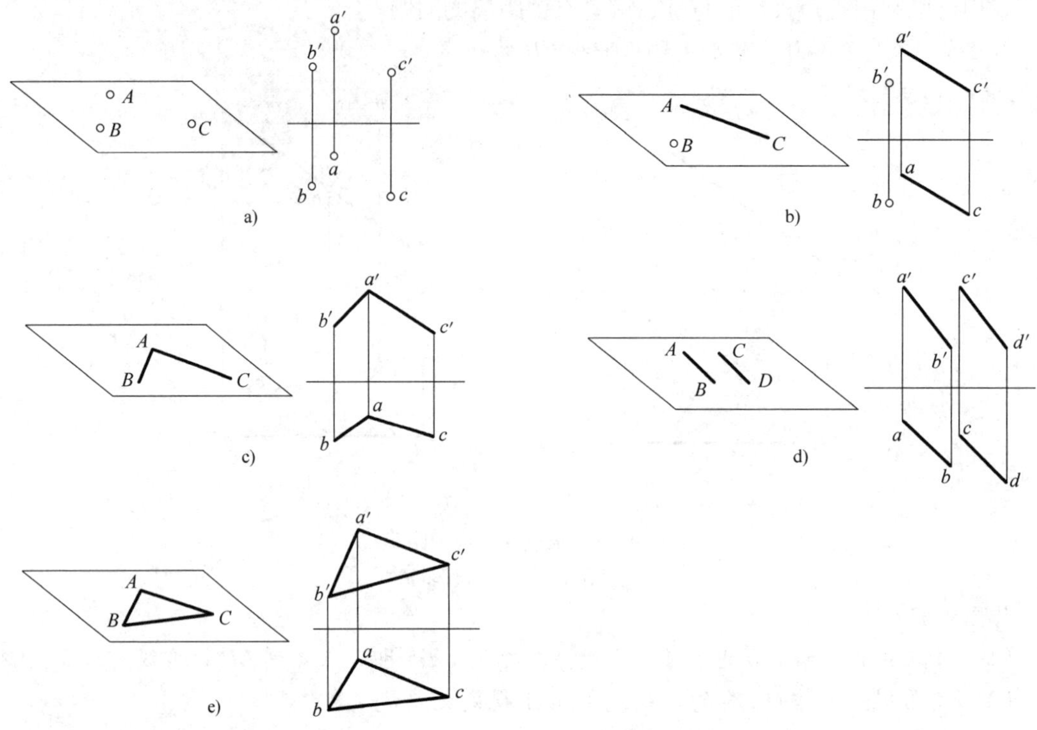

图 4-29　平面表示法——几何元素表示法

（一）一般位置平面

一般位置平面在各投影面上的投影既不反映平面实形，也不具有积聚性，投影均为原图形的类似形，且各投影的图形面积均小于实形，也不反映平面对投影面的倾角的实形，如图 4-30所示。

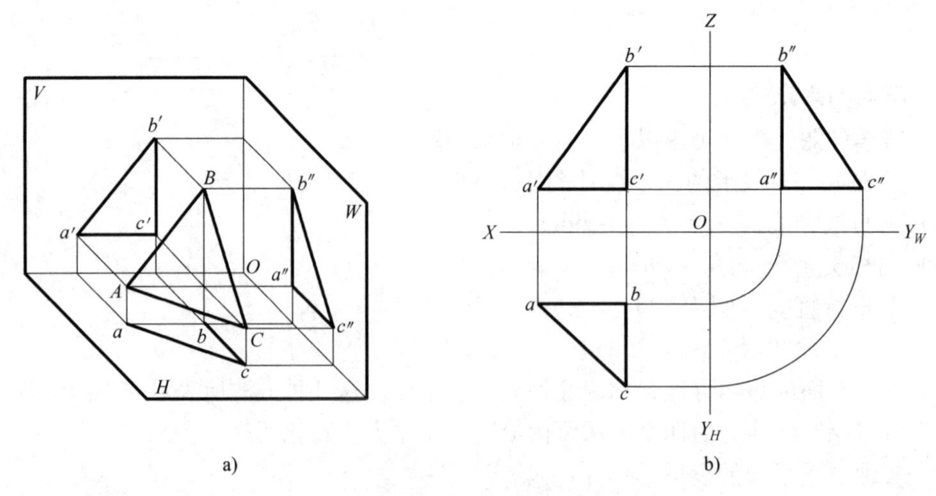

图 4-30　一般位置平面的投影

（二）投影面的平行面

投影面的平行面有三种形式（表 4-4）：

水平面——平行于 *H* 面的平面；

正平面——平行于 V 面的平面；

侧平面——平行于 W 面的平面。

表 4-4　投影面的平行面

名称	水平面（$P/\!/H$）	正平面（$Q/\!/V$）	侧平面（$R/\!/W$）
平面在形体上的位置	P	Q	R
立体图	V, Z, p', p'', P, W, X, O, p, H, Y	V, Z, q', W, Q, O, q'', X, H, q, Y	V, Z, r', W, R, r'', X, O, r, H, Y
投影图	Z, P', P'', X, O, Y_W, P, Y_H	Z, q', q'', X, O, Y_W, q, Y_H	Z, r', r'', X, O, Y_W, r, Y_H
投影特性	1. H 面投影反映实形 2. V 面投影与 W 面投影分别积聚成直线，且分别平行于 OX 轴和 OY_W 轴	1. V 面投影反映实形 2. H 面投影与 W 面投影分别积聚成直线，且分别平行于 OX 轴和 OZ 轴	1. W 面投影反映实形 2. V 面投影与 H 面投影分别积聚成直线，且分别平行于 OZ 轴和 OY_H 轴

分析表 4-4 所示三种平行面，可以归纳出投影面平行面的投影特性：

（1）投影面平行面在它所平行的投影面上的投影反映实形。

（2）投影面平行面在另外两个投影面上的投影积聚成直线，该直线分别平行于相应的投影轴。

（三）投影面的垂直面

投影面的垂直面有三种形式（表 4-5）：

铅垂面——垂直于 H 面，倾斜于 V 面和 W 面的平面；

正垂面——垂直于 V 面，倾斜于 H 面和 W 面的平面；

侧垂面——垂直于 W 面，倾斜于 V 面和 H 面的平面。

表 4-5　投影面的垂直面

名称	铅垂面（$P\perp H$）	正垂面（$Q\perp V$）	侧垂面（$R\perp W$）
平面在形体上的位置	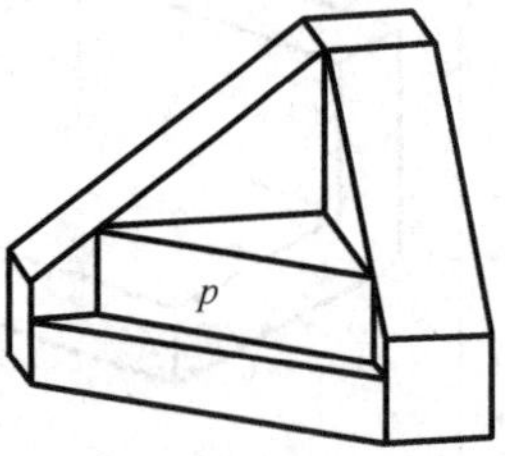	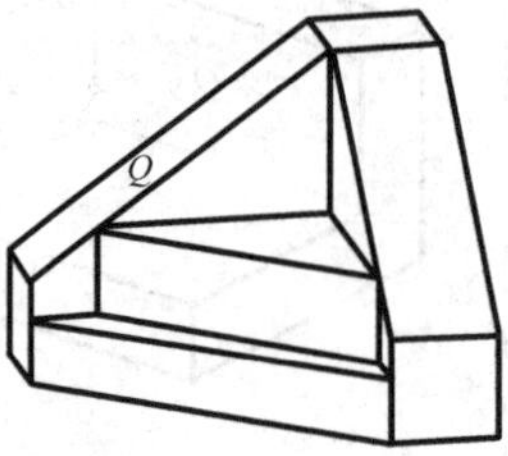	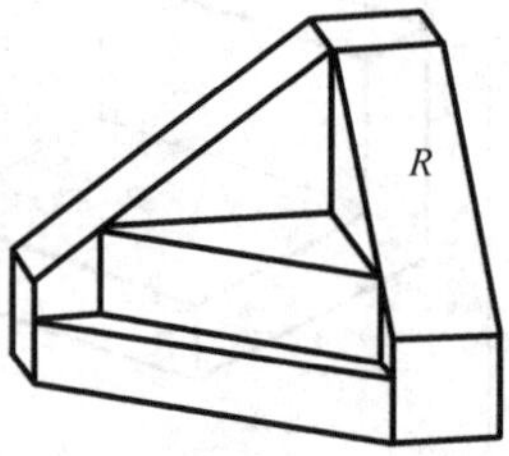
立体图	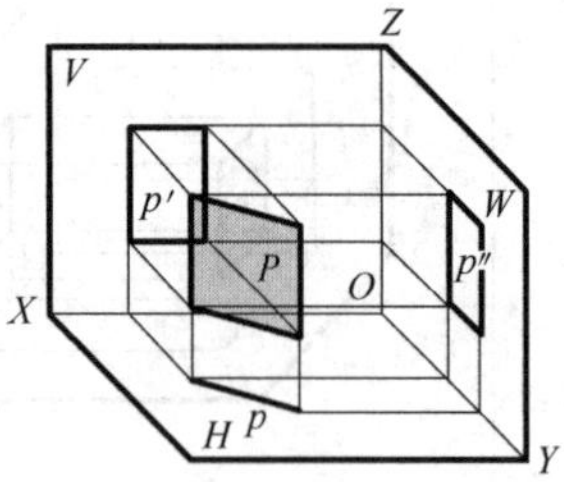	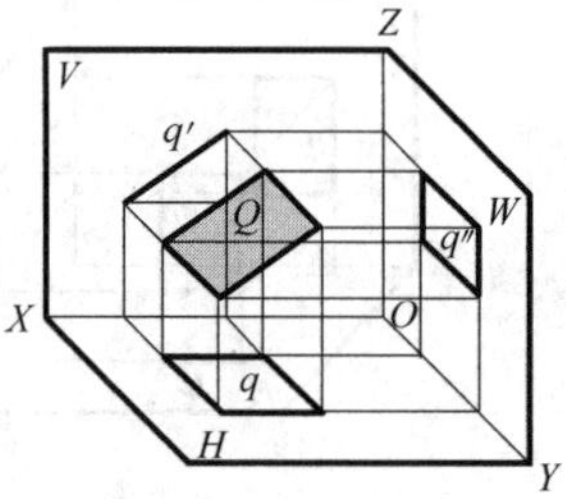	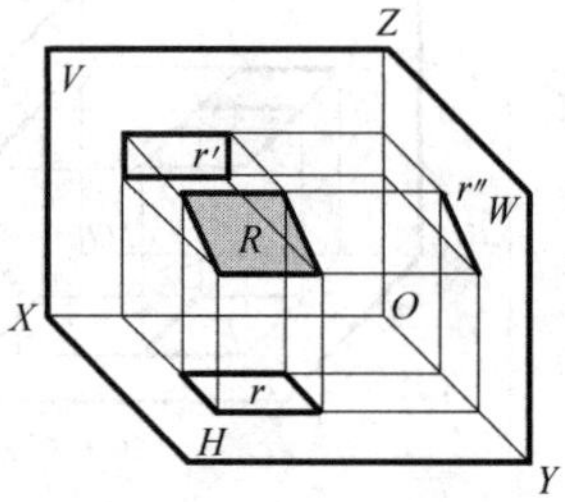
投影图	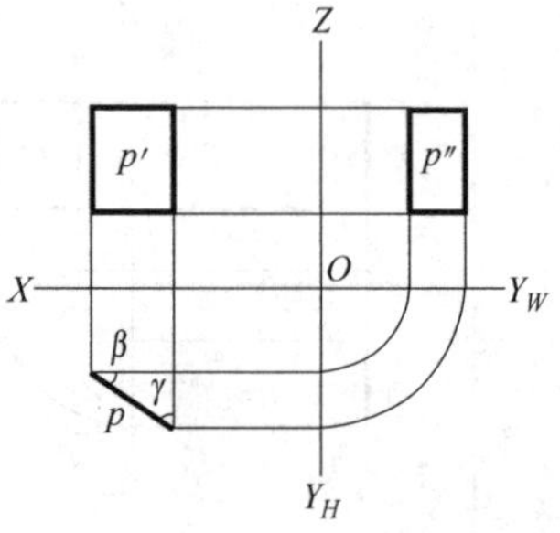	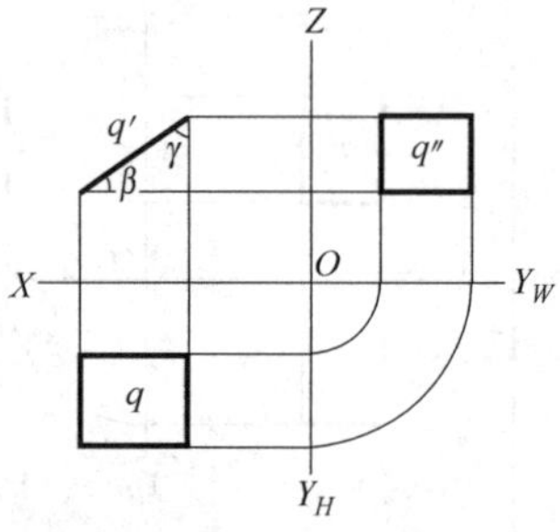	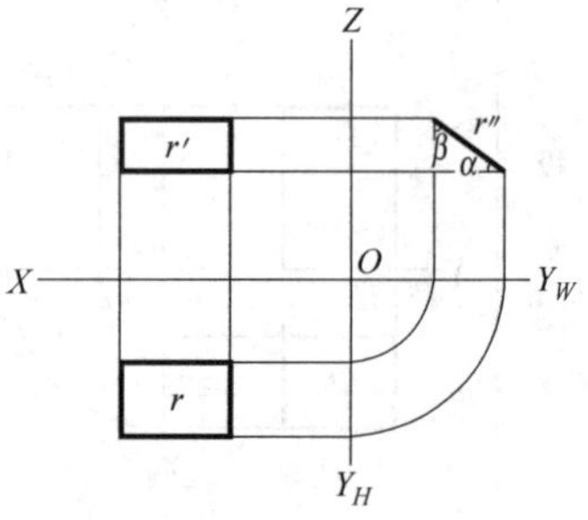
投影特性	1. H 面投影积聚成一斜线，并反映对 V、W 面的倾角 β 与 γ 2. V 面投影与 W 面投影均为面积缩小的类似形	1. V 面投影积聚成一斜线，并反映对 H、W 面的倾角 α 与 γ 2. H 面投影与 W 面投影均为面积缩小的类似形	1. W 面投影积聚成一斜线，并反映对 H、V 面的倾角 α 与 β 2. H 面投影与 V 面投影均为面积缩小的类似形

分析表 4-5 所示三种投影面垂直面，可以归纳出投影面垂直面的投影特性：

（1）投影面垂直面在它所垂直的投影面上的投影积聚为直线，此直线与投影轴的夹角反映平面对另两个投影面倾角的实形。

（2）投影面垂直面在另外两个投影面上的投影为原平面图形的类似形，面积比实形小。

三、平面内的点和直线

（一）点在平面内的判定原则

点在平面内的一条直线上，则此点一定在该平面上。

如图4-32a所示，点A在平面P内的一直线CD上，所以点A在平面P内。由此我们可以根据点与直线在平面内的判定原则，分两步作出已知平面内的点。第一步，在已知平面内作一辅助直线；第二步，在所作辅助线上定点。

例4-10　已知三角形ABC内一点K的正面投影k'，试作水平投影k（图4-31a）。

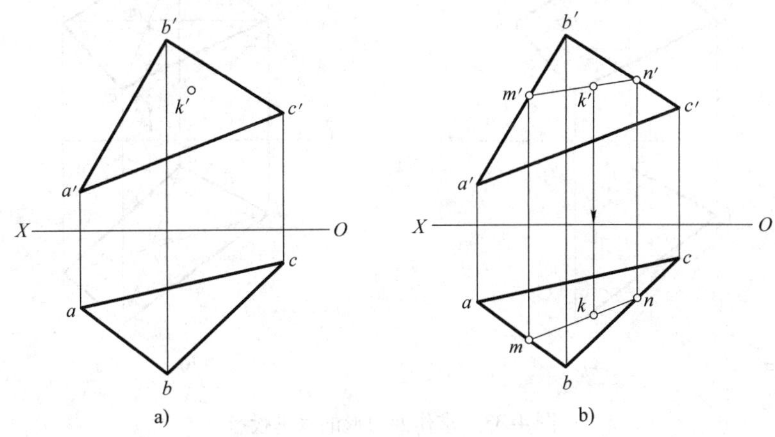

图4-31　求直线上点的投影
a）已知条件　b）作图步骤

分析：在三角形内过点K作一辅助线，所求点K的水平投影一定在所作的辅助直线的水平投影上。

作图步骤：

（1）在正面投影中过点k'作辅助直线$m'n'$。

（2）过$m'n'$作OX轴的垂线，在水平投影中得到mn。

（3）过点k'作OX轴的垂线与mn相交于点k，点k即为所求。

（二）直线在平面内的判定原则

（1）如果一直线通过平面内的两个点，则此直线一定位于该平面内。

（2）如果一直线通过平面内的一个点，且平行于平面内的一条直线，则此直线一定位于该平面内。

如图4-32b所示，点A、B在平面P内，所以直线AB一定在平面P内；如图4-32c所示，点E是平面P内的一个点，直线MN过点E且平行于平面P内的一已知直线AB，则直

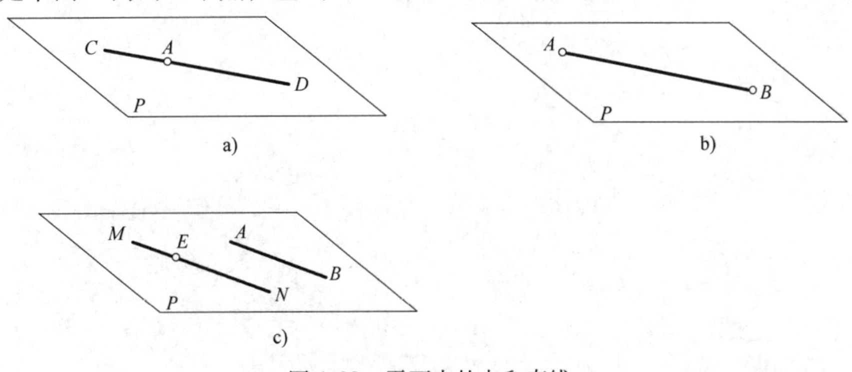

图4-32　平面内的点和直线

线 MN 一定在平面 P 内。

例 4-11 已知四边形 $ABCD$ 的正面投影 $a'b'c'd'$ 及 A、B、C 三点的水平投影 a、b、c（图4-33a），试作出此四边形的水平投影。

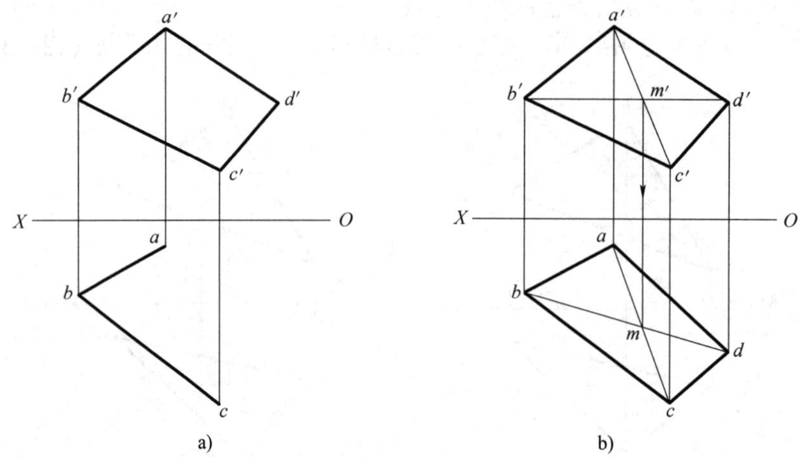

图 4-33 求作四边形的水平投影

a）已知条件 b）作图步骤

作图步骤：

（1）在正投影图中连线 $b'd'$ 和 $a'c'$，两直线相交于点 m'。

（2）在水平投影图中连线 ac；过点 m' 向下引 OX 轴的垂线，与直线 ac 相交于点 m。

（3）延长直线 bm，与过点 d' 所引 OX 轴的垂线相交于点 d。

（4）连接 $abcd$ 四点，即为所求四边形的水平投影。

第五章

曲线与曲面的投影

【主要内容】

1. 常见曲线（圆、圆柱螺旋线）、回转曲面（圆柱面、圆锥面、球面、平螺旋面）的形成原理及投影作图。

2. 在常见回转曲面上取点、取线的分析与作图，作图方法有素线法和纬圆法。

3. 螺旋楼梯的作图。

【学习目标】

1. 知道常见曲面的投影规律及其作图。

2. 懂得并会在曲面表面取点、取线的投影作图。判断所取点、线的空间位置，判明可见性。这是本章重点，也是难点。

3. 懂得素线法、纬圆法的应用原理，能说出两种方法的适用范围。素线法适用于直母线回转曲面上的取点和取线，纬圆法适用于曲母线回转曲面上的取点和取线。

第一节 曲　线

一、曲线概述

在建筑形体的内外表面，常会遇到各种曲线与曲面，如建筑工程中常见的圆柱、壳体屋盖、隧道的拱顶以及常见的设备管道等。了解曲线的形成和图示方法，对进一步研究曲面及曲面立体的投影特点及实际应用有很大的帮助。

（一）曲线的形成和分类

曲线可以是一个动点连续运动的轨迹，如图 5-1a 所示圆的渐开线；也可以是平面与曲面或曲面与曲面的交线，如图 5-1b 所示。

根据曲线上各点的相对位置，曲线可分为平面曲线和空间曲线两大类。

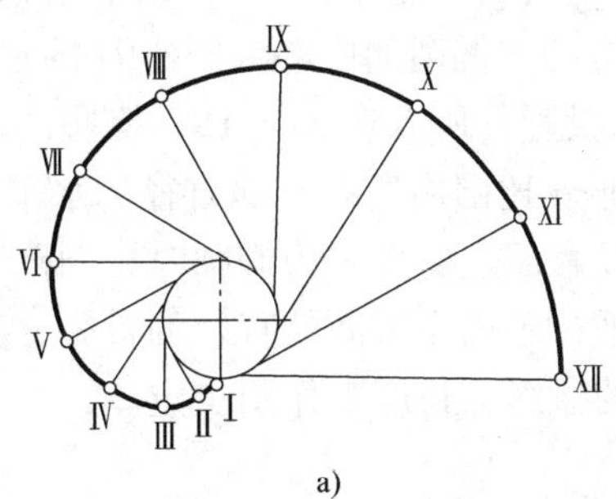

a)

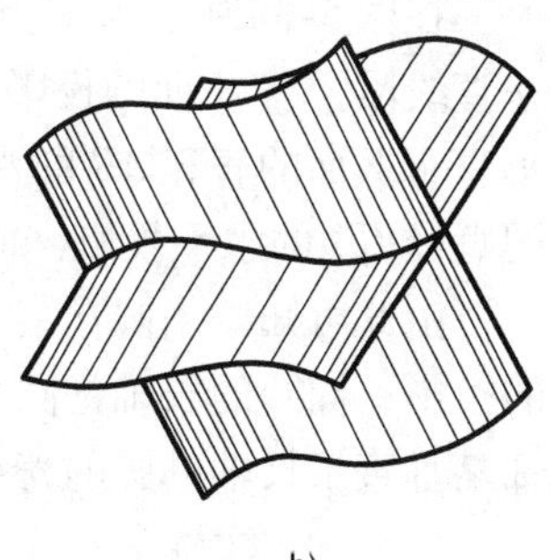
b)

图 5-1　曲线的形成

平面曲线——曲线上所有点都在同一平面内的曲线，称为平面曲线，如圆、椭圆、抛物线、双曲线等。

空间曲线——曲线上的点不在一个平面内运动所形成的曲线，称为空间曲线，如圆柱螺旋线等。

（二）曲线的投影特性

（1）曲线的投影一般仍为曲线。因为通过曲线上各点的投影线形成一个垂直于投影面的曲面，该曲面与投影面的交线为曲线，如图5-2a所示。

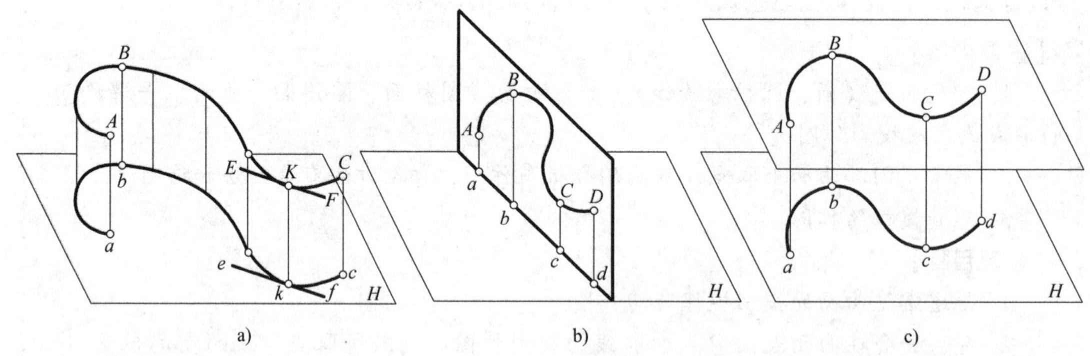

图5-2　曲线的投影特性

（2）平面曲线的投影一般仍为曲线。如椭圆的投影仍为椭圆；抛物线的投影仍为抛物线等。但是当平面曲线所在的平面垂直于某一投影面时，曲线在该投影面上的投影积聚成一条直线，如图5-2b所示；当平面曲线所在的平面平行于某一投影面时，曲线在该投影面上的投影反映实形，如图5-2c所示。

（3）曲线上点的投影在曲线的同面投影上。过曲线上任一点的切线投影，必与曲线的投影相切于该点的同面投影，如图5-2a中的直线EF与曲线相切于点K，则直线的水平投影ef与曲线的水平投影相切于点k。

二、圆

（一）圆的投影特点

圆是最常见的平面曲线，当圆垂直于某一投影面时，它在该投影面上的投影为一直线段；当圆平行于某一投影面时，它在该投影面上的投影反映实际形状；当圆倾斜于某一投影面时，它在该投影面上的投影为椭圆。

在图5-3a中，圆O所在平面是一正垂面，对H面的倾角为α，该圆在V面上的投影为一直线段，在H面的投影为椭圆。椭圆的中心为圆心O的水平投影；椭圆的长轴ab是圆内垂直于V面的直径AB的水平投影，所以有$ab=AB$；椭圆的短轴$cd \perp ab$，是圆内平行于V面的直径CD的水平投影，而且cd比圆内所有其他直径的水平投影都短。

由此可知，当圆在某一投影面上的投影为椭圆时，则椭圆的中心即为圆心在该投影面上的投影；椭圆的长轴是圆内平行于该投影面的直径的投影，其长度等于圆的直径；椭圆的短轴是垂直于长轴的圆的直径的投影，长度由作图决定。

（二）作图方法

如图5-3b所示，当正垂面上半径为R的圆的圆心O的两面投影及圆的正面投影作出之后，在作水平投影的椭圆时，先过圆心的水平投影o作OX轴的垂线，它是圆内垂直于V面

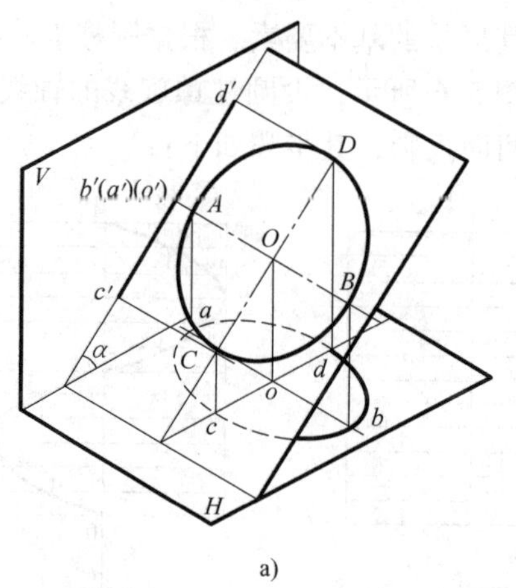

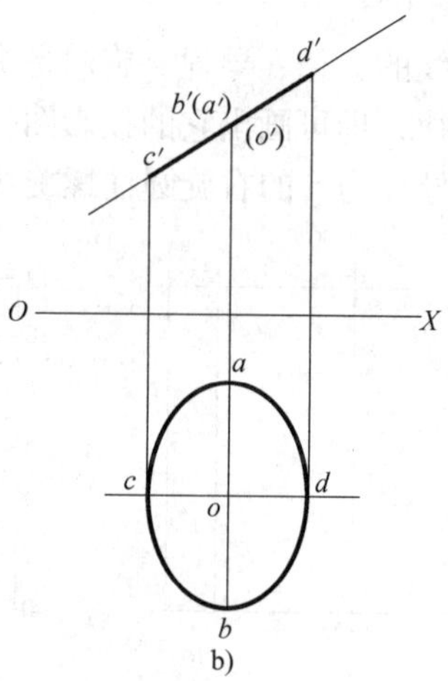

图 5-3　圆的投影

的直径 AB 的水平投影方向，在此竖直线上点 o 的两侧分别截取 $oa=ob=R$，ab 即为椭圆的长轴；再过圆心 O 作横线平行于 OX 轴，由正面投影 c'、d'分别作 OX 轴的垂线与横线的交点可得水平投影 cd，cd 即为椭圆的短轴。

椭圆的长、短轴作出以后，就可以利用几何作图法作出椭圆，见附录表 A-4。

三、圆柱螺旋线

（一）圆柱螺旋线的形成

一动点在圆柱面上绕圆柱轴线作等速旋转运动，同时又沿轴向上作等速直线上升，该点的运动轨迹称为圆柱螺旋线，如图 5-4 所示，圆柱的轴线即为螺旋线的轴线，其直径即为螺旋线的直径。

动点旋转一周，其沿轴上升的高度称为导程，用 S 表示。如果将螺旋线展开可得到一直角三角形，该三角形的斜边即为螺旋线长，底边长度为圆柱周长 πD，三角形的高就是导程 S。在三角形中，斜边与底边的夹角 α 称为升角，升角 α 与导程 S 和导圆柱直径 D 的关系为

$$\tan\alpha = S/\pi D$$

根据动点旋转方向，螺旋线可分为左螺旋线和右螺旋线两种。符合右手四指握旋方向，动点沿拇指指向上升的称为右螺旋线，如图 5-5a 所示；符合左手四指握旋方向，动点沿拇指指向上升的称为左螺旋线，如图 5-5b 所示。

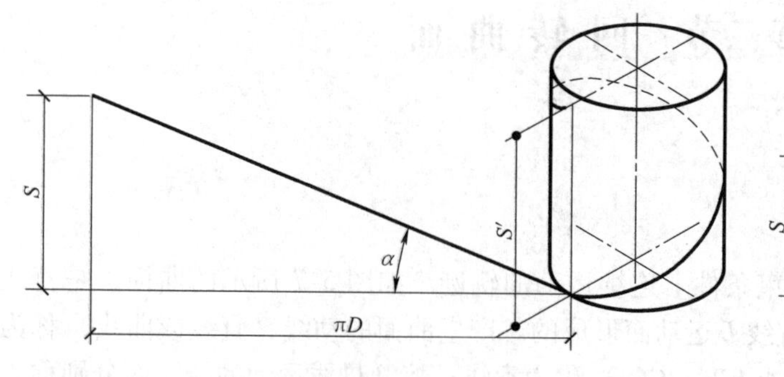

图 5-4　圆柱螺旋线的形成

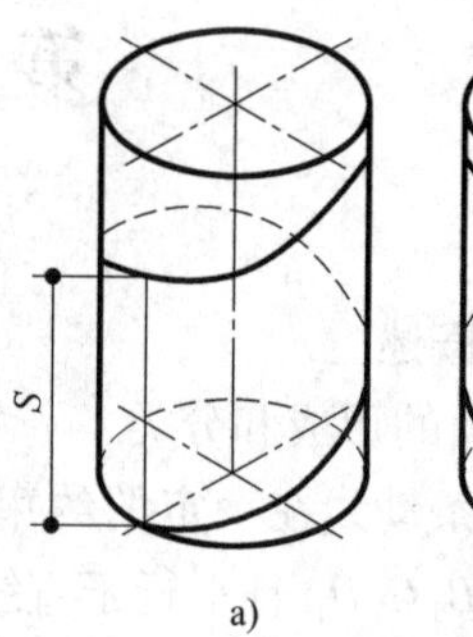

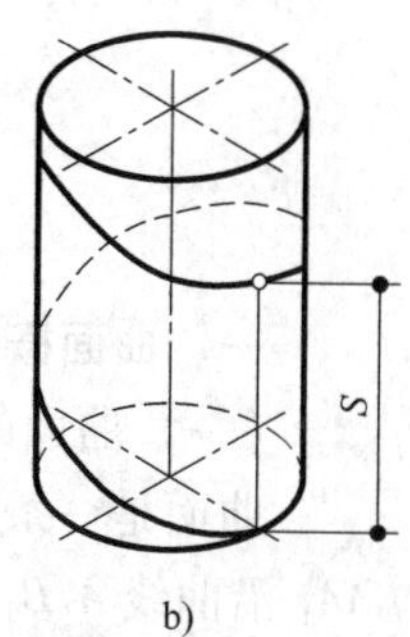

图 5-5　螺旋线
a）右螺旋线　b）左螺旋线

（二）作图方法

圆柱螺旋线的直径、导程、旋向是决定其形状的基本要素。根据圆柱螺旋线的这些要素和点的运动规律，即可画出它的投影图。如图 5-6 所示，设圆柱螺旋线的轴线垂直于 H 面，作直径为 D、导程为 S 的右旋圆柱螺旋线的两面投影，其步骤如下：

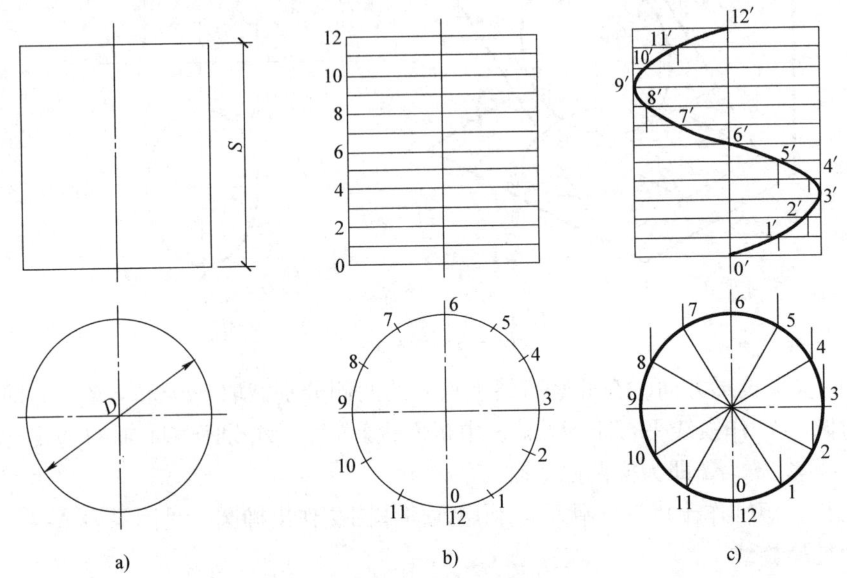

图 5-6　圆柱螺旋线的投影图画法

（1）由圆柱直径 D 和导程 S 作出圆柱的两面投影，如图 5-6a 所示。

（2）把圆柱的水平投影圆周和正面投影高分成相同等份（通常为 12 等份），如图 5-6b 所示。

（3）在水平投影上用数字沿螺旋线方向顺次标出各等分点 0、1、2、…、12。

（4）由水平投影圆周上各等分点向上作垂直线，与导程上相应的各等分点所作的水平直线相交，得螺旋线上各点的 V 面投影 1′、2′、3′、…、12′。

（5）依次用光滑曲线连接各点，即得到圆柱螺旋线的正面投影——正弦曲线，其水平投影重合于圆周上，如图 5-6c 所示。

第二节　回转曲面

一、曲面概述

（一）曲面的形成和分类

曲面是一条动线在一定的约束条件下连续运动的轨迹。如图 5-7 所示的曲面，是直线 AA_1 沿曲线 $A_1B_1C_1D_1$ 且平行于直线 L 运动而形成的。产生曲面的动线（直线或曲线）称为母线；曲面上任一位置的母线（如 BB_1、CC_1）称为素线；控制母线运动的线、面分别称为导线、导面。在图 5-7 中，直线 L、曲线 $A_1B_1C_1D_1$ 分别称为直导线和曲导线。

根据形成曲面的母线运动方式，曲面可分为：

回转曲面——由直母线或曲母线绕一固定轴旋转而形成的曲面。

非回转曲面——由直母线或曲母线依据固定的导线、导面移动而形成的曲面。

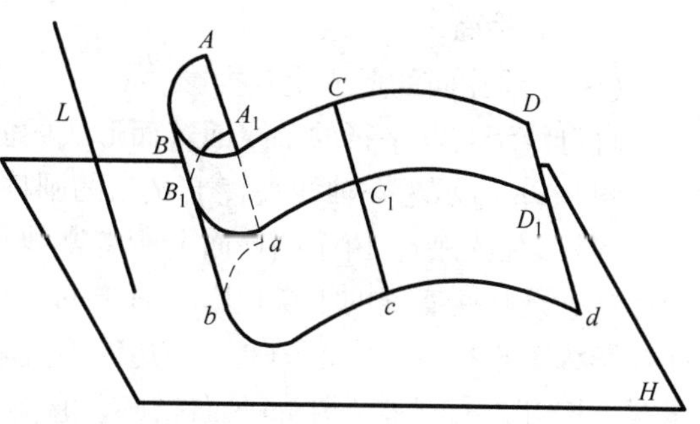

图 5-7　曲面的形成

（二）回转曲面

图 5-8a 所示为由平面曲线 *AB*（母线）绕轴线 *OO* 旋转形成的回转曲面。按旋转运动的特性，母线上任一点的运动轨迹都是一个垂直于轴线的圆，称为纬圆，纬圆的半径等于该点到轴线的距离；母线的任一停留位置称为素线。在曲面形成的纬圆中，最大的纬圆又称为赤道圆，最小的纬圆又称为颈圆。

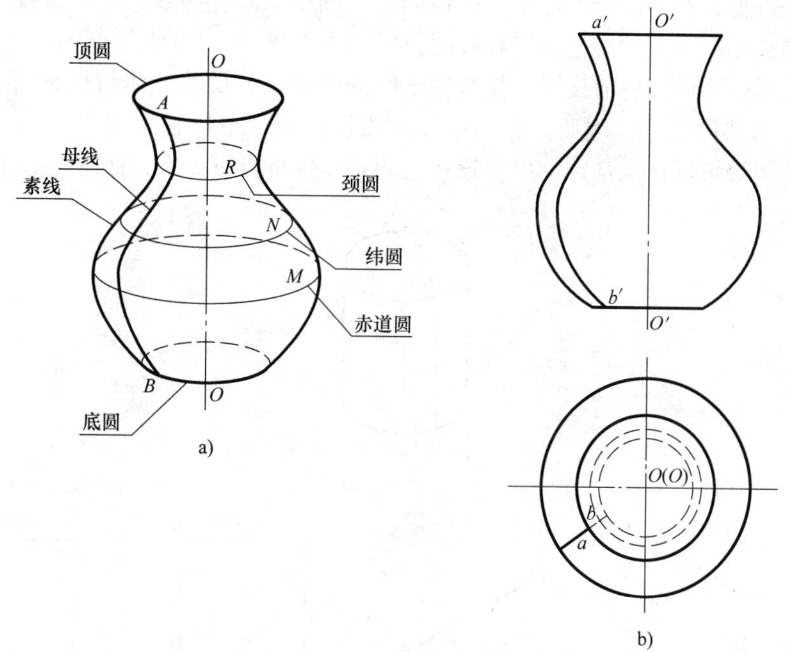

图 5-8　回转曲面的形成及其投影

图 5-8b 所示为上述回转曲面的两面投影图。曲面轴线垂直于 *H* 面，该回转面上各纬圆在 *H* 面上的投影是反映实形的同心圆，圆心为轴线的水平投影 *O*（*O*），其中最大的圆是赤道圆的 *H* 面投影，它确定回转面的 *H* 面投影的外形轮廓线。最小的虚线圆是颈圆的 *H* 面投影，反映回转面 *H* 面投影的内轮廓线。中间的粗线圆是曲面顶圆的投影，大的虚线圆是底圆的投影。回转面 *V* 面投影的轮廓线是回转面内平行于 *V* 面的两条素线的投影，反映曲母线的实形。其余素线在两投影面上都不画出。回转面上纬圆的 *V* 面投影是与轴线 *O* 垂直的水平线段，长度等于各纬圆直径的实长。

画回转曲面的投影时，在轴线所平行的投影面上用细单点长画线画出轴线的投影；在轴线所垂直的投影面上，轴线积聚为点，过该点作两条相互垂直的细单点长画线，以确定回转面上纬圆投影的圆心，称为圆的中心线。

二、圆柱面

（一）圆柱面的形成及其投影

直母线绕与其平行的轴线回转而形成的曲面，称圆柱面，如图5-9a所示。

图5-9b所示为一轴线垂直于H面的圆柱面及其在三个投影面上的投影，图5-9c是该圆柱面的三面投影图。由于圆柱面上所有素线都垂直于H面，所以圆柱面在H面的投影为一圆形，它既是两底面的重合投影（真形），又是圆柱面上所有素线的积聚投影。圆柱面的V面投影为一矩形，该矩形的上下两边线为上下两底面的积聚投影，而左右两边轮廓线是最左素线AA_1和最右素线BB_1的V面投影，它们是圆柱面前半部分和后半部分的分界线，前半部分可见，而后半部分不可见。W面投影亦为一矩形，该矩形与V面投影全等，但含义不同。V面投影中的矩形线框表示的是圆柱体中前半圆柱面与后半圆柱面的重合投影，而W面投影中的矩形线框表示的是圆柱体中左半圆柱面与右半圆柱面的重合投影。W面投影的轮廓线是最前素线CC_1和最后素线DD_1的W面投影，即圆柱面左半部分和右半部分的分界线，左半部分可见，右半部分不可见。在各面投影图中，除轮廓线，其余素线均不必画出，但应用细单点长画线画出轴线的投影和底圆投影的中心线。

在三面投影体系中，各面投影与投影轴之间的距离，只反映形体与投影面之间的距离，并不影响立体形状的表达。因此，在作形体的投影图时，投影轴可省去不画，如图5-9c，投影图之间的间隔可以任意选定，但各投影之间必须保持投影关系，作图时形体上各点的位置可按其相对坐标画出。

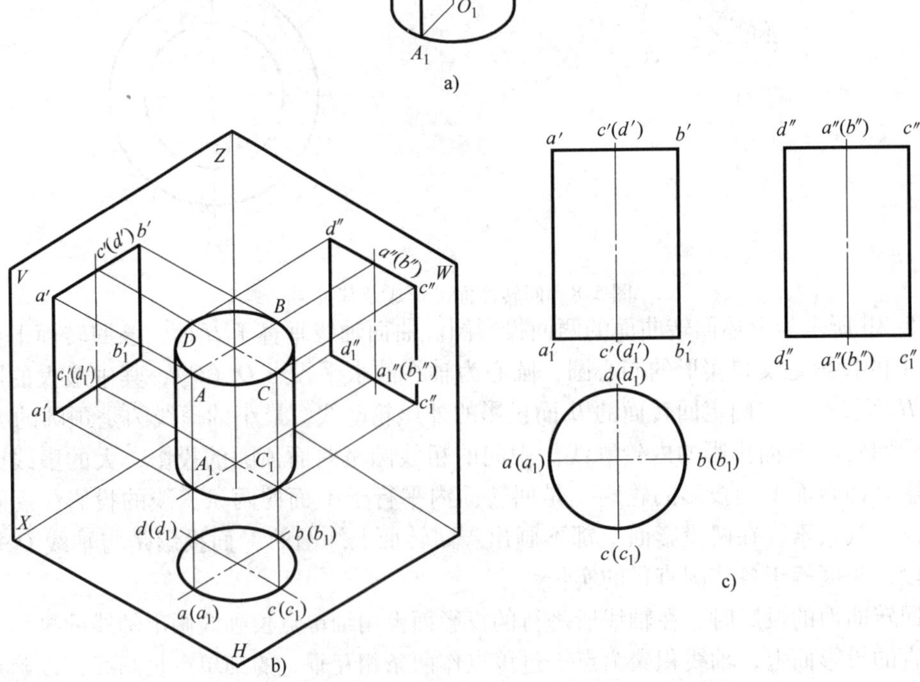

图5-9　圆柱面

（二）圆柱面上的点

确定圆柱面上点的投影，可以利用圆柱面在某一投影面上的积聚性进行作图。

例 5-1　已知点 A、B、C 为圆柱面上的点，根据图5-10a 所给的投影，求它们的其余两投影。

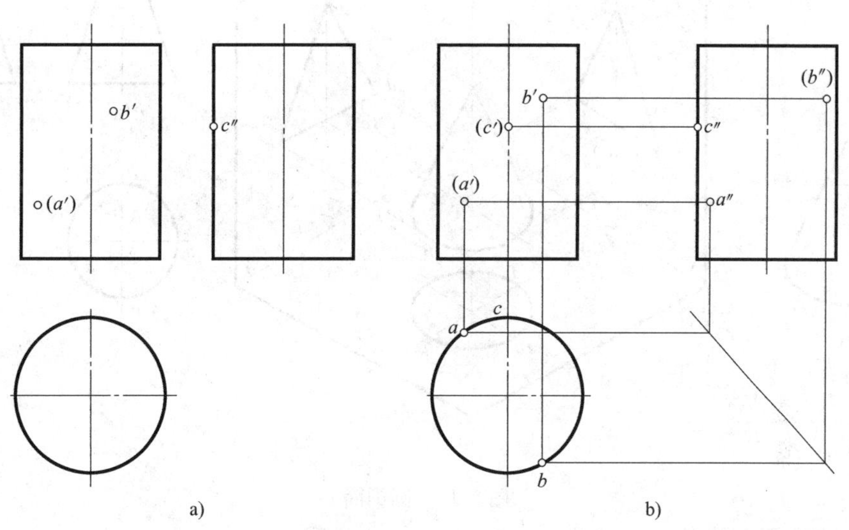

图 5-10　圆柱面上的点

分析：因为圆柱面上的水平投影为有积聚性的圆，所以 A、B、C 三点的水平投影必落在该圆周上，根据所给的投影位置和可见性，可以判定点 B 在圆柱面的右前面，点 A 在圆柱面的左后面，点 C 在确定圆柱面轮廓的最后素线上。因此，点 B 的水平投影 b 应位于圆柱面水平投影的前半圆周上，点 A、C 的水平投影 a、c 则位于后半圆周上。

作图步骤（图 5-10b）：

（1）由 a'、b'先作出 a、b，再利用点的三面投影规律，分别作出 a''、b''。

（2）因为点 C 在侧面投影的轮廓线上，可以由 c''分别直接作出 c'和 c。

（3）判定可见性。因为点 A 在圆柱面的左半部分，故点 a''为可见；点 B 在右半部，故点 b''不可见；点 A、C 在后半部，故点 a'、c'为不可见；而 A、B、C 三点的水平投影落在圆柱面的积聚投影上，故点 a、b、c 均不可见，但投影点代号习惯上不加括号，除非它们之间又有重影点出现，再加括号。

三、圆锥面

（一）圆锥面的形成及其投影

直母线绕与其相交的轴线回转而形成的曲面，称为圆锥面，如图 5-11a 所示。锥面所有的素线与轴线交于一点 S，称为锥顶。

当圆锥面的轴线垂直于 H 面时，它的三面投影如图 5-11b、c 所示。圆锥面的 V 面投影轮廓线是其最左素线 SA 和最右素线 SC 的 V 面投影；素线 SA、SC 是圆锥面前半部分和后半部分的分界线，在圆锥面的 V 面投影中前半部分可见，后半部分不可见。圆锥面的 W 面投影的轮廓线是最前、最后两条素线 SB、SD 的 W 面投影；素线 SB、SD 是圆锥面左半部分和右半部分的分界线，在 W 面投影中，圆锥面左半部分可见，右半部分不可见。圆锥的 H 面投影反映锥面底圆的实形，但没有积聚性，素线投影重合在圆内，一般不必画出。

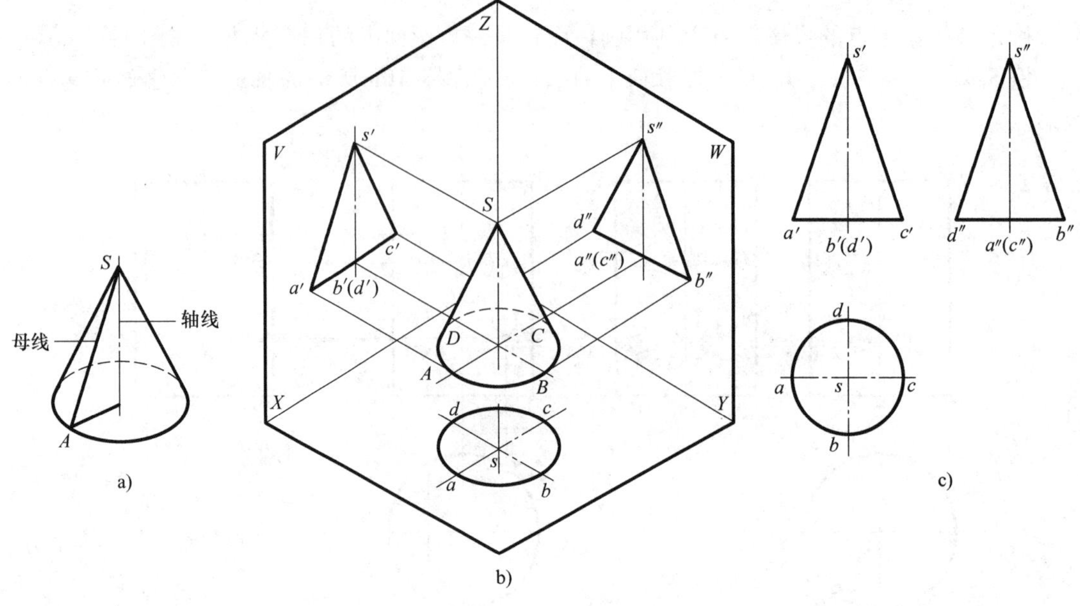

图 5-11　圆锥面

（二）圆锥面上的点

确定圆锥面上点的投影，需要用辅助线作图。根据圆锥面的形成特点，用素线和纬圆作为辅助线进行作图最为简便。利用素线和纬圆作为辅助线来确定回转面上点的投影的作图方法，分别称为辅助素线法和辅助纬圆法。

例 5-2　已知圆锥面上点 A、B 的投影 a'、b，如图5-12a 所示，求作点 A、B 的其余两投影。

分析：由点 A、B 的已知投影 a'、b 可以判定，点 A 位于前半锥面的左半部分，点 B 位于后半锥面的右半部分。

（1）辅助素线法作图。如图 5-12b 所示，过点 A、B 分别作素线 SM、SN 为辅助线，利用直线上点的投影特性作出所求投影。

作图步骤：可先分别在 V 面、H 面投影上过点 A、B 的已知投影 a'、b 作素线 SM、SN 的投影 $s'm'$、sn，再由此作出两素线的其余两面投影 sm、$s''m''$、$s'n'$、$s''n''$，然后利用直线上点的投影规律在 sm、$s''m''$上作出 a、a''；在 $s'n'$、$s''n''$上作出 b'、b''，即分别为所求点 A、B 的其余两投影，如图 5-12b 所示。

（2）辅助纬圆法作图。如图 5-12c 所示，圆锥面上点 A、B 的回转纬圆的 V 面投影为垂直于轴线的水平线，H 面投影反映纬圆实形，纬圆半径分别为点 A、B 到轴线 OS 的距离。点 A、B 的各面投影在纬圆的同面投影上。

作图步骤：如图 5-12c 所示，先过点 A 的已知投影 a'作 OX 轴的平行线与圆锥面的 V 面投影的轮廓线相交，即为过点 A 的回转纬圆的 V 面投影，由此确定纬圆的直径，以该直径在 H 面上作底圆的同心圆，即为纬圆的 H 面投影。点 A 的 H 面投影 a 应在前半纬圆上，再由 a 确定 a''。由点 B 的投影 b 作其余两投影时，先在圆锥面的 H 面投影上，以轴线的 H 面投影 o 为圆心，ob 为半径画圆，即为点 B 的回转纬圆的 H 面投影，再由此作出纬圆的 V 面、W 面投影及点 B 的其余两投影 b'、b''。

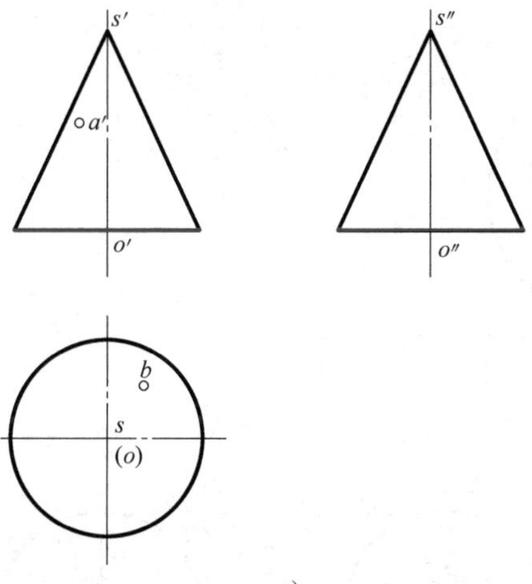

a)

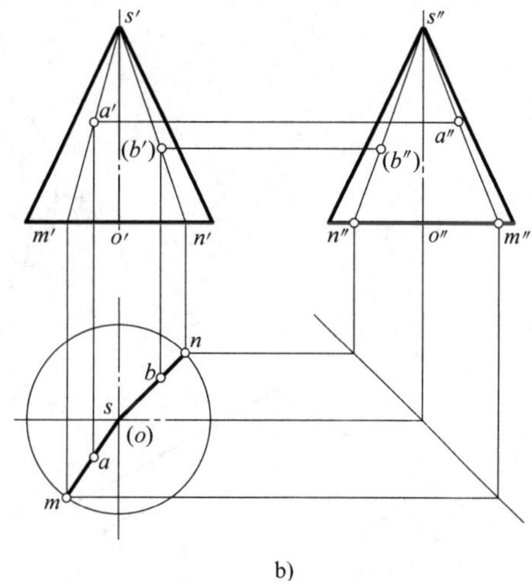

b)

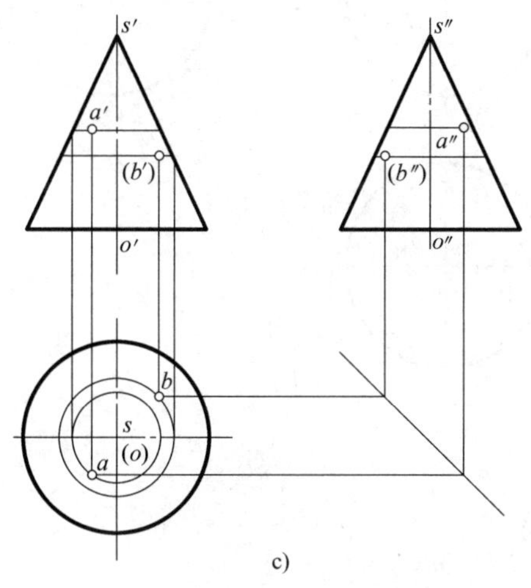

c)

图 5-12　圆锥面上的点

a）已知条件　b）用辅助素线法作图　c）用辅助纬圆法作图

（3）判断可见性。点 A 在圆锥面左前部，a、a''可见。点 B 在圆锥面右后部，b'、b''均不可见。

四、球面

（一）圆球面的形成及其投影

由圆母线绕圆内一直径回转而形成的曲面，称为圆球面，如图 5-13a 所示。图 5-13b 为圆球面及其在三投影面上的投影。

图 5-13c 所示为该圆球面的三面投影图。圆球面的三面投影均为直径等于圆球面直径的圆。各投影的轮廓线是圆球面上平行于相应投影面的最大圆的投影：水平投影是平行于 H 面的赤道圆的投影，赤道圆把球面分成上下两半，水平投影的上一半可见，下一半不可见；正面投影是平行于 V 面的赤道圆的投影，此圆把球面分成前、后两半，V 面投影的前半球可见，后半球不可见；侧面投影是平行于 W 面的赤道圆的投影，此圆把球面分成左、右两半，W 面投影左半球可见，右半球不可见。这三个圆的其他两投影均积聚成直线，重合在相应的中心线上。

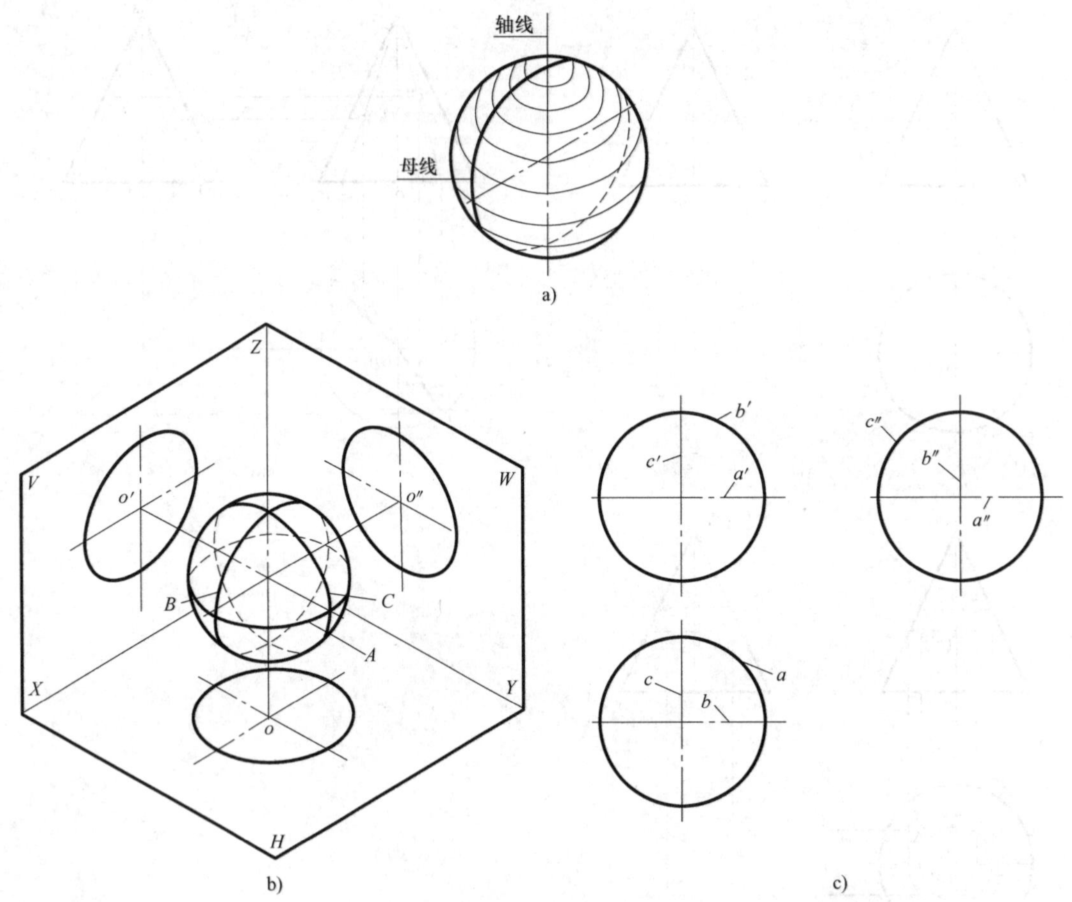

图 5-13　圆球面

（二）圆球面上的点

在圆球面上确定点的投影，根据圆球面的形成特点，要用辅助纬圆法。为作图简便，可以设圆球面的回转轴线垂直任一投影面，纬圆在该投影面上的投影即反映实形。所以在圆球面上确定点的投影所应用的辅助纬圆法，可以认为是平行于任一投影面的辅助圆法。

例 5-3　根据图5-14a 所给出的圆球面上点 M、N 的投影 m'、(n)，完成点 M、N 的其余两投影。

分析及作图步骤：

(1) 由 m' 求作点 M 的其余两投影时，可设圆球面的回转轴线垂直于 H 面。作图步骤如图 5-14b 所示：先过点 M 的已知投影 m' 在圆球面的 V 面、W 面投影内做 OX 轴的平行线分别与轮廓素线相交，即为过点 M 的纬圆的 V 面投影及 W 面投影，其长度也即纬圆的直径，以此直径作出纬圆的 H 面投影，反映实形；然后由 m' 在纬圆的前半部作出点 M 的 H 面投影 m，再由 m 作出点 M 的 W 面投影 m''。

(2) 当由 n 求作点 N 的其余两面投影时，也可设圆球面的回转轴垂直于 V 面，过点 N 的纬圆在 V 面上的投影反映实形。作图步骤如图 5-14c 所示：过点 N 的已知投影 n 作 OX 轴的平行线与圆球面的 H 面投影轮廓线相交，即为点 N 的回转纬圆的 H 面投影，以其长度为直径作纬圆的 V 面实形投影，并作出该纬圆的 W 面投影为有积聚性的直线；由 n 向上作垂

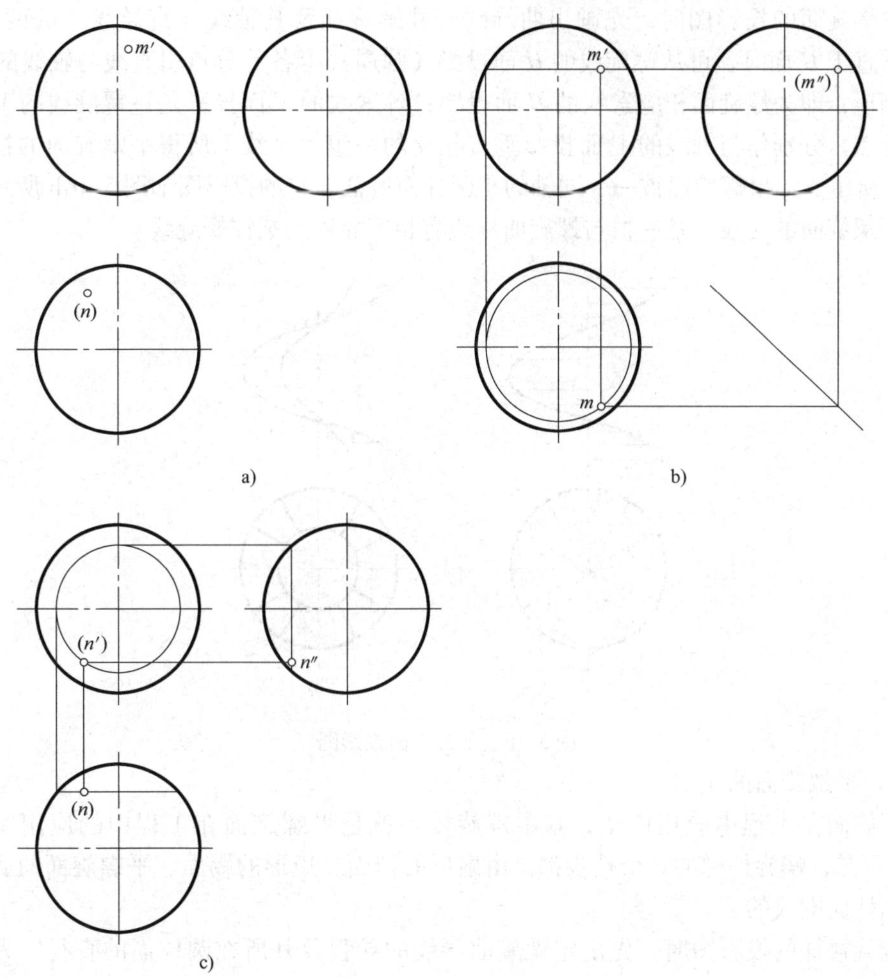

图 5-14　圆球面上的点

线，交纬圆的下半部得 n'，由 n' 及纬圆的 W 面投影作出 n''。

(3) 判断可见性。点 M 在圆球面右前上方，m 可见，m'' 不可见；点 N 在圆球面左后下方，n' 不可见，n'' 可见。

综上所述，在回转面上取点时，纬圆法是通用的，而素线法只适用于直母线回转面。用辅助线法取点时，辅助线一般不区分可见性，均按细实线绘制。

五、平螺旋面

(一) 平螺旋面的形成

一条直母线一端以圆柱螺旋线为曲导线，另一端以回转轴线为直导线，并始终平行于与轴线垂直的导平面运动所形成的曲面，称为平螺旋面，如图 5-15所示。

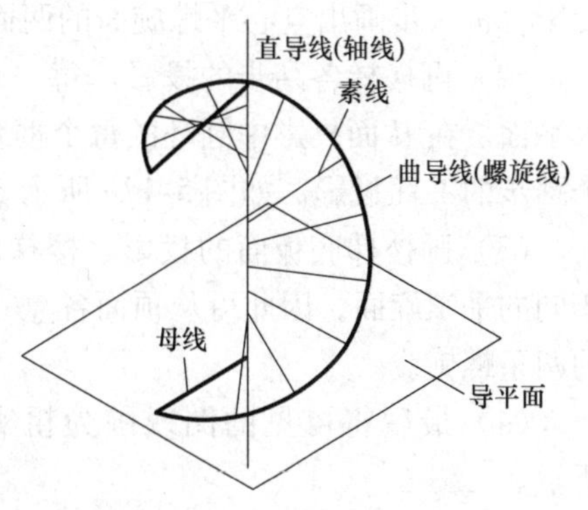

图 5-15　平螺旋面的形成

画平螺旋面的投影图时，先画出曲导线圆柱螺旋线及其轴线（直导线）的两面投影。当轴线垂直于 *H* 面时，可从螺旋线的 *H* 面投影（圆周）上各等分点引直线与轴线的 *H* 面积聚投影相连，即为螺旋面相应素线的 *H* 面投影；各素线的 *V* 面投影是过螺旋线的 *V* 面投影上各等分点，分别作与轴线的 *V* 面投影垂直相交的一组水平线，所得平螺旋面的投影图如图 5-16a 所示。如果螺旋面被一个同轴的小圆柱面所截，它的投影图如图 5-16b 所示。小圆柱面与平螺旋面的交线，是一根与螺旋曲导线有相等导程的圆柱螺旋线。

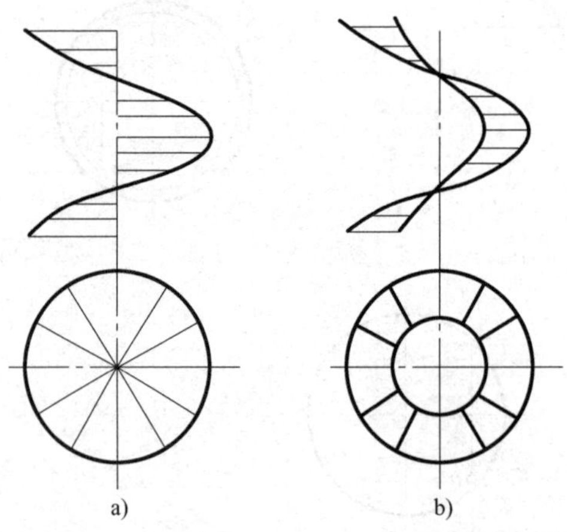

图 5-16　平螺旋面投影图

（二）平螺旋面的应用

平螺旋面在工程中应用广泛，其中螺旋楼梯就是平螺旋面在工程中的应用实例。由图 5-17a可知，螺旋楼梯的每个踏步都是由扇形的踏面、矩形的踢面、平螺旋面的底面及里外两个圆柱面围成的。

画螺旋楼梯的投影图时，先确定螺旋曲导线的导程及其所在圆柱面的直径。为简化作图，假设螺旋楼梯一圈有 12 级，一圈高度就是该螺旋楼梯的导程，螺旋楼梯内外侧到轴线的距离分别是内外圆柱的半径。

螺旋楼梯的投影图画法如下：

（1）先画平螺旋面的投影。根据已知内外圆柱的半径、导程的大小以及楼梯的级数(图中假定每圈为 12 级)，将 *H* 面的圆环和 *V* 面曲线均作 12 等分，作出两条圆柱螺旋线的投影，进一步画出空心平螺旋面的两面投影图，如图 5-17b 所示。

（2）画楼梯各踏步的投影。每一个踏步各有一个踢面和踏面，踢面为铅垂面，踏面为水平面。在 *H* 面投影中圆环的每个框线（扇形）就是各个踏步的 *H* 面投影，由此可作出各个踏步的 *V* 面投影，如图 5-17c 所示。

（3）画楼梯底板面的投影。楼梯底板面是与顶面（底板面与顶面相距一个梯板厚度）相同的平螺旋面，因此可从顶面各点（如 AA_1、BB_1）向下量取垂直厚度，即可作出底板面的两条螺旋线。

（4）最后将可见的图线画为粗实线，不可见的图线擦掉，即完成全图，如图 5-17d 所示。

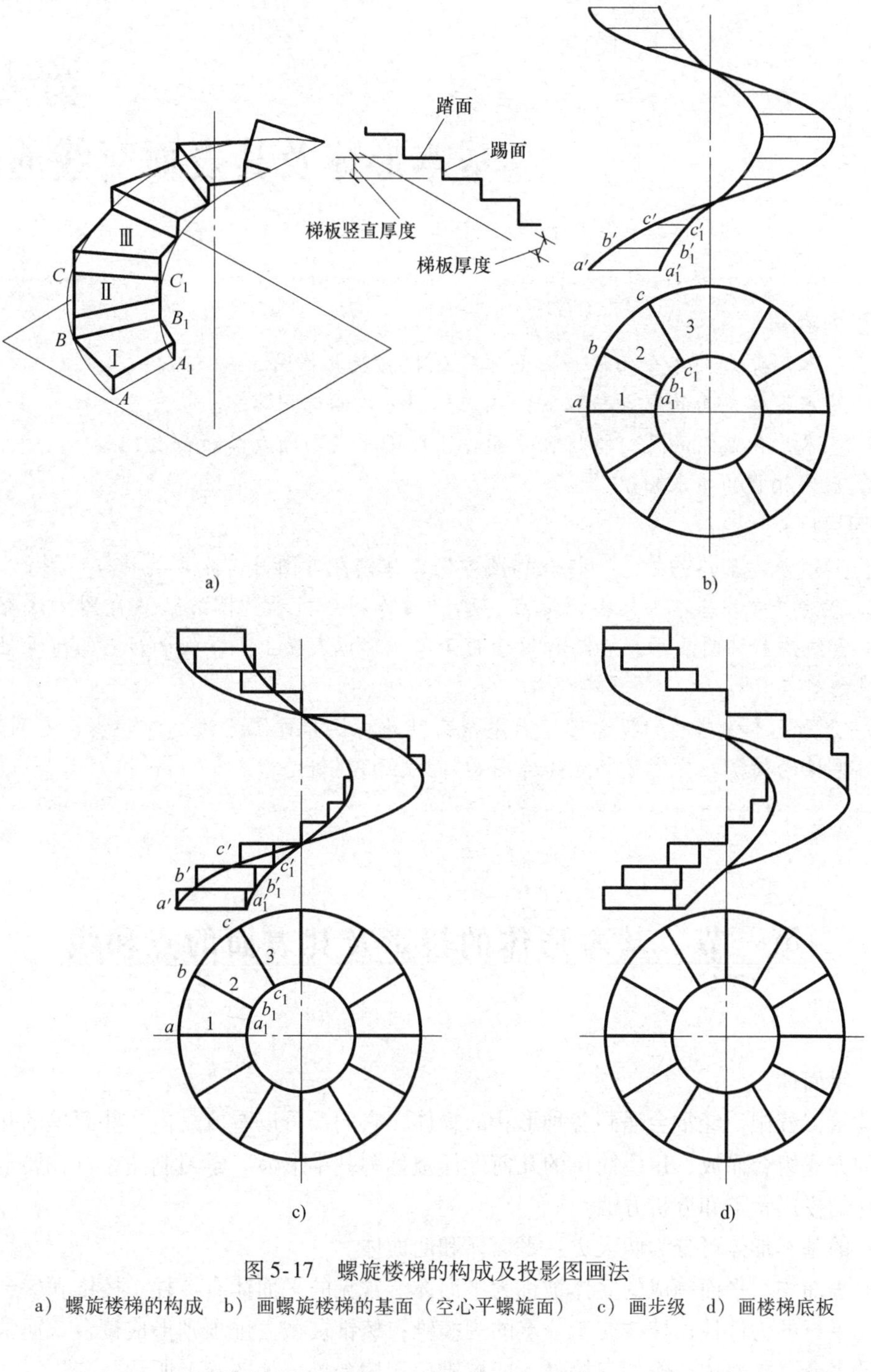

a)

b)

c)

d)

图 5-17　螺旋楼梯的构成及投影图画法

a）螺旋楼梯的构成　b）画螺旋楼梯的基面（空心平螺旋面）　c）画步级　d）画楼梯底板

第六章
基本形体及其表面交线的投影

【主要内容】

1. 基本形体（简单平面体与曲面体）的投影及其作图。

2. 基本形体表面的取点与取线，相应作图方法的选用。

3. 基本形体截断的几何特性，平面体、曲面体的截断及其投影作图。

4. 形体相贯的基本知识。

【学习目标】

1. 知道基本形体的投影特性及作图方法，注意在作图时需先画其特征投影。

2. 懂得并会在基本形体表面取点、取线的作图分析和作图方法。作图方法有积聚性法、素线法和纬圆法等，后两种用于曲面体。形体表面上点、线的位置与可见性判断是本章的难点。

3. 会画基本体截断的投影图，熟悉截交线的特性和作图方法，能联想出空间形状，注意可见性的判断。其中截交线的作图及可见性的判断是难点。

第一节　基本形体的投影及其表面的点和线

一、平面体

在建筑工程中，经常会遇到各种形状的物体，它们都可以看成是由一些简单的几何形体按一定的方式组合而成，这些简单的几何形体被称为基本形体。学习制图，首先要掌握各种基本形体的投影特点和分析方法。

常见的基本形体可分为两大类：平面体和曲面体。

所有表面均由平面围成的立体被称为平面体。常见的平面体有棱柱、棱锥和棱台。其中棱线互相平行的为棱柱；棱线交于一点的为棱锥；棱锥被截去锥顶则形成棱台。通常可以根据棱线数来命名平面体，例如三棱柱、四棱锥、四棱台等，如图 6-1 所示。

（一）平面体的投影

一个平面体是由若干个平面构成的，这些平面的边界线是相交棱线，而直线是由点来确定位置的，因此，研究平面体的投影，也就是研究平面体表面各点、直线、平面的投影。

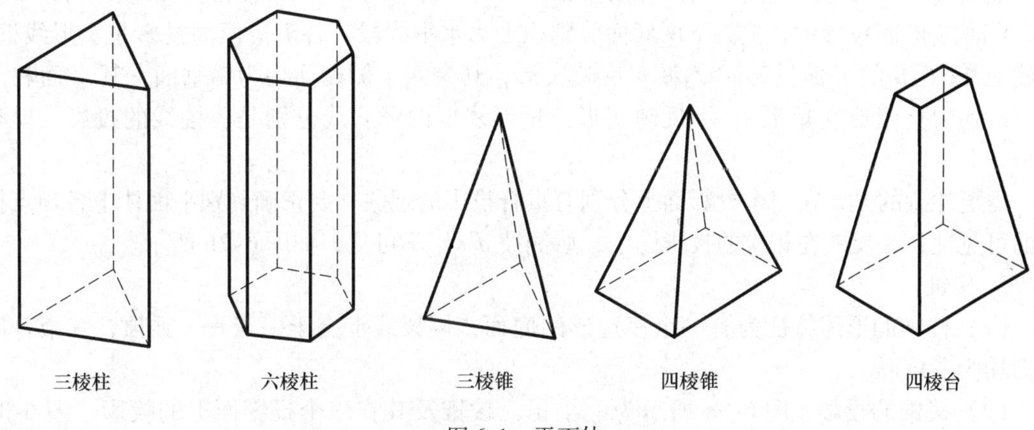

图 6-1　平面体

1. 棱柱

（1）棱柱的形体特征为有两个上、下平行且相同的多边形底面，侧棱线相互平行且垂直于底面（称为直棱柱），而且各个侧棱面均为矩形。

（2）棱柱的投影。以五棱柱为例，将它置于三面投影体系中，其三面投影图如图 6-2 所示。

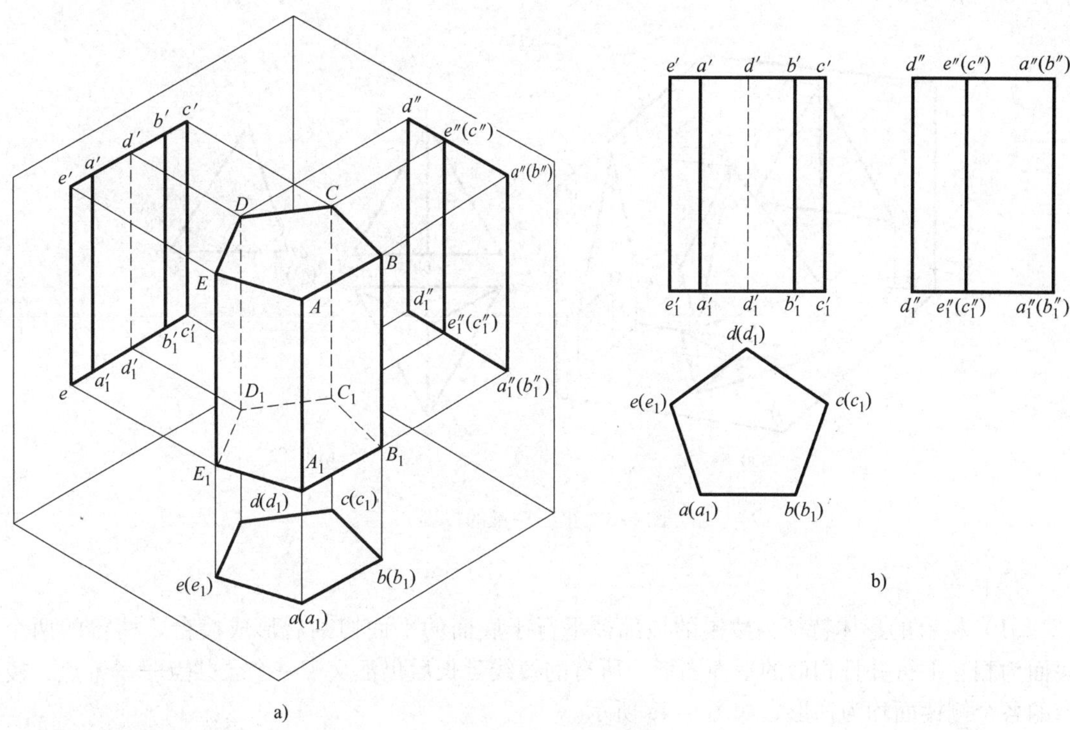

图 6-2　五棱柱的投影

由图 6-2a 可知：五棱柱的上、下两底面平行于 H 面，前棱面平行于 V 面，其余四个侧棱面均为铅垂面。

由投影面平行面的投影特性可知，H 面投影的正五边形是五棱柱上、下两底面的重合投影，反映实形，又是五个侧棱面的积聚投影，同时五边形的五个顶点也是五条棱线的积聚投影。V 面与 W 面投影中，上、下两底面分别积聚为水平线段，各侧棱面的投影是矩形线框。前棱面 AA_1B_1B 的 V 面投影 $a'a'_1b'_1b'$ 反映实形，其余四个侧棱面均为铅垂面，其 V 面和 W 面投影均为类似形（矩形），不反映实形。矩形线框的竖直线分别是各棱线的投影，反映实长。

需要注意的是，在三个投影面上分别有重合投影的现象，要正确判别平面体上各顶点投影的可见性，并反映在相应的投影图中，后侧棱 $d'd'_1$ 不可见，如图 6-2b 所示。

2. 棱锥

（1）棱锥的形体特征为有一个多边形的底面，侧棱线汇交于一点——锥顶，其余各侧棱面均为三角形。

（2）棱锥的投影。图 6-3a 所示为一个正三棱锥及其在三个投影面上的投影，图 6-3b 是它的三面投影图。正三棱锥的底面平行于 H 面，所以它的水平投影反映实形，其他两面投影积聚成水平直线段。锥顶的水平投影在底面三角形的形心处，它与三个角点的连线是三条侧棱线的水平投影。后棱面△SAC 为侧垂面，所以它的侧面投影 s″a″c″积聚成一条倾斜的线段，正面投影 s′a′c′和水平投影 sac 都是类似形。其余两个侧棱面 SAB、SBC 是一般位置平面，因此它们的三面投影均为类似形，由于这两个棱面左右对称分布，所以它们的侧面投影重合为一个三角形。

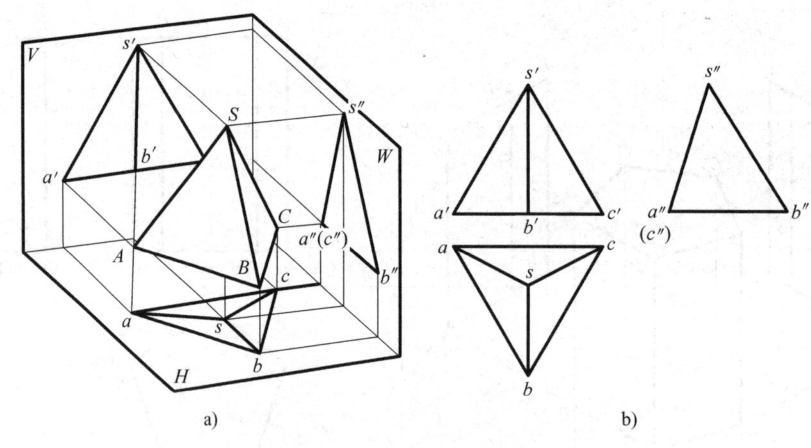

图 6-3　正三棱锥的投影

3. 棱台

（1）棱台的形体特征为棱锥的顶部被平行于底面的平面切割后形成棱台。棱台的两个底面为相互平行并且相似的平面图形，所有的棱线延长后仍汇交于一个公共点——锥点，棱台的各个侧棱面均为梯形，如图 6-4a 所示。

（2）棱台的投影。以四棱台为例，它的三面投影图如图 6-4b 所示。

四棱台的上、下底面平行于 H 面，前、后两个侧棱面垂直于 W 面，左、右两个侧棱面垂直于 V 面，它的四条侧棱线为一般位置线。根据线、面的投影特点，即可分析出它们各自的三面投影图。

作基本形体的投影图时，各顶点的投影可不必用字母标注，但作图过程中的待求点、直

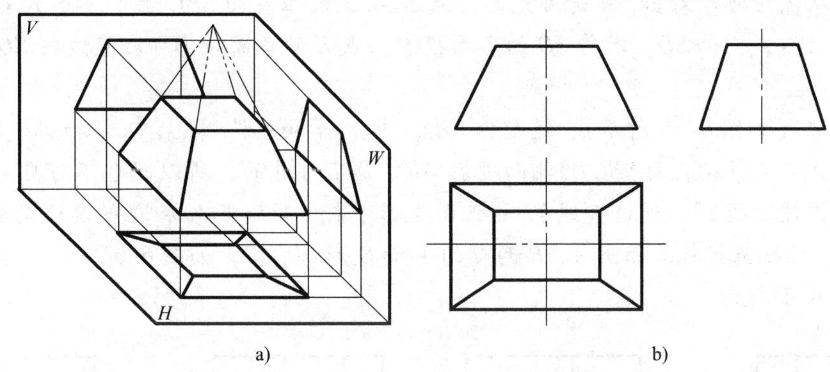

图 6-4　四棱台的投影

线及辅助线应标注清楚。

（二）平面体表面上的点和线

在平面体表面上确定点和直线，可运用前面讲过的在平面内确定点和直线的方法，即平面体上的点和线一定在立体的表面上。作图时，可以利用辅助线或投影的积聚性来确定点和直线的投影。

平面体表面上点（或线）的可见性，应根据点（或线）所在表面的可见性进行判断，凡是点（或线）所在表面的某一面投影可见，则点（或线）的该面投影可见；反之，则不可见。

已知平面体表面上点（或线）的一个投影，求其他投影时，首先要根据已知投影的位置和可见性，判定该点（或线）在平面体的哪一个表面上，然后运用在平面上定点（或线）的方法，求其他投影。

例 6-1　已知三棱锥表面上的点 K 和线段 MN 的正面投影 k' 和 $m'n'$，如图 6-5a所示，求作其余两面投影。

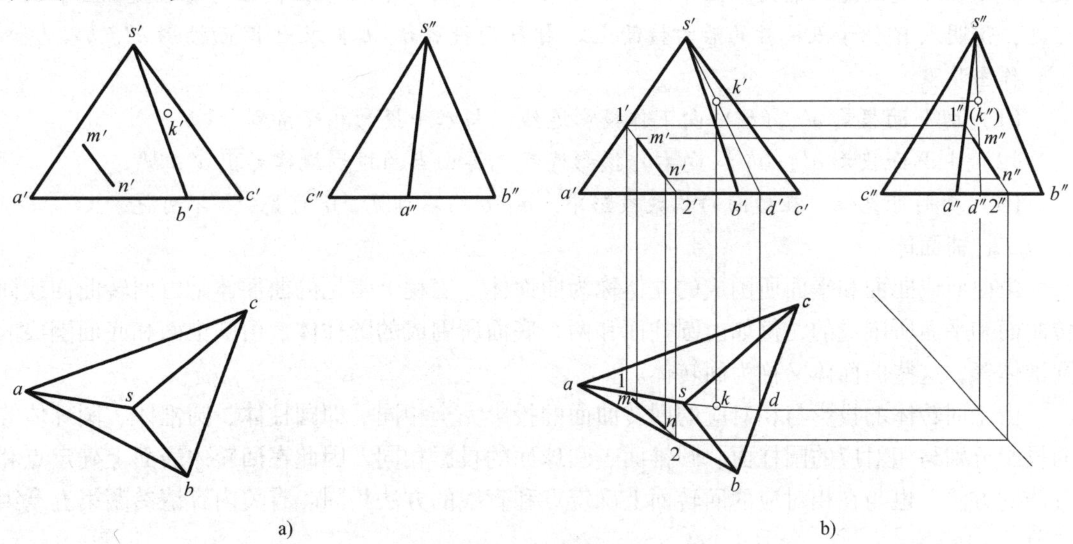

图 6-5　棱锥表面的点和线

分析：从图中可以看出，k'是可见的，点 K 在三棱锥表面 SBC 上，过点 K 在 $\triangle SBC$ 上任作一条辅助线，例如 SD，求作 SD 的各面投影，点 K 的各面投影即在直线段 SD 的同面投影上。

作图步骤（如图 6-5b 所示）：过 k'作 $s'd'$，求出 sd 和 $s''d''$，然后在 sd 和 $s''d''$ 上分别作出 k 和 k''，由于点 K 所在表面 SBC 的侧面投影 $s''b''c''$ 是不可见的，所以 k'' 也不可见。同理，包含直线 MN 作辅助线 12，通过直线 12 的三面投影可求出两端点 M 和 N 的其他两面投影。

例 6-2　已知五棱柱表面上 A、B 两点的 V 面投影 a'、b'，如图 6-6a 所示。求 A、B 两点的 H 面、W 面投影。

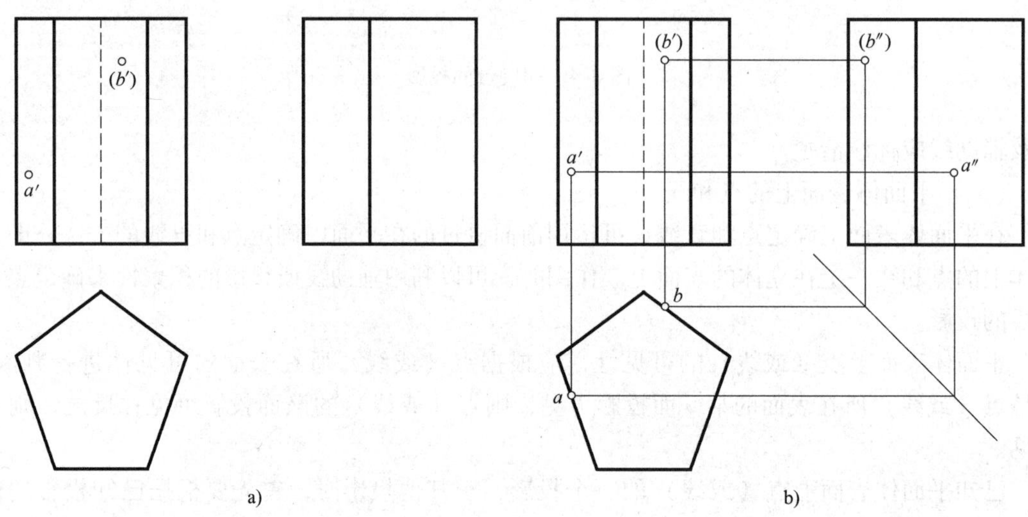

图 6-6　棱柱表面上的点

分析：因为五棱柱的各棱面都是铅垂面，其 H 面投影有积聚性，因此 A、B 两点的 H 面投影必定在各棱面的积聚投影上。由于 a' 是可见的，所以点 A 在五棱柱的前左棱面上；b' 不可见，说明点 B 位于五棱柱的后右棱面上。由 H 面投影 a、b 再求出 W 面投影 a''、b''。

作图步骤：

（1）由 V 面投影 a'、（b'）向下作投影连线，与水平投影相交得到 a、b。

（2）由 V 面投影 a'、（b'）向右作投影连线，再由点的投影规律定出 a''、b''。

（3）判别可见性。在棱面的积聚投影中，a、b 均不可见，a'' 可见，b'' 不可见。

二、曲面体

由曲面或曲面和平面所围成的立体称为曲面体。工程上常见的曲面体是由回转曲面或回转曲面和平面所围成的，例如由圆柱面和两个底面所围成的圆柱体、由圆锥面和底面围成的圆锥体等，这些曲面体又称为回转体。

由于回转体的投影与相对应的回转曲面的投影完全相同，即圆柱体、圆锥体、圆球体等的投影分别与相对应的圆柱面、圆锥面、圆球面的投影相同，因此在回转体表面上确定点和直线的方法，也与在相对应的回转面上确定点和直线的方法相同。有关内容请参阅第五章第二节。

第二节　平面与立体相交

一、平面体的截交线

在建筑形体中，有不少形体是由平面截割基本形体后形成的，图6-7所示为木结构中的榫头，其形状就是用若干平面切割四棱柱而形成的。

平面与立体相交，可设想为平面截切立体，截切立体的平面称为截平面，所得表面交线为截交线；由截交线围成的平面图形称为截断面。如图6-8所示，四棱锥被平面 P 截切，P 为截平面，四棱锥与截平面 P 的表面交线 AB、BC、CD、DA 称为截交线，所围成的四边形 $ABCD$ 为截断面。

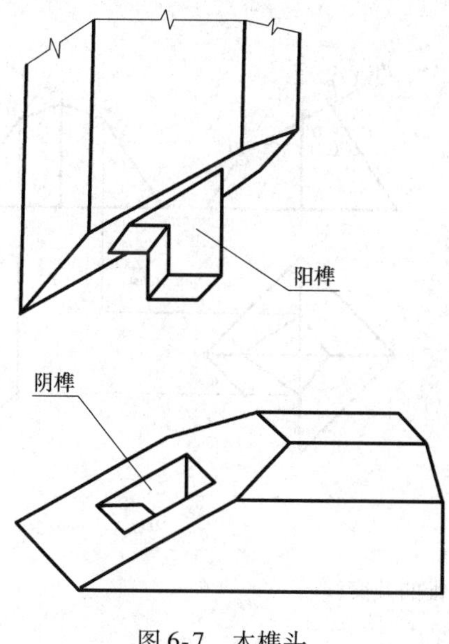

图6-7　木榫头

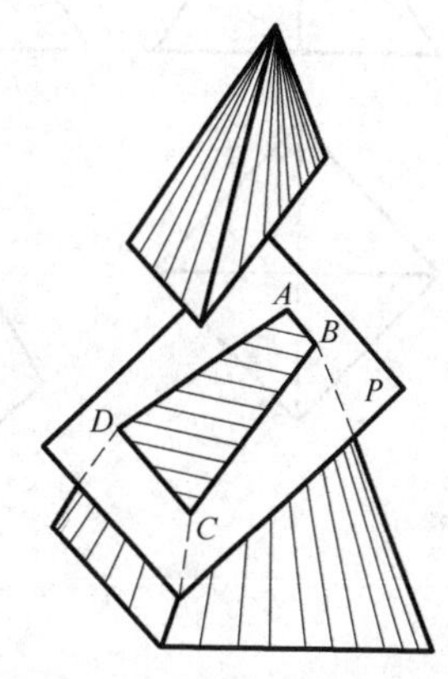

图6-8　平面截四棱锥的截交线

截交线的性质如下：

(1) 截交线是截平面与立体表面的共有线。

(2) 由于立体表面有一定的空间范围，所以截交线是封闭的。

(3) 截交线的形状与截平面的位置、数量及与立体各表面的相交情况有关。

因此，求截交线的问题可归纳为求截平面与立体表面共有点和共有线的问题。

(一) 棱锥上的截交线

求平面体的截交线的投影时，要先分析平面体在未截割前的形状是怎样的，它是怎样被截割的，以及截交线有何特点等，然后进行作图。

例6-3　已知正四棱锥和截平面 P 的投影，如图6-9a所示。试完成其 H 面与 W 面投影。

分析：由 V 面投影可知，此形体是由截平面 P 截割四棱锥而形成的，其中平面 P 为正垂面，截交线为一个四边形。求出四条侧棱线与正垂面 P 的交点 A、B、C、D 后，连接成截交线，截交线的 V 面投影落在 P_V 上（平面 P 在 V 面上的积聚投影），因此只需求截交线的 H 面投影。

作图步骤：

(1) 求截平面 P 与棱线的交点 A、B、C、D，利用 P_V 的积聚性，找出位于棱线上的点 B、D 的 V 面投影 b'、d'，并由点的投影规律作出另外两投影 b、b''、d、d''，如图 6-9b 所示。

(2) 由侧平线上的交点 A、C 的投影 a'、c'，可求出其在 W 面的投影 a''、c''，最后根据宽相等、长对正的投影规律求出点 A、C 的 H 面投影 a、c。

(3) 求投影时，因为在 V 面上 a'、c' 积骤为一点，A 点在前，C 点在后，所以 a' 可见，c' 不可见。

(4) 把位于同一侧面上的两截交点依次连接，得截交线的 H 面投影 $abcd$，均可见；而 W 面投影中 $a''d''$ 及 $c''d''$ 为不可见，用虚线表示。

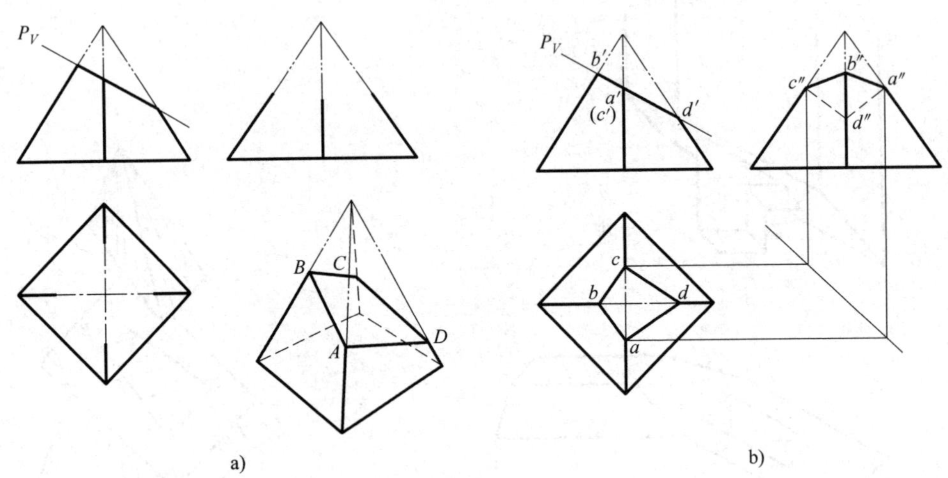

图 6-9　四棱锥的截交线

（二）棱柱上的截交线

例 6-4　已知五棱柱被切割后的 W 面投影如图 6-10a 所示，其立体图如图 6-10b 所示。完成其 H 面与 V 面投影。

分析：由于 W 面投影有积聚性，由此可知，此形体是由两个截平面 P、Q 截割五棱柱而形成的。其中平面 P 为正平面，平面 Q 为侧垂面，所以截交线的 W 面投影与平面 P、Q 的积聚投影重合，且两截平面成一定的角度相交，产生一条交线。

作图步骤：

(1) 在 V 面投影上，用 a'、b'、c'、d' 把 P 面截断后的截交线表示出来，该矩形反映实形（图 6-10c）。

(2) 作出截平面 P 的截交线在 H 面的投影积聚 a (d) b (c)，该投影平行于 ox 轴（图 6-10c）。

(3) 作出截平面 Q 与五棱柱截交线的 H 面投影 d、e、f、g、c，其中点 e、f、g 在侧棱上（图 6-10d）。

（4）根据长对正、高平齐，作出截平面 Q 截割的 V 面投影，连接 $d'e'f'g'c'$ 点即得。

（5）检查后擦去被截部分，加深棱线及截交线，完成三面投影图，如图 6-10d 所示。

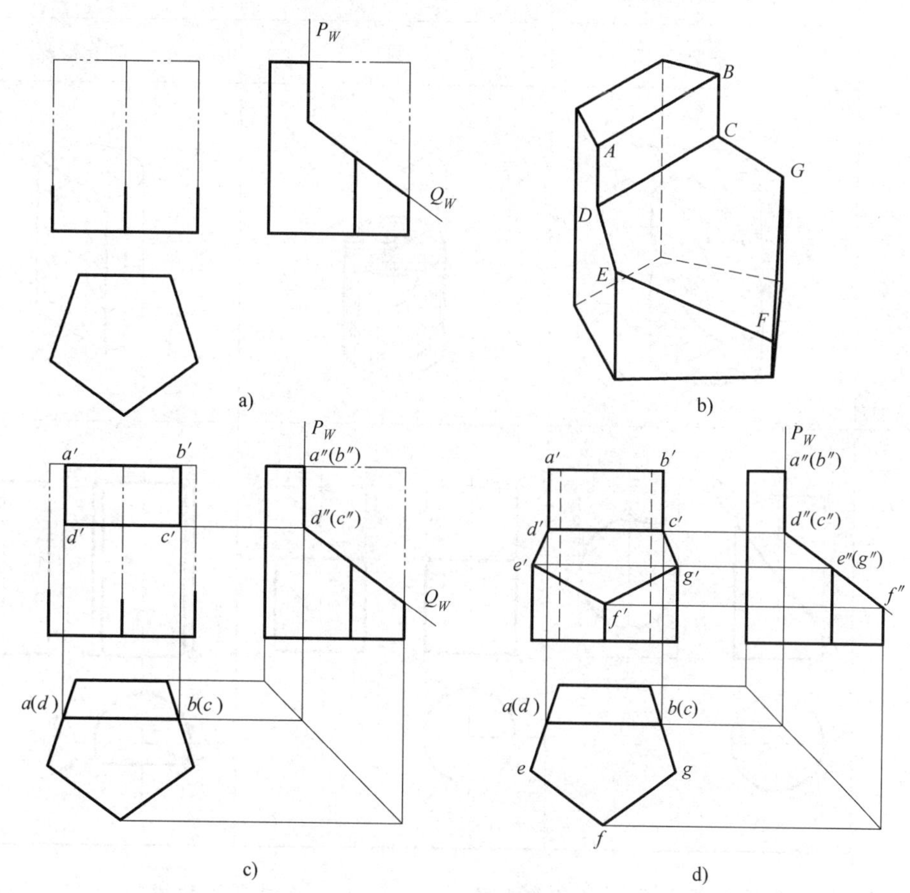

图 6-10　五棱柱切割体的投影

a）已知投影　b）立体图　c）作平面 P 的截交线　d）作平面 Q 的截交线

二、曲面体的截交线

平面与曲面体相交，截交线是平面曲线。截平面处于特殊位置时，截交线是直线。当截平面截割曲面体的曲表面和底面时，截交线由平面曲线和直线组成，在结合点处相交而形成封闭的平面图形。

曲面体截交线上的每一点都是截平面与曲面体表面的一个公有点，求出足够的公有点，然后依次连接起来，即得曲面体上的截交线。求解过程可归纳为求控制点——补中间点——连线三个步骤。所谓控制点是指曲面体上的轮廓素线或底面边线与截平面的交点，这些点对截交线的范围、走向等起控制作用。要画出完整的截交线还需补充一些必要的中间点而连成光滑曲线。求公有点的基本方法有素线法和纬圆法。

（一）圆柱上的截交线

根据截平面与圆柱轴线不同的相对位置，圆柱上的截交线有椭圆、圆、矩形三种形状，其投影特征见表 6-1。

表 6-1　圆柱上的截交线

截平面位置	倾斜于圆柱轴线	垂直于圆柱轴线	平行于圆柱轴线
截交线形状	椭圆	圆	两条素线
立体图	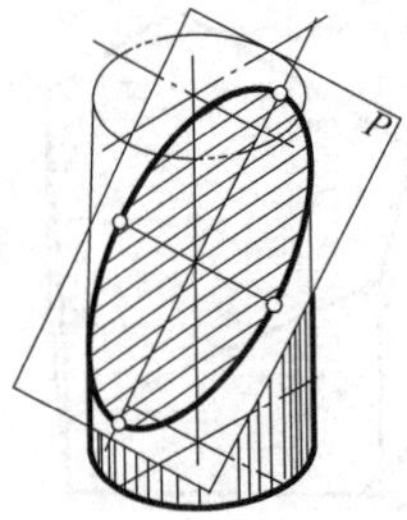	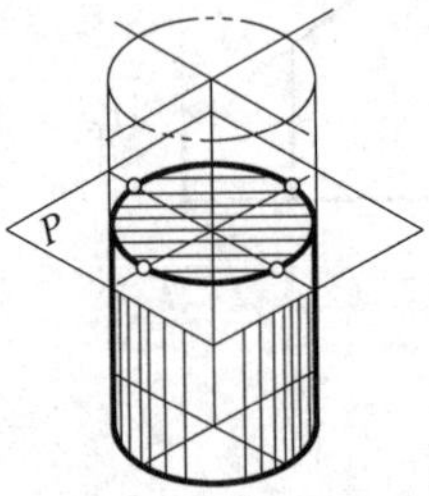	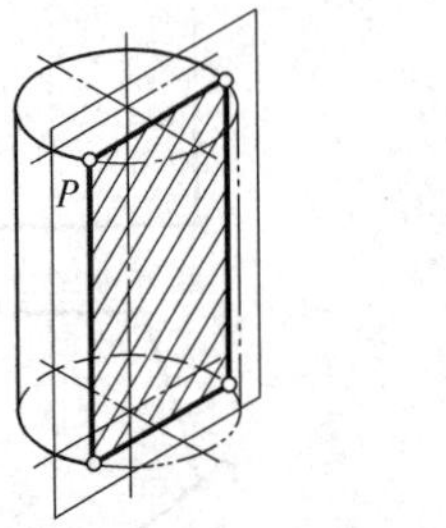
投影图	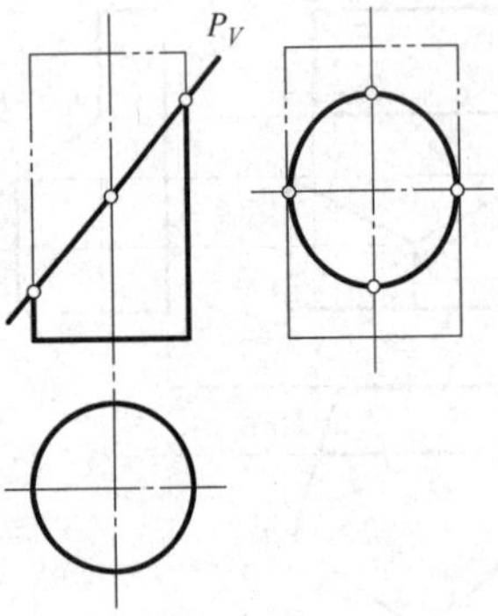	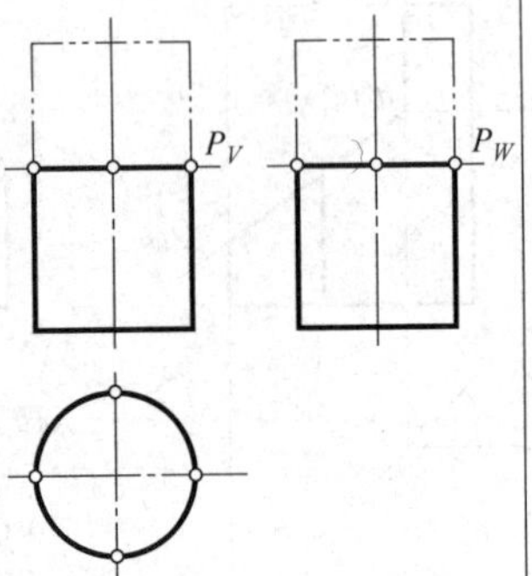	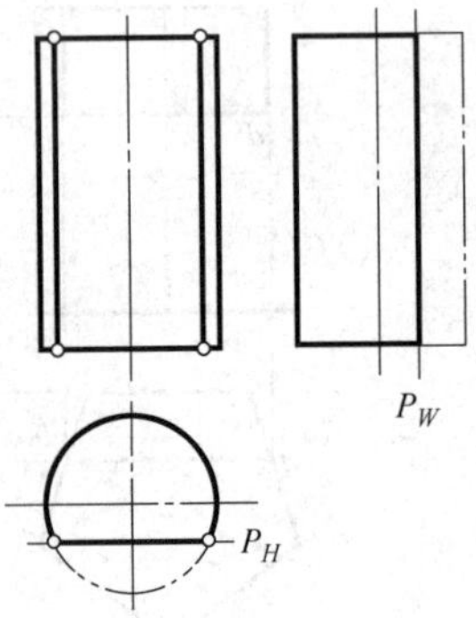

例 6-5　已知圆柱和截平面 P 的投影如图 6-11a所示，求截交线的投影。

分析：由已知条件可知，圆柱轴线垂直于 W 面，截平面 P 垂直于 V 面，与圆柱轴线斜交，截交线为椭圆。椭圆的长轴 AB 平行于 V 面，短轴 CD 垂直于 V 面；椭圆的 V 面投影 $a'b'$ 为一条与 P_V 重影的直线，且为椭圆长轴的实长；椭圆的 W 面投影落在圆柱面的 W 面积聚投影上而成为一个圆，圆的直径 $c''d''$ 就是椭圆短轴的实长。作图时只需求出截交线椭圆的 H 面投影。

作图步骤（图 6-11b）：

（1）求控制点，即求长、短轴端点 A、B 和 C、D。P_V 与圆柱最高、最低素线的 V 面投影的交点 a'、b' 即为长轴端点 A、B 的 V 面投影，P_V 与圆柱最前、最后素线的 V 面投影的交点 c'、(d') 即为短轴端点 C、D 的 V 面投影。据此求出长、短轴端点的 H 面投影及 W 面投影。

（2）求中间点。为使作图准确，需要再求截交线上若干个中间点。例如在截交线 V 面投影上任取点 $1'$（图 6-11b），据此求得 W 面投影 $1''$ 和 H 面投影 1。由于椭圆是对称图形，可作出与点 1 对称的点 2、3、4 的各投影。

（3）连线。在 H 面投影上顺次连接 a、1、c、3、b、4、d、2、a 各点，即为椭圆形截交线的 H 面投影。

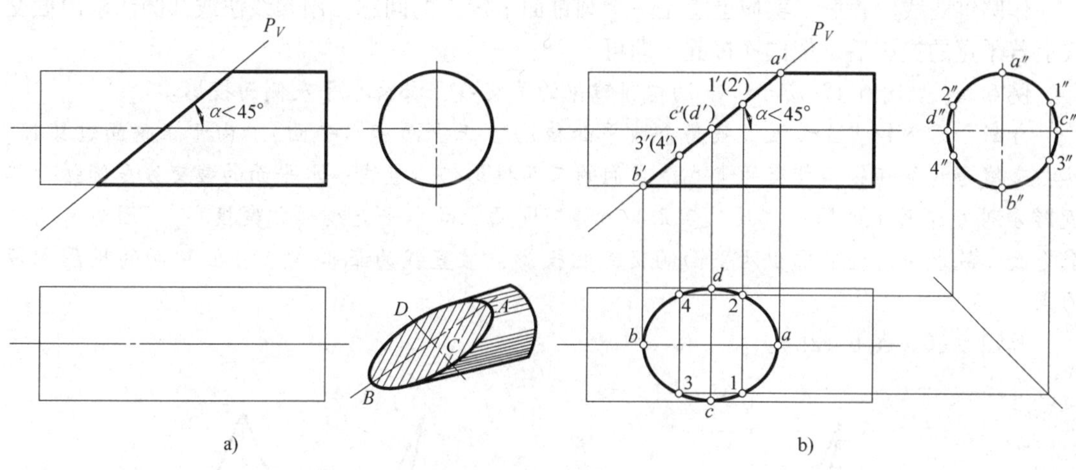

图 6-11　圆柱上的截交线

从图 6-11 可以看到，由于截交线椭圆与各投影面的位置不同，其三面投影可能是椭圆、圆或积聚为直线。当截交线投影为椭圆时，其长、短轴在该面投影上的投影与截平面和圆柱轴线有关。当截平面与圆柱轴线的夹角 α 小于 45°时（图 6-11），椭圆长轴的投影仍为椭圆投影的长轴；当夹角 α 大于 45°时，椭圆长轴的投影变为椭圆投影的短轴；当 α 等于 45°时，椭圆的投影成为一个与圆柱底圆相等的圆，读者可自行作图。

（二）圆锥上的截交线

当平面与圆锥截交时，根据截平面与圆锥轴线相对位置的不同，可产生不同形状的截交线，见表 6-2。

表 6-2　圆锥上的截交线

截平面位置	垂直于圆锥轴线	与锥面上所有素线相交（α<φ<90°）	平行于圆锥面上一条素线（φ=α）	平行于圆锥面上两条素线（0≤φ<α）	通 过 锥 顶
截交线形状	圆	椭圆	抛物线	双曲线	两条素线
立体图	P	P	P	P	P
投影图	P_V	P_V α φ	P_V α φ	P_V α	P_V

作圆锥曲线的投影，实质上也是一个圆锥面上定点的问题，用素线法或纬圆法求出截交线上若干点的投影后，依次连接起来即可。

例 6-6 如图 6-12a所示，求切口圆锥体的截交线，补全水平及侧面投影。

分析：该圆锥直立放置，被两个截平面截切（正垂面和水平面）。由于正垂面过锥顶，其截交线为两条在锥顶相交的直线，它们的三面投影仍为直线；水平面的截交线是圆弧，其投影分别为 H 面上的圆弧（反映实形）和 V、W 面上的水平直线（积聚投影）。因为有两个截平面，故求解时还需画出两平面的交线的投影，该直线为正垂线，它在 V 面的投影积聚为点。

作图步骤（图 6-12b）：

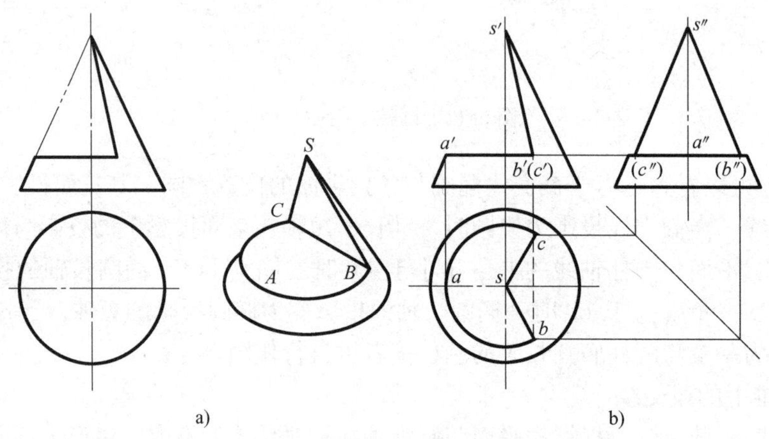

图 6-12 被切圆锥的截交线

（1）画圆锥的侧面投影（按未截切时画）。

（2）求作水平截平面的截交线。过 a' 根据“长对正”得到 a，以 s 为圆心，sa 为半径画弧，与过 b'（c'）点作的垂线交于 b、c，此即为圆弧的水平投影。由投影规律得水平圆弧的侧面投影，因为是大半个圆弧，故侧面投影的长度应等于圆的直径，而不是 $b''c''$ 线段的长。

（3）连接 sb、sc、$s''b''$、$s''c''$ 得正垂截平面的截交线。

（4）作两截平面的交线，注意该线的水平投影 bc 应画成细虚线。

（三）圆球上的截交线

平面截割球体时，不管截平面的位置如何，截交线的空间形状总是圆。当截平面平行于投影面时，截交线圆在该投影面上的投影反映圆的实形；当截平面倾斜于投影面时，圆的投影为椭圆。如图 6-13 所示，截平面 R 为水平面，截交线的 H 面投影反映圆的实形，圆的直径可直接在 V 面投影中量

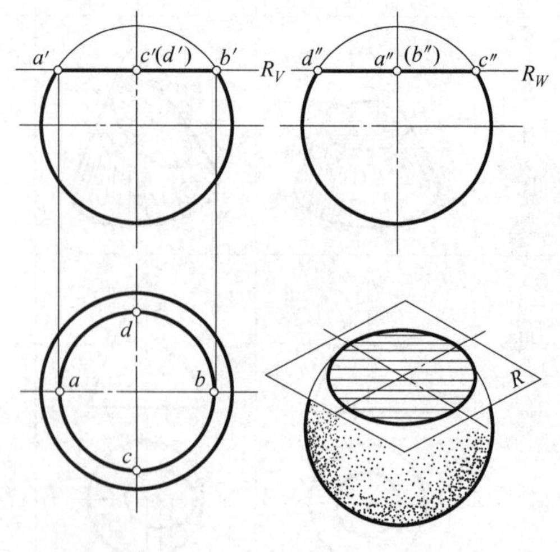

图 6-13 水平面截割球体

得，即 $a'b'$。截交线的 V 面、W 面投影均为横线，分别与 R_V、R_W 重合。

例 6-7　已知条件如图 6-14a所示，试补全被切半圆球的 H 面和 W 面投影。

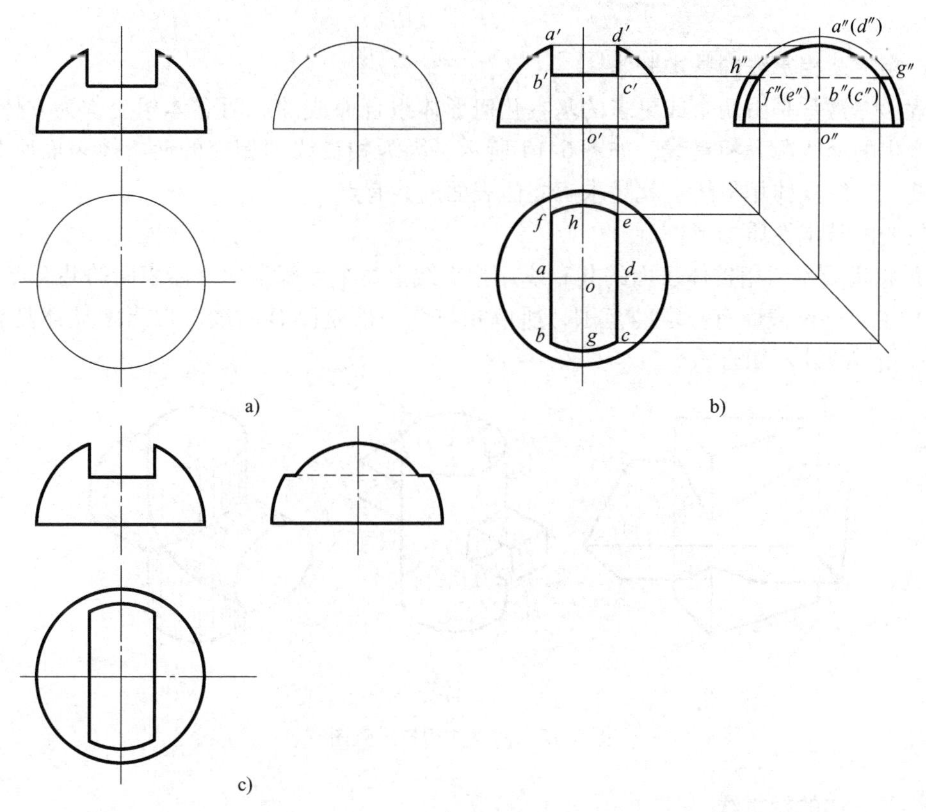

图 6-14　被切半球的截交线

分析：该半球被三个平面所截。水平截平面截切所得的是圆的中间一部分（鼓形）；两个对称的侧平面截切所得的截交线也是圆的一部分（弓形）。由于本题中截交线皆为部分圆弧，故解题的重心应放在寻找圆的圆心和半径上。

作图步骤：

（1）求截交线的 H 面投影。由 V 面投影上 b' 和 c' 处引水平线，与圆的轮廓线相交，得鼓形圆弧的半径，在 H 面上以上述半径画圆，并与两个对称的弓形圆的 H 面积聚两直线相交于 c、b、e、f，得到截交线的 H 面投影，如图 6-14b 所示。

（2）求截交线的 W 面投影。根据“高平齐”找到 $a''(d'')$，$o''a''$ 即为两个对称的弓形圆弧所在纬圆的半径，以 o'' 为圆心，以 $o''a''$ 为半径画圆，与水平截平面的 W 面积聚直线相交于 b''（c''）、f''（e''），圆弧 $f''a''b''$（$e''d''c''$）即为弓形的 W 面投影，交线 $b''f''$ 不可见，应画成细虚线。

（3）仔细检查后，擦去作图线和被切轮廓线，描粗加深图线完成全图，如图 6-14c 所示。

第三节　两立体相贯简介

一、相贯及相贯线的基本概念

工程形体常常是由两个或更多的基本几何形体组合而成的。两立体相交称为立体相贯，其表面产生的交线称为相贯线，如图6-15所示。因为相贯线即相交的两立体表面所共有的线，因此，求解立体相贯线也就是求解立体表面的共有点。

相贯线的基本性质如下：

（1）相贯线是两相贯体表面的共有线，相贯线上每个点都是两立体表面的共有点。

（2）由于立体表面有一定的范围，所以相贯线一般是闭合曲线。仅当两立体具有重叠表面时，相贯线才不闭合。

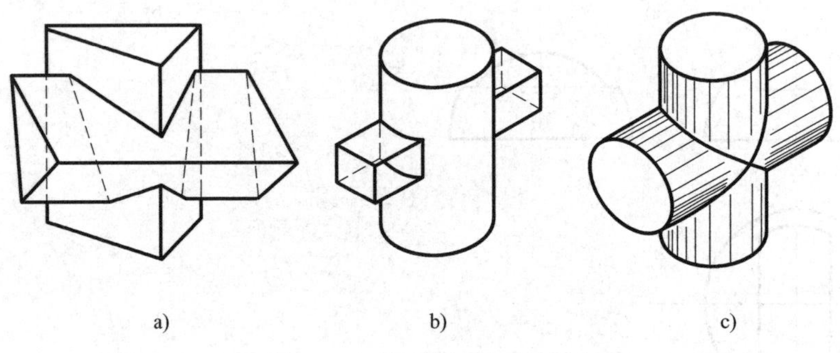

a)　　b)　　c)

图6-15　两立体相贯示意图

二、两立体的相贯线

（一）两平面体相贯

两平面体相贯时，相贯线一般是闭合的空间折线。它的转折点应为其中一个立体上的棱线与另一立体表面的交点（亦可能是两棱线的交点）。所以求两平面立体相贯时，可先求处于相贯的棱线和边线与另一立体表面的交点，再依次连接各交点而形成相贯线。

例6-8　求图6-16a所示的两三棱柱相交时相贯线的投影。

分析：由图6-16b可知，三棱柱*DEF*的侧棱面为铅垂面，在*H*面上积聚成三角形，相贯线的*H*面投影就在△*def*上，所以相贯线的*H*面投影已知。三棱柱*ABC*的侧棱面为侧垂面，分别与三棱柱*DEF*相交，其中参与相贯的棱线有*B*、*C*、*D*，棱面有*DE*、*DF*、*AB*、*AC*和*BC*，其中棱线*D*分别与*AC*、*AB*棱面交于点Ⅰ、点Ⅱ，棱线*C*、*B*分别与*DF*、*DE*棱面交于点Ⅲ、点Ⅳ和点Ⅴ、点Ⅵ，所以要求的是*V*面的相贯线投影。

由于本题中的*AC*、*AB*棱面为侧垂面，而*DE*、*DF*棱面又是铅垂面，故求交点时可用积聚性法。

作图步骤（图6-16c）：

（1）求相贯点。由积聚性，找出棱线*D*与棱面*AC*、*AB*交点Ⅰ、Ⅱ的侧面投影1″、2″，同理可得棱线*C*、*B*与棱面*DF*、*DE*交点Ⅲ、Ⅳ、Ⅴ、Ⅵ的水平投影3（5）、4（6）。

（2）根据“高平齐、长对正”的投影规律，分别作出它们的另外两面投影。

（3）连接相贯线。连接原则：只有位于同一立体的同一棱面上而又同时位于另一立体的同一棱面上的两点才能连接。据此本题应依次连接1′3′、3′5′、5′2′、2′6′、6′4′和4′1′，如图6-16d所示。

（4）判别可见性。棱线F、E的一部分和相贯线ⅢⅤ、Ⅳ、Ⅵ的正面投影均不可见，故连线时应画成虚线，如图6-16d所示。

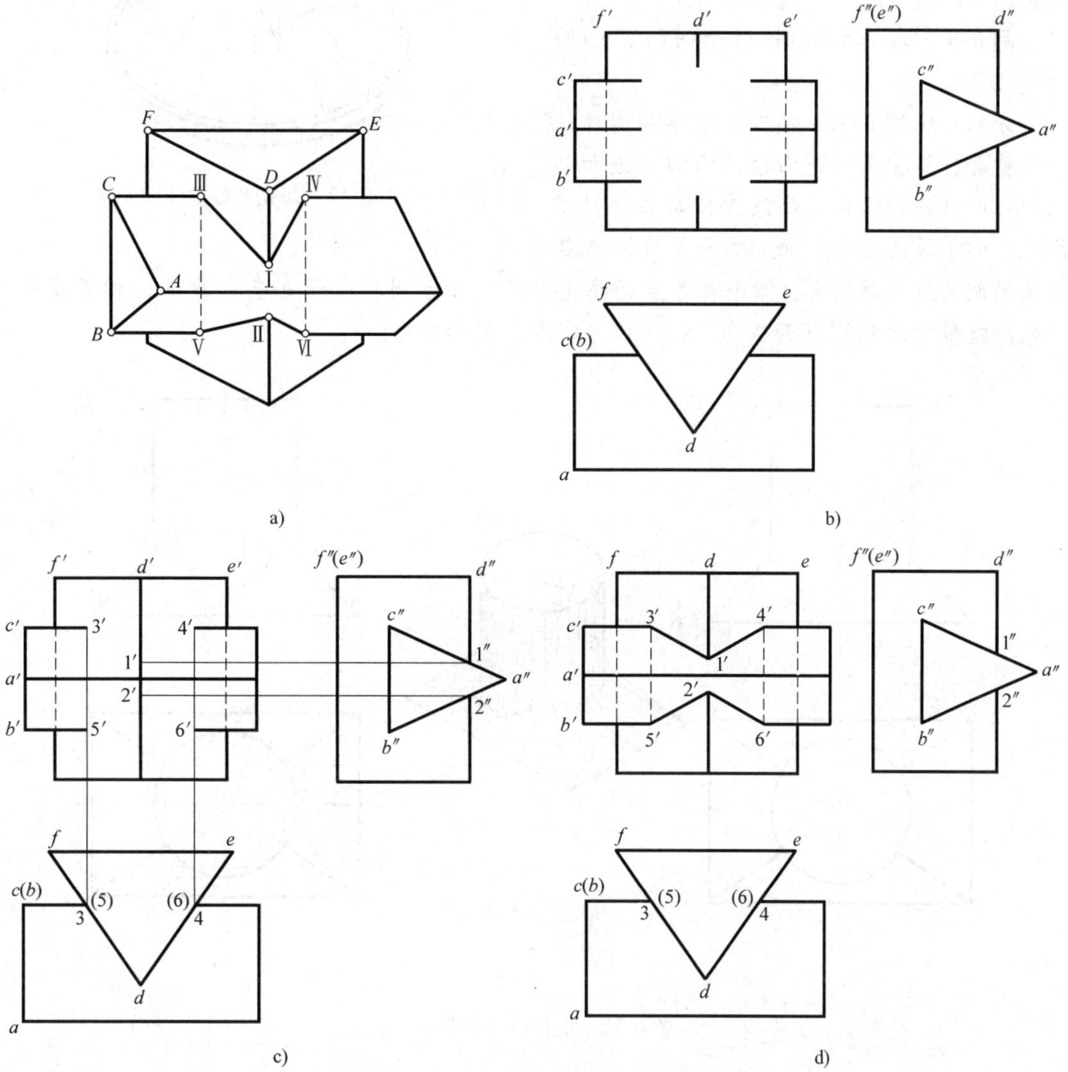

图6-16　两三棱柱相贯线的投影

（二）平面体与曲面体相贯

平面体与曲面体相贯，一般情况下相贯线是由若干个平面曲线组合而成的封闭曲线，如图6-17所示。

有时当平面立体的某个侧面与圆柱或圆锥面的素线相贯时，相贯线可能有直线，此时相贯线是由平面曲线和直线组合而成。相贯线中的每一段平面曲线或直线均是平面立体的某个侧面与曲面立体的截交线，其相邻两平面曲线之间的转折点就是平面立体的棱线与曲面立体的贯穿点。因此，求平面体与曲面体的相贯线的问题，也就是求截交线和贯穿点的问题。所以作图时应先求出平面体中参加相交的棱线的贯穿点（即棱线与曲面体表面的交点），即转折点，然后求出参加相交的侧面与曲面体的截交线，再判别可见性。

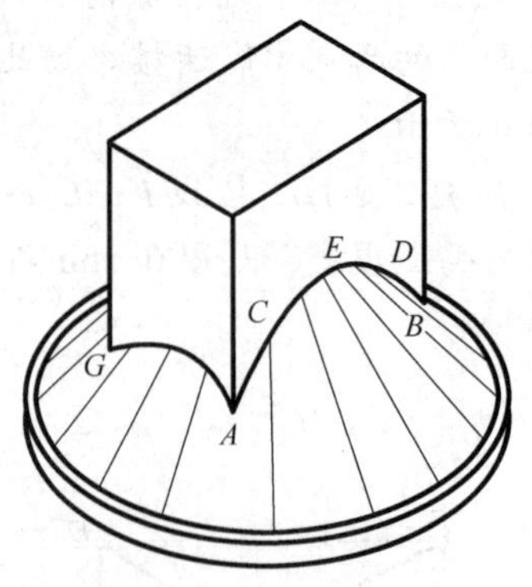

图 6-17 薄壳基础立体图

例 6-9 求作图 6-18a 所示四棱锥和圆柱的相贯线。

分析：由图 6-18a 可知四棱锥和圆柱的轴线重合，其相贯线是由棱锥的四个棱面截切圆柱所得的四段椭圆曲线组合而成的封闭曲线。四条棱线与圆柱面的四个贯穿点就是这些椭圆曲线的转折点，四个贯穿点的高度相同。由于圆柱表面垂直于 *H* 面，相贯线的水平投影就位于圆柱的 *H* 面投影上，所以只需求出 *V* 面投影。

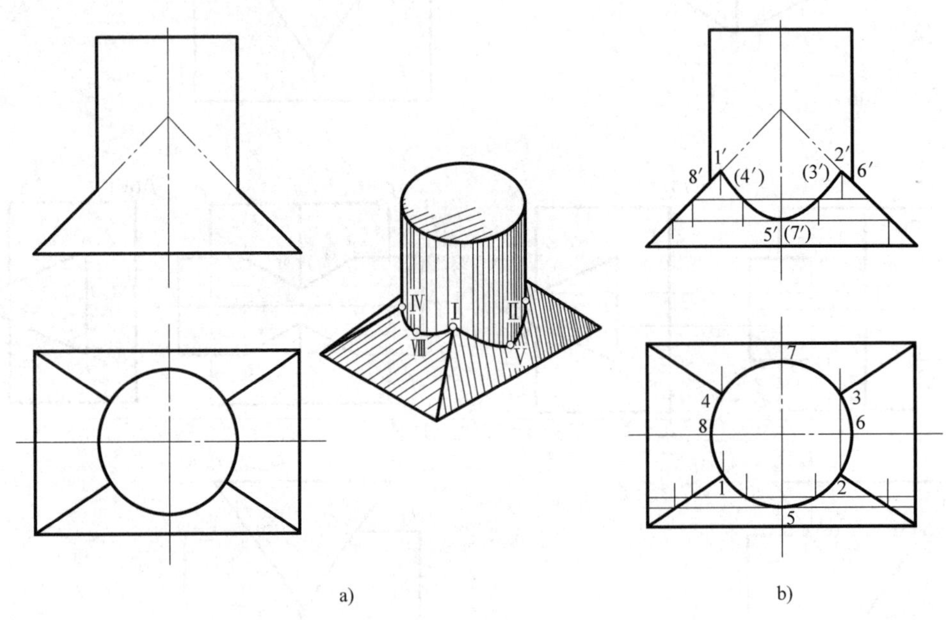

图 6-18 四棱锥和圆柱相贯

作图步骤：

（1）求转折点。在 *H* 面投影中，四条棱线的投影与圆柱面投影的交点 1、2、3、4 为转折点的投影，其 *V* 面投影在四棱锥相应棱线的 *V* 面投影上，分别为 1′（4′）、2′（3′）。点Ⅰ、Ⅱ、Ⅲ、Ⅳ同时也是曲线的最高点。

（2）曲线最低点是圆柱面上最前和最后、最左和最右素线对棱锥的贯穿点，*H* 面投影为 5、6、7、8，在圆柱面的积聚投影圆上。利用辅助线法求得 *V* 面投影 5′（7′），利用投影的积聚性，可求得 *V* 面投影 6′、8′。

（3）如有必要，还可以适当地求一些中间点，依次用平滑的曲线连接起来。

（三）两曲面体相贯的特殊情况

两曲面体的相贯线，在一般情况下为封闭的空间曲线。在特殊情况下，相贯线可能是直线，也可能是平面曲线。

1. 相贯线为直线

（1）当两圆柱轴线平行时，相贯线中有两平行直线，如图6 19a 所示。

（2）当两圆锥共顶时，相贯线为过锥顶的两直线（素线），如图6-19b 所示。

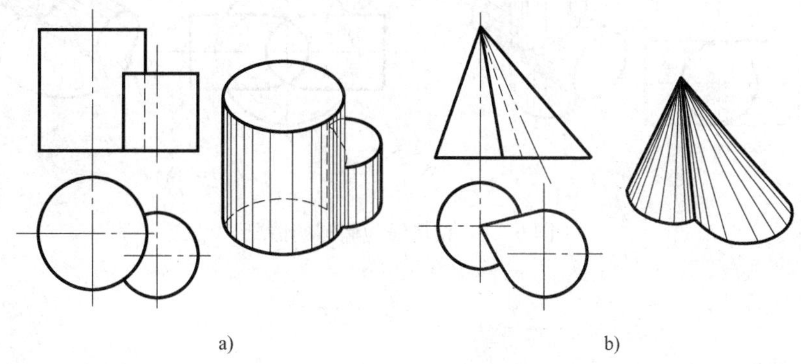

图6-19　相贯线为直线的情况

2. 相贯线为平面曲线

（1）当两回转体共轴线时，其相贯线是垂直于回转体轴线的圆；当轴线垂直于某投影面时，相贯线在该投影面上的投影为圆，且反映实形，另外两个投影面上的投影积聚为垂直于轴线的直线段。图6-20 所示为相贯线为圆的情况。

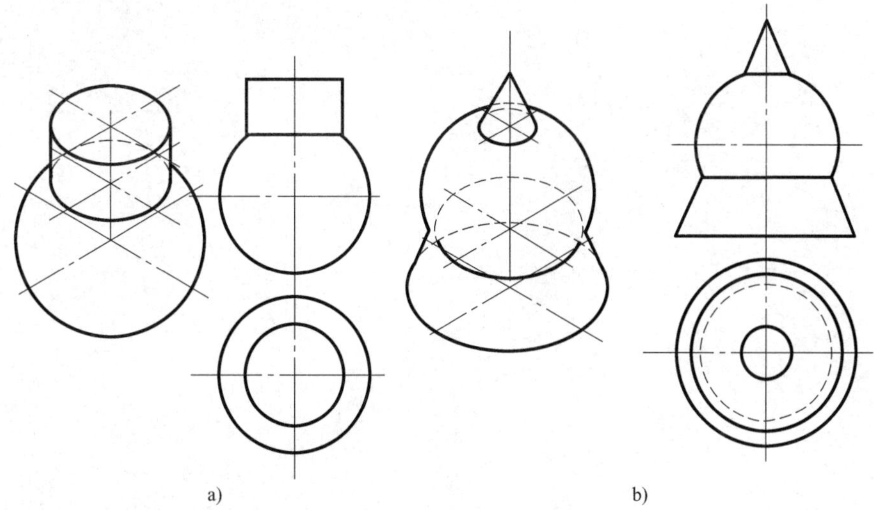

图6-20　相贯线为圆的情况

（2）当轴线相交的两圆柱面或圆柱与圆锥面共同外切于一个球面时，它们的相贯线是两个相等的椭圆，如图6-21 所示。其中图6-21a 为两直径相等的正交圆柱，其轴线相交成直角，此时它们的相贯线是两个相同的椭圆，在与两轴线平行的投影面 V 上，相贯线的投影为相交且等长的直线段，其 H 面投影与直立圆柱的投影重影；图6-21b 为轴线正交的圆锥和圆柱相贯，它们的相贯线也是两个大小相等的椭圆，其正面投影同样积聚为直线。

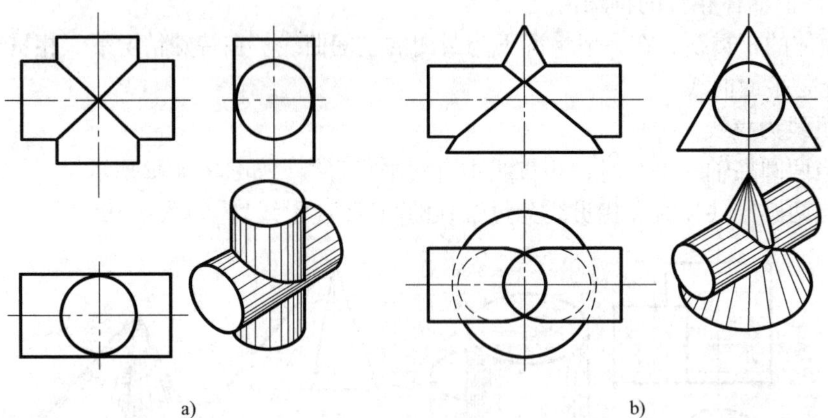

图 6-21　相贯线为椭圆的情况

第七章
组合体的投影

【主要内容】

1. 组合体的组合方式、表面连接关系、相对位置关系的分析；组合体的投影作图、尺寸标注方法。

2. 组合体投影图的识读方法（形体分析法、线面分析法）和识读步骤。

【学习目标】

1. 知道组合体的组合规律。会用形体分析正确绘制投影图。

2. 懂得并会用形体分析法、线面分析法识读、绘制投影图。这部分是组合体投影学习的难点，也是重点。

3. 能说出并会应用组合体投影图的尺寸标注方法，能够正确标出尺寸。

第一节　概　　述

工程中的建筑物或构筑物从形体角度分析，都是由若干个基本几何体所组成，如图7-1所示。由基本几何体经过叠加、切割、相交或相切等形式组合而成的立体称为组合体。在学习组合体的投影之前，首先应熟练掌握基本几何体的投影和尺寸标注。

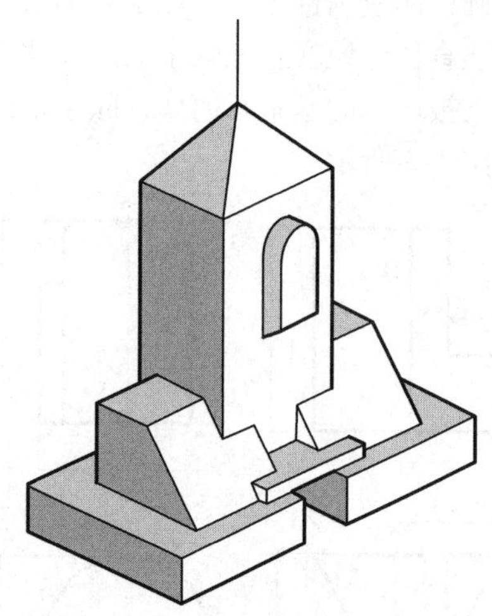

图7-1　组合体——建筑物模型

一、基本几何体

工程中常见的基本几何体有棱柱、棱锥、圆柱、圆锥、球体等，它们都是简单的平面体或曲面回转体。每个基本几何体都有长、宽、高三个方向的尺度。工程制图标准统一规定：当形体的正面确定以后，左右方向的尺寸称为长度，前后方向的尺寸称为宽度，上下方向的尺寸称为高度。

二、基本几何体的尺寸标注

如图7-2是常见基本几何体的尺寸标注。平面体一般应标注它的长、宽、高三个方向的

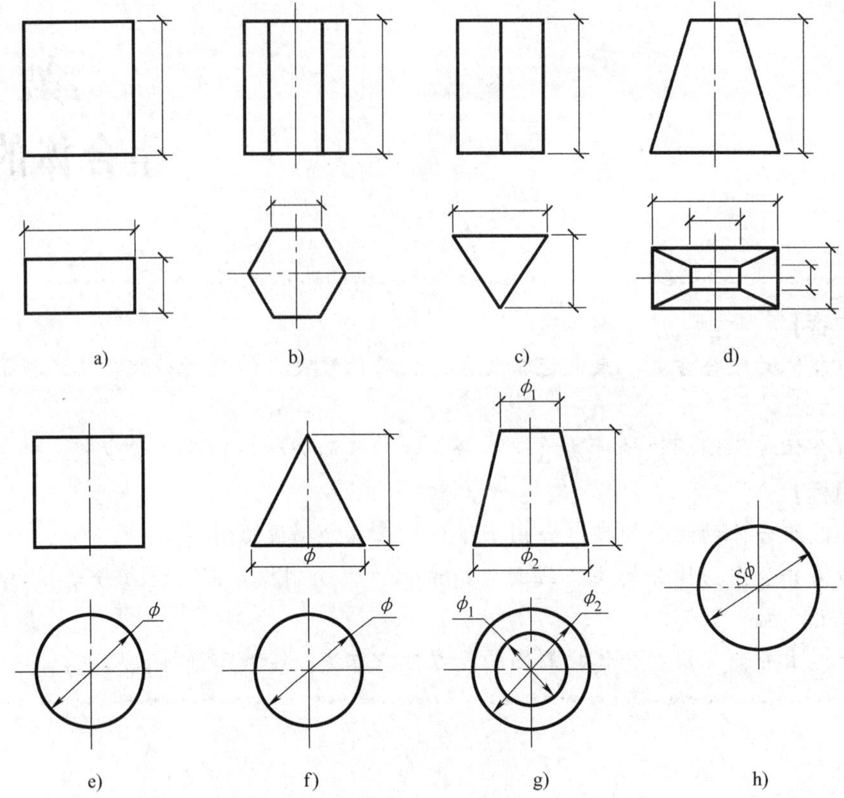

图 7-2　基本几何体的尺寸标注

a）四棱柱　b）六棱柱　c）三棱柱　d）四棱台　e）圆柱　f）圆锥　g）圆台　h）球

尺寸；圆柱体或圆椎体应标注出底圆的直径和高度；球体只需标注出它的直径，一般用一个投影加注直径，但在直径数字前应加注“$S\phi$”。

对于被切割的基本几何体，除了要注出基本几何体的尺寸外，还应注出截平面的定位尺寸，如图 7-3 所示。

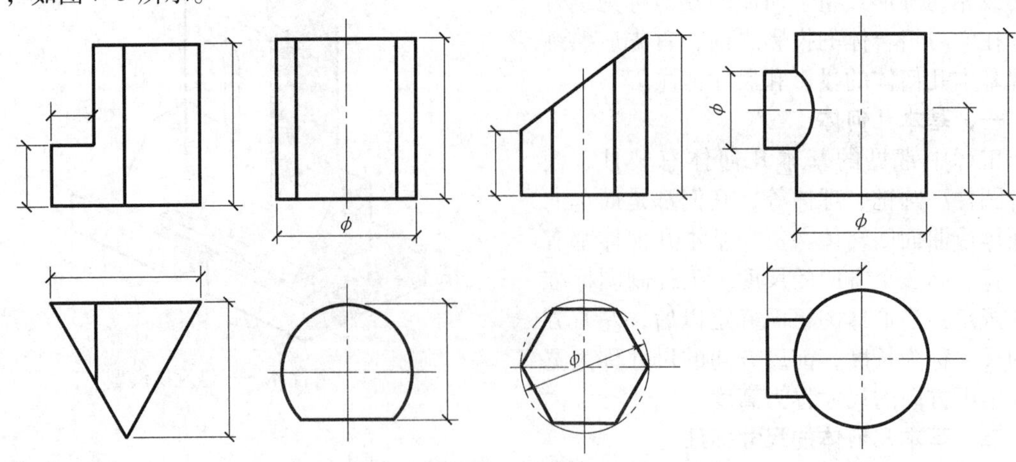

图 7-3　基本几何体被截切后的尺寸标注

第二节　组合体投影图的画法

画组合体的投影图，一般应先进行形体分析，选择适当的投影（包括选择投影图的数量和投影方向），然后进行画图。

一、形体分析

绘制和阅读组合体的投影图时，应首先分析它是由哪些基本几何体组成的，再分析这些基本几何体的组合形式、相对位置和表面连接关系，最后根据以上分析，按各个基本几何体，逐步作出组合体的投影图。这种把一个物体分解成若干基本几何体的方法，称为形体分析法，它是画图、读图和标注尺寸的基本方法。

（一）组合体的组合形式

组合体按其组合方式，一般分为叠加式、切割式、混合式三种。

（1）叠加式。由若干个基本形体叠加而成的形体，如图7-4a所示。

（2）切割式。由一个基本形体经过若干次切割而成的形体，如图7-4b所示。

（3）混合式。在组合体的组合过程中，既有叠加又有切割的形体，如图7-4c所示。

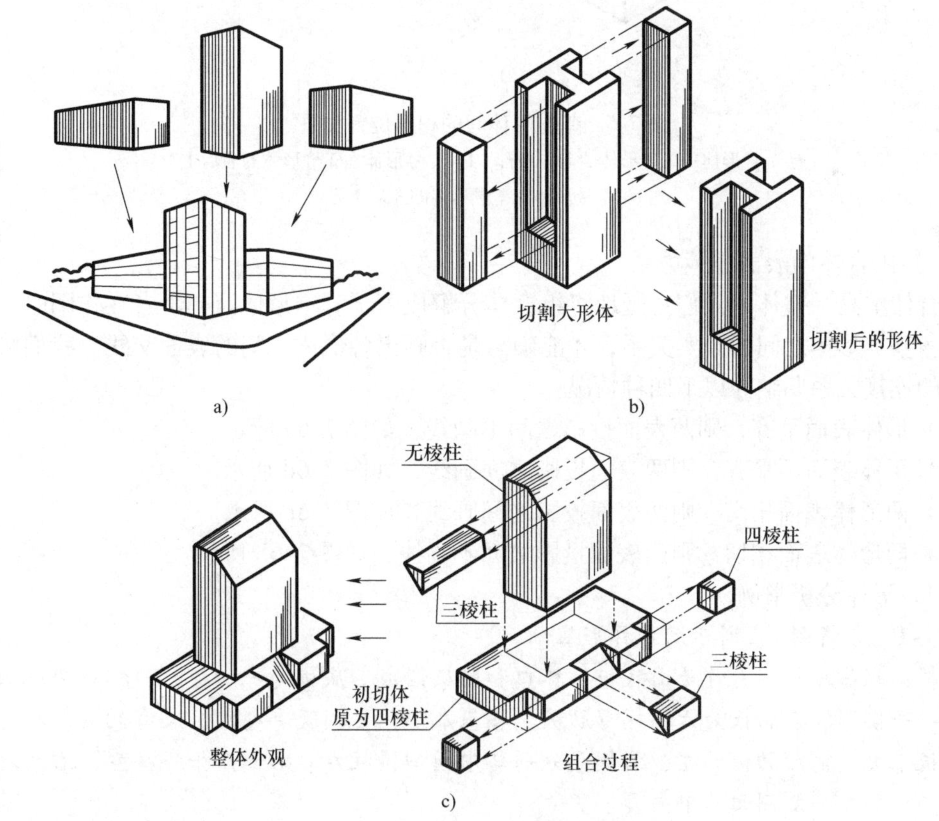

图7-4　组合体的组合方式

a）叠加式组合体　b）切割式组合体　c）混合式组合体

（二）组合体中各基本形体间的相对位置关系

组合体中各基本形体之间有一定的相对位置，如果以某一基本形体为参照物，另一基本形体与参照物之间的位置就有前后、上下、左右、中间等几种位置关系，如图 7-5 所示。

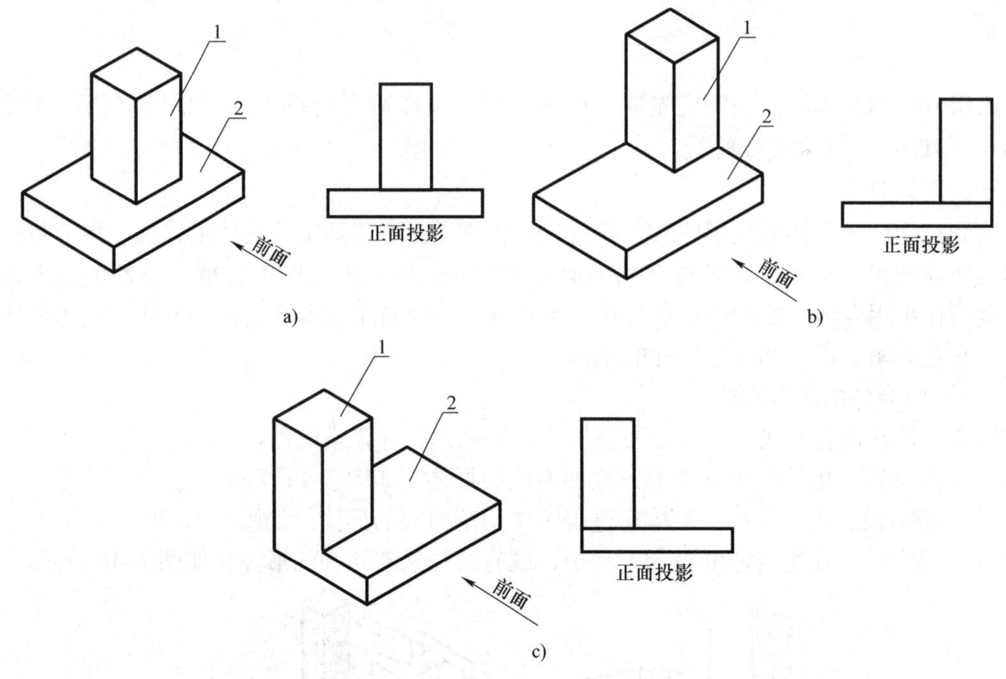

图 7-5　基本形体间的相对位置关系

a）1 号形体在 2 号形体的上方中部　b）1 号形体在 2 号形体的右后上方

c）1 号形体在 2 号形体的左后上方

（三）组合体的表面连接关系

组合体本是一整体，人们主观地将组合体分解成若干基本形体。初学者在作图时，必须搞清楚各基本形体之间的真实关系，才能确定是否画出各形体之间的表面交线。我们将组合体表面的连接关系归纳为以下四种情况：

（1）形体表面平齐，则两表面投影之间不画线，如图 7-6a 所示。

（2）形体表面不平齐，则两表面投影之间画线，如图 7-6d 所示。

（3）两形体表面相交，则两表面投影之间画线，如图 7-6c 所示。

（4）两形体表面相切，则两表面投影之间不画线，如图 7-6b 所示。

（四）形体分析举例

例 7-1　分析图 7-7所示肋式杯形基础。

分析：此基础可以看作是由底板、杯口和肋板组成。底板为一四棱柱，杯口为一四棱柱中间挖去一楔形块，肋板为六块梯形肋板。各基本形体之间既有叠加，又有切割、相交；杯口在底板中央，前后肋板的左、右侧面分别与中间四棱柱左、右侧面平齐，左、右两块肋板分别在四棱柱左、右侧面的中央。

综上所述，分析构成组合体的各基本形体之间的组合方式、表面连接关系及相对位置关系，对组合体投影的识读和画图都很有帮助。

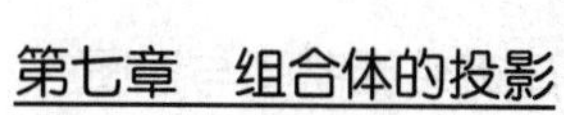

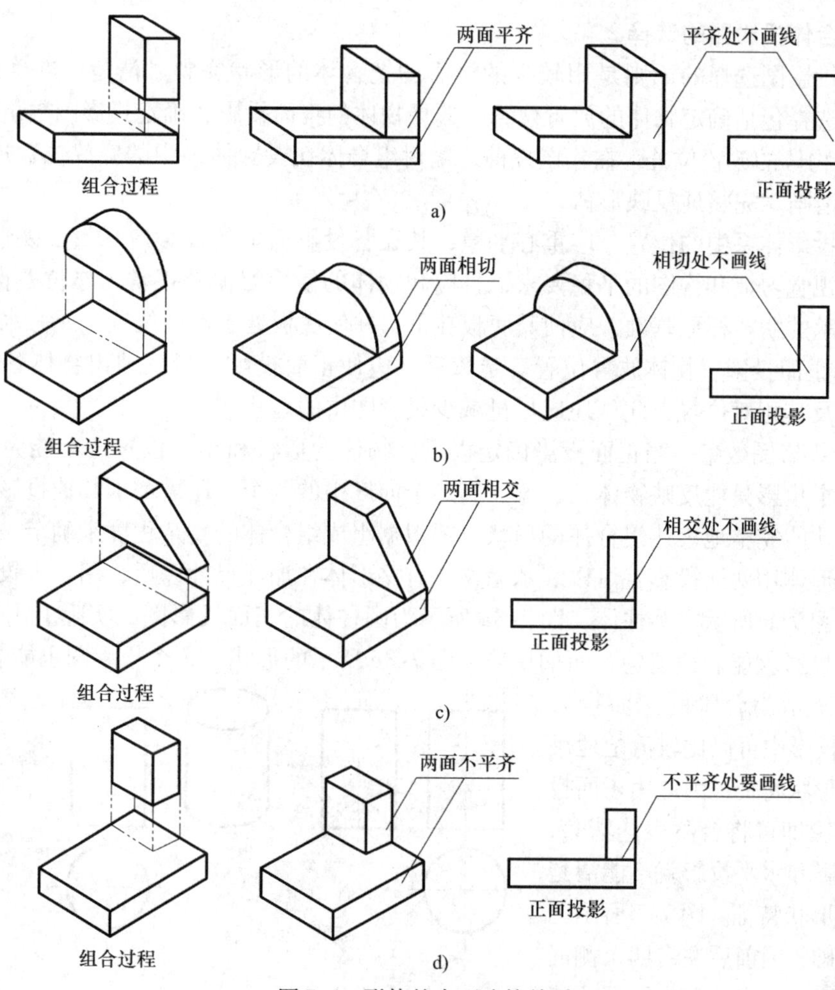

图 7-6　形体的表面连接关系

a）表面平齐　b）表面相切　c）表面相交　d）表面不平齐

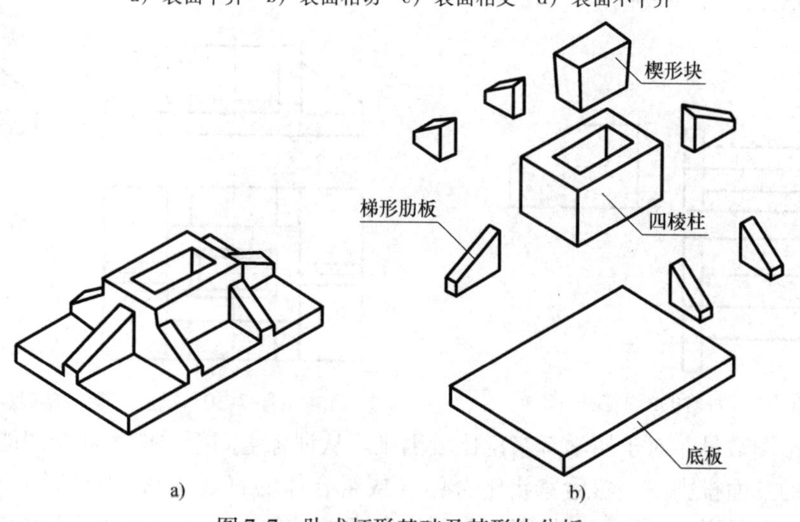

图 7-7　肋式杯形基础及其形体分析

a）直观图　b）形体分析

二、组合体投影图的选择

组合体投影图选择的原则是用较少的投影图把物体的形状完整、清楚、准确地表达出来。投影图选择包括确定物体的放置位置、选择物体的正面投影、确定投影图数量等。

1. 确定物体的放置位置　在作图以前，需对组合体在投影体系中的安放位置进行选择、确定，以便清晰、完整地反映形体。

形体在投影体系中的位置，应重心平稳，其在各投影面上的投影应尽量反映形体实形，符合日常的视觉习惯和构图的平稳要求，且应和物体的使用习惯及正常工作位置保持一致，如图 7-7 所示的肋式杯形基础，应使其底板在下，并使底板处于水平位置，成为水平面。

2. 选择正面投影　物体放置位置确定以后，应使正面投影尽量反映出物体各组成部分的形状特征及其相对位置，此外还应尽量减少投影图中的虚线。

3. 确定投影图数量　当正面投影确定以后，物体的形状和相对位置还不能完全表达清楚，因为一个投影只能反映物体长、宽、高三个向度中的两个，还需增加其他投影。需要用几个投影图才能完整地表达组合体的形状，要根据组成组合体的复杂程度来确定。在实际作图时，有些形体用两面投影就可以表示完整；有些形体在加注尺寸以后，用一个投影就能表示清楚。如图 7-8 所示的圆柱体，图 7-8a 所示为圆柱体的三面投影图，实际上用如图 7-8b 所示的两面投影就能表达清楚，而如果采用图 7-8c 所示的形式，一个投影图也能表达清楚。

图 7-9 所示为台阶的三面投影图，在侧面投影中可以比较清楚地反映出台阶的形状特征，因此用正面投影和侧面投影即可将台阶表达清楚，但用正面投影和水平投影就不能清楚地反映出其形状特征。图 7-7 所示的肋式杯形基础，因前后左右四个侧面都有肋板，需要画出三个投影图才能确定它的形状，如图 7-10 所示。

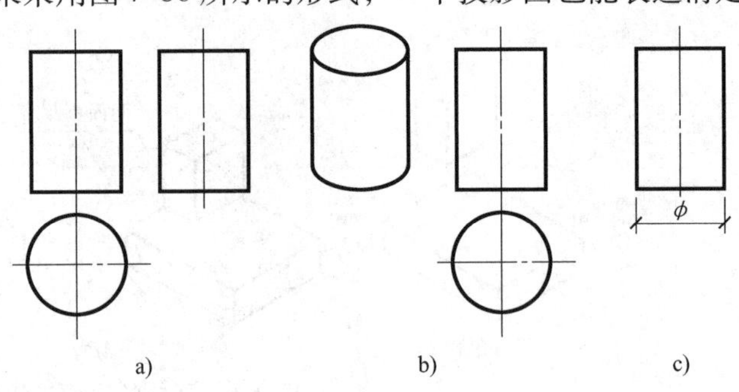

图 7-8　投影图数量的选择

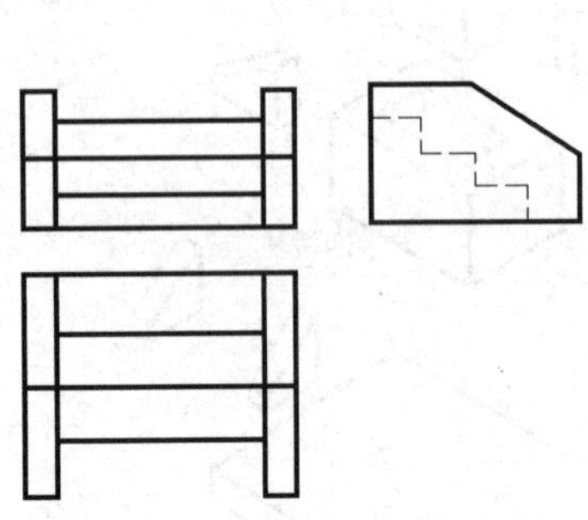

图 7-9　台阶的三面投影图

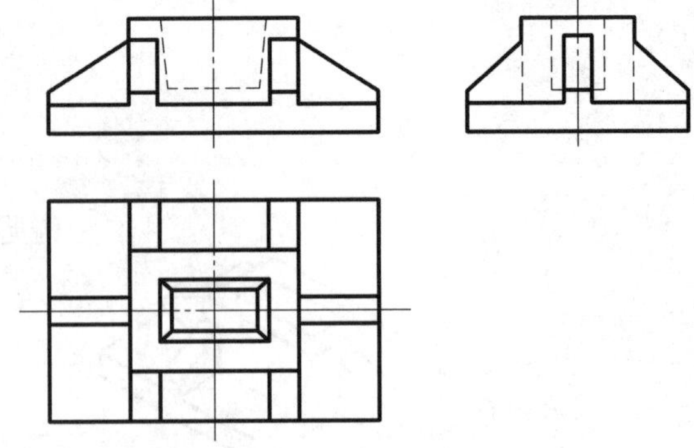

图 7-10　肋式杯形基础投影图

确定投影图数量，对于初学者来说比较困难。从训练空间想象能力和绘图能力出发，可画出组合体的三面投影图，然后拿走组合体（或组合体的直观图），由投影图回想立体图，看是否需要三个投影。这样举一反三，多画、多读、多练，对提高空间想象力和绘图表达能力很有帮助。

三、组合体投影图的画图步骤

1. 选比例，定图幅　完成组合体形体分析并选择好正面投影以后，开始画投影图底稿。首先根据组合体尺寸的大小确定绘图比例，再根据视图大小及投影图所需数量确定图纸幅面，画出图框和标题栏。

2. 画底稿　画底稿前，应根据图形大小，以及标注尺寸的位置，合理布置图面。

画底稿的顺序按形体分析的结果进行。可先画作图基线，如各视图的对称中心线、底面和端面线、外形轮廓线等，以确定各视图位置，然后根据形体分析，依次画出组合体各组成部分的投影。一般按先主体后局部、先外形后内部、先曲线后直线的顺序。如果组合体是叠加而成，则可根据叠加顺序，由下而上或由上而下地画出各基本形体的投影，进而画出整个组合体的投影；如果组合体是切割而成，应先画出切割前的形体投影，然后按切割顺序，依次画出切去部分的投影，最后完成组合体的投影。

在画图过程中，应注意各组成部分的三个投影必须符合投影规律，画每个基本形体时，先画其最具形状特征的投影，再画另外两个投影。

画底稿时，底稿线要清晰、准确。当底稿画完后，应认真校核。

3. 加深图线　校核无误后，擦去多余线条，即可加深、加粗图线。图线加深的顺序：先曲后直，先水平后铅垂，最后加深斜线。水平线从上到下、铅垂线从左到右依次完成。

完成后的投影图应做到布图均衡、内容正确、线型分明、线条均匀、图面整洁、字体工整、符合制图标准。

四、组合体投影图的画法举例

例 7-2　作图 7-11a所示盥洗池的三面投影图。

分析：如图 7-11b 所示，该盥洗池由池体和支撑板两大部分组成。池体是由一个大长方体从中间切去一个略小的长方体，形成一水槽，同时在底板中央又挖去一个小圆柱孔而成；

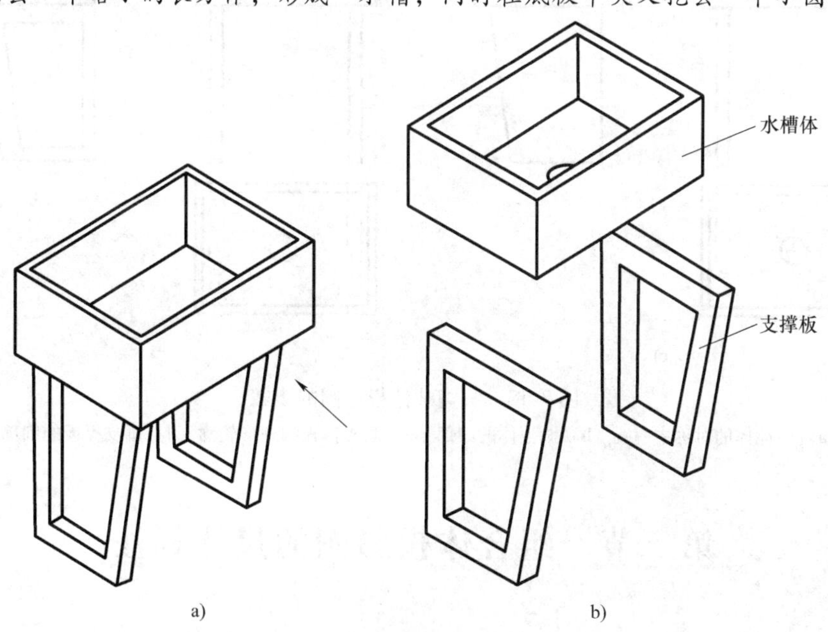

图 7-11　盥洗池的形体分析

a）盥洗池的直观图　b）盥洗池的形体分析

下方支撑板是两个空心的梯形柱。

相对位置关系：在池体底部左右对称地叠加两块支撑板，支撑板与上部池体后侧面平齐，左右侧面不平齐。

作图步骤：

（1）选择正面投影。让盥洗池按正常使用位置安放。根据正常使用习惯，从水池的正前方向后为正面投影，如图 7-11a 中箭头所示。

（2）作投影图。具体步骤如图 7-12 所示，先画底稿，画时应注意：三个投影图的各组成部分应互相对照画出，注意不要遗漏不可见孔、洞、槽的虚线。底稿画完后，进行校核，擦去多余的线条，如有错误或遗漏，立即改正。加深复核，完成全图，如图 7-12d 所示。

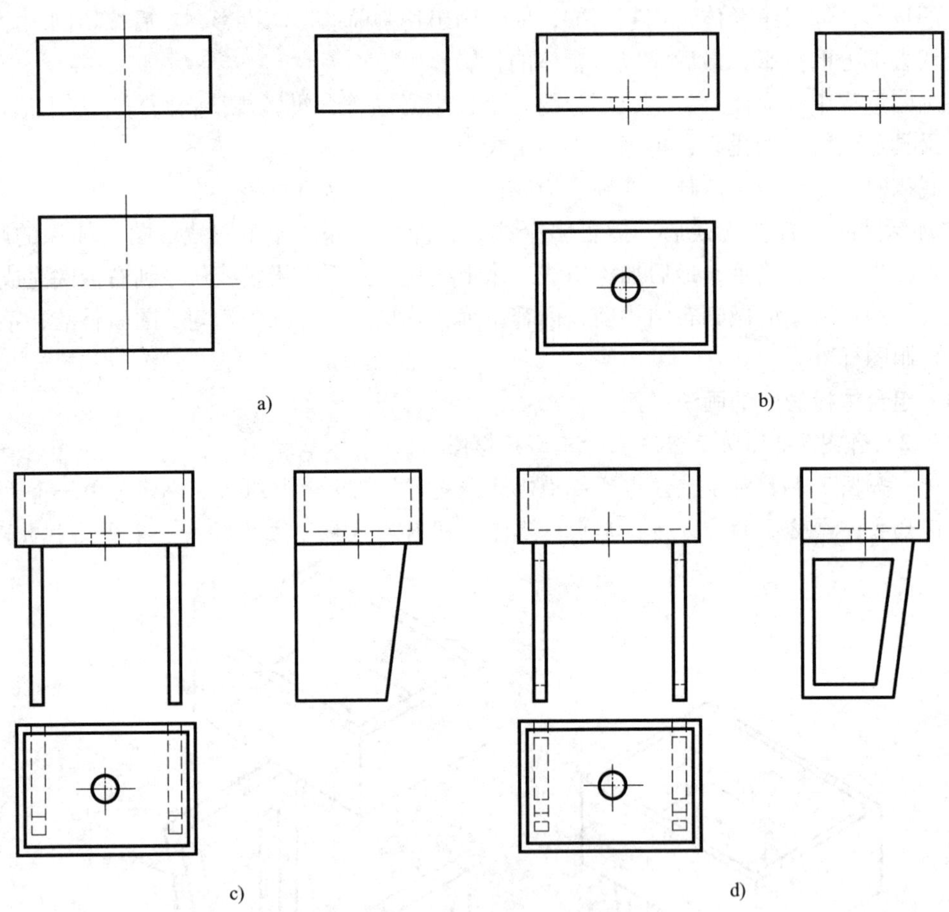

图 7-12　画盥洗池投影图的步骤

a）画池体的对称中心线　b）画池体的细部　c）画支撑板的外形轮廓　d）画支撑板的细部

第三节　组合体投影图的尺寸标注

组合体的投影图，虽然已经清楚地表达了物体的形状和各部分的相互关系，但还需要反映物体的大小和各部分的相对位置。在实际工程中，没有尺寸的投影图不能用来指导施工和

制作。

一、组合体的尺寸组成

组合体尺寸由三部分组成：定形尺寸、定位尺寸和总尺寸。

1. 定形尺寸 确定组合体各组成部分的形状、大小的尺寸称为定形尺寸。它通常由长、宽、高三项尺寸来反映。

2. 定位尺寸 确定组合体各组成部分之间的相对位置的尺寸称为定位尺寸。定位尺寸在标注之前首先要确定定位基准。所谓定位基准，就是某一方向定位尺寸的起始位置，通常以组合体的底面、侧面、对称中心线以及回转体的轴线等作为定位尺寸的基准。

3. 总尺寸 确定组合体总长、总宽、总高的尺寸称为总尺寸。

二、组合体尺寸的标注方法

组合体尺寸标注前也需要进行形体分析，以便确定各基本形体的定形、定位尺寸。

下面以图7-13所示的盥洗池为例，说明组合体尺寸标注的方法和步骤。

1. 标注各基本形体的定形尺寸 该盥洗池由池体和支撑体两大部分组成。池体的定形尺寸有：长620mm，宽450mm，高250mm；池壁的定形尺寸有：壁厚25mm，底板厚40mm，圆柱形孔直径70mm；支撑板的定形尺寸有：厚50mm，上宽400mm，下宽310mm，高550mm，上下横梁的高60mm，前后支撑柱的宽50mm。

2. 标注各基本形体的定位尺寸 先定基准：长度方向以池体的左侧面或右侧面（盥洗池左右对称）为定位基准；宽度方向以池体的后侧面为定位基准；高度方向以地面为定位基准。这样一来，池体的长度、宽度方向不需要定位尺寸，高度方向的定位尺寸为550mm（即支撑板的高）；排水孔的长度方向的定位尺寸为310mm，宽度方向的定位尺寸为225mm；支撑体后侧面与宽度方向基准重合，长度方向的定位尺寸为两个50mm（左右对称），420mm是两支撑板之间的位置尺寸。

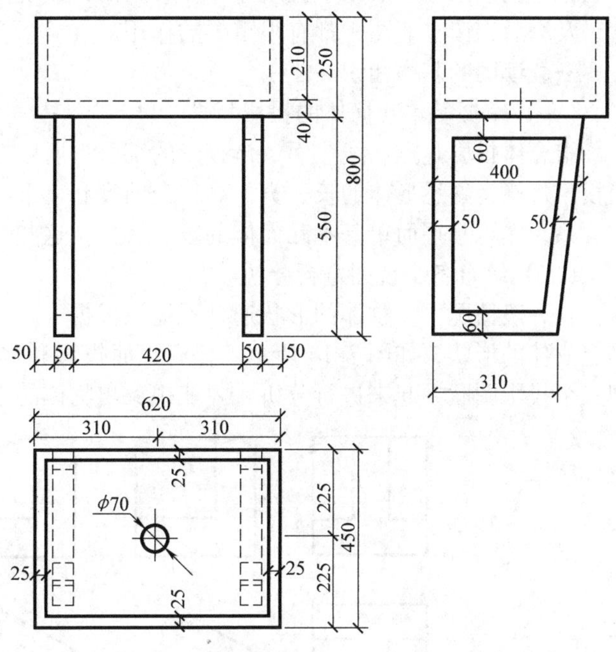

图7-13 标注组合体尺寸的方法和步骤

3. 标注总尺寸 盥洗池的总长、总宽即为池体的定形尺寸620mm、450mm；总高为800mm，是池体与支撑板高度之和。

三、尺寸标注应注意的几个问题

组合体投影图的尺寸不但要标注齐全，而且要标注整齐、清晰，便于阅读。标注组合体尺寸时，除应遵守第二章尺寸标注的基本规定外，还应注意以下几点：

(1) 尺寸标注要齐全但不重复。上述三种尺寸可能重复，只需标注一次；一个分向的尺寸只在一个投影图中标注即可。

（2）为了使图面清晰，尺寸应标注在图形之外，并布置在两个投影之间。但有些小尺寸，为了避免引出标注的距离太远，也可标注在图形之内。

（3）应尽可能地将尺寸标注在反映基本形体形状特征或实形的视图上。

（4）尽量避免在虚线上标注尺寸。

除满足上述要求外，工程形体的尺寸标注还应满足设计和施工的要求。

第四节　组合体投影图的识读

组合体形状千变万化，从形体到投影的分析比较容易掌握，而由投影图想象空间形体的形状往往比较困难。所以掌握组合体投影图的识读规律，对于培养空间想象力、提高识图能力以及今后识读专业图，都有很重要的作用。

一、读图的基本知识

（一）掌握基本几何体的投影特性

组合体投影是点、线、面、体投影的综合，所以在识读组合体投影图之前一定要掌握三面投影规律，熟悉形体的长、宽、高三个向度和上下、左右、前后六个方向在投影图上的对应关系，熟练掌握简单基本几何体的投影特性，这些是识读组合体投影图必备的基本知识。

（二）综合各个视图进行分析

在一般情况下，物体的形状通常不能只根据一个投影图来确定。有时两个投影图也不能确定物体的形状，如图 7-14 所示，仅有正面投影和水平投影并不能确定物体的形状，只有把三个投影图联系起来进行分析，才能想象出物体的空间形状。

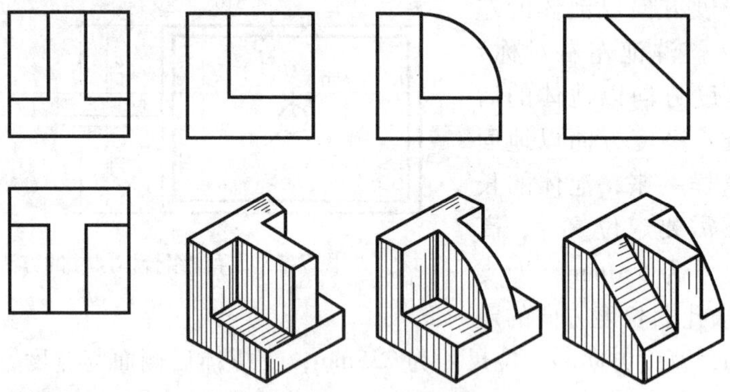

图 7-14　把已知投影联系起来读图

（三）找出形体的特征投影

能使某一形体区别于其他形体的投影，称为该形体的特征投影（或特征轮廓）。找出特征投影后，就能通过形体分析和线面分析，进而想象出组合体的形状。图 7-15 所示形体的水平投影均为形体的特征投影。

（四）明确投影图中直线和线框的含义

在一组投影图中，每一条线、每一个线框都有它具体的意义。如一条线表示一条棱线还

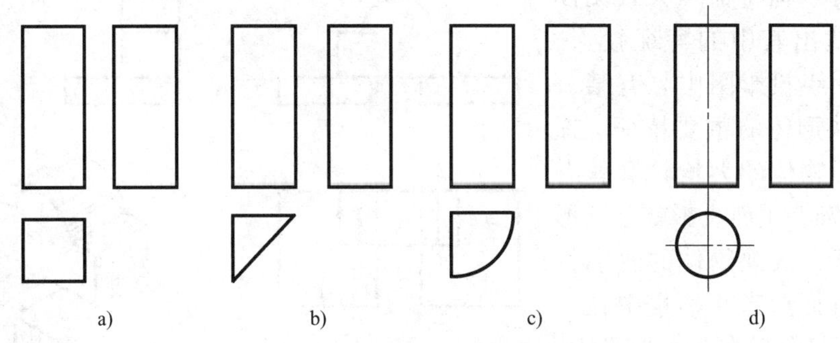

图 7-15 水平投影均为特征投影

a）长方体 b）三棱柱 c）1/4 圆柱 d）圆柱体

是一个平面？一个线框表示一个曲面还是平面？这些问题在识读过程中是必须弄清楚的，是识图的主要内容之一，必须予以足够的重视。线和线框的意义需用第四章中直线和平面的投影特性来分析。

1. 直线的含义 如图 7-16 所示，投影图中的一条线可表示：①形体上一条棱线（两个面的交线）的投影；②形体上一个平面的积聚投影；③曲面体上一条轮廓素线的投影。

一条直线的具体意义，需联系其他投影综合分析才能得出。

2. 线框的含义 如图 7-16 所示，投影图中的一个封闭线框可表示：①形体上一个平面或曲面的投影；②形体上一相切组合面的投影；③形体上一个孔、洞、槽的投影。

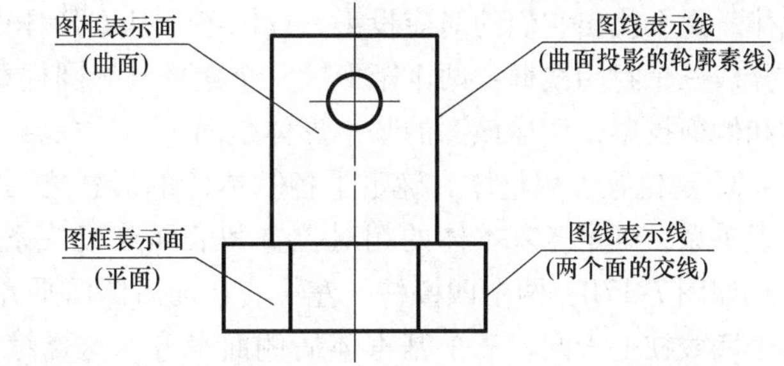

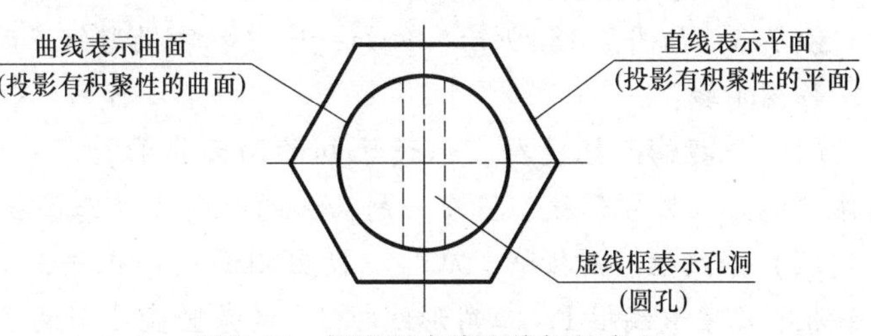

图 7-16 投影图中线和线框的含义

投影图中一个线框在另两个投影图中的对应投影若非积聚投影便是类似投影，实际读图时，应根据投影规律具体分析。

二、读图的基本方法

读图的基本方法综合起来有形体分析法、线面分析法及模型制作法。组合体的读图一般先用形体分析法，对于投影图中某些投影比较复杂的部分，辅以线面分析法，模型制作法可以提高空间想象力，帮助读图。

（一）形体分析法

形体分析法是读图的最基本和最常用的方法。其思路为：先将组合体分解为几个简单的基本几何体，然后根据基本形体的投影特性，在投影图中分析组合体各组成部分的形状和相对位置，以及表面连接关系，最后综合起来想象出组合体的整体形状。现以图 7-17 为例，说明形体分析法的读图步骤。

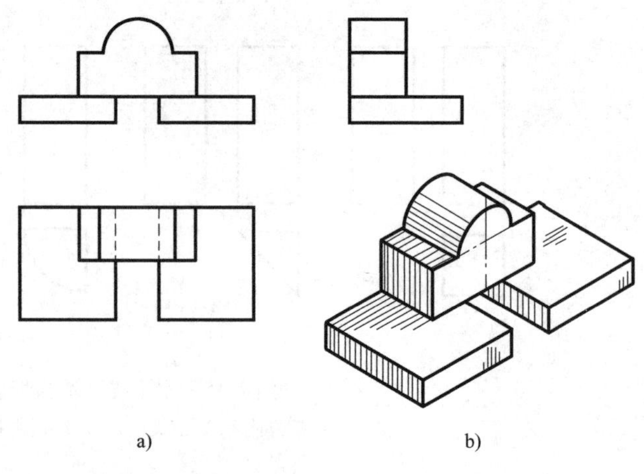

图7-17　形体分析法读图

1. 识投影、抓特征　大致阅读已知投影，找出其中的特征投影。一般来说，一组投影图中总有某一投影明显反映形体的主要特征。抓住特征投影，物体的大概轮廓就有了。如图7-17a，正面投影就是该形体的特征投影，反映物体的轮廓特征。但有时特征投影并不集中在一个投影中，而是分散在几个投影中，读图时应具体分析，分别找出各部分的特征投影，注意相互间的位置关系。

2. 分线框、对投影　从特征投影入手将组合体分解为若干个基本形体，根据正投影“长对正、高平齐、宽相等”的投影规律，逐个找出它们的对应投影，读懂各个基本形体的形状。如图7-17a，从正面投影把形体分成三个封闭线框：两个矩形、一个矩形与半圆柱叠加。然后对投影，找出它们的水平投影和侧面投影，读懂该图的基本形体是两个四棱柱、一个四棱柱与半圆柱叠加。

3. 定位置、想整体　确定了各基本体的形状之后，根据投影图中左右、前后、上下的位置关系，确定各基本体的相对位置和表面连接关系，最后综合起来想象出物体的整体形状。如图7-17b，两个四棱柱一左一右，前后侧面平齐，上部四棱柱与半圆柱叠加体又搭在两个四棱柱上中间，三个基本体后侧面平齐。这样综合起来就不难想象出该组合体的空间形状。

例7-3　如图7-18a所示，已知一连接配件模型的正面投影和侧面投影，补画水平投影。

作图步骤：

(1) 识投影、抓特征。识读已知的两面投影，不难看出侧面投影形状特征比较明显，物体可能为一Z字形板，另有一斜面和两个圆孔（正面投影可知）。

(2) 分线框、对投影。从特征投影侧面投影入手，如图7-18b所示，将形体划分成三个线框：Z字形线框1、三角形线框2、两条竖直线与两条虚线所组成的矩形线框3。

根据投影规律，正面投影和侧面投影保持高平齐，通过对投影可以看出，Z字形线框为一Z字形棱柱，根据“三等”关系，画出它的水平投影；三角形线框对应的正面投影为一小矩形，它是一个三棱柱，根据投影关系，画出三棱柱的水平投影；与两条虚线保持高平齐的是正面投影中的两个圆，由此可知，Z字形棱柱的竖板上有左右对称的两个圆柱孔，根据投影关系，画出它们的水平投影，如图7-18b、c、d所示。

(3) 定位置、想整体。根据以上分析、作图，按基本形体的相对位置，想象整个连接件模型的整体形状，并从整体形状出发，校核无误后，加深图线，完成全图，如图7-19所示。

(二) 线面分析法

当投影图不易分成几个部分或部分投影比较复杂时，可采用线面分析法帮助读图。线面分析法是从直线、平面的投影特性入手分析：①投影图中一些带有明显特征的直线、斜线、曲线或线框的空间意义；②围成立体的各个表面的形状、位置和连接关系。通过以上分析想

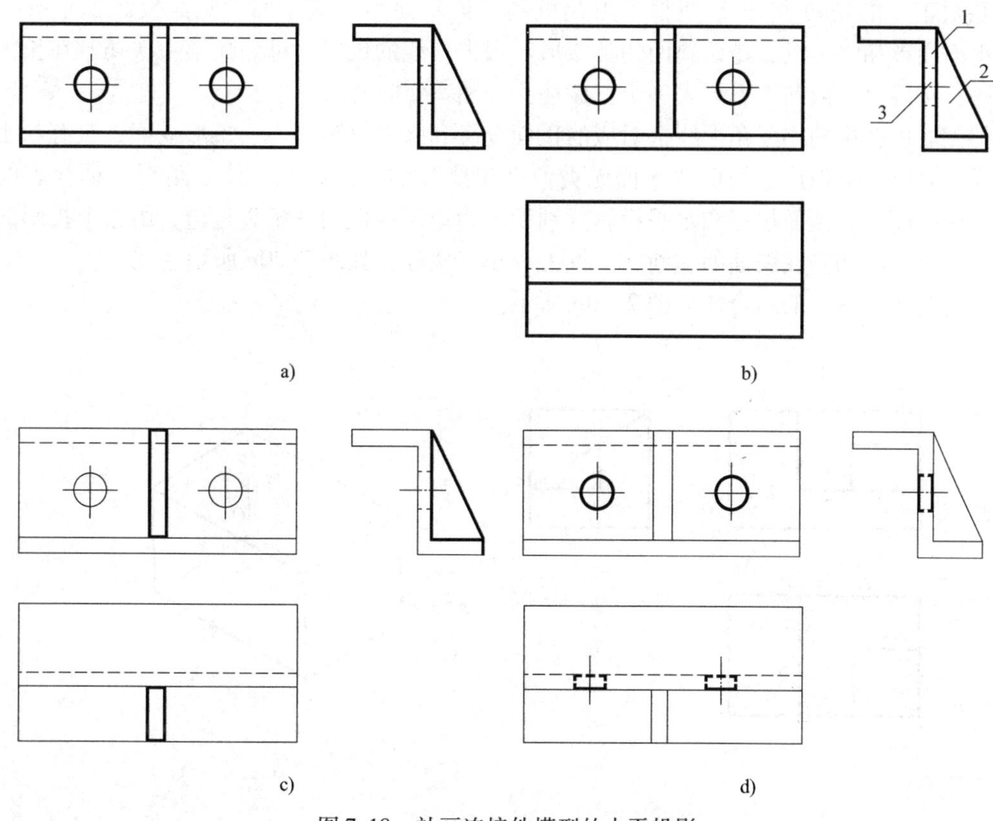

图 7-18　补画连接件模型的水平投影

a）已知投影　b）分线框、对投影，补画 Z 字形柱的水平投影

c）对投影，补画三棱柱的水平投影　d）对投影，补画两圆柱孔

象出整个物体或物体上某一部分的空间形状。

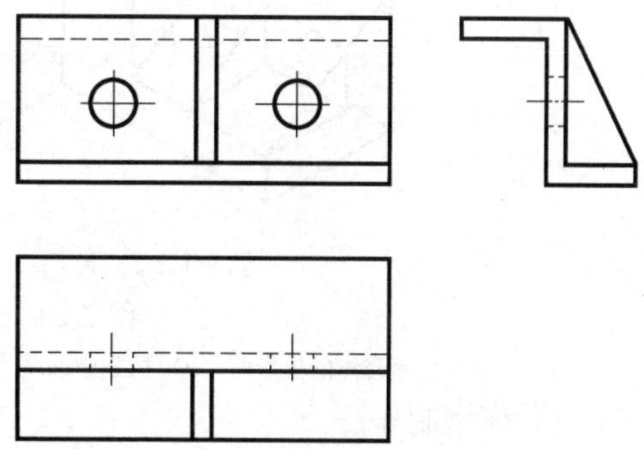

图 7-19　连接配件模型的投影图

线面分析法是在形体分析的基础上，攻克难点，帮助读图。用线面分析法读图，关键在于正确读懂投影图中每条线、每个线框所代表的含义。

现以图 7-20a 所示组合体的三面投影图为例，说明线面分析法的读图步骤。

1. 形体分析　从图 7-20a 所示三面投影来看，每个投影都没有明显的特征。三个投影的外轮廓均为矩形，正面投影和水平投影内分别有一组矩形和 L 形线框，侧面投影比较明显的是斜线及两个三角形线框。结合侧面投影和水平投影，可以判断该组合体为一个切割形组合体，切割前为一长方体，如图 7-20b 所示。具体的切割步骤及投影图中的每个线框所表示的意义，需经过线面分析才能确定。

2. 线面分析　从侧面投影图中的斜线，可以想到物体中必有斜面。根据“平面无类似必积聚”的投影特性，与侧面投影中斜线保持“高平齐，宽相等”、正面投影和水平投影又能“长对正”的是两个 ㄱ 形线框，由此可判断该斜面为一侧垂面，侧面投影积聚成一斜线，正面投影和水平投影是该斜面的类似形。根据斜线的位置，可判断第一次切割在长方体的左侧，从后上方向前下方切去一个三棱柱，如图 7-20c 所示。

与侧面投影中的小三角形线框对应的正面投影和水平投影均为一矩形线框，没有与小三角形线框对应的类似形，根据“平面无类似必积聚”的投影特性，该三角形线框代表的平面为一侧平面，其正面投影和水平投影分别积聚为矩形线框的一条竖直边，由三个投影的位置可判断第二次切割在斜面的左前方，挖去一小三棱柱，如图 7-20c 所示。

经过两次切割后的组合体如图 7-20d 所示。

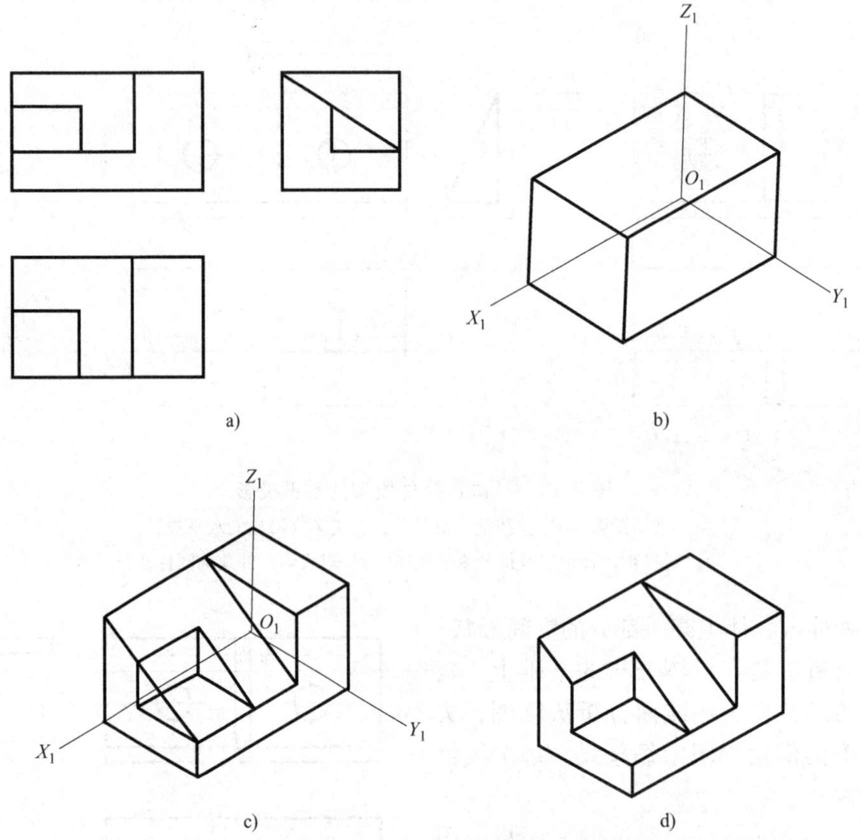

图 7-20　线面分析法读图

a）组合体的投影图　b）切割前的基本体　c）组合体的切割　d）组合体的直观图

（三）模型制作法

模型制作法是比较生动逼真的读图方法。它与上述读图方法相似，只是把根据投影图想象出的立体形状制作成模型，再对照投影图验证想象的投影图是否正确。对于叠加式的组合体，可用捏橡皮泥的方法，制作小模型，来帮助读图。对于切割式的组合体，为了提高空间想象力，在读图时，可动手找一些易切的物体（如橡皮泥、土豆、萝卜、肥皂、泡沫塑料等）进行逐步切割，如图 7-21 所示。

在实际读图时，由于时间、场合的限制，往往无法找到你想用的材料，这时可动手勾画物体的立体草图，来帮助读图。徒手勾画草图时，可目估尺寸、比例，具体作图方法（即轴测图的画法）将在第九章中讲述。

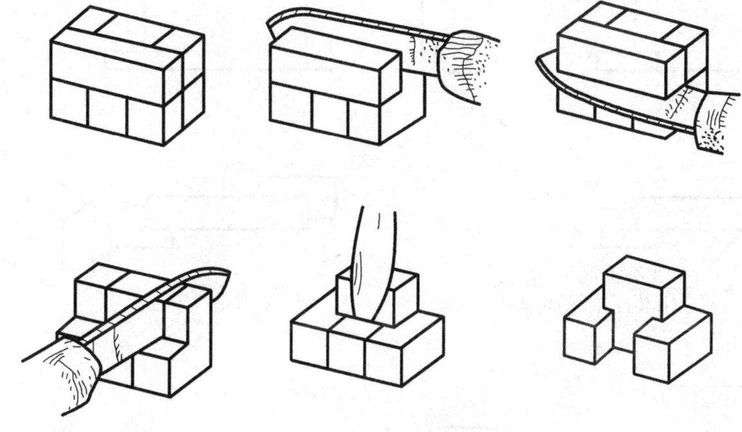

图 7-21　制作立体模型

总之，对于空间形状较为复杂的物体，读图时并不局限于用某一种读图方法，各种读图方法可以融会、交替使用。拿到一个物体的投影图后，先粗读三面投影图，初步判断物体的组合方式，以形体分析法为主，先对物体进行形体分析，对投影图中较为复杂的线、面投影，辅以线面分析法，帮助读图。遇到局部形体一时难以确定时，可以勾画草图、制作模型，综合建立起物体的空间形状，从而提高读图速度。

三、读图举例

例 7-4　识读如图 7-22a所示房屋模型的三面投影图。

读图步骤：

(1) 识投影、抓特征。纵观三个投影图，平面图特征最为明显，前后、左右均有凸出部分，平面上房屋模型由三部分叠加组合而成。

(2) 分线框、对投影。从水平投影入手，将这个房屋模型组合体的平面图划分成三个线框：一个矩形线框和两个 L 形线框。在读图时，可将三个线框设想为三个简单形体（Ⅰ、Ⅱ、Ⅲ）的平面图，如图 7-22a 所示。

矩形线框（形体Ⅰ）：如图 7-22b 所示，利用三等关系，将正立面图和左侧立面图投影对照后得知，三个投影都为矩形，形体Ⅰ为四棱柱（长方体）。当前面有房屋的其他部分遮挡时，正立面图中的对应图线画成虚线；当左面有房屋的其他部分遮挡时，左侧立面图中的对应图线也画成虚线。

左 L 形线框（形体Ⅱ）：平面图上的左 L 形线框为形体Ⅱ的形状特征投影，如图 7-22c 所示，将正立面图与左侧立面图投影对照后得知，这一部分位于四棱柱的左后方，且低于四棱柱，所以在正立面图中，该形体被遮挡部分的图线画成虚线。通过分析，想象出该部分为 L 形棱柱体。

右 L 形线框（形体Ⅲ）：如图 7-22d 所示，将正立面图和左侧立面图投影对照后得知其高度最低，也是一个 L 形棱柱体。由于它位于四棱柱的右前方，所以在左侧立面图中，被四棱柱所遮挡部分的图线画成虚线。

(3) 定位置、想整体。在读懂了这个房屋模型的组成及各部分的形状后，再按三视图所显示出的左右、前后、高低的位置关系，弄清这三部分彼此之间的相对位置，就可想象出这个房屋模型的整体形状。如图 7-22e 所示，正中的四棱柱可以看成是房屋的主体部分；在

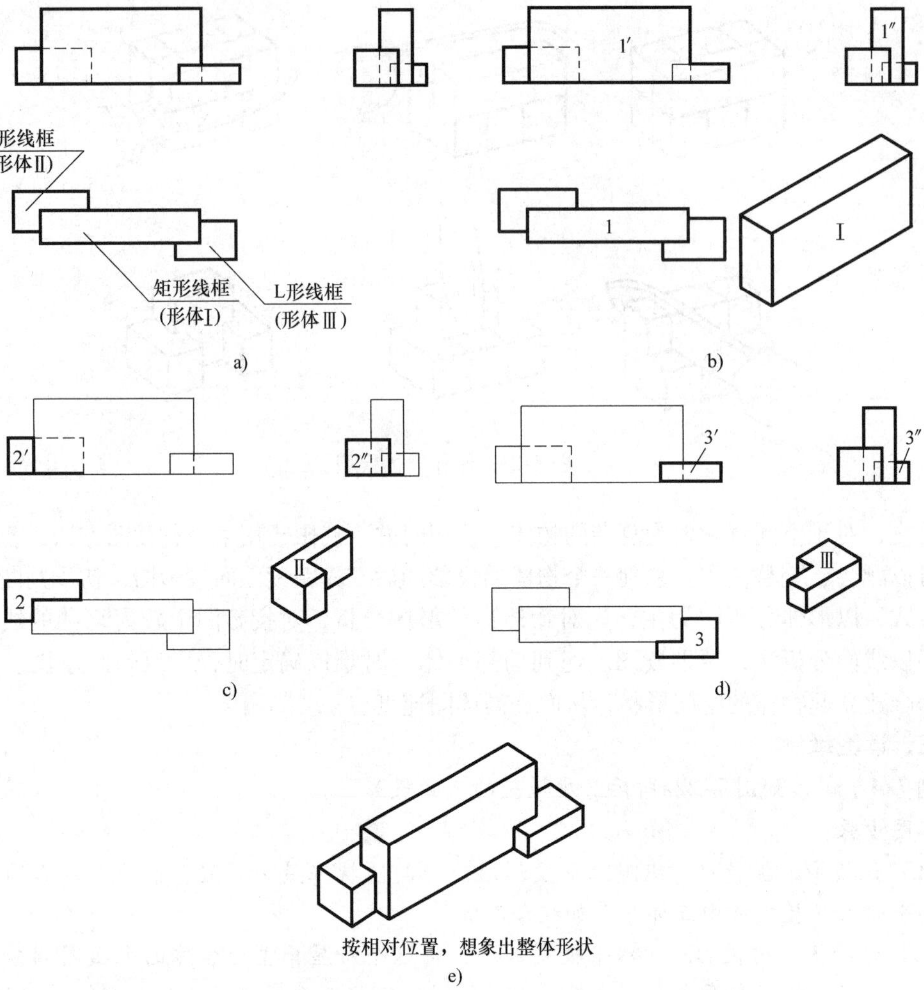

1′ 1″

L形线框（形体Ⅱ）
矩形线框（形体Ⅰ）
L形线框（形体Ⅲ）
1 Ⅰ

a) b)

2′ 2″ 3′ 3″
2 Ⅱ 3 Ⅲ

c) d)

按相对位置，想象出整体形状

e)

图7-22 识读房屋模型的投影图

a）对已知房屋模型的投影图分线框 b）对投影（形体Ⅰ） c）对投影（形体Ⅱ） d）对投影（形体Ⅲ） e）按相对位置，想象出整体形状

其左后方相接一个较低的L形棱柱房屋；在其右前方相接一个类似的L形棱柱状房屋，高度最矮。由此便可想象出这个房屋模型的整体形状。

例7-5 根据如图7-23a所示两面投影，补画第三投影。

分析：读已知投影，找出两投影的明显特征。正面投影中有两条斜线和一半圆曲线；侧面投影中有一凹字形线框。根据投影规律，对照两投影图，用线面分析法仔细分析图线及线框的含义。

正面投影和侧面投影中都有一条虚线，从虚线的位置及与图线的对应关系，确定物体在上方中间沿长度方向挖去一个四棱柱槽，下方中间沿宽度方向挖去一个半圆柱槽。

正面投影中左、右两条斜线，对应的侧面投影重合为一矩形，由此判断两斜线均为矩形正垂面的积聚投影，也是长方体沿左、右角部切去两个三棱柱后所形成的两个正垂面。其立体图形如图7-23b所示。

作图步骤：

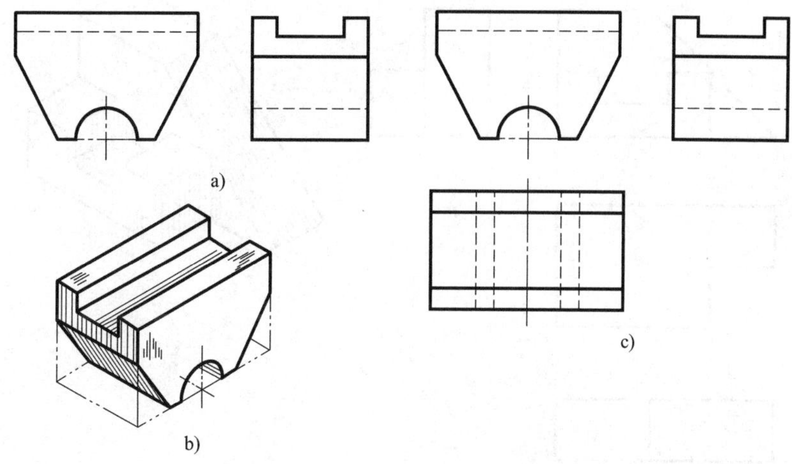

图 7-23　补绘组合体的水平投影

a）已知投影　b）直观图　c）补画 H 面投影后的三面投影图

（1）先画切割前长方体的水平投影，为一个矩形线框。

（2）画上方中间挖去四棱柱后的水平投影，和侧面投影保持宽相等，仍为一个矩形线框。

（3）画左下、右下两个正垂面及半圆柱槽的水平投影，和正面投影保持长对正，因被上部遮挡，画四条竖直虚线。

（4）检查后加深图线，画上半圆槽的中心线。补画 H 面投影后的三面投影图如图 7-23c 所示。

例 7-6　补画出图 7-24a所示水平投影图中所缺的图线。

分析：观察侧面投影外轮廓可知，物体很明显分为前后两部分；结合正面投影外轮廓可知，在带斜面的切割长方体前方，还有一个高度较小的长方体，再对应正面投影可知，该长方体中间上方切去一个小长方体，形成一个凹槽口，故侧面投影上有虚线。

由此可知，正面投影的斜直线是代表一个矩形的正垂面，因为对应的侧面投影是一个矩形线框，所以其水平投影也是一个类似的矩形线框。前方长方体顶面的正面投影为凹字形的折线，所以在水平投影的对应位置一定是三个并排的矩形线框，立体图形如图 7-24b 所示。

作图步骤：

（1）据以上分析，先把物体分为前后两部分，因为前低后高不平齐，故把中间水平线拉通，水平投影成为前后两个矩形。

（2）画后方切割长方体上正垂面的水平投影，与正面投影保持长对正，它是一个矩形线框，把后面的大矩形分为两个小矩形。

（3）画出前方开槽长方体的水平投影，槽在中间，把前方矩形分为三个小矩形。

（4）检查、加深、完成补图，如图 7-24c 所示。

例 7-7　如图 7-25a所示，补画投影图中所缺的图线。

分析：从已知正面投影中的斜线与水平投影中的缺口可以看出，该形体为切割式组合体。切割前的基本体为四棱柱，在四棱柱的左上角切去一个三棱柱，形成一斜面，正面投影成一条斜线，然后在形体的左侧中间又挖去一个带斜面的小四棱柱，水平投影出现一缺口，

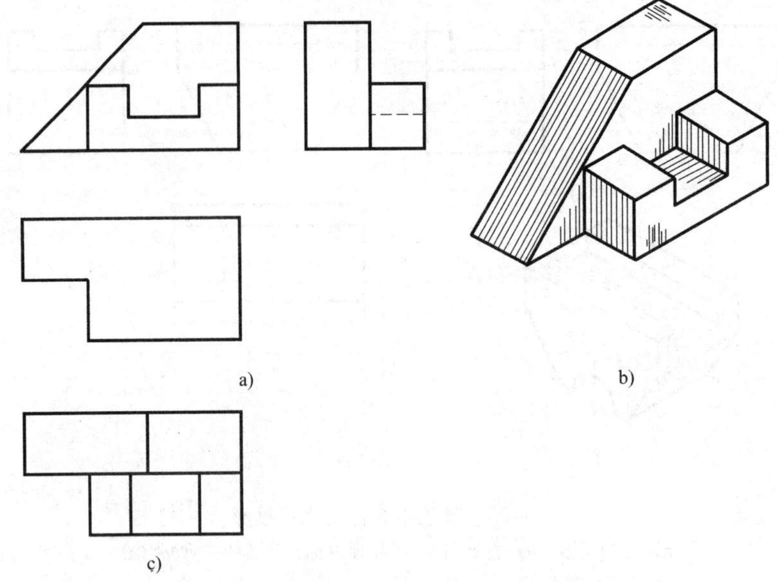

图 7-24　补画水平投影图中所缺的图线
a）已知投影　b）直观图　c）补画 H 面上所缺的图线

直观图如图 7-25b 所示。

作图步骤：

（1）在水平投影中补画斜面与水平面交线的投影。

（2）在侧面投影中补画斜面与侧平面交线的投影。

（3）在正面投影中补画缺口的投影，反映缺口的高度和深度，因被前面遮挡，投影画成虚线。

（4）在侧面投影中补画缺口的投影。

（5）检查无误后，擦去多余的线条，如图 7-25c 所示。

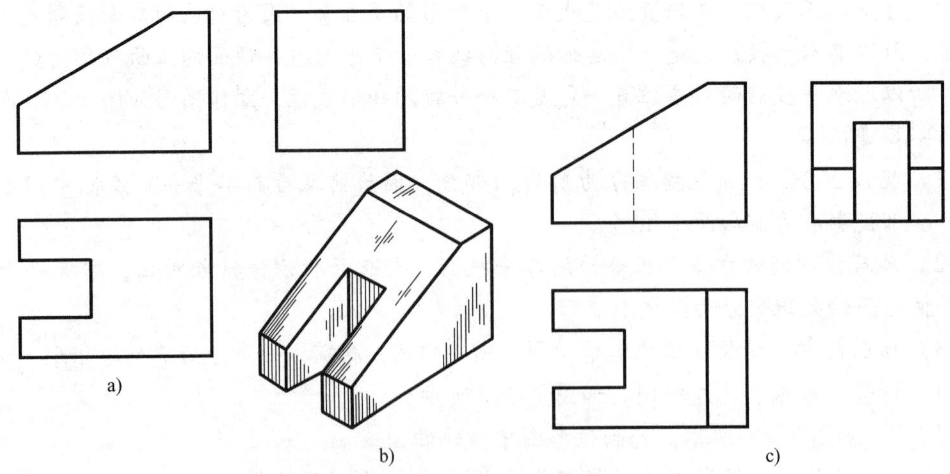

图 7-25　补画投影图中所缺的图线
a）已知投影　b）直观图　c）补画投影图中所缺的图线

第八章
建筑形体的表达方法

【主要内容】

1. 建筑形体基本视图（最多为六面视图）和辅助视图的表达。

2. 剖面图和断面图的形成原理、表达方法及常用的材料图例。

3. 剖面图及断面图的识读及综合应用。

【学习目标】

1. 懂得并能说出形体六面视图的形成及图名注写要求，掌握镜像投影原理与表达。

2. 懂得并能说出剖面图及断面图的形成原理、表达方法，熟记常用的材料图例。

3. 能说出各种剖面图、断面图的适用范围。

4. 通过剖面图及断面图的识读与绘制，提高空间感和想象力。识读与正确绘制剖、断面图是本章学习的难点。

前面我们介绍了用正投影原理绘制三面投影图表达形体的方法，工程上常把表达形体的投影图称为视图。在建筑工程图样中，仅用三视图有时难以将复杂形体的外部形状和内部结构简便、清晰地表示出来。为此，制图标准规定了多种表达方法，绘图时可根据具体情况适当选用。

第一节　基本视图与辅助视图

一、基本视图

按照我国的制图标准，房屋建筑的视图应按正投影法并用第一角画法绘制。形体在正立投影面（V）、水平投影面（H）和侧立投影面（W）上的视图分别称为：

正立面图——由前向后作投影所得的视图，也简称正面图；

平面图——由上向下作投影所得的视图；

左侧立面图——由左向右作投影所得的视图，也简称侧面图。

在原有三个投影面 V、H、W 的对面再增设三个分别与它们平行的投影面 V_1、H_1、W_1，可得到一六面投影体系，这样的六个面称为基本投影面。形体在 W_1 面、H_1 面和 V_1 面上的视图分别称为：

右侧立面图——由右向左作投影所得的视图；

底面图——由下向上作投影所得的视图；

背立面图——由后向前作投影所得的视图。

以上六个视图称为六面基本视图。六个投影面的展开方法如图 8-1 所示。如在同一张图纸上绘制若干个视图时，各视图的位置宜按图 8-2 的顺序进行配置。

工程上有时也称以上六个基本视图为正视图（主视图），俯视图、左视图、右视图、仰视图和后视图。画图时，可根据形体的形状和结构特点，选用其中必要的几个基本视图。每个视图一般均应标注图名，图名宜标注在视图的下方或一侧，并在图名下用粗实线绘一条横线，其长度应以图名所占长度为准，如图 8-2 所示。

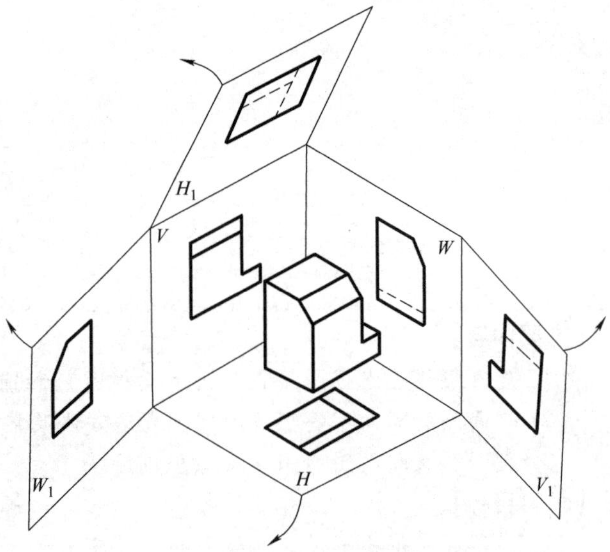

图 8-1　六个投影面的展开方法

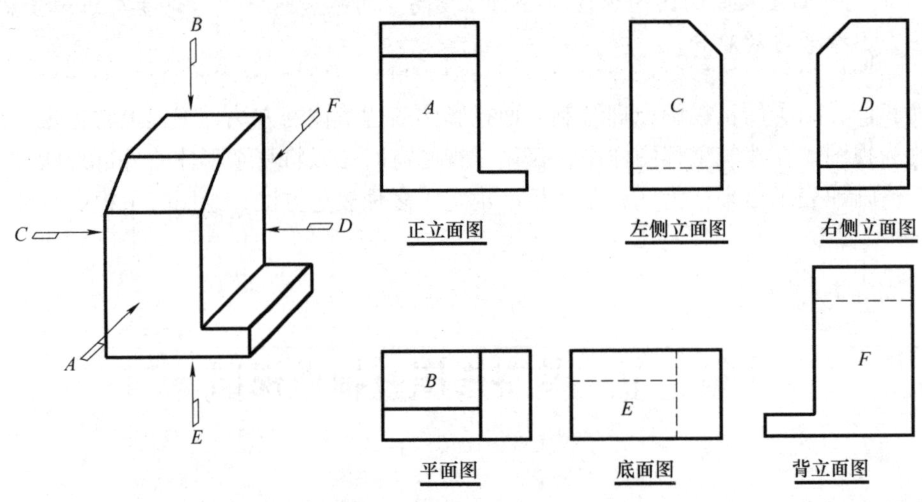

图 8-2　六面基本视图的配置

二、辅助视图

（一）局部视图

如图 8-3 所示的形体，有了正立面图和平面图，形体的大部分形状已表达清楚，这时可不画出整个物体的侧立面图，只需画出没有表示清楚的那一部分。这种只将形体某一部分向基本投影面投影所得的视图称为局部视图。

画图时，局部视图的名称用大写字母表示，注在视图的下方，在相应视图附近用箭头指明投影部位和投影方向，并注上同样的大写字母（如 A，B，…）。

局部视图一般按投影关系配置，如图 8-3 中 A 向视图；必要时也可配置在其他适当位置，如图 8-3 中 B 向视图。

局部视图的范围应以视图轮廓线和波浪线的组合表示，如图 8-3 中的 A 向视图；当所表示的局部结构形状完整，且轮廓线成封闭时，波浪线可省略，如图 8-3 中的 *B* 向视图。

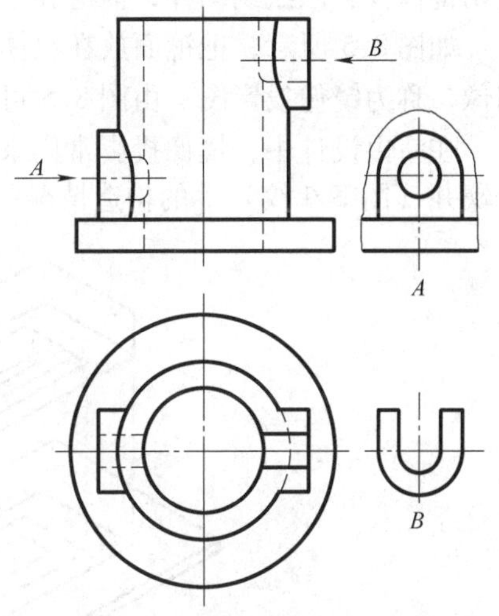

图 8-3　局部视图的画法

（二）展开视图（又称旋转视图）

有些形体的各个面之间不全是互相垂直的，某些面与基本投影面平行，而另一些面则与基本投影面成一个倾斜的角度。与基本投影面平行的面，可以画出反映实形的投影图，而与基本投影面倾斜的面则不能画出反映实形的投影图。为了同时表达出倾斜面的形状和大小，可假想将倾斜部分展至（旋转到）与某一选定的基本投影面平行后，再向该投影面作投影，这种经展开后向基本投影面投影所得到的视图称为展开视图(又称旋转视图)。

如图 8-4 所示房屋，中间部分的墙面平行于正立投影面，在正面上反映实形，而左右两侧面与正立投影面倾斜，其投影图不反映实形。为此，可假想将左右两侧墙面展至和中间墙面在同一平面上，这时再向正立投影面投影，则可以反映左右两侧墙面的实形。

展开视图可以省略标注旋转方向及字母，但应在图名后加注“展开”字样。

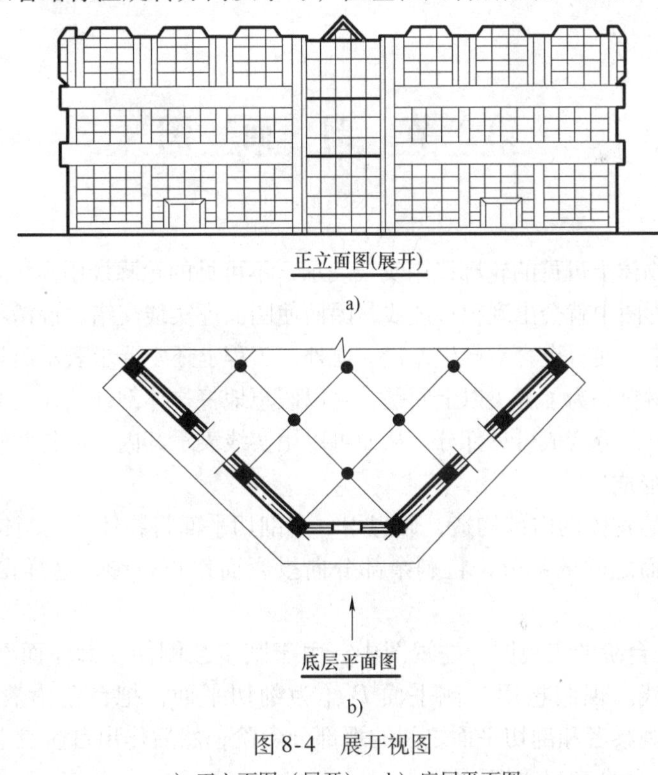

图 8-4　展开视图

a）正立面图（展开）　b）底层平面图

（三）镜像视图

当直接用正投影法所绘制的图样虚线较多，不易表达清楚某些工程构造的真实情况时，可用镜像投影法绘制图样，但应在图名后注写“镜像”两字。

如图 8-5 所示，把镜面放在物体的下面，代替水平投影面，在镜面中反射得到的正投影图像，称为镜像投影图。由图 8-5 可知它与通常投影法绘制的平面图是不相同的。

在室内设计中，镜像投影常用来反映室内顶棚的装修、灯具或古代建筑中殿堂室内房顶上藻井（图案花纹）等的构造情况。

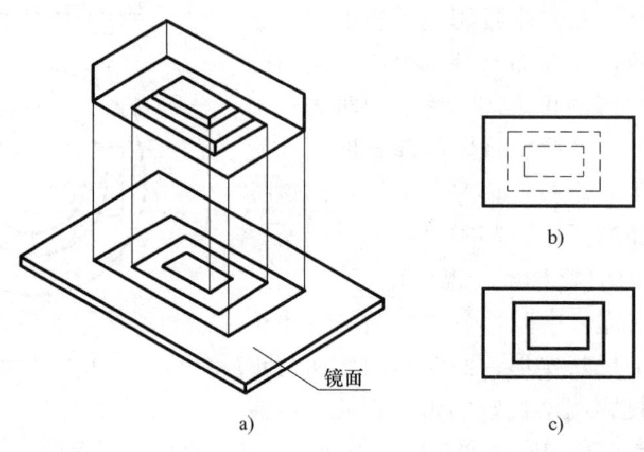

图 8-5　镜像投影

a）镜像投影的形成　b）平面图　c）平面图（镜像）

第二节　剖　面　图

在工程图中，物体上可见的轮廓线用实线表示，不可见的轮廓线用虚线表示。当物体的内部构造复杂时，投影图中就会出现很多虚线，因而使图面虚实线交错，混淆不清，给画图、读图和标注尺寸均带来不便，也容易产生差错。此外，工程上还常要求表示出建筑构件的某一部分形状及所用建筑材料。为了解决以上问题，可以假想地将物体剖开，让它的内部构造显露出来，使物体的不可见部分变成可见部分，从而可以用实线表示其内部形状和构造。

一、剖面图的形成

为了清晰地表达物体的内部构造，假想用一个剖切平面将物体从适当位置剖开，移去介于观察者与剖切平面之间的部分，将剩余部分向投影面作正投影，这样得到的视图称为剖面图。

如图 8-6a 为一台阶的三视图。左视图中，由于踏步被侧挡板遮住而不可见，所以在左侧立面图中画成虚线。现假想用一侧平面 P 作为剖切平面，把台阶沿着踏步剖开，如图 8-6b所示，再移去观察者和剖切平面之间的那部分台阶，然后作出台阶剩下部分的投影，则得到如图 8-6c 中所示的 1—1 剖面图。

剖面图除应画出剖切面切到的断面图形外，还应画出沿投影方向看到的其余部分的投影。被剖切面切到的断面轮廓线用粗实线绘制，剖切面没有切到、但沿投影方向可以看到的

部分用中实线或细实线绘制。剖面图常与基本视图相互配合，使建筑形体的图样表达得完整、清晰、简明。

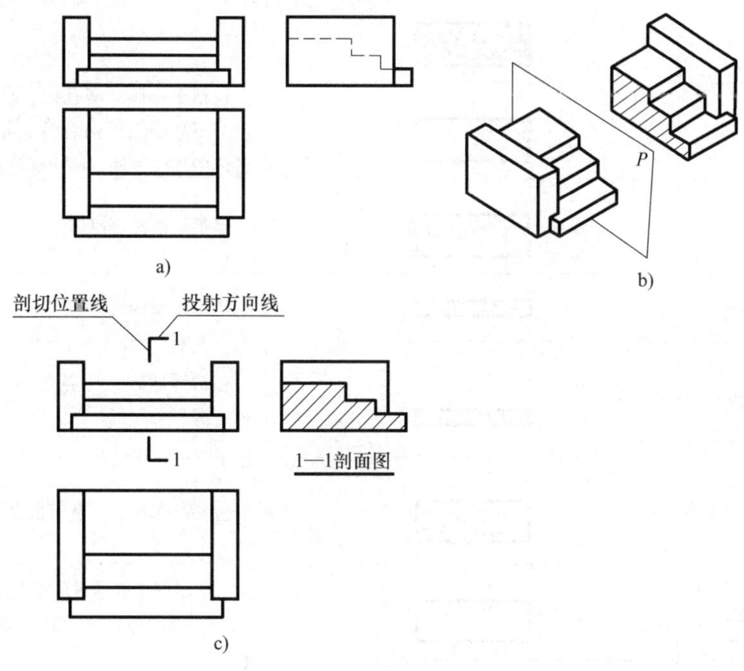

图 8-6　台阶的剖面图

a）三视图　b）剖切情况　c）剖面图

二、剖面图的表示方法

（一）材料图例

当物体被剖开后，物体内部的构造、材料等均已显露出来，因此在剖面图、断面图中，被剖切面剖到的实体部分应画上材料图例，材料图例应符合《房屋建筑制图统一标准》的规定。常用建筑材料图例见表 8-1。当不需要表明建筑材料的种类时，可用同方向、等间距的 45°细实线表示剖面线。

表 8-1　常用建筑材料图例

序　号	名　　称	图　　　例	备　　　注
1	自然土壤		包括各种自然土壤
2	夯实土壤		
3	砂、灰土		靠近轮廓线绘较密的点
4	砂砾石、碎砖三合土		
5	石材		

（续）

序　号	名　　称	图　　例	备　　注
6	毛石		
7	普通砖	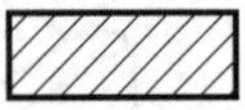	包括实心砖、多孔砖、砌块等砌体。断面较窄不易绘出图例线时，可涂红，并在图纸备注中加注说明，画出该材料图例
8	耐火砖	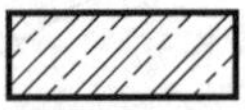	包括耐酸砖等砌体
9	空心砖		指非承重砖砌体
10	饰面砖		包括铺地砖、马赛克、陶瓷锦砖、人造大理石等
11	焦渣、矿渣	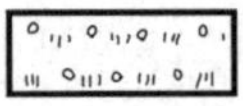	包括与水泥、石灰等混合而成的材料
12	混凝土	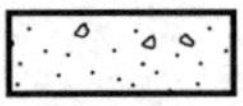	1. 本图例指能承重的混凝土 2. 包括各种强度等级、骨料、添加剂的混凝土 3. 在剖面图上画出钢筋时，不画图例线 4. 断面图形小，不易画出图例线时，可涂黑
13	钢筋混凝土	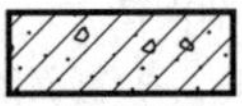	
14	多孔材料		包括水泥珍珠岩、沥青珍珠岩、泡沫混凝土、非承重加气混凝土、软木、蛭石制品等
15	纤维材料		包括矿棉、岩棉、玻璃棉、麻丝、木丝板、纤维板等
16	泡沫塑料材料	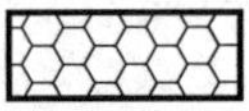	包括聚苯乙烯、聚乙烯、聚氨酯等多孔聚合物类材料
17	木材		1. 上图为横断面，左上图为垫木、木砖或木龙骨 2. 下图为纵断面
18	胶合板		应注明为×层胶合板
19	石膏板	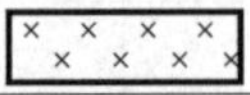	包括圆孔、方孔石膏板，防水石膏板等
20	金属		1. 包括各种金属 2. 图形小时，可涂黑
21	网状材料		1. 包括金属、塑料网状材料 2. 应注明具体材料名称

（续）

序　号	名　称	图　例	备　注
22	液体		应注明具体液体名称
23	玻璃		包括平板玻璃、磨砂玻璃、夹丝玻璃、钢化玻璃、中空玻璃、加层玻璃、镀膜玻璃等
24	橡胶		
25	塑料		包括各种软、硬塑料及有机玻璃等
26	防水材料		构造层次多或比例大时，采用上面图例
27	粉刷		本图例采用较稀的点

注：序号 1、2、5、7、8、13、14、18、19、20、24、25 图例中的斜线、短斜线、交叉斜线等一律为 45°。

由不同材料组成的同一物体，剖开后，在相应的断面上应画不同的材料图例，并用粗实线将处在同一平面上两种材料图例隔开，如图 8-7 所示。

物体剖开后，当断面的范围很小时，材料图例可用涂黑表示，在两个相邻断面的涂黑图例间，应留有空隙，其宽度不得小于 0.5mm，如图 8-8 所示。

当绘制断面面积过大的建筑材料图例时，可在断面轮廓内，沿轮廓线局部表示，如图 8-9 所示。

在钢筋混凝土构件中，当剖面图主要用于表达钢筋分布时，构件被切开部分不画材料符号，而改画钢筋。

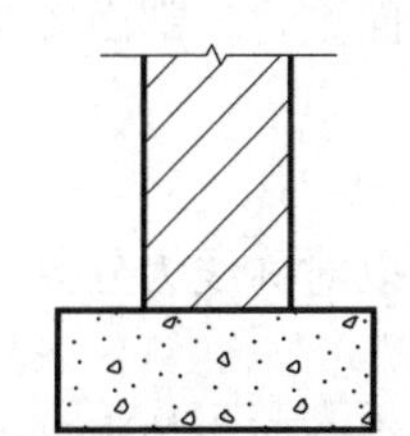

图 8-7　不同材料组成的物体画法示例

图 8-8　涂黑的画法示例

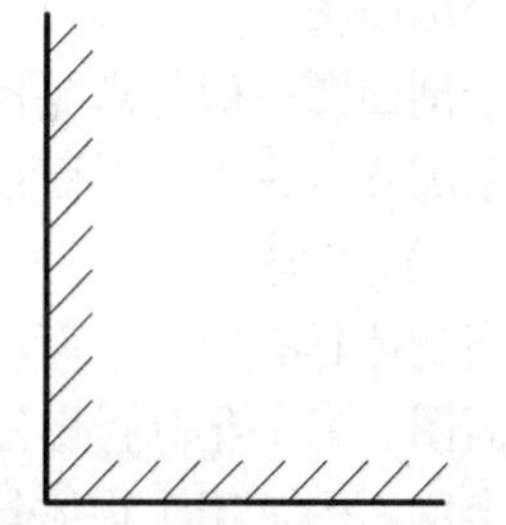

图 8-9　沿轮廓线局部表示的画法示例

（二）剖切符号

用剖面图配合其他视图表达物体时，为了明确视图之间的投影关系，便于读图，对所画的剖面图一般应标注剖切符号，注明剖切位置、投影方向和剖面名称，如图 8-6c 所示。

剖面图的剖切符号由剖切位置线、投影方向线及编号三部分组成。剖切位置线、投影方向线匀应以粗实线绘制。剖切位置线长度宜为 6 ~ 10mm；投影方向线应与剖切位置线垂直，画在剖切位置线的同一侧，长度应短于剖切位置线，宜为 4 ~ 6mm。画图时，剖切符号不应与其他图线相接触。为了区分同一形体上的剖面图，在剖切符号上宜用阿拉伯数字加以编号，数字应写在投影方向线一侧。

视图中，在剖面图的下方或一侧应注写相应的编号，如“1—1 剖面图”，并在图名下画一粗实线，见图 8-6c。

（三）画剖面图时应注意的几个问题

1. 剖切是假想的　把物体剖开是我们为了表达其内部形状所作的假设，物体仍是一个完整的整体，并没有真的被切开和移去一部分。因此，每次剖切都应把物体看作是一个整体，不受前面剖切的影响，其他视图仍应按原先未剖切时完整地画出，如图 8-6 所示中的正立面图和平面图仍应按完整的台阶画出。

2. 剖切位置的选择　剖面图是为了清楚地表达物体内部的结构形状，因此剖切平面应选择在适当的位置，使剖切后画出的图形能准确、全面地反映所要表达部分的真实形状。一般情况下剖切平面应平行于某一投影面，并应通过物体内部的孔、洞、槽等结构的轴线或对称线。

3. 省略不必要的虚线　为了使图形更加清晰，剖面图中不可见的虚线，当配合其他图形已能表达清楚时，应该省略不画。没有表达清楚的部分，必要时可画出虚线。

三、剖面图的种类及应用

剖面图主要用来表达物体的内部结构，是工程上广泛采用的一种图样。剖面图的剖切平面数量、位置、方向和范围应根据物体的形状（特别是内部形状）来选择。下面介绍常用剖面图的种类。

（一）全剖面图

用一个剖切平面把物体全部剖开后所得到的剖面图称为全剖面图。

全剖面图一般用于不对称或者虽然对称但外形简单、内部结构比较复杂的物体，如图 8-6 所示的 1—1 剖面图，就是用一个侧平面把台阶沿着踏步全部剖开所形成的。

建筑工程图中的各层平面图都是沿着各层门、窗洞口处用水平剖切平面全部剖切后所形成的全剖面图。

全剖面图一般都需要标注剖切符号。但若剖切平面与物体的对称面重合，剖面图又按投影关系配置时，剖切平面位置和视图关系比较明确，可省略标注。

（二）半剖面图

当物体具有对称平面时，在垂直于对称平面的投影面上的投影，以对称线为分界，一半画剖面图，另一半画投影图，这种组合的图形称为半剖面图。

半剖面图常用于物体具有对称平面且内、外形状都比较复杂时。组合而成的半剖面图一半表示物体的外部形状，另一半表示物体的内部构造。

如图 8-10 所示为一箱体，因它的左右、前后均对称，故三个视图都可采用半剖面图表示，使其内、外形状表达清晰、简明。

画半剖面图时应注意以下几点：

（1）半剖面图中剖面图与视图以对称中心线为分界线，应用单点长画线表示，不能画成实线。

（2）由于剖切前视图是对称的，剖切后在半个剖面图中已清楚地表达了内部结构形状，所以在另外半个外形视图中虚线一般不再画出。

（3）习惯上，当对称线是竖直时，半个剖面图画在对称线的右半边；当对称线是水平时，半个剖面图画在对称线的下半边，如图 8-10a 所示。

（4）当剖切平面与物体的对称平面重合，且半剖面图又位于基本投影图的位置时，其标注可以省略，如图 8-10a 中的正立面图和左侧立面图位置的半剖面图。当剖切平面不是物

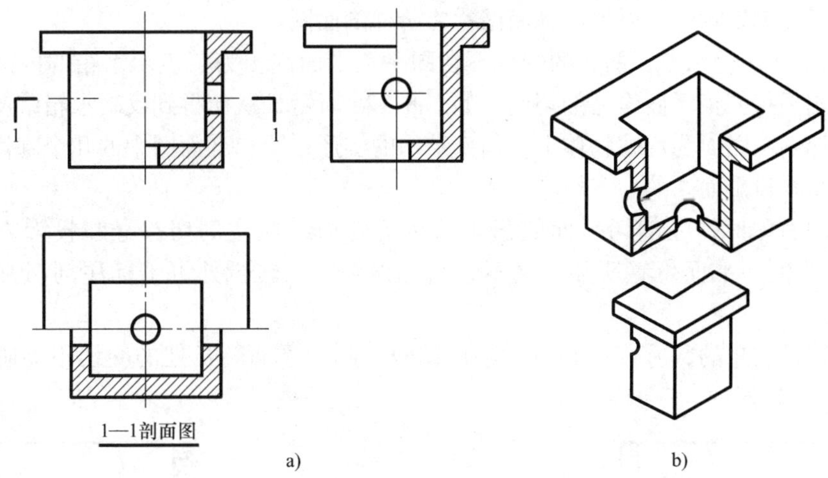

图 8-10　半剖面图

a）半剖面图的画法　b）剖切开后的图形

体的对称平面时，应标注剖切符号及名称，如图 8-10a 中的 1—1 剖面图。

（三）局部剖面图

当建筑物的某些构配件只有局部构造比较复杂时，可只把物体的局部剖切，表示其内部构造，这样得到的剖面图称为局部剖面图。

如图 8-11 是钢筋混凝土杯形基础的一组视图，为了表示其配筋形式，平面图采用了局部剖面图，其余部分仍画外形视图。

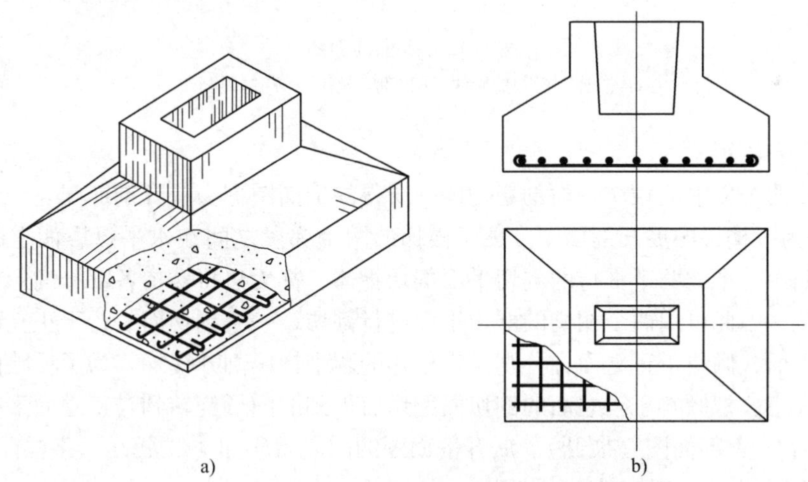

图 8-11　局部剖面图

a）直观图　b）局部剖面图

局部剖面图的剖切范围用波浪线表示，一般不再进行标注。波浪线不可与图形轮廓线重合，也不应超出视图的轮廓线。

全剖面图、半剖面图和局部剖面图都是用一个剖切平面剖切物体后得到的。

（四）阶梯剖面图

当用一个剖切平面不能将物体上需要表达的内部结构都剖切到时，可用两个或两个以上相互平行的平面剖切物体，所得的剖面图称为阶梯剖面图。

如图 8-12 所示的水箱，两孔的轴线不在同一正平面内。为了表示水箱的内部结构，采用了两个互相平行的正平面作为剖切面，如图 8-12b 所示，从而得到反映水箱壁厚和两个圆孔位置的阶梯剖面图。为反映物体上各内部结构的实形，阶梯剖面图中的几个剖切平面必须平行于某一基本投影面。

画阶梯剖面图时，在剖切平面的起止和转折处均应标注剖切符号和投影方向，如图 8-12a所示。当剖切平面位置明显，又不致引起误解时，转折处可不标注剖切符号和投影方向。

因为剖切是假想的，所以在画阶梯剖面图时，剖切平面转折处的交线不能画出，如图 8-12c 的画法是错误的。

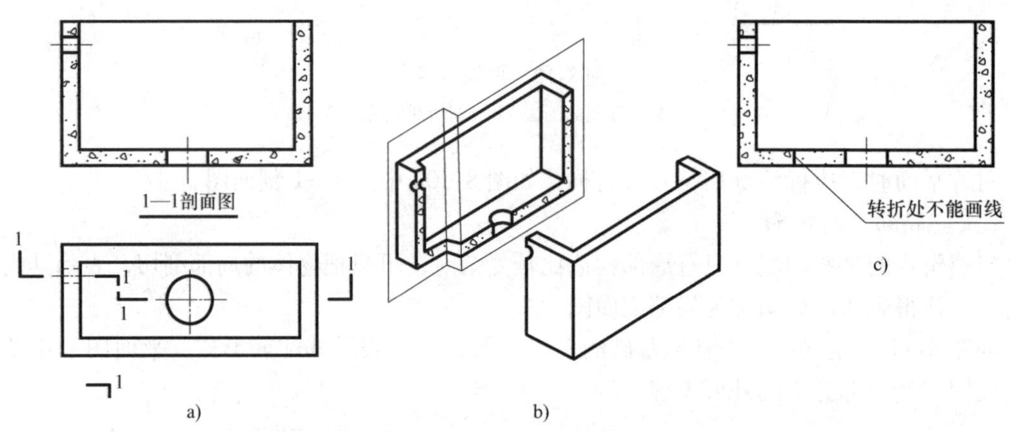

图 8-12　阶梯剖面图

a）阶梯剖面图的画法　b）剖切情况　c）错误画法

（五）展开剖面图

用两个或两个以上的相交平面剖切物体，所得的剖面图称为展开剖面图。

图 8-13 为一楼梯的展开剖面图。由于楼梯的两个梯段之间在水平投影面上的投影成一定的夹角，如用一个或两个平行的剖切平面剖切物体，都无法将楼梯各部分的形状、尺寸真实地表达清楚。因此可用两个相交的剖切平面进行剖切，一个剖切面平行于正立面，另一个剖切面为铅垂面，倾斜于正立面，分别沿着楼梯的两个梯段剖开楼梯。为了反映两个梯段的真实形状和大小，把倾斜于正立面的剖切面剖切后得到的图形旋转到与正立面平行后再进行投影，便得到 1—1 剖面图（展开）。展开剖面图的图名后应加注“展开”字样。

展开剖面图的标注与阶梯剖面图相同，如图 8-13a 所示。

（六）分层剖面图

对一些具有多层构造层次的建筑构配件，可按实际需要，用分层剖切的方法表示其内部构造，这样得到的剖面图称为分层剖面图。

在房屋建筑工程图中，常用分层剖面图来表示墙面、楼（地）面和屋面的构造做法。图 8-14 所示是用分层剖面图表示一面墙的构造情况，用两条波浪线为界，分别把三层构造都表达清楚。

分层剖切的剖面图，应按层次以波浪线将各层隔开，波浪线不应与任何图线重合。

阶梯剖面图、展开剖面图和分层剖面图都是用两个或两个以上的平面剖切物体得到的。

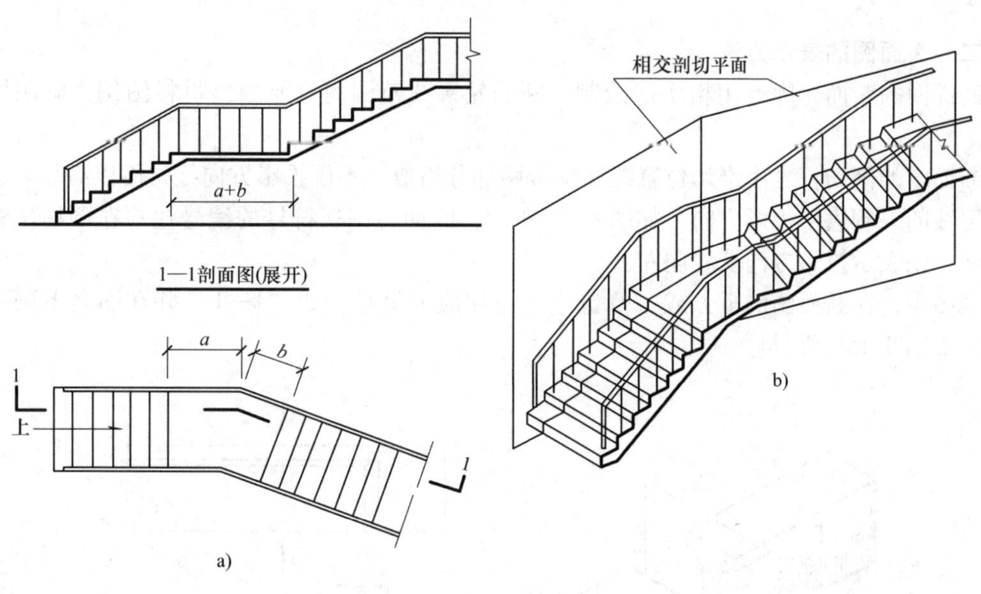

图 8-13　展开剖面图

a）展开剖面图　b）直观图

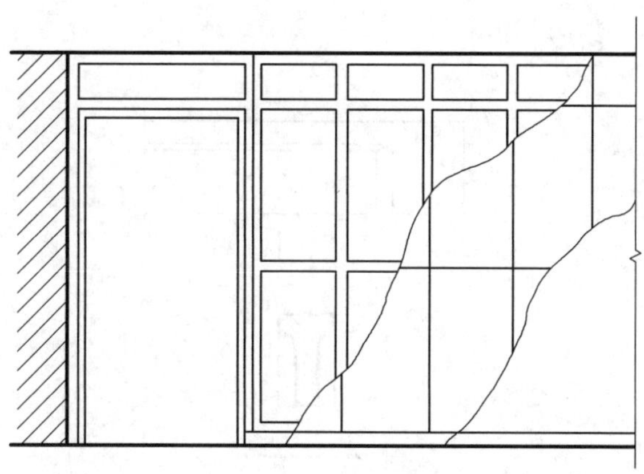

图 8-14　分层剖面图

第三节　断　面　图

一、断面图的形成

假想用一剖切平面把物体剖开后，仅画出剖切平面与物体接触部分即截断面的形状，这样的图形称为断面图。如图 8-15 中所示的钢筋混凝土 T 形梁的 1—1 断面图。

断面图常用来表示建筑及装饰工程中梁、板、柱、造型等某一部位的断面真形，需单独绘制。

二、断面图的表示方法

断面图的断面轮廓线用粗实线绘制，断面轮廓线范围内也要绘出材料图例，画法同剖面图。

断面图的剖切符号由剖切位置线和编号两部分组成，不画投影方向线，而以编号写在剖切位置线的一侧表示投影方向。如图 8-15 所示，断面图剖切符号的编号注写在剖切位置线的左侧，则表示投影方向从右向左。

视图中，在断面图的下方或一侧也应注写相应的编号，如“1—1”并在图名下画一粗实线，如图 8-15b 所示。

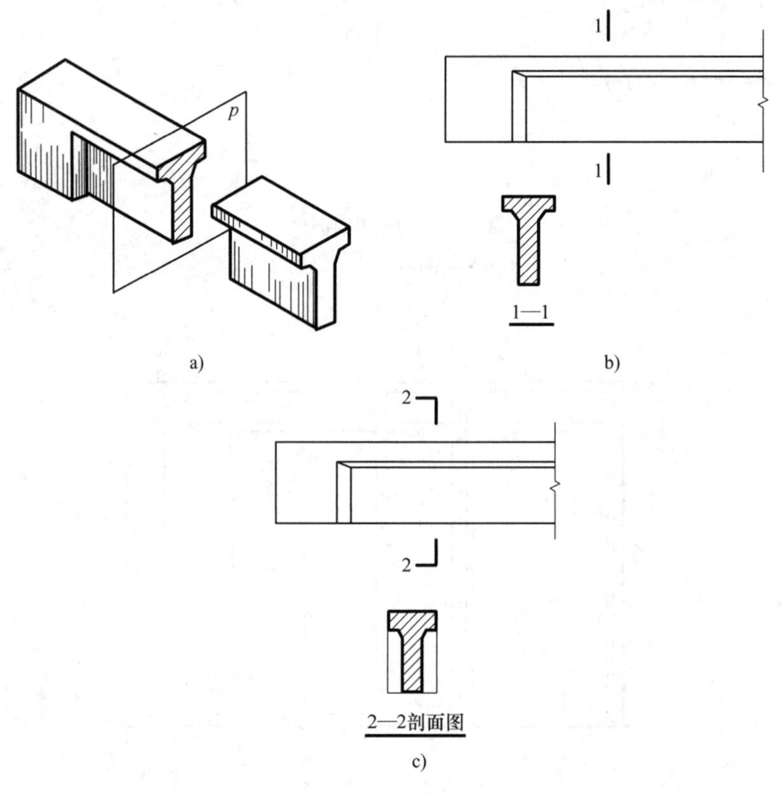

图 8-15　剖面图与断面图的比较

a）剖切情况　b）梁的断面图　c）梁的剖面图

三、剖面图与断面图的联系与区别

1. 剖面图中包含着断面图　剖面图是画剖切后物体剩余部分“体”的投影，除画出截断面的图形外，还应画出沿投影方向所能看到的其余部分；断面图只画出物体被剖切后截断“面”的投影，断面图包含于剖面图中。

2. 剖面图与断面图的表示方法不同　剖面图的剖切符号要画出剖切位置线及投影方向线；断面图的剖切符号只画剖切位置线，投影方向用编号所在的位置来表示，如图 8-15b、c 所示。

3. 剖面图与断面图中剖切平面数量不同　剖面图可采用多个剖切平面；断面图一般只使用单一剖切平面。通常，画剖面图是为了表达物体的内部形状和结构；断面图则常用来表达物体中某一局部的断面形状。

四、断面图的种类及应用

断面图主要用来表示物体某一部位的截断面形状。根据断面图在视图中的位置不同，分为移出断面图、中断断面图和重合断面图。

（一）移出断面图

画在视图轮廓线以外的断面图称为移出断面图。如图 8-16a 所示为钢筋混凝土梁、柱节点的正立面图和移出断面图。

移出断面图的轮廓线用粗实线画出，可以画在剖切平面的延长线上或其他适当的位置。

移出断面图一般应标注剖切位置、投影方向和断面名称，如图 8-16a 所示。

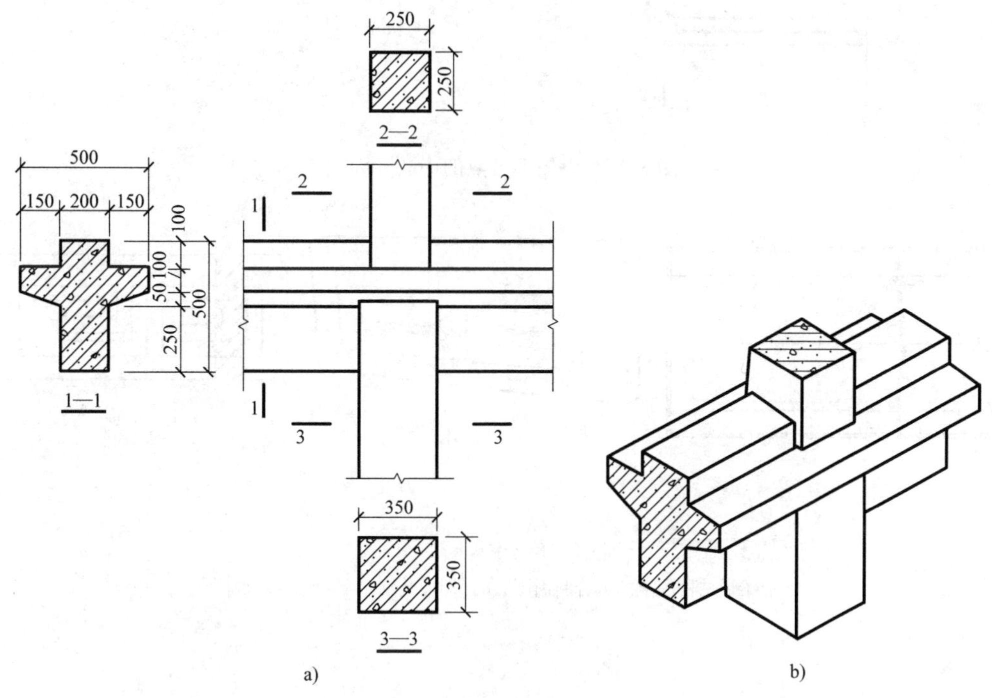

图 8-16　梁与柱的节点详图

a）节点的正立面图与断面图　b）节点的直观图

（二）中断断面图

有些构件较长且断面图对称，可以将断面图画在构件投影图的中断处。画在投影图中断处的断面图称为中断断面图。中断断面图的轮廓线用粗实线绘制，投影图的中断处用波浪线或折断线绘制，如图 8-17 所示。此时不画剖切符号，图名还用原图名。

（三）重合断面图

画在视图轮廓线内的断面图称为重合断面图。重合断面图的轮廓线用细实线画出。当投影图的轮廓线与断面图的轮廓线重叠时，投影图的轮廓线仍需要完整地画出，不可间断，如图 8-18 所示。

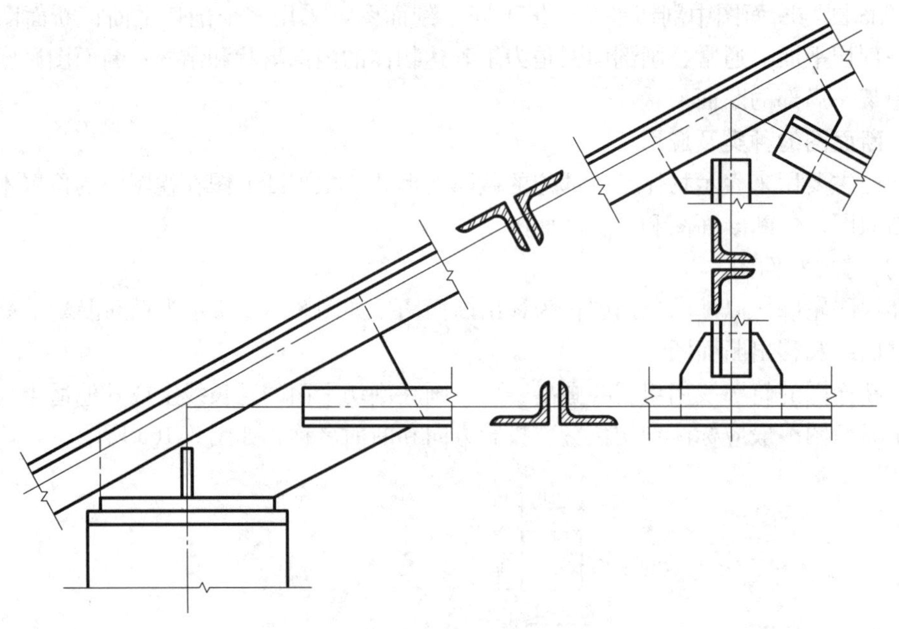

图 8-17　钢屋架节点的中断断面图

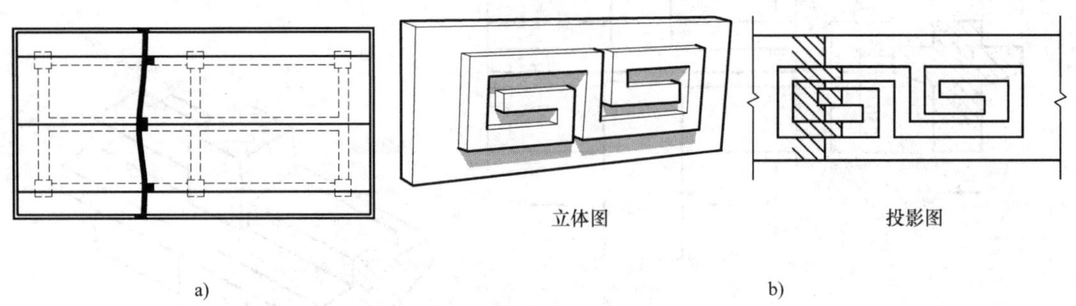

图 8-18　重合断面图

a）梁板结构图上的重合断面图　b）墙面装饰图上的重合断面图

第四节　图样画法的综合运用

前面介绍了表示建筑形体的一些常用表达方法。在具体表示一个比较复杂的形体时，应根据形体的实际情况选择基本视图、辅助视图、剖面图、断面图等，加以综合运用，将物体的外部形状和内部结构完整、清晰地表达出来。

下面以图 8-19、图 8-20 为例说明综合运用各种视图表达建筑形体及构件的方法。

（1）图 8-19a 为一钢筋混凝土梁，图中除了用正立面图和侧立面图表示梁的外形外，还用了一组（三个）断面图清晰地反映了梁截面形状的变化情况。

从投影图中可知，该梁的两端为 T 形，中部为工字形，从 T 形到工字形有一过渡段，

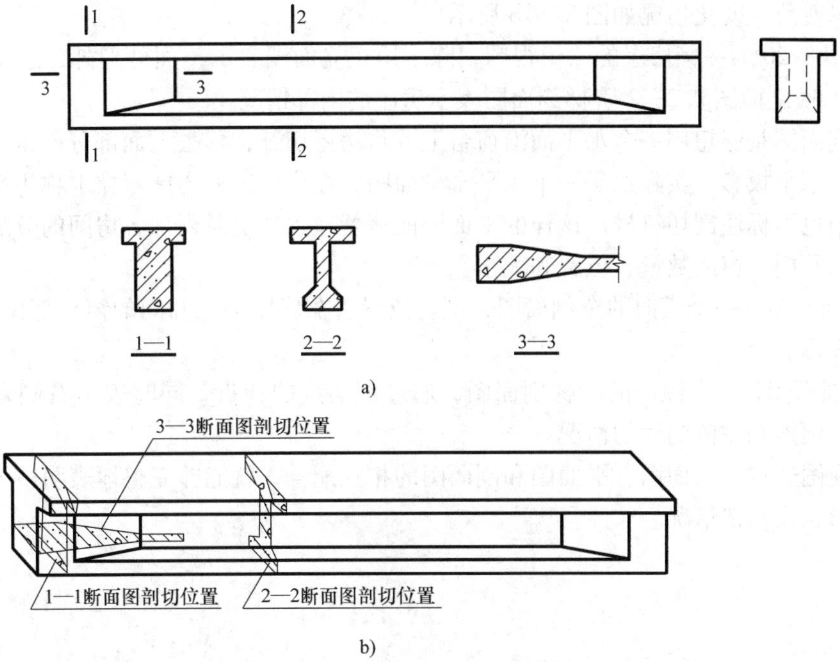

a)

b)

图 8-19　钢筋混凝土梁的投影图

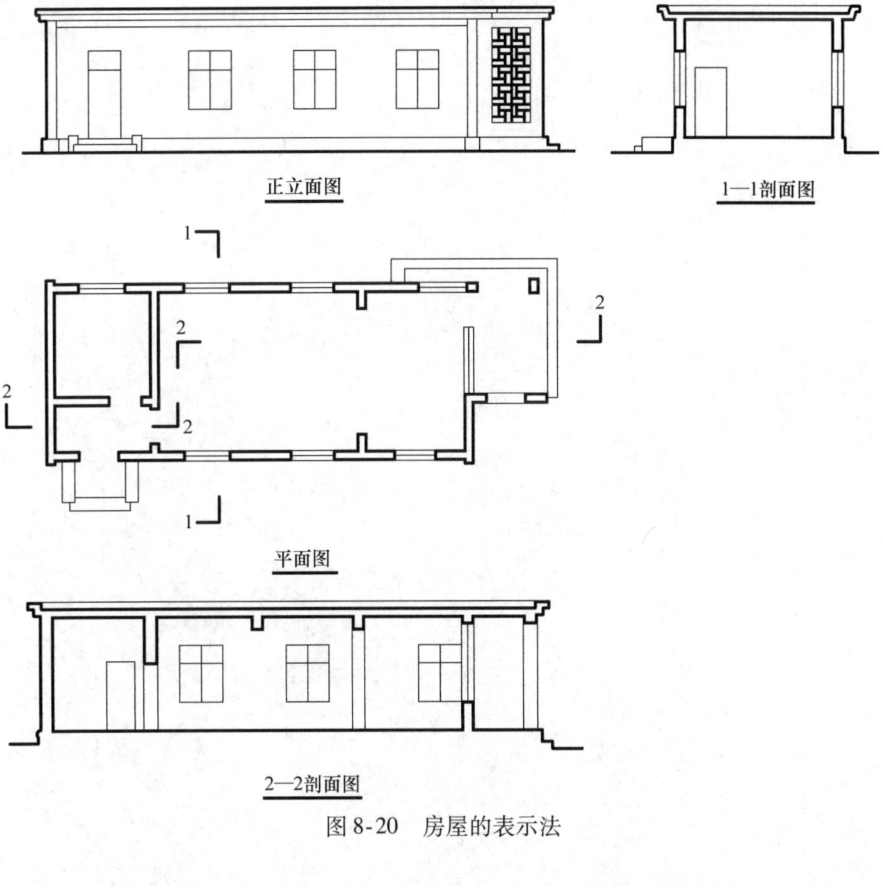

图 8-20　房屋的表示法

其中部从厚变薄，变化情况如图 8-19b 所示。

（2）图 8-20 为一幢房屋的一组视图，除了用正立面图表示正面外形外，还用了水平剖面图、1—1 横剖面图和 2—2 阶梯剖面图表示房屋的内部情况。

水平剖面图是假想用一个水平面沿窗台上方将房屋切开，移去上面部分所得的剖切平面以下部分的水平投影，实际上是一个水平全剖面图，在房屋工程图中习惯上称为平面图，且在立面图中也不标注剖切符号。这样的平面图能清楚地表达房屋内部各房间的分隔情况、墙身厚度，以及门、窗的数量、位置和大小。

1—1 剖面图是一个横向的全剖面图，剖切位置选在房屋第二开间的窗户部位，剖切后，从右向左投影。

2—2 剖面图是一个纵向的阶梯剖面图，通过剖切线的转折，同时表示右侧入口处的台阶、大门、雨篷和左侧门厅的情况。

这组视图通过正立面图、平面图和剖面图的相互配合，就能够完整地表明整个建筑物从内到外的形状及构造情况。

第九章
轴测投影图

【主要内容】

1. 轴测投影的基本知识（形成、分类、轴测投影参数、投影特性）。

2. 平面体、回转形曲面体轴测投影图的画法。

3. 轴测投影图的选择方法。

【学习目标】

1. 能说出常用轴测图（正等测、正二测、正面斜二测、水平斜二测）的参数及作图的基本方法。

2. 会画平面类组合体的轴测投影图。

3. 记住回转型曲面体中圆柱体、圆锥体的轴测投影画法，注意四心法、八点法的应用。此部分是本章学习的难点。

如前所述，三面投影图能完整地表达一个形体，具有作图简便等优点，在工程中被广泛运用。但由于三面投影图分别表示物体一个面和两个方向的尺寸，因而缺乏立体感，图样不够直观，往往给读图带来一定的困难。图9-1是一幢房屋的正投影图，如果用轴测投影法绘制（图9-2）便很容易被识读。轴测投影图富于立体感，直观性较强，但绘制较繁琐，故常被用来作为辅助图样，常用来表达建筑室内的空间分隔及家具布置以及建筑构配件的形状和建筑节点的构造做法等。

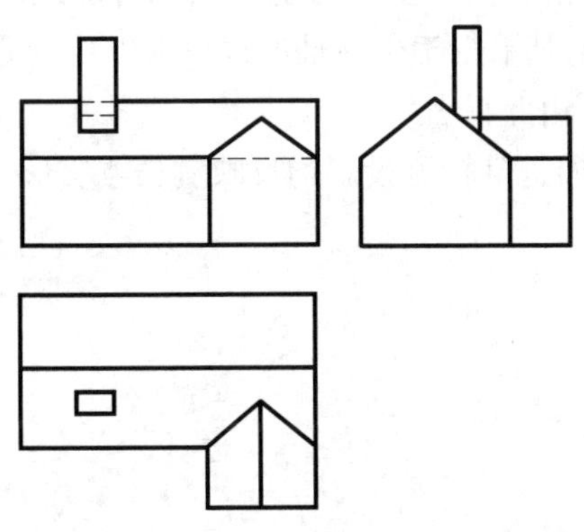

图9-1　房屋的三面投影图

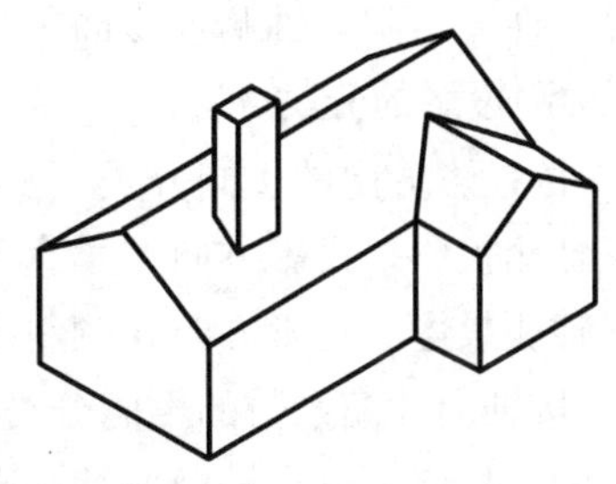

图9-2　房屋的轴测图

第一节　轴测投影图的基本知识

一、轴测投影图的形成

用平行投影法将物体和确定物体的直角坐标系一起沿方向 S 向投影面 P 投影一组平行投影线，这样得到的单面投影图，称为轴测投影图，简称轴测图，如图 9-3 所示。

投影面 P 称为轴测投影面，空间直角坐标轴在投影面 P 上的投影 O_1X_1、O_1Y_1、O_1Z_1 称为轴测轴。S 方向称为轴测投影方向。

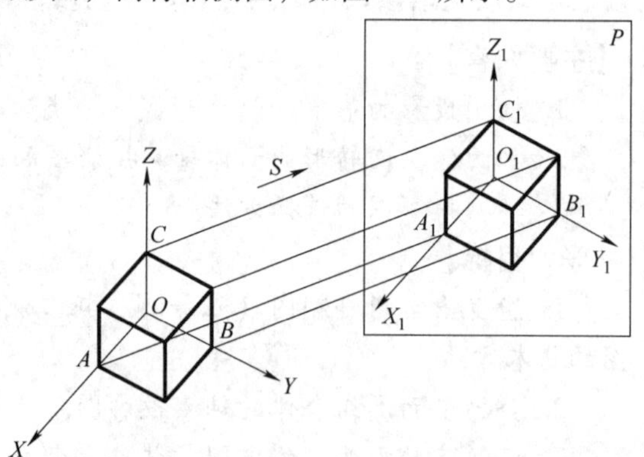

图 9-3　轴测投影图的形成

二、轴间角和轴向伸缩系数

1. 轴间角　在轴测投影面 P 上，三个轴测投影轴 O_1X_1、O_1Y_1、O_1Z_1 之间的夹角 $\angle X_1O_1Y_1$、$\angle Y_1O_1Z_1$、$\angle Z_1O_1Y_1$ 称为轴间角。

2. 轴向伸缩系数　轴测图中，轴测轴上的单位长度与相应空间直角坐标轴上的单位长度之比称为轴向伸缩系数，用 p、q、r 表示。

$p = O_1X_1/OX$——X 轴的轴向伸缩系数；

$q = O_1Y_1/OY$——Y 轴的轴向伸缩系数；

$r = O_1Z_1/OZ$——Z 轴的轴向伸缩系数。

三、轴测投影图的特性

由于轴测图是平行投影，因此轴测图同样具有前述平行投影的各种特性。

1. 平行性　空间平行的直线，其轴测投影仍平行，即原来与坐标轴平行的空间直线，其轴测投影一定平行于相应的轴测轴。

2. 定比性　空间平行的直线，其轴向伸缩系数相等。物体上与坐标轴平行的线段，与其相应的轴测轴具有相同的轴向伸缩系数，即物体上凡平行于坐标轴的线段乘以相应的轴向伸缩系数，就是该线段的轴测投影长度，“轴测图”由此得名。

3. 显实性　空间与轴测投影面平行的直线或平面，其轴测投影均反映实长或实形。

四、轴测投影的分类

（一）按投影方向的不同分类

1. 正轴测投影　投影方向 S 垂直于轴测投影面。

2. 斜轴测投影　投影方向 S 倾斜于轴测投影面。

（二）按轴向伸缩系数的不同分类

1. 等轴测投影　三个轴向伸缩系数 $p = q = r$。

2. 二等轴测投影　任意两个轴向伸缩系数相等，如 $p = q = 2r$ 或 $p = r = 2q$ 或 $q = r = 2p$。

3. 三等轴测投影　三个轴间角不相等，轴向伸缩系数 $p \neq q \neq r$。

第二节　轴测投影图的画法

轴测投影图的画法很多，本节重点讲述在建筑装饰制图中常采用的几种轴测投影图的画法。

一、常用轴测投影的轴间角和轴向伸缩系数

（一）正轴测投影的轴间角和轴向伸缩系数

正轴测投影是轴测图中最常用的一种。在正轴测图中，投影方向 S 垂直于轴测投影面 P，物体的轴测投影长度不等于实际尺寸，而是缩短了，即轴间角和轴向伸缩系数发生了变化，这个变化的大小取决于物体与投影面的相对位置，也就是说轴间角与轴向伸缩系数取决于坐标轴与投影面的倾斜程度，即图 9-4 中所示的 α_1、β_1、γ_1 的大小。

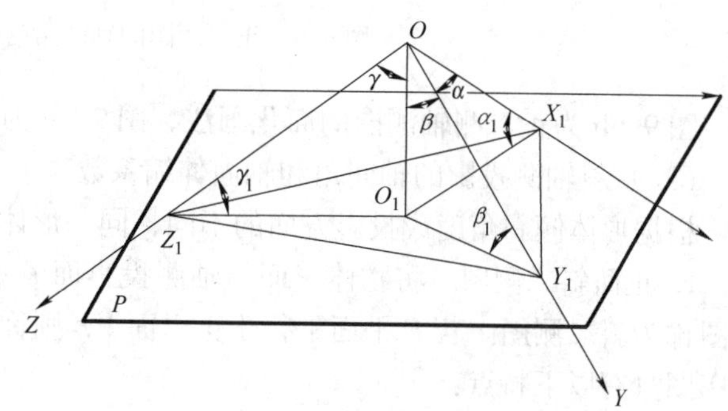

图 9-4　坐标轴、轴测轴与投影面的关系

1. 正等测图　考虑到作图的简便，选物体的三个坐标轴与轴测投影面 P 的夹角相等，即 $\alpha_1=\beta_1=\gamma_1$，投影线垂直于投影面，此时得到的正轴测投影称为正等轴测图，如图 9-5 所示。总结起来，正等测投影有以下特点：

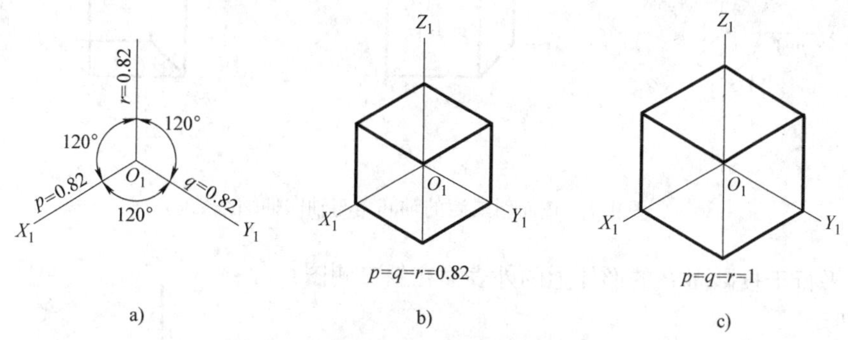

图 9-5　正等测图的轴间角与轴向伸缩系数

（1）规定 O_1Z_1 轴保持铅垂状态，三个轴间角相等，$\angle X_1O_1Y_1=\angle Y_1O_1Z_1=\angle Z_1O_1X_1=120°$，且长向与宽向的两条轴 O_1X_1 和 O_1Y_1 与水平线成 30°。

（2）轴向伸缩系数相等。由几何原理可知，$p=q=r=0.82$，物体的长、宽、高方向的轴测投影长度均按同一轴向伸缩系数改变。在实际作图中，伸缩系数取 0.82 较为繁琐，为简便作图，通常将系数 0.82 简化为 1，即 $p=q=r=1$，也就是将正等测图放大了 1/0.82≈1.22 倍。

2. 正二测图　正二测投影中 $p=r=2q$，如图 9-6a 所示。轴向伸缩系数在作图中简化为 $p=r=1$、$q=0.5$，即用简化系数画出的正二测图比实形放大了 1/0.94≈1.06 倍。

因此正二测投影具有以下特点（图 9-6）：

（1）轴间角 $\angle X_1O_1Z_1=97°10'$，$\angle Y_1O_1Z_1=\angle Y_1O_1X_1=131°25'$。

（2）轴向伸缩系数 $p=r=1$，$q=0.5$。

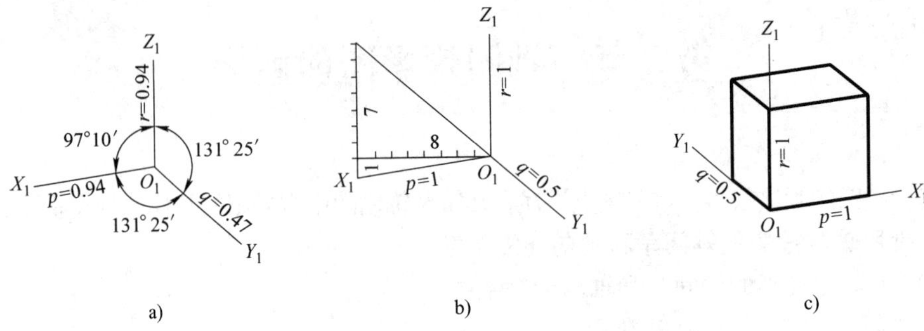

图 9-6　正二测图的轴间角与轴向伸缩系数

图 9-6b 为正二测轴测图的简化画法，图 9-6c 为正方体的正二测图。

（二）斜轴测投影的轴间角和轴向伸缩系数

根据形体倾斜角度或投影方向的不同，同一形体可画出不同的斜轴测图。

1. 正面斜二测图　将物体正面与轴测投影面 P 平行放置，然后用平行斜投影得到的轴测图称为斜二测图。若 P 平面平行于正立面 V，则称为正面斜二测图，如图 9-7 所示。这种投影图具有以下特点：

（1）轴间角 $\angle X_1O_1Z_1=90°$，$\angle X_1O_1Y_1=\angle Y_1O_1Z_1=135°$。

（2）轴向伸缩系数 $p=r=1$，$q=0.5$。

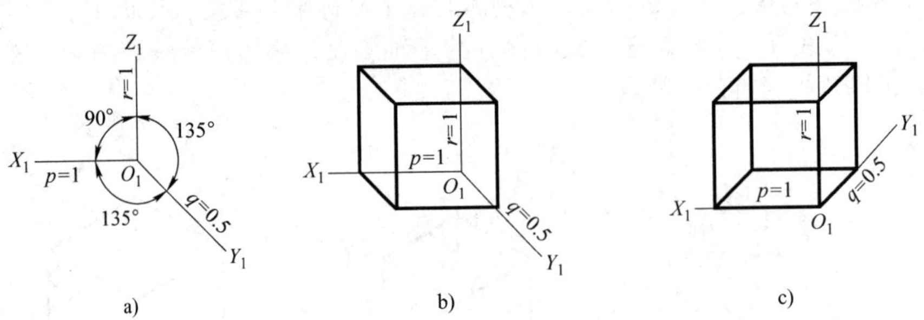

图 9-7　正面斜二测的轴间角与轴向伸缩系数

（3）平行于投影面 P 的形体上的外表面在斜二测图上反映实形。

2. 水平斜轴测图　水平斜轴测图是将轴测投影面 P 与坐标面 XOY 平行，用平行斜投影得到的轴测图，如图 9-8所示。

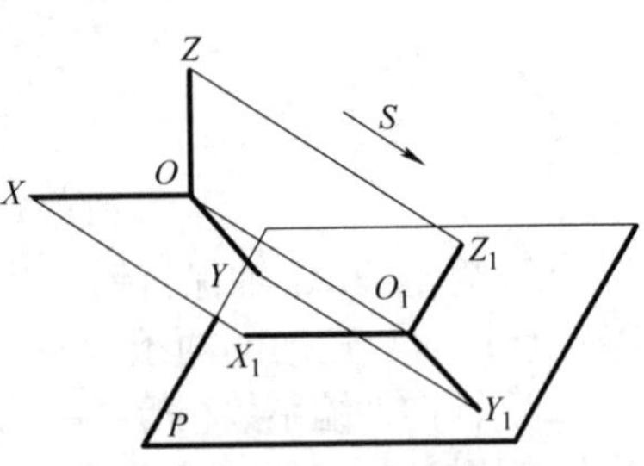

图 9-8　水平斜轴测的形成

水平斜轴测图有以下特点（图 9-9）：

（1）轴间角随投影线与水平投影面夹角的大小而变化，$\angle X_1O_1Y_1=90°$，$\angle Y_1O_1Z_1=\angle Z_1O_1X_1=135°$。若 $\angle Z_1O_1X_1=120°$（150°），则 $\angle Z_1O_1Y_1=150°$（120°）。轴向伸缩系数：$\angle Z_1O_1X_1=135°$时，$p=q=1$，$r=0.5$，此时称为水平斜二测图；$\angle Z_1O_1X_1=120°$时，$p=q=r=1$，此时称为斜等测图。

（2）能反映物体上与水平面平行表面的实形。

（3）作图时，只需将物体的水平投影图绕 O_1X 轴旋转一个适宜的角度（通常取逆时针

方向旋转 30°），再立高度尺寸并画出其他部分即可。

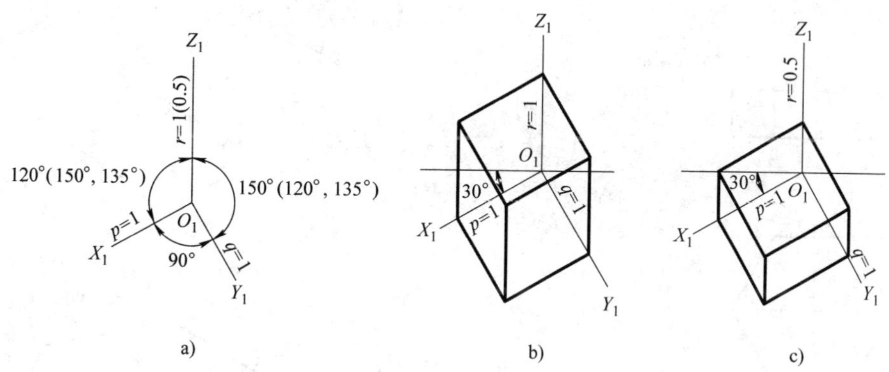

图 9-9　水平斜轴测的轴间角与轴向伸缩系数

二、轴测投影图的画法

（一）正等测图的画法

常用的画形体正等测图的方法有：坐标法、特征面法、叠加法和切割法等。无论采用哪种方法，画轴测投影图的前提是确定轴测轴的方向，确定轴向伸缩比例，即轴向伸缩系数。

1. 坐标法　沿坐标轴量取形体关键点的坐标值，用以确定形体上各特征点的轴测投影位置，然后将各特征点连线，即可得到相应的轴测图。这是画正等测图最基本的方法。

例 9-1　已知正六棱柱的投影图如图 9-10a 所示，画其正等测图。

作图步骤（图 9-10b、c、d、e）：

（1）画出轴测轴。通常 O_1Z_1 轴的方向是竖直的，而 O_1X_1 轴和 O_1Y_1 轴的方向是可以互换的。本题的 O_1X_1 轴、O_1Y_1 轴取法如图 9-10b 所示。

（2）在投影图上确定坐标轴及坐标原点，坐标原点选在上顶面中心。根据水平投影分别沿 X 轴，Y 轴量出几个顶点的坐标长。在轴测轴上，确定形体的轴测投影点，从而画出形体的上顶面的正等测图（图 9-10c）。

（3）从上顶面的六个角点分别向下引垂直线，并依据 V 面投影图的 Z 坐标长，在所引垂线上量取各棱线的实际高度，连接各顶点，即得到底面的正等测图（图 9-10d）。

（4）将轴测投影图的不可见线条及轴测轴等擦除，并加粗可见线，便得到此棱柱的正等轴测图（图 9-10e）。

2. 切割法　当形体被看成是由基本形体切割而成时，可先画形体的基本形体，然后再按基本形体被切割的顺序来切掉多余部分，这种画轴测图的方法称为切割法。

例 9-2　已知形体的投影图如图 9-11a 所示，画其正等测图。

作图步骤（图 9-11b、c、d）：

（1）利用坐标法，求得一个大长方体的轴测图（图 9-11b）。

（2）在大长方体左前侧棱线上平行于 OZ_1 轴截取高度 Z_1，求出点 A 的轴测投影位置，同法得出点 B 与点 C，然后过点 B、C 分别作平行于 O_1X_1、O_1Y_1、O_1Z_1 的平行线，即得切割去一个角后的轴测图（图 9-11c）。

（3）擦去被切割部分及有关的作图辅助线及不可见线，并加粗轮廓线，便得到形体的正等轴测图（图 9-11d）。

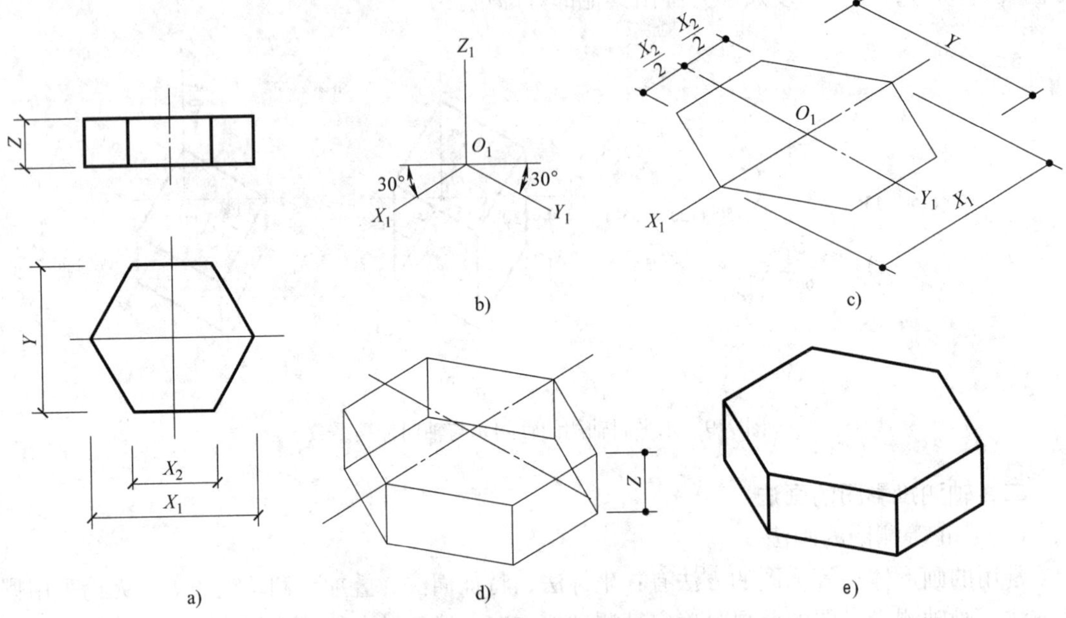

图 9-10　坐标法绘制正等测图

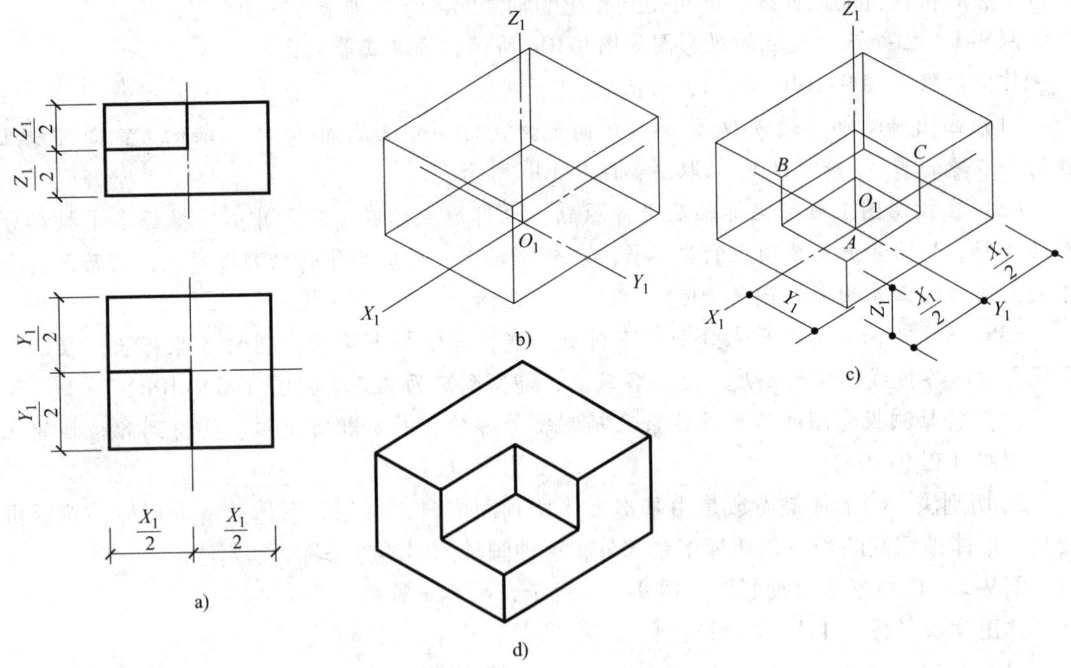

图 9-11　切割法绘制正等测图

3. 叠加法　由几个基本形体组合而成的组合体，可先逐一画出各部分的轴测图，然后再将它们叠加在一起，得到组合体轴测图，这种画轴测图的方法称为叠加法。

例 9-3　已知形体的投影图如图 9-12a 所示，画其正等测图。

作图步骤（图 9-12b）：

(1) 设坐标轴OX、OY、OZ（一般放在形体的几何中心），用坐标法分别求得长方体底板、中间长方体及上部四棱锥的正等测图。

(2) 按照H面投影图的前后、左右关系，将三部分的正等测图叠加组合。

(3) 擦去作图辅助线及不可见线，并加粗轮廓线，便得到整个形体的正等测图。

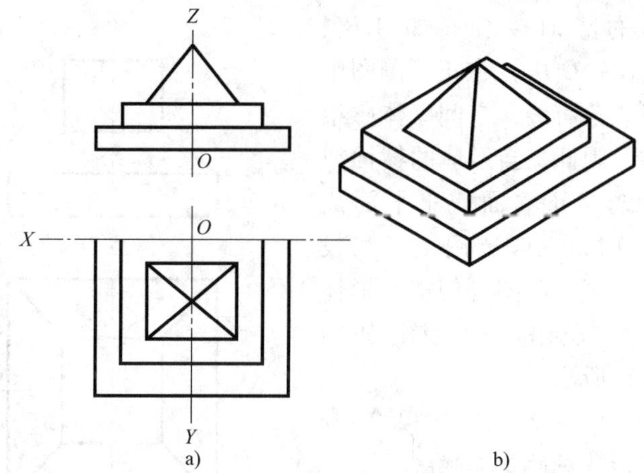

图 9-12　叠加法绘制正等测图

a）已知条件　b）叠加法绘制正等测图

4. 特征面法　主要适用于绘制柱体的轴测图。当柱体的某一端面较复杂且能反映柱体的特征形状时，可用坐标法先求出特征端面的正等测图，然后沿坐标轴方向延伸成立体，这种作图方法叫作特征面法。

例 9-4　已知形体的投影图如图9-13a 所示，画其正等测图。

作图步骤（图 9-13b、c）：

（1）选择特征面，建立坐标轴及坐标原点。

（2）建立轴测轴，利用坐标法作出特征面的正等测图（图 9-13b）。

（3）沿特征面上的特征点，分别作平行于 O_1X_1 轴的平行线，并截取形体的长度 X，然后顺序连接各点得到形体的正等测图。

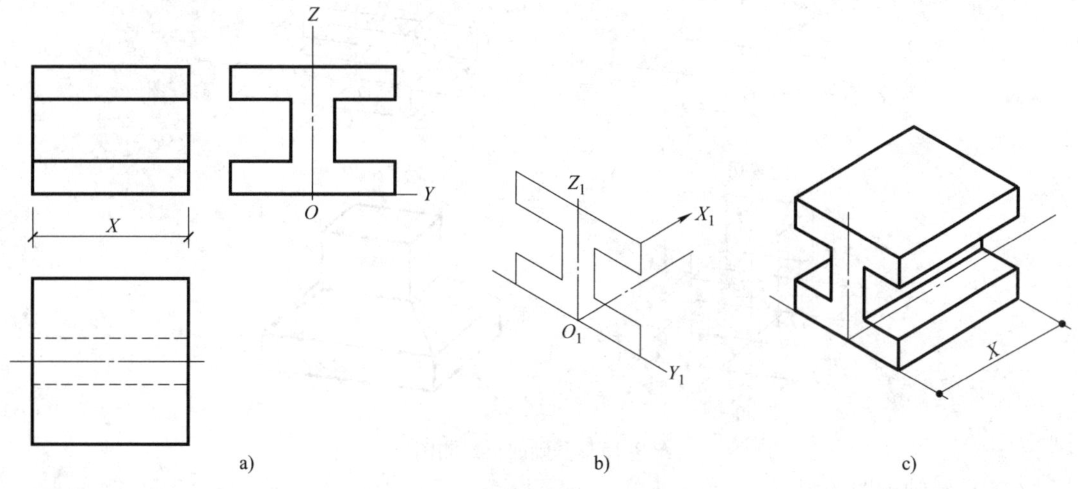

图 9-13　特征面法绘制正等测图

（4）加粗可见轮廓线，求得物体的正等测图（图 9-13c）。

切割法、叠加法以及特征面法的画图方法是在坐标法基础上建立的，对于复杂物体，可以综合采用上述方法。

（二）正二测图的画法

如图 9-14 所示为柱基与柱身的正等测图，在水平投影图中沿 45°角的棱线与柱基、柱身的竖向棱线（如 A_1B_1、B_1C_1、C_1D_1）在正等测图中成一条直线，空间立体感很差。因此，当形体的棱面或棱线与正立面或水平面成45°时，一般选用正二测投影。正二测图可使空间形体获得较强的立体感，如图9-15所示。

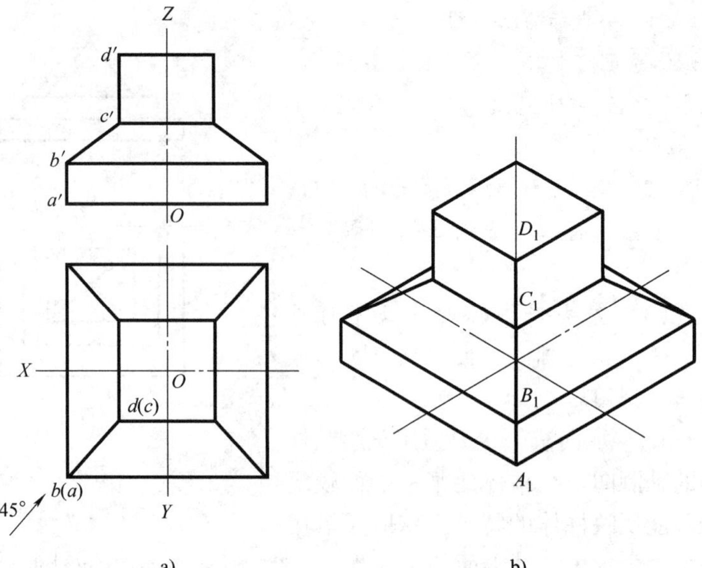

图9-14 柱基与柱身的正等测图

a）正投影图 b）画成正等测，立体感较差

例 9-5 试作图 9-14a 所示基础的正二测图。

作图步骤：

（1）建立坐标轴及坐标原点，如图 9-14a 所示。

（2）建立正二测图的轴测轴，利用 $p=r=1$、$q=0.5$，画出底面的正二测图，如图 9-15a 所示。

（3）沿 O_1Z_1 轴截取高度，分别画出下棱柱的顶面和上棱柱的底面，然后画出上棱柱体，并连接四条斜棱线，如图 9-15b、c 所示。

（4）擦除不可见线，加粗可见轮廓线，画出基础的正二测图，如图 9-15d 所示。

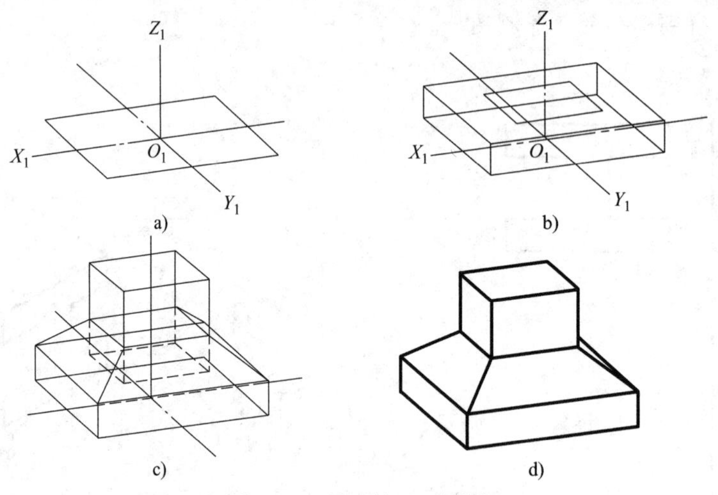

图9-15 基础的正二测图

（三）斜轴测图的画法

1. 正面斜二测图的画法 对于正面斜二测图，通常可以建立四种不同的轴测坐标系，如图 9-16 所示，得到四种形式的正面斜二测图。这四种形式，观看的角度不同，但正面均不变形，三个轴向伸缩系数中有两个是相等的，即 $p=r=1$，而 $q=0.5$。由于形体的正面平行于投影面，所以作图更为方便。作图时，先画出正面的实形投影，然后自正面投影各点作45°斜线，根据轴向伸缩系数（$q=0.5$）量取尺寸后相连即得所求正面斜二测图。

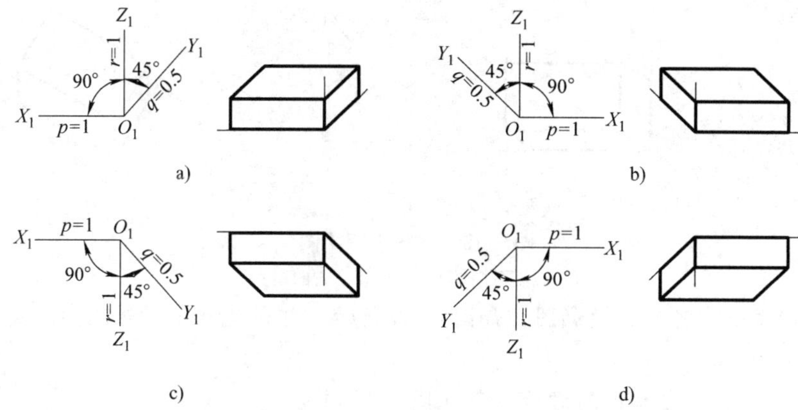

图 9-16　正面斜二测图的四种形式

a）右俯视　b）左俯视　c）右仰视　d）左仰视

例 9-6　作出图 9-17a所示台阶的正面斜二测图。

作图步骤：

（1）在正投影图上建立坐标轴及坐标原点（图 9-17a）。

（2）建立轴测轴，使台阶的正面 XOZ 面平行于轴测投影面，为了清楚地反映侧面台阶的形状，把宽向轴（O_1Y_1 轴）画在左侧，与水平轴线（O_1X_1 轴）成 45°角（图 9-17b）。

（3）用叠加法作两层台阶踏步板的斜二测图（图 9-17c、d）。

（4）在踏步板的右侧作出栏板的斜二测图（图 9-17e）。

（5）擦除不可见线，加粗可见轮廓线，作出物体的正面斜二测图。

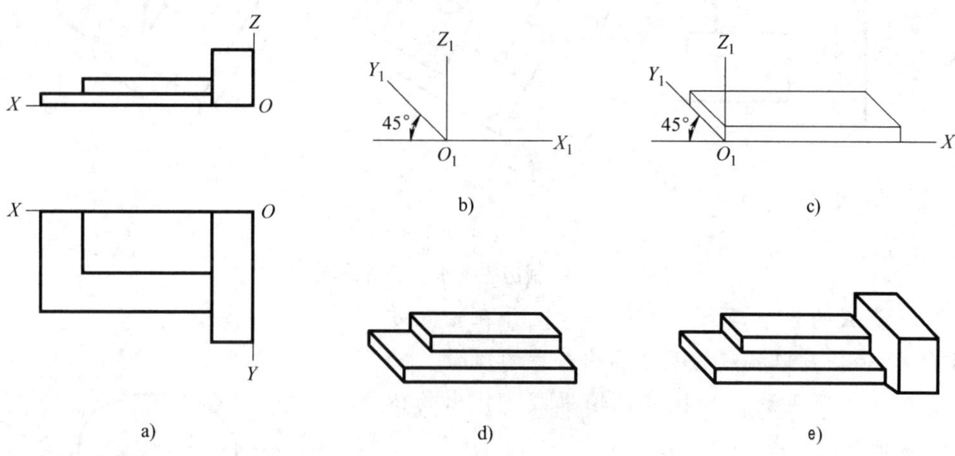

图 9-17　台阶的斜二测图

2. 水平斜等测图的画法　如果我们用水平投影面 H 作为轴测投影面，把一长方体向 H 面做斜投影便可得到图 9-18 所示的水平斜轴测图。此时，轴测轴的夹角即轴间角 $\angle X_1O_1Y_1=90°$，O_1X_1 和 O_1Y_1 轴向伸缩系数取 $p=r=1$，O_1Z_1 轴竖向伸缩系数 $q=1$。在实际作图中，常选取 O_1Z_1 与 O_1X_1 轴夹角为 30°、45°、60°（即将形体的水平投影图绕 O_1Z_1 轴逆时针旋转相应角度），三个方向的轴向伸缩系数均相等（$p=q=r=1$），这种轴测图称为水平斜等测图。水平斜等测图常用于绘制房屋建筑的鸟瞰图。

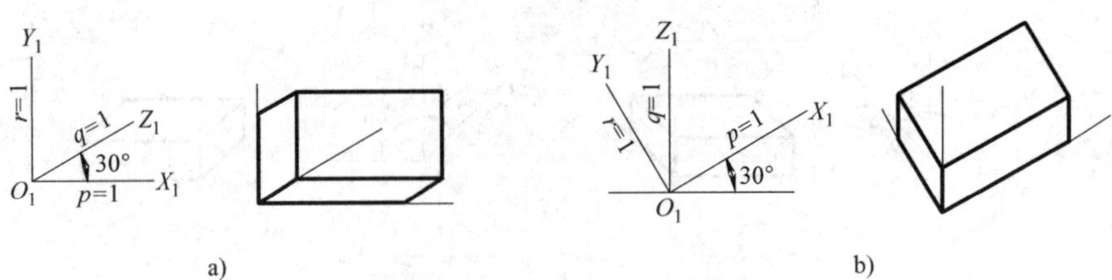

图 9-18　水平斜等测图

a）高度方向倾斜　b）高度方向铅垂

例 9-7　依据一幢房屋的投影图，如图9-19a所示，作出其水平斜等测图。

作图步骤：

（1）坐标原点选择在房屋的右后下角（图 9-19a）。

（2）将房屋的水平投影图绕 O_1Z_1 轴逆时针旋转 30°，建立轴测轴（Z_1 轴竖向），将房屋基底的投影图画出，如图 9-19b 所示。

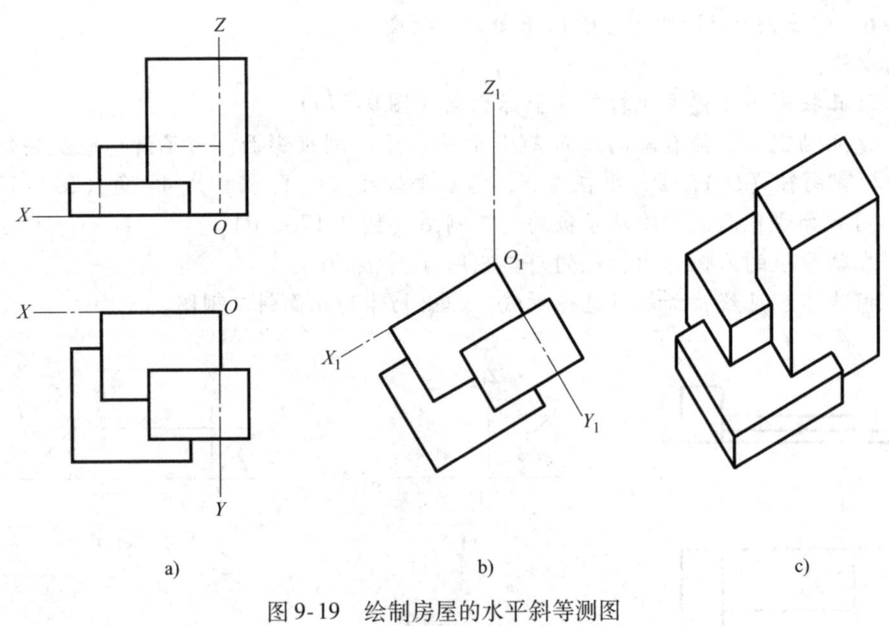

图 9-19　绘制房屋的水平斜等测图

（3）从基底的各个顶点向上引垂线，并在竖直方向（沿 O_1Z_1 轴）量取相应的高度画出房屋的顶面。

（4）擦除不可见线，加粗可见轮廓线，作出物体的水平斜等测图，如图 9-19c 所示。

三、平行于坐标面的圆的轴测投影

（一）圆的正等测投影图

如图9-20 所示，在正方体的正等测图中，正面、侧面及顶面均发生了变形，三个正方形都变成了边长为 a 的菱形，正方体表面上的三个内切圆变成了三个平行于坐标面的相等的椭圆。由此可见，平行于坐标面的圆的正等测投影都是椭圆。

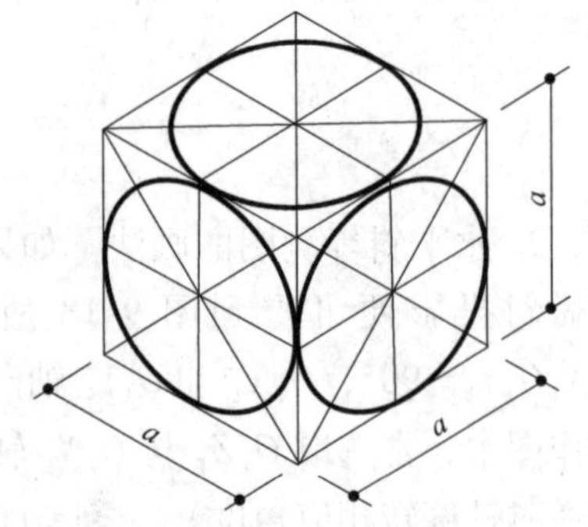

图 9-20　圆的正等测图

绘制平行于坐标面的圆的正等测图常见的方法有两种：坐标法和四心扁圆法。

1. 坐标法　坐标法是轴测图作椭圆的真实画法。作图步骤如图 9-21 所示。首先通过圆心在轴测投影轴上作出两直径的轴测投影，定出两直径的端点 A、B、C、D，即得到了椭圆的长轴和短轴；再用坐标法作出平行于直径的各弦的轴测投影，用圆滑曲线逐一连接各弦端点即求得圆的轴测图。此法又称为平行弦法，这种画椭圆的方法适合于圆的任何轴测投影作图。

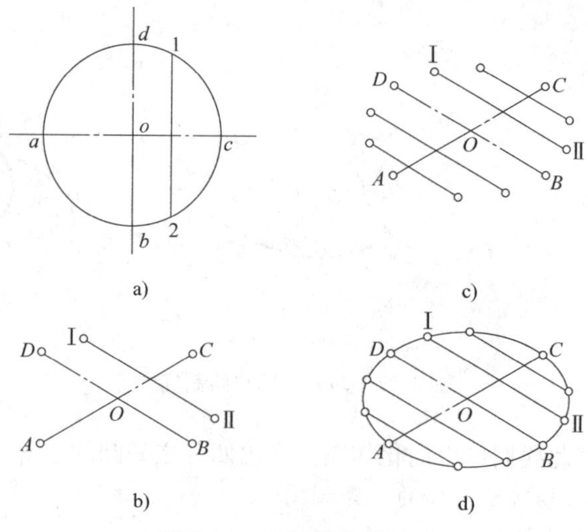

图 9-21　坐标法绘制椭圆

2. 四心扁圆法　由于椭圆在正等测图中内切于菱形，可用四心扁圆法（也称之为菱形法）来绘制。这是一种椭圆的近似作法。作椭圆的关键有以下几点：

（1）分辨是平行于哪个坐标面的圆。

（2）确定圆心的位置。

（3）画出与椭圆相切的菱形。

（4）确定椭圆长轴与短轴的方向。

（5）用四心扁圆法分别求四段圆弧。具体做法见例 9-8。

例 9-8　作出平行于 XOY 坐标面的圆的正等测图。

作图步骤（图 9-22 所示）：

（1）在投影图上建立坐标轴，确定坐标原点 O，画出圆的外切正方形（图 9-22a）。

（2）画轴测轴 O_1X_1、O_1Y_1，画出外切正方形的正轴测投影——菱形（图 9-22b）。具体画法为：在 O_1X_1、O_1Y_1 轴上分别截取 O_1A_1、O_1B_1、O_1C_1、O_1D_1 等于已知圆的半径，过 A_1、C_1 作 O_1Y_1 轴的平行线，过 B_1、D_1 作 O_1X_1 轴的平行线，从而得到菱形。

（3）找出菱形短对角线的端点 O_2、O_3，连接 O_3A_1、O_3B_1、O_2C_1、O_2D_1，它们分别垂直于菱形相应的边，并与长对角线相交于 O_4、O_5（图 9-22c）。

（4）分别以 O_3、O_2 为圆心、O_3A_1、O_2C_1 为半径，作出两个圆弧 $\overset{\frown}{A_1B_1}$、$\overset{\frown}{C_1D_1}$（图9-22d）。

（5）分别以 O_4、O_5 为圆心、O_4A_1、O_5C_1 为半径，作出两个圆弧 $\overset{\frown}{A_1D_1}$、$\overset{\frown}{B_1C_1}$。

（6）将四段圆弧平滑相接，即求得圆的正等测投影，如图 9-22e 所示。

由上述作图第三步可以看出，过切点垂直于切点所在菱形边的两条直线相交，该交点为

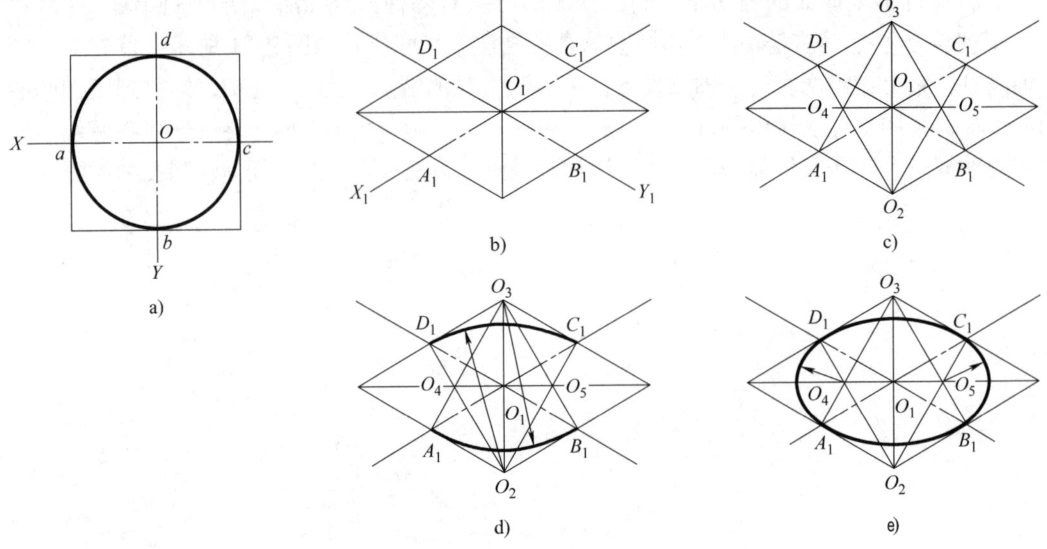

图 9-22　四心扁圆法绘制椭圆

椭圆的一个圆心点，因此我们可以简化作图，作出四分之一圆的正等测图。

例 9-9　作出图 9-23a所示形体的正等测图。

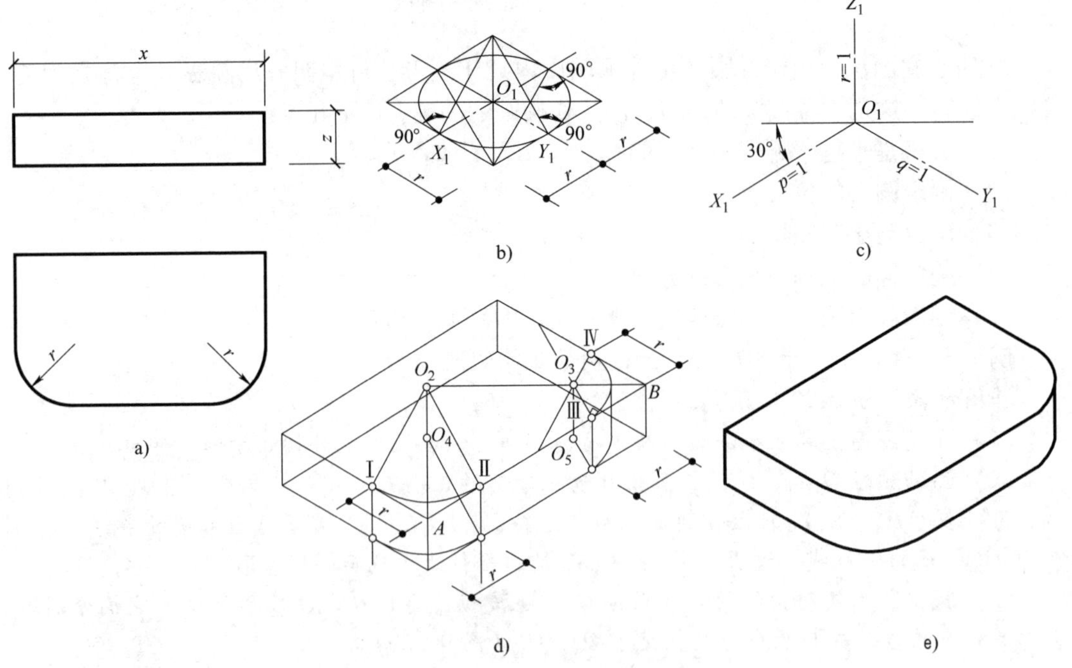

图 9-23　作四分之一圆角形体的正等测图

分析：物体上的两个圆角，实际分别为两个四分之一圆角，如图 9-23b 所示，因此关键是作出四分之一圆的正等测图。

作图步骤（图 9-23）：

（1）画出轴测轴（图 9-23c）。

（2）作出底板的轴测图。在顶角 A、B 两点，沿底板边线截取 r 长，得点Ⅰ、Ⅱ、Ⅲ、Ⅳ。再过Ⅰ、Ⅱ与Ⅲ、Ⅳ四点分别作边线的垂线，得交点 O_2 和 O_3；以 O_2 为圆心，O_2Ⅰ为半径作圆弧；以 O_3 为圆心，O_3Ⅲ为半径作圆弧。根据底板的高度，把 O_2 和 O_3 下降到 O_4 和 O_5 的位置，并作出与上面圆弧一样的底面圆弧，再作出右侧面两圆弧的竖向公切线，如图 9-23d 所示。

（3）加粗轮廓线，擦除作图辅助线，即得到该形体的正等测图，如图 9-23e 所示。

例 9-10　作出图 9-24a所示截切圆柱的正等测图。

分析：该截切圆柱竖直放置，其顶圆和底圆平行于水平面，轴线为铅垂线。前上方截去半圆柱体，形成半圆形的平台面。作图时，可先利用四心扁圆法画出上下底面水平圆的正等测图，截切后的半圆采用移心法作出，移心高度为 Z_2，然后作出左右公切线。

作图步骤：

（1）建立轴测轴，如图 9-24b 所示。

（2）根据柱高定出顶圆、截切面半圆和底圆的圆心在轴测图中的位置，分别用“四心扁圆法”作出顶圆、中间半圆和底圆的正等测投影——椭圆，利用移心法作出截切得到的半圆的轴测图，如图 9-24c 所示。

（3）作出椭圆及椭圆弧之间的公切线，再作出其他截交线的轴测图并加粗圆柱的可见轮廓线，如图 9-24d 所示。

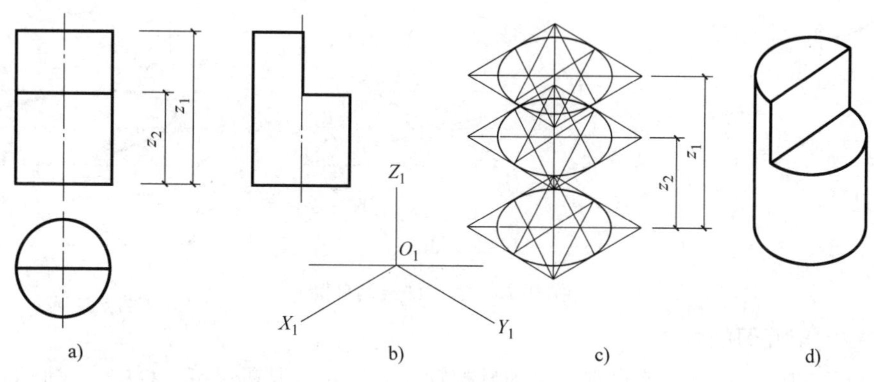

图 9-24　圆柱的正等测图

（二）圆的斜二测投影图

如图 9-25 所示，在一个正方体的斜二测图中，由于正面平行于投影面，所以正面不发生变形，而侧面及顶面正方形发生变形，均为平行四边形。正方体外表面上的三个内切圆中，凡与轴测投影面平行的圆的轴测投影反映实形，仍为圆；而与轴测投影面不平行的侧面及顶面的内切圆的轴测投影发生变形，为椭圆。作圆的斜二测投影图可采用坐标法，但不能使用菱形法。这里介绍在平行四边形内作内切椭圆常采用的作图方法——八点法，八点法可用于所有圆的轴测图画法。

例 9-11　用八点法作出平行于 XOY 坐标面的圆的斜二测图。

作图步骤（图 9-26）：

（1）在投影图上建立坐标轴，确定坐标原点 O，画出圆的外切正方形，如图 9-26a 所示。

(2) 画出轴测轴 O_1X_1、O_1Y_1，作出外切正方形的正轴测投影——平行四边形，如图 9-26b 所示。具体画法为：在 O_1X_1 轴上截取 O_1a、O_1b 等于已知圆的半径，在 O_1Y_1 轴上截取 O_1d、O_1c 等于已知圆半径的二分之一，过 a、b 两点作 O_1Y_1 轴的平行线，过 c、d 作 O_1X_1 轴的平行线，得到平行四边形 1324。

(3) 连接平行四边形的对角线 12 和 34，如图 9-26c 所示。

(4) 以 $2d$ 为斜边作一等腰直角三角形 $d52$，在 23 边上分别截取两个点 6、7，使 $d6$、$d7$ 等于 $d5$，过 6、7 分别作平行于 O_1Y_1 轴的平行线，与对角线 12、34 相交于 e、f、g、h 四个点，如图 9-26d 所示。

(5) 用平滑曲线依次连接 a、h、c、g、b、f、d、e、a，即求得圆的斜二测投影，如图 9-26e 所示。

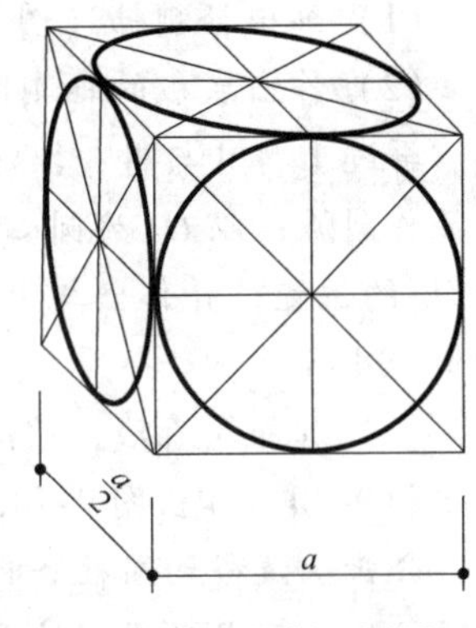

图 9-25 圆的斜二测图

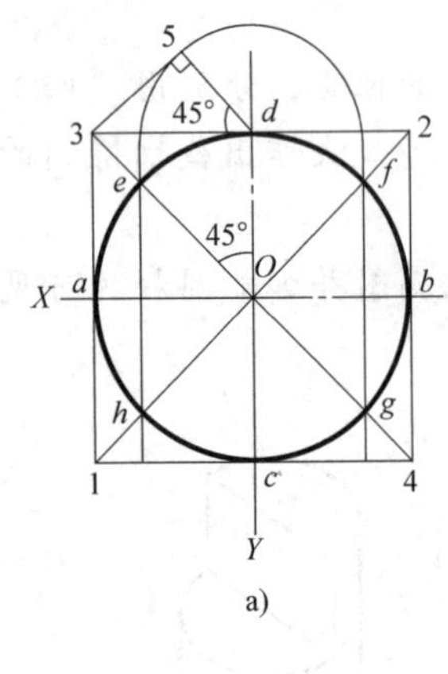

a)

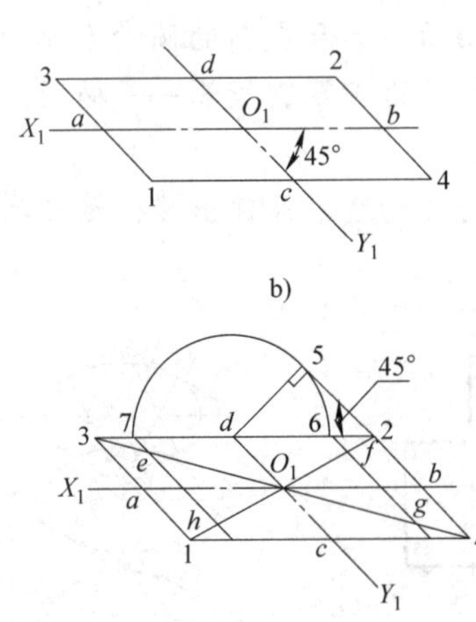

b)

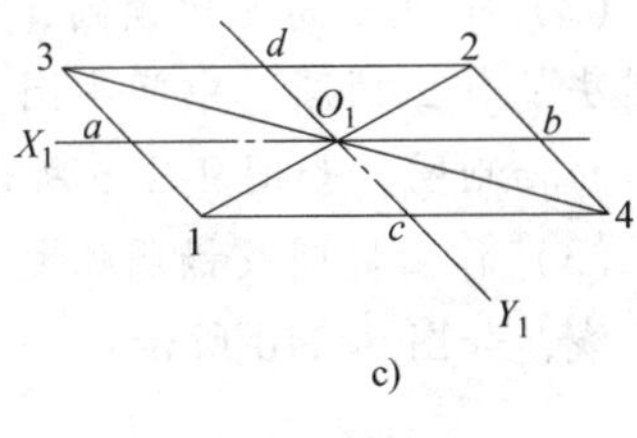

c)

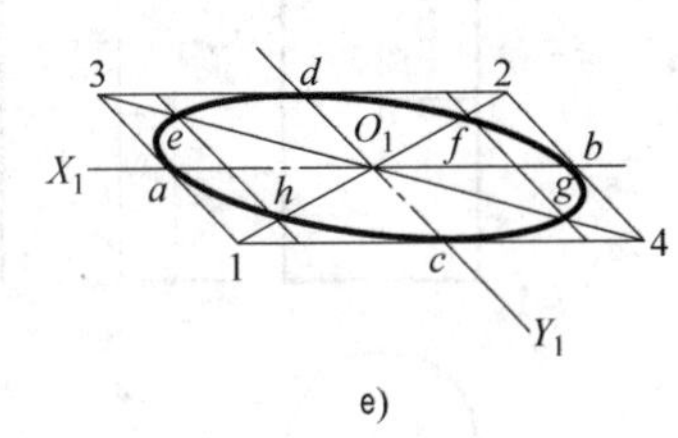

d)

e)

图 9-26 八点法绘制椭圆

四、轴测剖面图的画法

我们已经知道，轴测图能直观形象地反映物体的外观，但在建筑工程中，我们常常需要表示建筑及装饰构配件的内部结构及构造做法，并反映出物体的内部材料，这就需要将前面所讲的剖面图及断面图的概念引入到轴测图中，即采用轴测剖面图的方法来表示形体的内部构造。

轴测剖面图是假设用平行于坐标面的剖切平面将物体剖开，然后将剖切后的剩余部分绘制出轴测图。剖切平面可以是单一的，也可以是几个相互呈阶梯平行的平面，用这样的剖切平面剖切形体得到轴测全剖面图，图 9-27 所示为房屋的轴测全剖面图。有时，可以用两个或两个以上相互垂直的规则或对称的平面剖切物体，得到物体的轴测半剖面图或轴测局部面视图，如图 9-28 所示。

绘制轴测剖面图一般有两种方法，一种方法是“先整体后剖切”，即首先画出完整形体的轴测图，然后将剖切部分画出。当剖切平面平行于坐标面时，被剖切平面切到的部分画上剖面线，未指明材料时，剖面线一般采用 45°角的等距平行线画出。如果需表明物体的材料种类，则将被切到的部分画上材料图例。若剖切平面不平行于坐标面，则剖断面的图例线不再是45°斜线，其方向应根据各种轴测图的轴间角及轴向伸缩系数确定。

例 9-12 画出图 9-29a所示杯形基础的正二测剖面图。

作图步骤：

(1) 画出杯形基础的正二测图，如图 9-29b 所示。

(2) 用两个剖切平面沿对称中心位置同时剖切杯形基础，并将剖切平面前方 1/4 部分移去，如图 9-29c、d 所示。

(3) 画出断面（剖切平面与基础的截交线），并画上剖面线图例，如图 9-29e 所示。

另一种画法是“先剖切后整体”，即首先根据剖切位置，画出剖断面的形状，并画上剖面线，然后再完成剩余部分的外形。这种方法比前者作图线少，但初学者不易掌握。

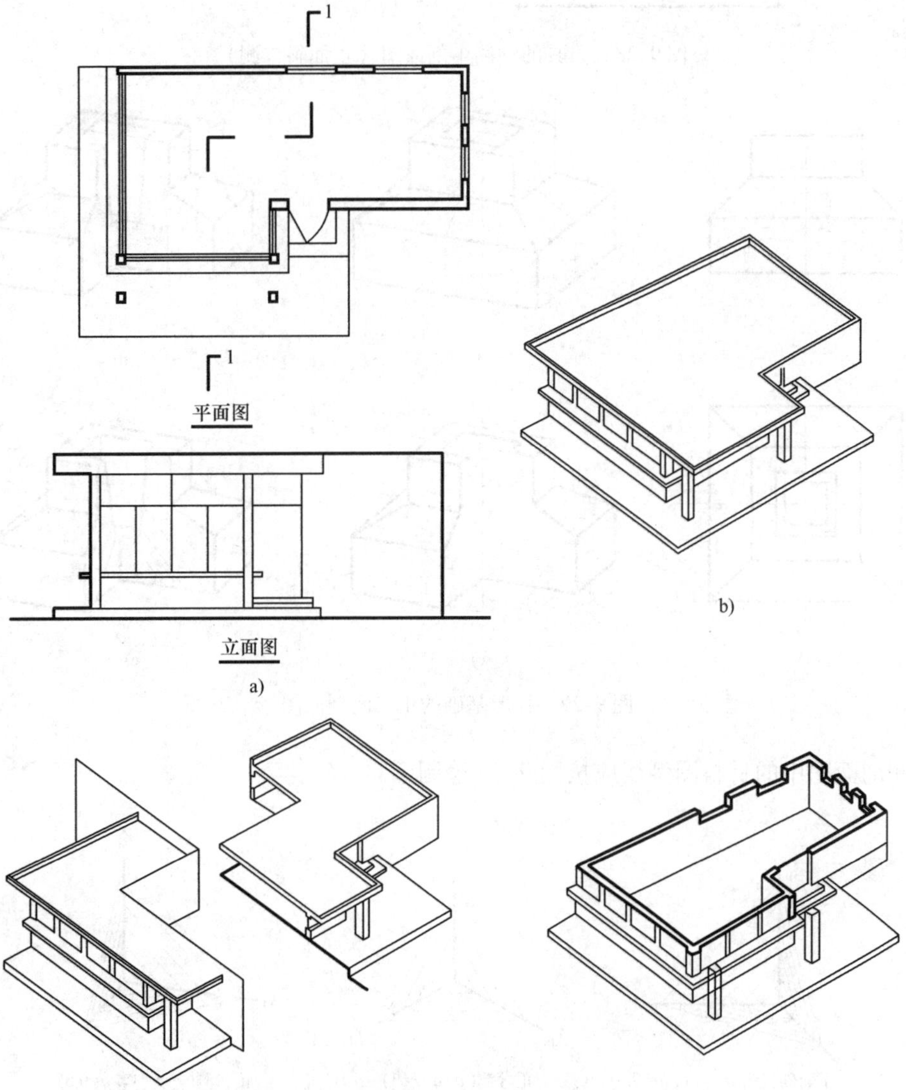

平面图

立面图

a)

b)

c)

d)

图 9-27 房屋的轴测全剖面图

a）房屋的平立面图 b）轴测图 c）竖向轴测全剖面图 d）水平轴测全剖面图

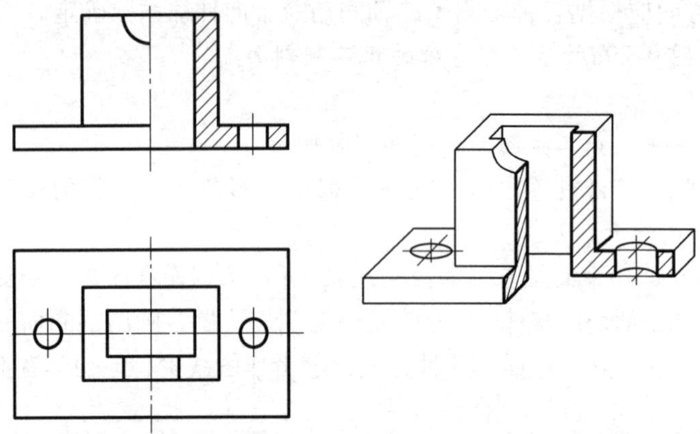

图 9-28　模具的轴测半剖面图（正面斜二测）

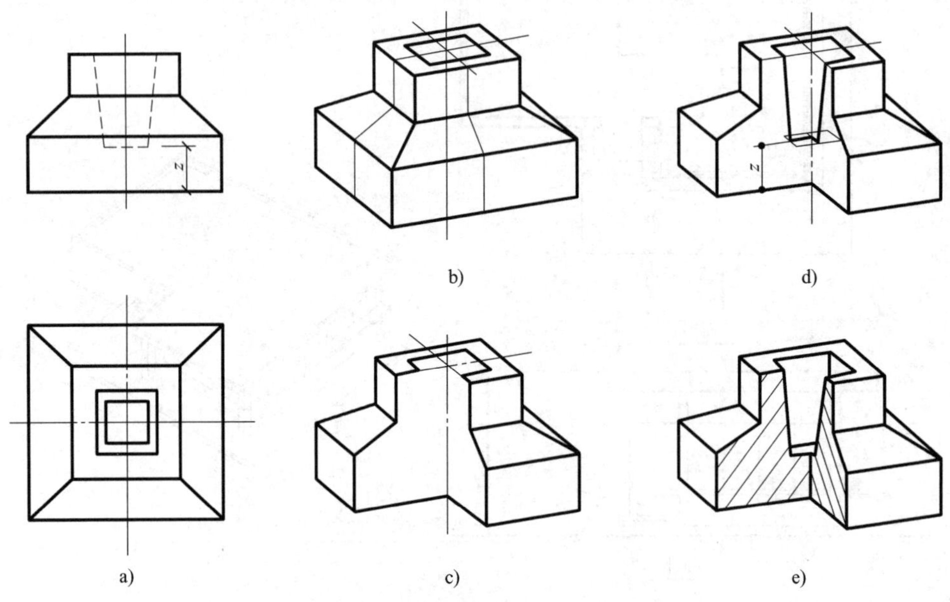

图 9-29　杯形基础的正二测剖面图

轴测剖面图中的材料图例线应按图 9-30 绘制。

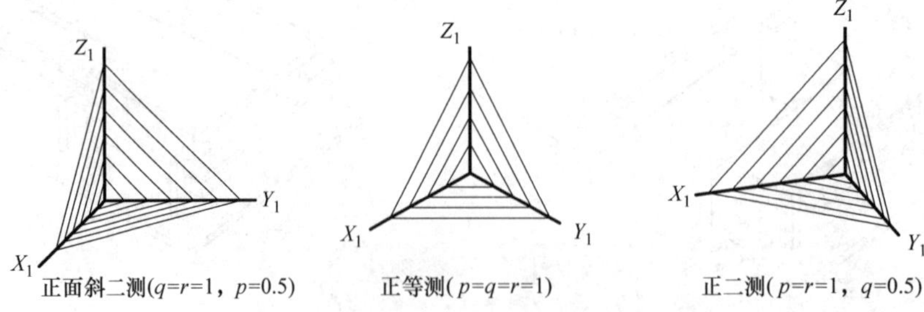

图 9-30　轴测剖面图中材料图例的画法

第三节　轴测投影图的选择

在工程制图中选用轴测图的目的是直观形象地表示物体的形状和构造。但轴测图在形成的过程中，由于轴测轴及投影方向的不同，使轴间角和轴向伸缩系数存在差异，产生了多种不同的轴测图。通过前面对各种轴测投影知识的论述，我们已经了解到，选择不同的轴测图形式，产生的立体效果不同。因此在选择轴测投影图的形式时，首先应遵循两个原则：

（1）选择的轴测图应能最充分地表现形体的线与面，立体感鲜明、强烈。

（2）选择的轴测图的作图方法应简便。

由图9-16可以知道，每种形式的轴测图由于轴测投影方向的不同，可以产生四种不同的视觉效果，每种形式重点表达的外形特征不同，产生的立体效果也不一样。因此在表示顶面简单而底面复杂的形体时，常采用仰视轴测图；表示顶面较复杂的形体，常选用俯视轴测图。例如，基础或台阶类轴测图，宜采用俯视轴测图（图9-31a）；而对于房间顶棚或柱头处轴测图，则宜采用仰视轴测图（图9-31b）。

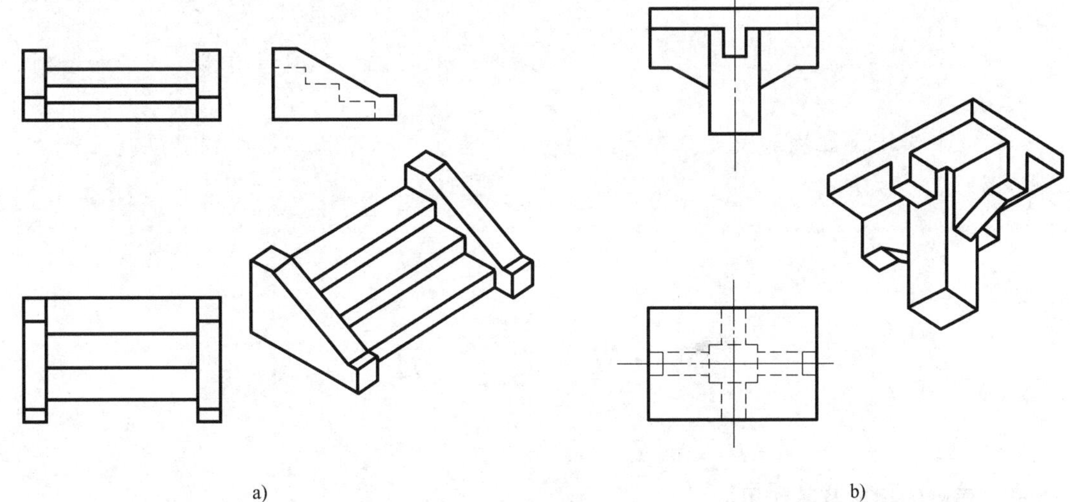

图9-31　轴测图的选择

a）台阶的轴测图　b）柱顶节点的轴测图

总之，在实际工程制图中，应因地制宜，根据所要表达的内容选择适宜的轴测投影图，具体考虑以下几点：

（1）形体三个方向的及表面交接较复杂时（尤其是顶面），宜选用正等测图，但遇形体的棱面及棱线与轴测投影面成45°方向时，则不宜选用正等测图，而应选用正二测图（见例9-5分析）。

（2）正二测图立体感强，但作图较繁琐，故常用于画平面立体。

（3）斜二测图能反映一个方向平面的实形，且作图方便，故适合于画单向有圆或端面特征较复杂的形体。水平斜二测图常用于建筑制图中绘制建筑单体或小区规划的鸟瞰图等。

第十章
房屋建筑工程施工图

【主要内容】

1. 房屋的组成、设计的程序及房屋建筑工程施工图的组成与特点。

2. 房屋建筑工程施工图的有关规定。

3. 建筑施工图的识读和绘制方法。

4. 结构施工图的组成，钢筋混凝土结构的基本知识，一般结构施工图的识读。

【学习目标】

1. 熟悉房屋的组成，记住房屋建筑工程施工图的内容和编排顺序。

2. 记住施工图中定位轴线、索引符号、详图符号、标高及其他常用符号的意义和画法，并做到熟练。

3. 熟知并牢记建筑施工图的组成、形成原理、常用比例、图示内容、识读和绘制的方法。

4. 知道结构施工图的组成、常用结构代号，常见砌体结构与一般钢筋混凝土结构施工图的识读方法。

第一节 概　　述

一、房屋的组成及其作用

房屋是供人们日常生产、生活和工作的主要场所。一幢房屋由基础、墙或柱、楼地面、楼梯、屋顶、门窗等组成，下面以图 10-1 为例，简要介绍房屋的各个组成部分及其作用。

1. 基础　基础是房屋埋在地面以下的最下方的承重构件。它承受着房屋的全部荷载，并把这些荷载传给地基。

2. 墙或柱　墙或柱是房屋的垂直承重构件，它承受屋顶、楼层传来的各种荷载，并传给基础。外墙同时也是房屋的围护构件，抵御风雪及寒暑对室内的影响，内墙同时起分隔房间的作用。

3. 楼地面　楼板是水平的承重和分隔构件，它承受着人和家具设备的荷载并将这些荷载传给柱或墙。楼面是楼板上的铺装面层；地面是指首层室内地坪。

4. 楼梯　楼梯是楼房中联系上下层的垂直交通构件，也是火灾等灾害发生时的紧急疏

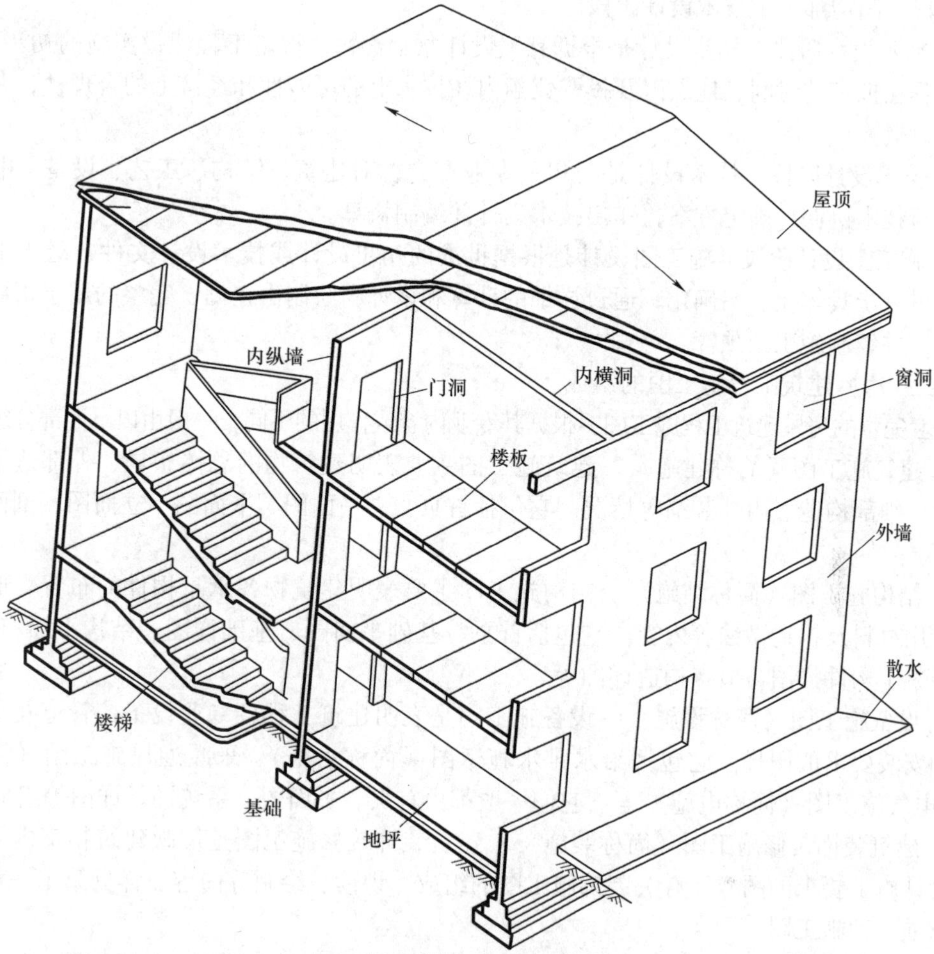

图 10-1　某房屋的基本组成示意图

散要道。

5. 屋顶　屋顶是房屋顶部的围护和承重构件，用以防御自然界的风、雨、雪、日晒和噪声等，同时承受自重及外部荷载。

6. 门窗　门具有出入、疏散、采光、通风、防火等多种功能，窗具有采光、通风、观察、眺望的作用。

7. 其他　此外房屋还有通风道、烟道、电梯、阳台、壁橱、勒脚、雨篷、台阶、天沟、雨水管等配件和设施，在房屋中根据使用要求分别设置。

二、房屋建筑工程施工图的内容

房屋建筑工程施工图是将建筑物的平面布置、外形轮廓、尺寸大小、结构构造和材料做法等内容，按照国家标准的规定，用正投影方法，详细准确地画出的图样。它是用以组织、指导建筑施工，进行经济核算、工程监理，完成整个房屋建造的一套图样，所以又称为房屋施工图。

（一）房屋的设计程序

房屋设计一般分为初步设计和施工图设计两个阶段，当工程规模较大或较复杂时，还应在两阶段之间增加一个技术设计阶段。

1. 初步设计阶段　初步设计是根据有关设计原始资料，拟定工程建设实施的初步方案，阐明工程在拟定的时间、地点以及投资数额内在技术上的可能性和经济上的合理性，并编制项目的总概算。

2. 技术设计阶段　技术设计是与相关专业配合，对建筑、结构、工艺、设备、电气等方面进行技术协调，确定方案，作出技术设计并编制概算。

3. 施工图设计阶段　施工图设计是根据批准的初步设计或技术设计文件，对于工程建设方案进一步具体化、明确化，通过详细的计算和设计，绘制出正确、完整的用于指导施工的图样，并编制施工图预算。

（二）房屋建筑工程施工图的组成

一套完整的房屋建筑工程施工图，根据其专业内容或作用的不同，一般由以下四部分组成：

1. 建筑施工图（简称建施）　建筑施工图主要表明建筑物的总体布局、外部造型、内部布置、细部构造、内外装饰等情况。它包括首页、总平面图、平面图、立面图、剖面图和详图等。

2. 结构施工图（简称结施）　结构施工图主要表明建筑物各承重构件的布置、形状尺寸、所用材料及构造做法等内容。它包括首页、基础平面图、基础详图、结构平面布置图、钢筋混凝土构件详图、节点构造详图等。

3. 设备施工图（简称设施）　设备施工图是表明建筑工程各专业设备、管道及埋线的布置和安装要求的图样。它包括给水排水施工图（简称水施）、采暖通风施工图（简称暖施）、电气施工图（简称电施）等。它们一般都由首页、平面图、系统图、详图等组成。

4. 建筑装饰装修施工图（简称装施）　建筑装饰装修施工图是反映建筑物室内外装饰装修设计施工要求的图样。有关装饰施工图的组成、识读、绘制等内容，详见第十一章。本章介绍前三种施工图。

一幢房屋全套施工图的编排顺序一般应为：图纸目录、设计总说明、总平面图、建筑施工图、结构施工图、给水排水施工图、采暖通风施工图、电气施工图、建筑装饰装修施工图等。

三、房屋建筑工程施工图的特点

房屋建筑工程施工图在图示方法上具有以下一些特点：

（1）施工图中的各图样主要是根据正投影法绘制的，所绘图样都应符合正投影的投影规律。

（2）施工图应根据形体的大小，采用不同的比例绘制。如房屋的形体较大，一般都用较小的比例绘制。但房屋的内部各部分构造较复杂，在小比例的平、立、剖面图中无法表达清楚，可用较大比例来绘制。

（3）由于房屋建筑工程的构配件和材料种类繁多，为作图简便起见，国家标准规定了一系列的图例符号和代号来代表建筑构配件、卫生设备、建筑材料等。

（4）施工图中的尺寸，除标高和总平面图以米为单位外，一般均以毫米为单位，在尺寸数字后面不必标注尺寸单位。

四、房屋建筑工程施工图的有关规定

房屋建筑工程施工图的绘制应遵守《房屋建筑制图统一标准》（GB/T 50001—2017）及《建筑制图标准》（GB/T 50104—2010）等国标的有关规定。以下介绍国标中的主要内容。

（一）定位轴线

定位轴线是确定建筑物或构筑物主要承重构件平面位置的基准线。在施工图中，凡是承重的墙、柱、梁、屋架等主要承重构件，都要画出定位轴线来确定其位置。对于非承重的隔墙、次要构件等，其位置可用附加定位轴线（分轴线）来确定，也可用注明其与附近定位轴线的有关尺寸的方法来确定。国标对绘制定位轴线的具体规定如下：

（1）定位轴线应用细单点长画线绘制。

（2）定位轴线一般应编号，编号应注写在轴线端部的圆圈内。圆应用细实线绘制，直径为 8 ~ 10mm，定位轴线圆的圆心应在定位轴线的延长线上。

（3）平面图上定位轴线的编号，宜标注在图样的下方与左侧。横向编号应用阿拉伯数字，从左到右顺序编写；竖向编号应用大写拉丁字母，从下自上顺序编写。拉丁字母的 I、O、Z 不得用作轴线编号。定位轴线的编号顺序如图 10-2 所示。

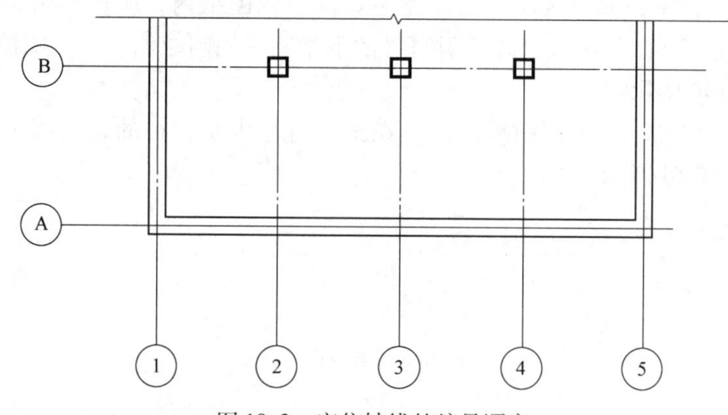

图 10-2　定位轴线的编号顺序

（4）附加定位轴线的编号，应以分数形式表示，所以也称分轴线。两根轴线间的附加轴线，应以分母表示前一轴线的编号，分子表示附加轴线的编号，编号宜用阿拉伯数字顺序编写，如

(1/2)表示 2 号轴线之后附加的第一根轴线；

(3/C)表示 C 号轴线之后附加的第三根轴线。

1 号轴线或 A 号轴线之前的附加轴线的分母应以 01 或 0A 表示，如

(1/01)表示 1 号轴线之前附加的第一根轴线；

(3/0A)表示 A 号轴线之前附加的第三根轴线。

（5）对于详图上的轴线编号，若该详图适用于几根轴线时，应同时标注有关轴线的编号；通用详图中的定位轴线，一般只画圆，不注写轴线编号，如图 10-3 所示。

（二）索引符号、详图符号及引出线

施工图中的部分图形或某一构件，由于比例较小或细部构造较复杂而无法表示清楚时，通常要将这些图形和构件用较大的比例放大画出，这种放大后的图样就称为详图。

1. 索引符号　图样中的某一局部或构件，如需另见详图，应以索引符号标出，如图 10-4a所示。索引符号是由直径为 10mm 的圆和水平直径组成，圆及水平直径均以细实线绘制。

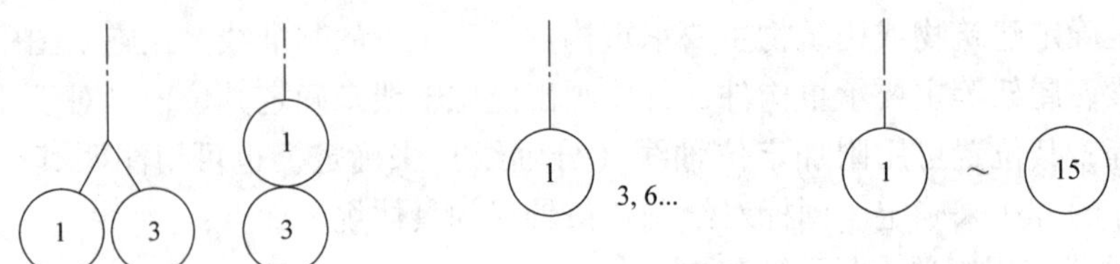

用于2根轴线时　　用于3根或3根以上轴线时　　用于3根以上连续编号的轴线时

图 10-3　详图的轴线编号

索引符号应按下列规定编写：

（1）索引出的详图，如与被索引的详图同在一张图纸内，应在索引符号的上半圆中用阿拉伯数字注明该详图的编号，并在下半圆中画一段水平细实线，如图 10-4b 所示。

（2）索引出的详图，如与被索引的详图不在同一张图纸内，应在索引符号的上半圆中用阿拉伯数字注明该详图的编号，在索引符号的下半圆中用阿拉伯数字注明该详图所在图纸的编号，如图 10-4c 所示。

（3）索引出的详图，如采用标准图，应在索引符号水平直径的延长线上加注该标准图册的编号，如图 10-4d 所示。

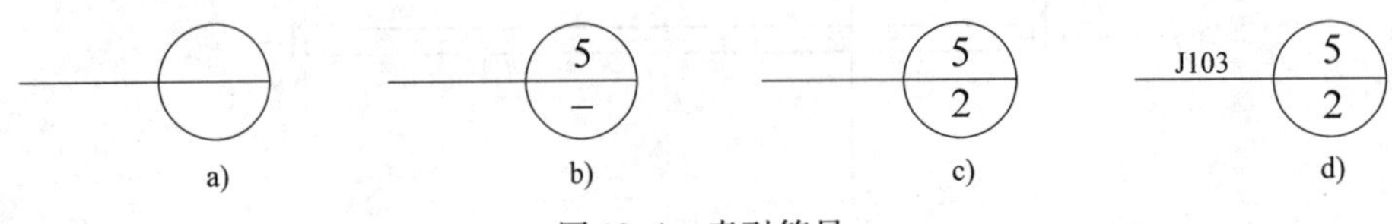

图 10-4　索引符号

（4）索引符号如用于索引剖视详图，应在被剖切的部位绘制剖切位置线，并以引出线引出索引符号，引出线所在的一侧应为剖视方向，如图 10-5 所示。

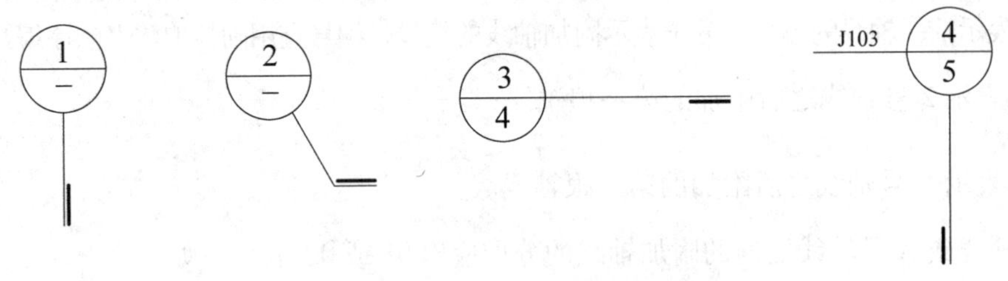

图 10-5　用于索引剖面详图的索引符号

2. 详图符号　详图的位置和编号，应以详图符号表示。详图符号的圆应以直径为 14mm 的粗实线绘制。详图应按下列规定编写：

（1）详图与被索引的图样同在一张图纸内时，应在详图符号内用阿拉伯数字注明详图的编号，如图 10-6 所示。

（2）详图与被索引图样不在同一张图纸内时，应用细实线在详图符号内画水平直径线，在上半圆中注明详图编号，在下半圆中注明被索引的图纸的编号，如图 10-7 所示。

3. 引出线　引出线是对图样上某些部位引出文字说明、符号编号和尺寸标注等用的，其画法规定如下：

（1）引出线应以细实线绘制，宜采用水平方向的直线，或与水平方向成 30°、45°、

60°、90°的直线，并经上述角度再折为水平线。文字说明宜注写在水平线的上方，如图 10-8a 所示，也可注写在水平线的端部，如图 10-8b 所示。索引详图的引出线应与水平直径线相连接，如图 10-8c 所示。

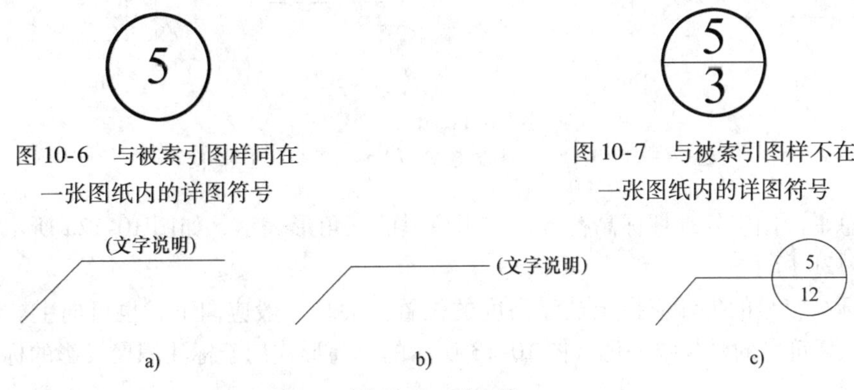

图 10-6　与被索引图样同在一张图纸内的详图符号

图 10-7　与被索引图样不在一张图纸内的详图符号

图 10-8　引出线

（2）同时引出几个相同部分的引出线，宜互相平行，如图 10-9a 所示，也可画成集中于一点的放射线，如图 10-9b 所示。

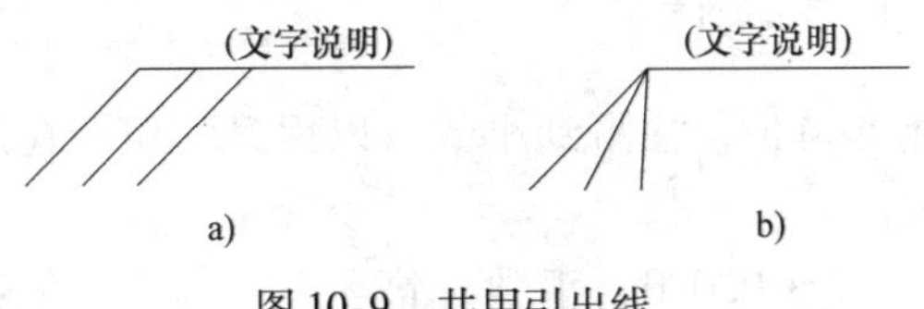

图 10-9　共用引出线

（3）多层构造共用引出线，应通过被引出的各层。文字说明宜注写在水平线的上方，或注写在水平线的端部，说明的顺序应由上至下，并应与被说明的层次相互一致，如图 10-10a 所示；如层次为横向排序，则由上自下的说明顺序应与由左至右的层次相互一致，如图 10-10b 所示。

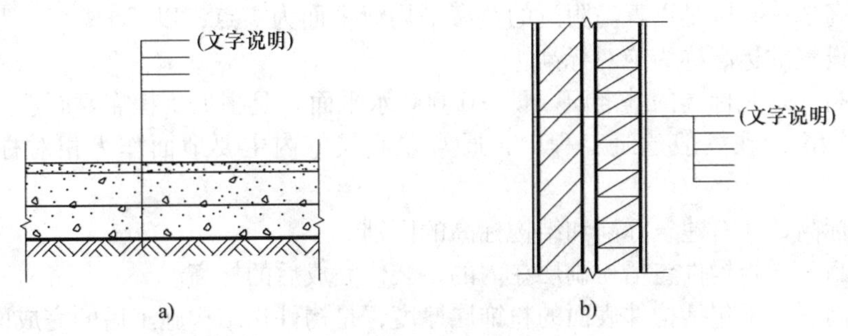

图 10-10　多层构造引出线

（三）标高

建筑物各部分或各个位置的高度主要用标高来表示。《房屋建筑制图统一标准》中规定了它的标注方法。

（1）标高符号应以直角等腰三角形表示，按图 10-11a 所示形式用细实线绘制，如标注位置不够，也可按图10-11b所示形式绘制。标高符号的具体画法如图10-11c、d所示。

图 10-11a、b 用于表示实形投影的标高。

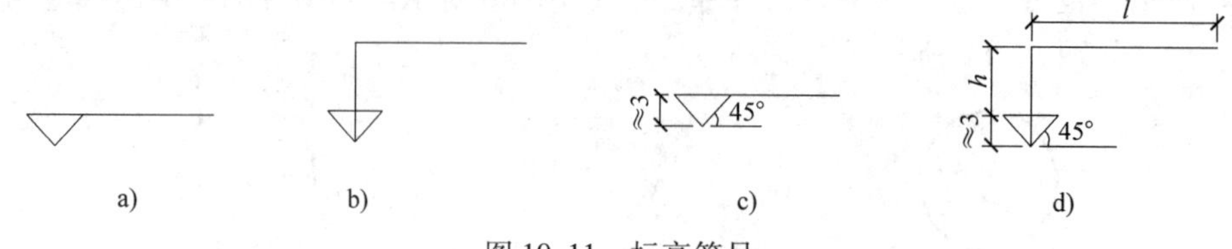

图 10-11　标高符号

l—取适当长度注写标高数字　*h*—根据需要取适当高度

（2）总平面图室外地坪标高符号，宜用涂黑的三角形表示，如图 10-12a 所示，具体画法如图 10-12b 所示。

（3）标高符号的尖端应指至被注高度的位置。尖端一般应向下，也可向上。标高数字应注写在标高符号的延长线一侧。图 10-13 所示的标高形式用于标注积聚投影的标高。

图 10-12　总平面图上的标高符号

图 10-13　标高的指向

（4）标高数字应以米为单位，注写到小数点以后第三位。在总平面图中，可注写到小数点以后第二位。

（5）零点标高应注写成 ±0.000，正数标高不注“+”，负数标高应注“-”，例如 3.000、-0.600。

（6）在图样的同一位置需表示几个不同标高时，标高数字可按图 10-14 的形式注写。

9.600
6.400
3.200

图 10-14　同一位置注写多个标高数字

（7）标高的分类

房屋建筑工程施工图的标高可分为绝对标高和相对标高。

绝对标高——我国是以青岛附近的黄海平均海平面为零点，以此为基准而设置的标高称为绝对标高。

相对标高——凡标高的基准面（即 ±0.000 水平面）是根据工程需要而选定的，这类标高称为相对标高。在一般建筑工程中，通常取底层室内主要地面作为相对标高的基准面（即 ±0.000）。

房屋的标高，还有建筑标高和结构标高的区别。

建筑标高——指构件包括粉刷层在内的、装修完成后的标高。

结构标高——不包括构件表面的粉饰层厚度，是构件在结构施工后的完成面的标高。

（四）其他符号

1. 对称符号　当建筑物或构配件的图形对称时，可只画对称图形的一半，然后在图形的对称中心处画上对称符号，另一半图形可省略不画。对称符号由对称线和两端的两对平行线组成。对称线用细单点长画线绘制；平行线用细实线绘制，其长度宜为 6～10mm，每对间距宜为 2～3mm；对称线垂直平分两对平行线，对称线两端超出平行线宜为 2～3mm，如图 10-15a 所示。

2. 连接符号　连接符号用来表示构件图形的一部分与另一部分的相接关系。连接符号应以折断线表示需连接的部位。两部位相距过远时，折断线两端靠图样一侧应标注大写拉丁字母表示连接编号，两个连接的图样必须用相同的字母编号，如图 10-15b 所示。

3. 指北针　指北针是用来指明建筑物朝向的，其形状如图 10-15c 所示，圆的直径宜为 24mm，用细实线绘制；指针尾部的宽度宜为 3mm，指针头部应注“北”或“N”字。需用较大直径绘制指北针时，指针尾部宽度宜为直径的 1/8。

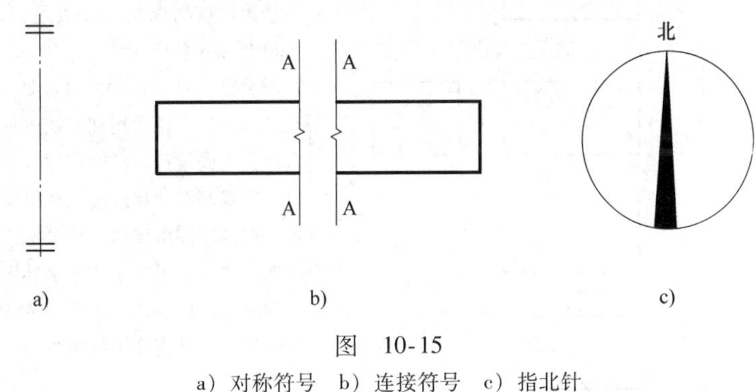

图　10-15
a）对称符号　b）连接符号　c）指北针

第二节　建筑施工图

一、建筑施工图的作用及内容

建筑施工图是房屋建筑工程施工图设计的首要环节，是建筑工程施工图中的最基本图样，也是其他各专业施工图设计的依据。它包括首页图、总平面图、平面图、立面图、剖面图和详图等。

二、首页图

首页图是建筑施工图的第一页，它的内容一般包括：设计说明、室内外工程做法、门窗表、图纸目录以及简单的总平面图。

1. 设计说明　设计说明是将工程的概况和总体的设计要求，用文字或表格的形式详细地表达出来。它主要说明本工程的设计依据、工程概况，如建设地点、建筑面积、平面形式、建筑层数、抗震设防烈度、主要结构类型以及相对标高与总图绝对标高的关系等，此外，还包括建筑材料说明、施工要求及有关技术经济指标等，有些内容还以配置表格的方式表达。

2. 总平面图　总平面图是新建房屋在基地范围内的总体布置图，是新建房屋范围内的水平正投影图。它反映新建房屋的平面形状、位置、尺寸、标高、层数、朝向及其与周围原有的建筑及道路、河流、地形等的关系。它是新建房屋定位、施工放线、土石方施工、现场布置的依据。

现以图 10-16 中的总平面图为例，说明总平面图的识读步骤。

（1）了解图名、比例及文字说明。从图 10-16 可以看出这是某小区别墅的总平面图，比例为 1:1000。总平面图由于所绘区域范围较大，所以一般绘制时采用较小的比例，如 1:500、1:1000、1:2000 等。

（2）熟悉总平面图的各种图例。由于总平面图的绘制比例较小，许多物体不可能按原状绘出，因而采用了图例符号来表示。总平面图中常用的图例见表10-1。

表10-1　总平面图常用图例

序号	名　称	图　例	备　注
1	新建建筑物	X= Y= ① 12F/2D H=59.00m	新建建筑物以粗实线表示与室外地坪相接处±0.00外墙定位轮廓线 建筑物一般以±0.00高度处的外墙定位轴线交叉点坐标定位。轴线用细实线表示，并标明轴线号 根据不同设计阶段标注建筑编号，地上、地下层数，建筑高度，建筑出入口位置（两种表示方法均可，但同一图纸采用一种表示方式） 地下建筑物以粗虚线表示其轮廓 建筑上部（±0.00以上）外挑建筑用细实线表示 建筑物上部连廊用细虚线表示并标注位置
2	原有建筑物		用细实线表示
3	计划扩建的预留地或建筑物		用中粗虚线表示
4	拆除的建筑物		用细实线表示
5	围墙及大门		—
6	室内地坪标高	151.00 (±0.00)	数字平行于建筑物书写
7	室外地坪标高	143.00	室外标高也可采用等高线
8	新建的道路	0.30% 100.00 R=6.00 107.50	"R=6.00"表示道路转弯半径；"107.50"为道路中心线交叉点设计标高，两种表示方式均可，同一图纸采用一种方式表示；"100.00"为变坡点之间距离，"0.30%"表示道路坡度，—— 表示坡向
9	原有道路		—
10	计划扩建的道路		—
11	拆除的道路		—

（续）

序号	名　称	图　例	备　注
12	人行道		—
13	坐标	1. X=105.00 Y=425.00 2. A=105.00 B=425.00	1. 表示地形测量坐标系 2. 表示自设坐标系 坐标数字平行于建筑标注
14	常绿针叶乔木		—
15	落叶针叶乔木		—
16	常绿阔叶乔木		—
17	落叶阔叶乔木		—
18	花卉		—
19	整形绿篱		—
20	草坪	1. 2. 3.	1. 草坪 2. 自然草坪 3. 人工草坪
21	植草砖		—
22	土石假山		包括“土包石”“石抱土”及假山

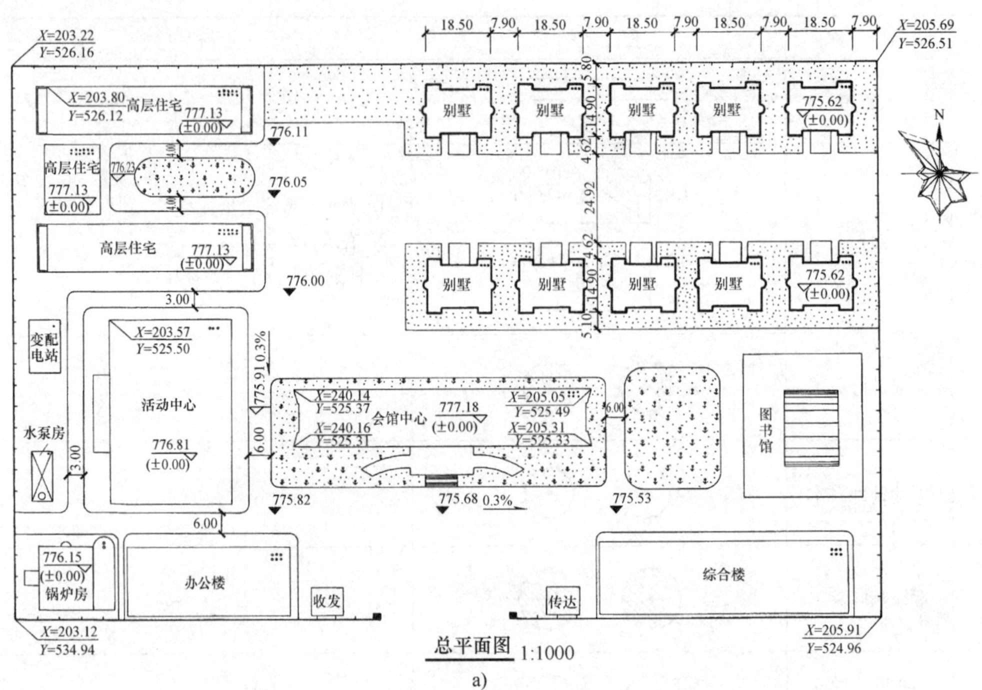

a)

b)

图 10-16　某小区别墅总平面图及别墅效果图

a）总平面图　b）效果图

（3）了解新建房屋的平面位置、标高、层数及其外围尺寸等。新建房屋平面位置在总平面图上的标定方法有两种：对小型工程项目，一般根据邻近原有永久性建筑物的位置为依据，引出相对位置；对大型的公共建筑，往往用城市规划网的测量坐标来确定建筑物转折点的位置。

图中新建10幢相同的低层别墅。西北角有三幢高层住宅；南向从东至西设有图书馆、会馆中心、活动中心以及变配电站、水泵房；紧临大门围墙以北，东向有传达室、综合楼；西向有收发室、办公楼及锅炉房；四周设有砖围墙。

新建别墅的轮廓投射线用粗实线画出，其首层主要地面的相对标高为±0.00，相当于绝对标高为775.62m；该楼总长和总宽分别为18.50m和14.90m，以北围墙和东围墙为参照进行定位。

（4）了解新建房屋的朝向和主要风向。总平面图上一般均画有指北针或风向频率玫瑰图，以指明建筑物的朝向和该地区常年风向频率。风向频率玫瑰图是根据当地风向资料，将全年中不同风向的次数用同一比例画在一个十六方位线上，然后将各点用实线连成一个似玫瑰的多边形，也称风向玫瑰图，如图10-16a右上角所示，图中离中心最远的点表示全年该风向风吹的天数最多，即主导风向。虚线多边形表示夏季六、七、八3个月的风向频率情况，从图中可看到该地区全年的主导风向为西北风。

（5）了解绿化、美化的要求和布置情况以及周围的环境。

（6）了解道路交通及管线布置情况。

三、建筑平面图

（一）建筑平面图的形成

用一个假想的水平剖切平面沿房屋略高于窗台的部位剖切，移去上面部分，作剩余部分的正投射线而得到的水平投射线图，称为建筑平面图，简称平面图。

建筑平面图实质上是房屋各层的水平剖面图。一般来说，房屋有几层，就应画出几个平面图，并在图形的下方注出相应的图名、比例等。沿房屋底层窗洞口剖切所得到的平面图称为底层平面图，最上面一层的平面图称为顶层平面图。中间各层如果平面布置相同，可只画一个平面图表示，称为标准层平面图。

平面图主要反映房屋的平面形状、大小和房间的相互关系、内部布置、墙的位置、厚度和材料、门窗的位置以及其他建筑构配件的位置和大小等。它是施工放线、砌墙、安装门窗、室内装修和编制预算的重要依据。

（二）建筑平面图的分类

建筑施工图中一般包括下列几种平面图：

1. 地下室平面图　表示房屋建筑地下室的平面形状、各房间的平面布置及楼梯布置等情况，图10-17为某小区别墅地下室平面图。

2. 底层　首层　平面图　表示房屋建筑底层的布置情况。在底层平面图上还需反映室外可见的台阶、散水、花台、花池等。此外，还应标注剖切符号及指北针。图10-18为某小区别墅底层平面图。

3. 楼层平面图　表示房屋建筑中间各层及最上一层的布置情况，楼层平面图还需画出本层的室外阳台和下一层的雨篷、遮阳板等。图10-19～图10-21分别为某小区别墅二层平面图、三层平面图及阁楼平面图。

4. 屋顶平面图　屋顶平面图是在房屋的上方，向下作屋顶外形的水平投射线而得到的投射线图。用它表示屋顶情况，如屋面排水的方向、坡度，雨水管的位置，上人孔及其他建筑构配件的位置等。图10-22为某小区别墅屋顶平面图。

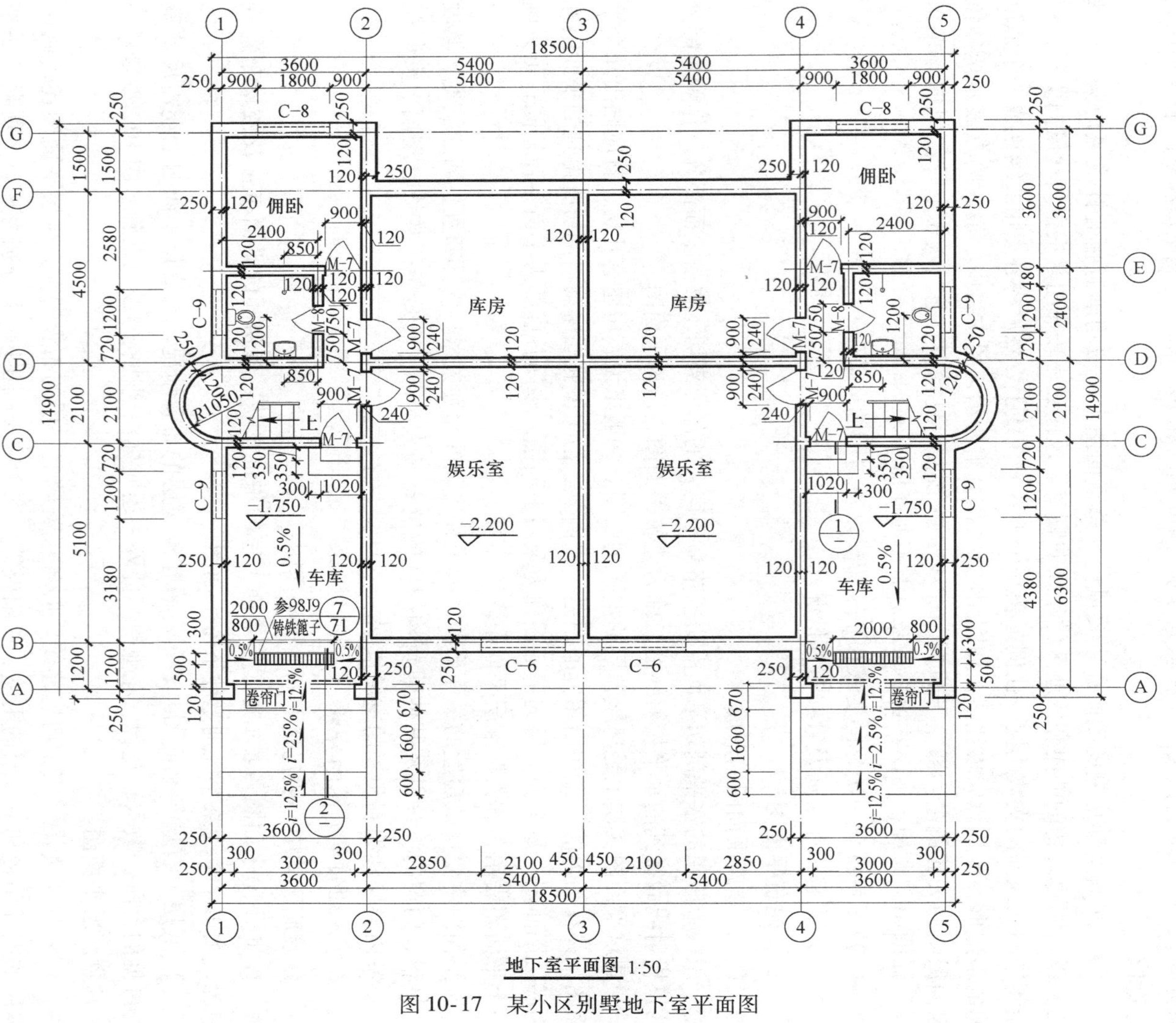

地下室平面图 1:50

图 10-17　某小区别墅地下室平面图

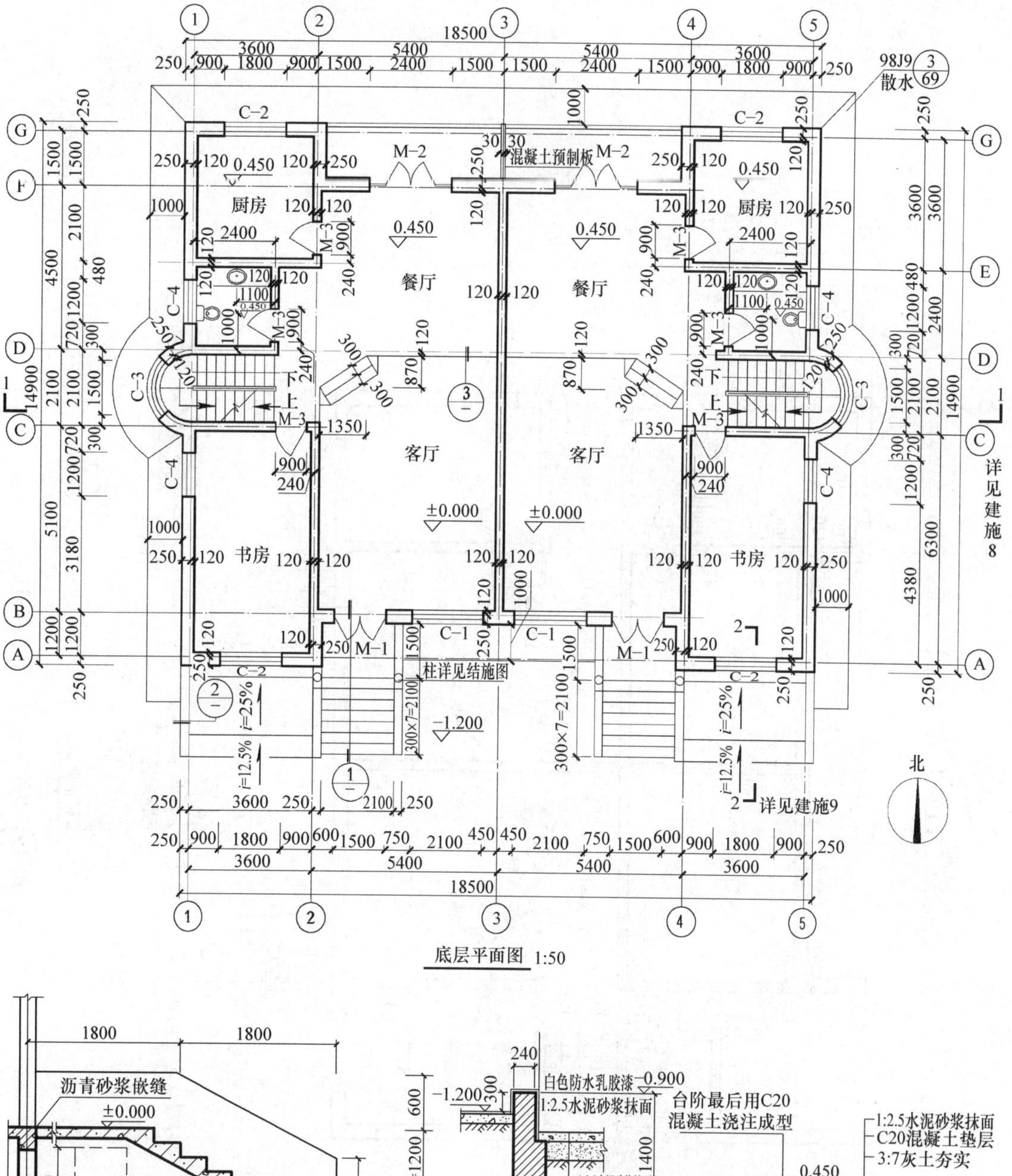

底层平面图 1:50

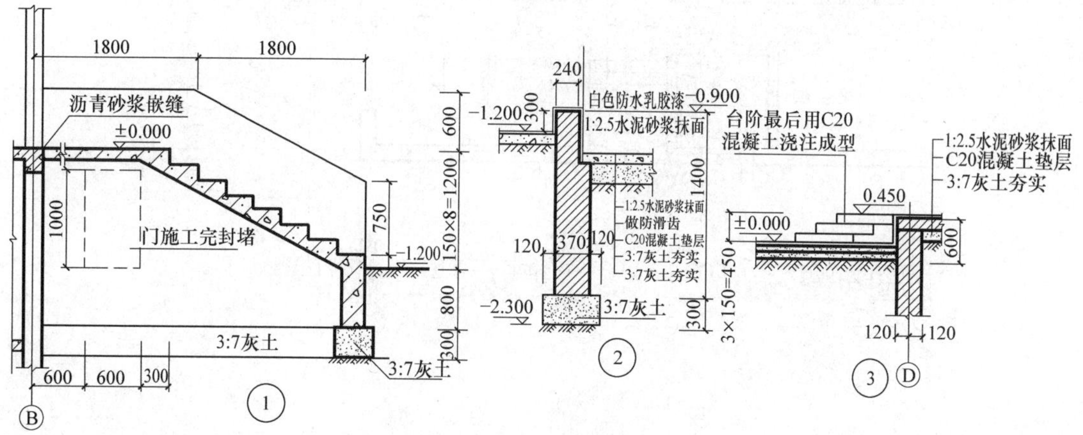

图 10-18　某小区别墅底层平面图

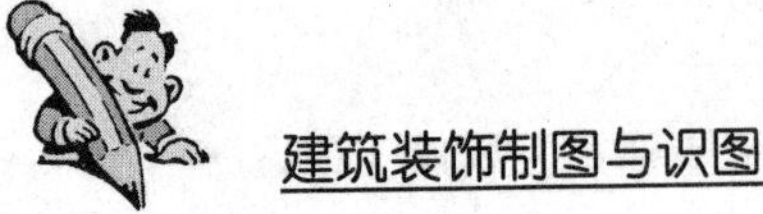

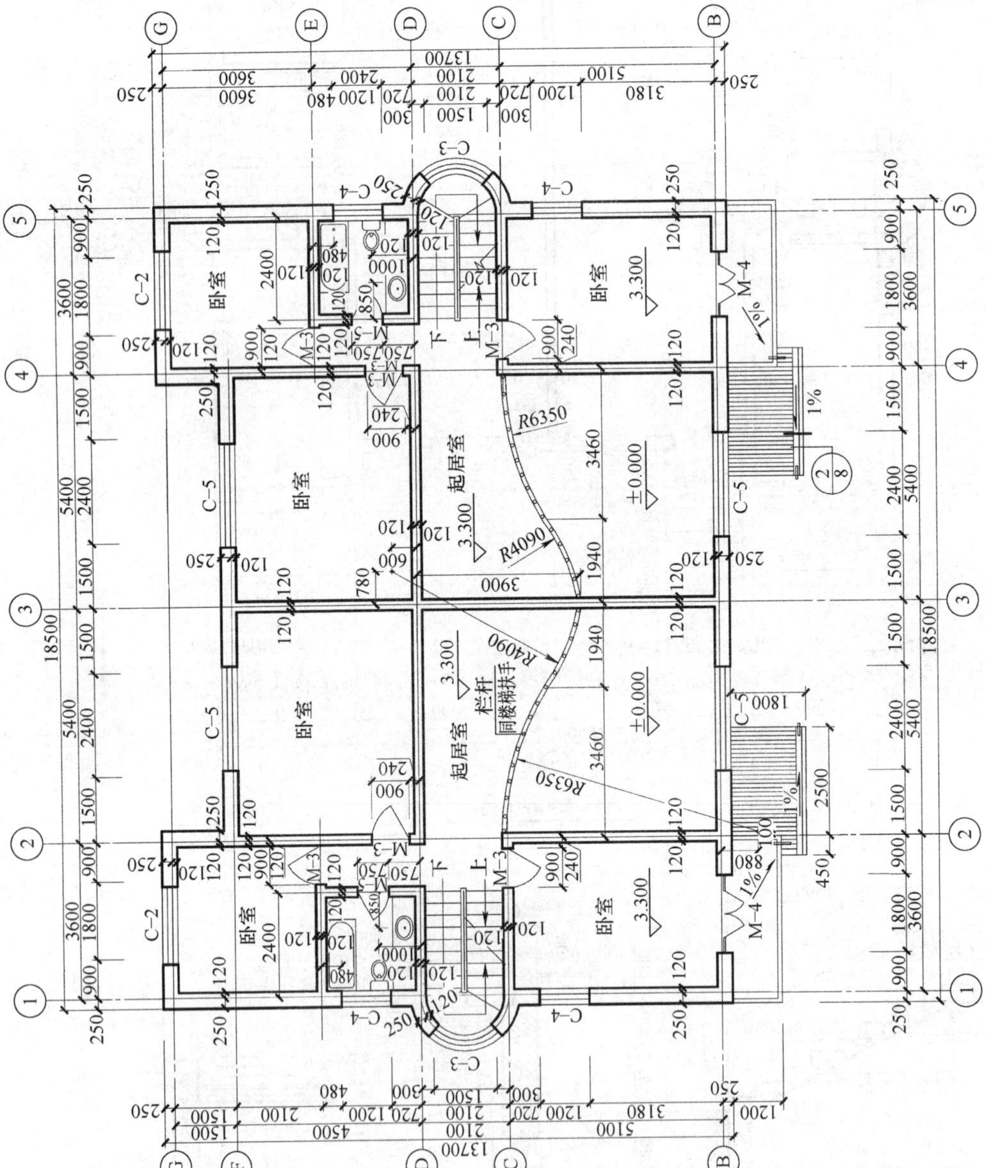

二层平面图 1:50

图 10-19 某小区别墅二层平面图

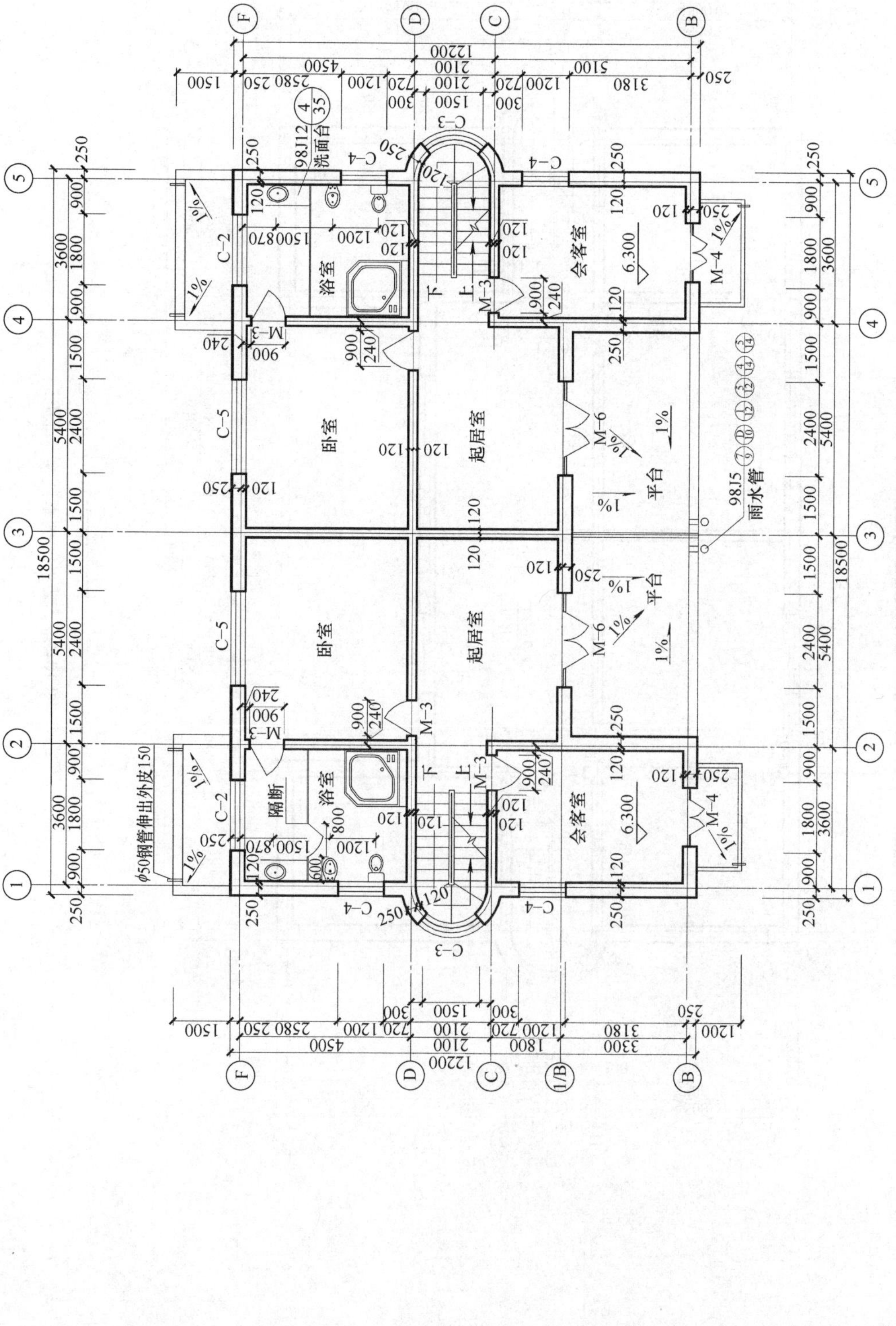

三层平面图 1:50

图 10-20　某小区别墅三层平面图

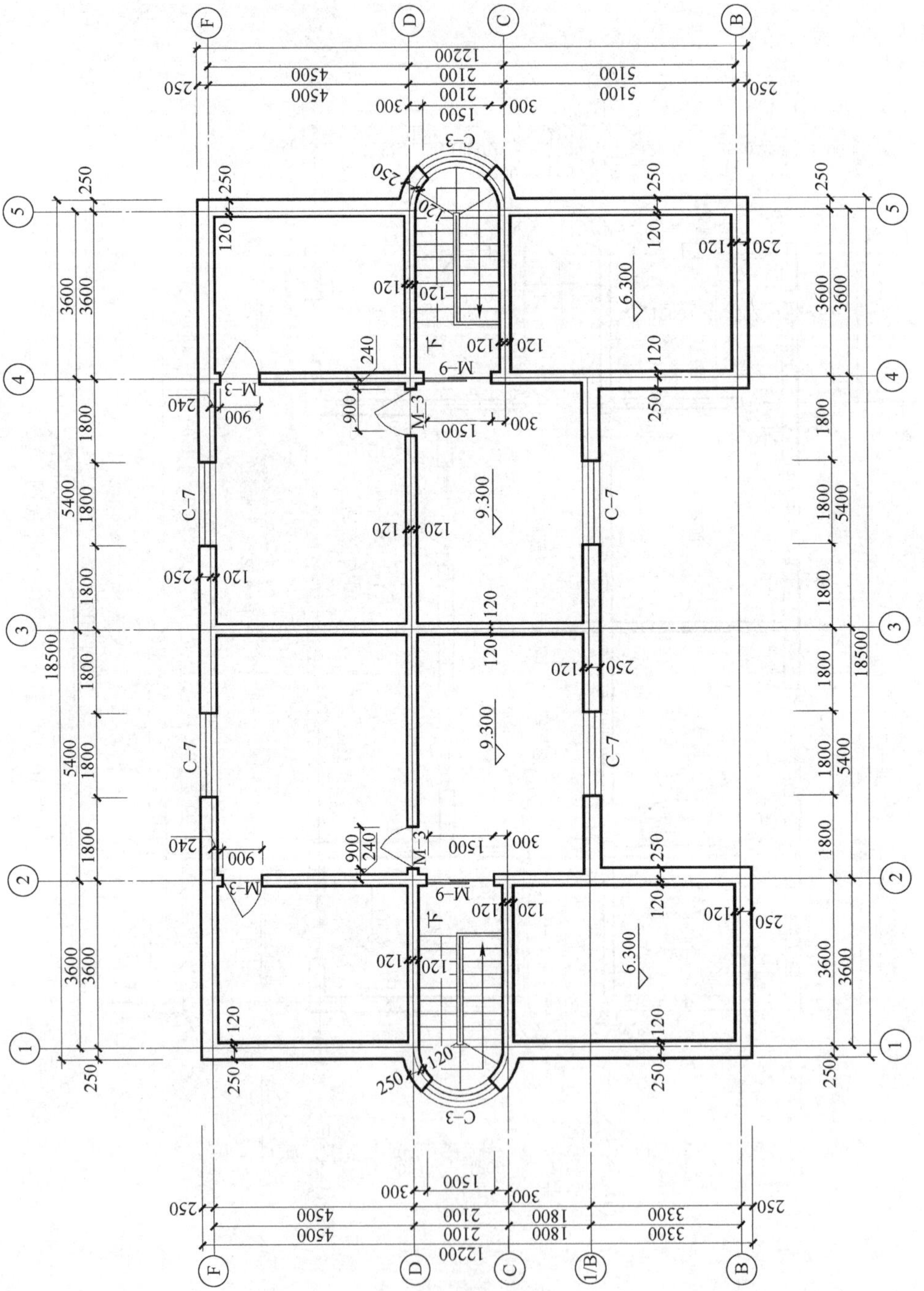

阁楼平面图 1:50

图 10-21 某小区别墅阁楼平面图

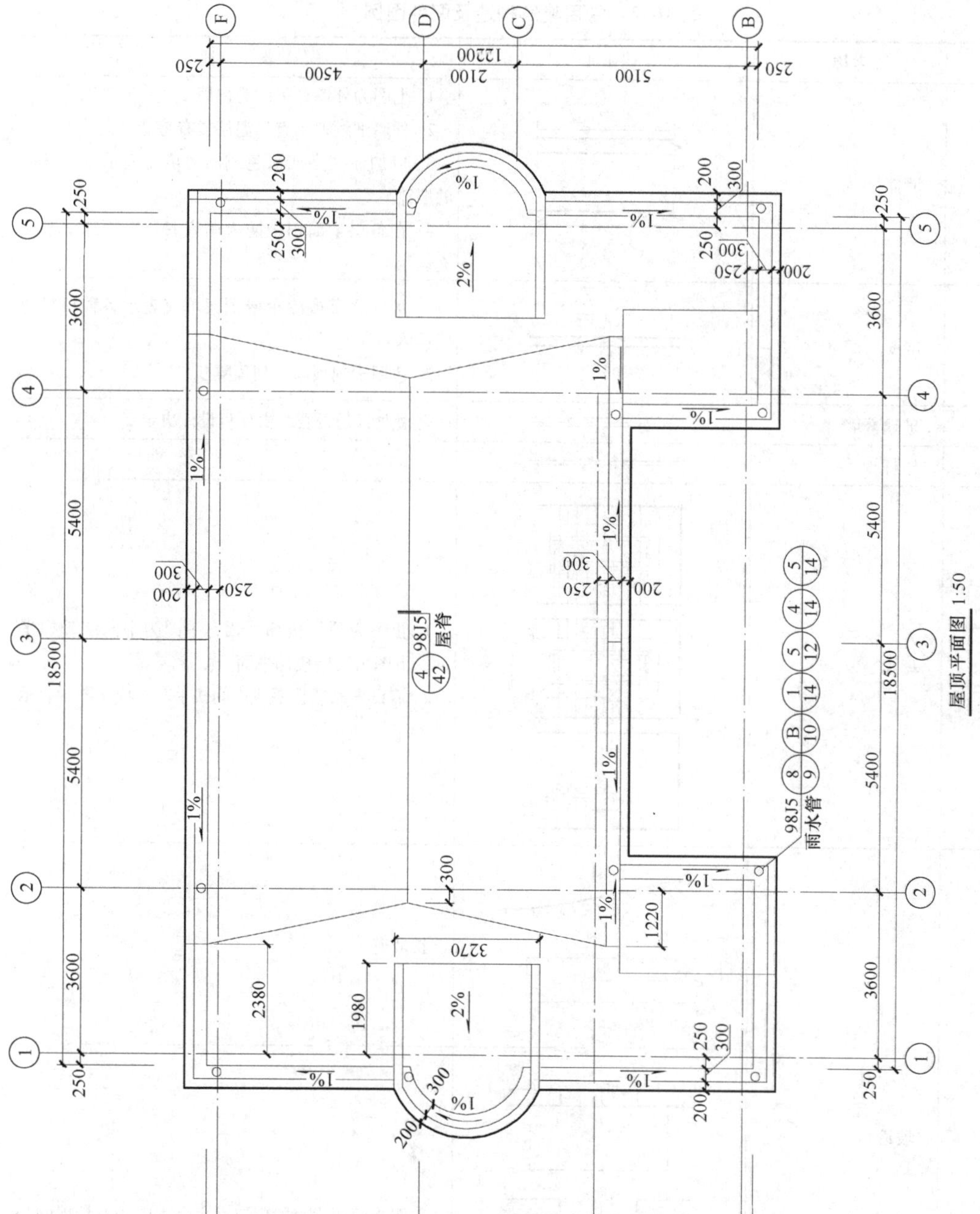

屋顶平面图 1:50

图 10-22　某小区别墅屋顶平面图

（三）建筑平面图的图例及规定画法

平面图常用1∶100、1∶50的比例绘制，由于比例较小，所以门窗及细部构配件等均应按规定图例绘制。常用建筑构造及配件图例见表10-2。

表10-2　常用建筑构造及配件图例

序号	名称	图例	备　注
1	墙体	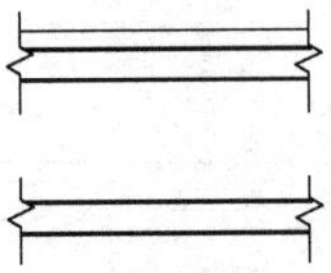	1. 上图为外墙，下图为内墙 2. 外墙细线表示有保温层或有幕墙 3. 应加注文字或涂色或图案填充表示各种材料的墙体 4. 在各层平面图中防火墙宜着重以特殊图案填充表示
2	隔断		1. 加注文字或涂色或图案填充表示各种材料的轻质隔断 2. 适用于到顶与不到顶隔断
3	玻璃幕墙		幕墙龙骨是否表示由项目设计决定
4	栏杆		—
5	楼梯	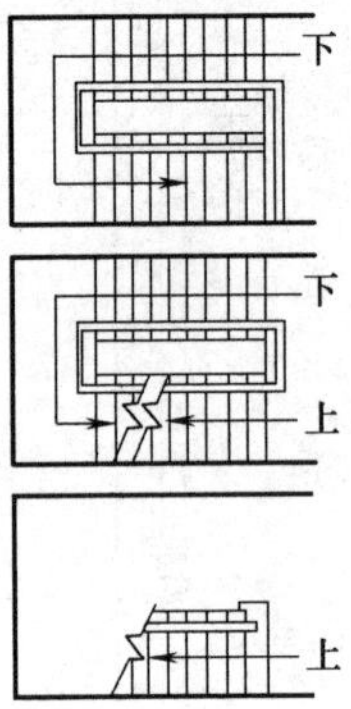 下 下 上 上	1. 上图为顶层楼梯平面，中图为中间层楼梯平面，下图为底层楼梯平面 2. 需设置靠墙扶手或中间扶手时，应在图中表示
6	坡道	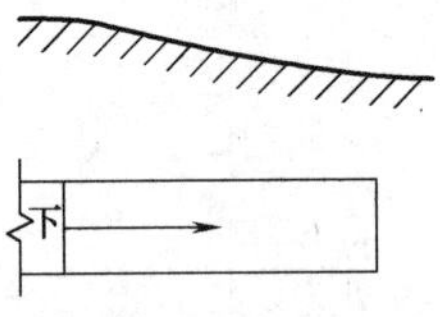 下	长坡道
		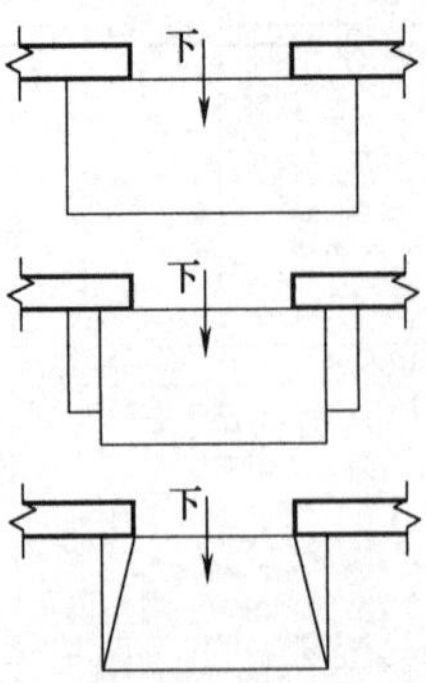 下 下 下	上图为两侧垂直的门口坡道，中图为有挡墙的门口坡道，下图为两侧找坡的门口坡道

（续）

序号	名称	图例	备　　注
7	台阶	下	—
8	平面高差	XX XX	用于高差小的地面或楼面交接处，并应与门的开启方向协调
9	检查口		左图为可见检查口，右图为不可见检查口
10	孔洞		阴影部分可填充灰度或涂色代替
11	坑槽		—
12	墙预留洞、槽	宽×高或ϕ 标高 宽×高或ϕ×深 标高	1. 上图为预留洞，下图为预留槽 2. 平面以洞（槽）中心定位 3. 标高以洞（槽）底或中心定位 4. 宜以涂色区别墙体和预留洞（槽）
13	地沟		上图为有盖板地沟，下图为无盖板明沟
14	烟道		1. 阴影部分可填充灰度或涂色代替 2. 烟道、风道与墙体为相同材料，其相接处墙身线应连通 3. 烟道、风道根据需要增加不同材料的内衬
15	风道		

（续）

序号	名称	图例	备注
16	新建的墙和窗	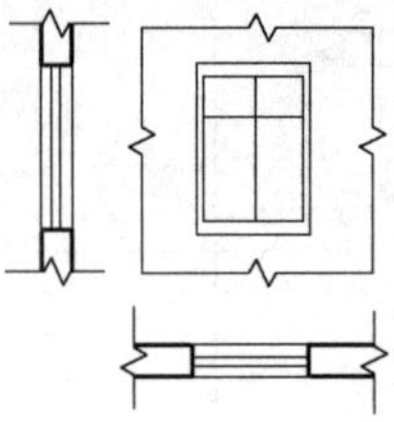	—
17	改建时保留的墙和窗	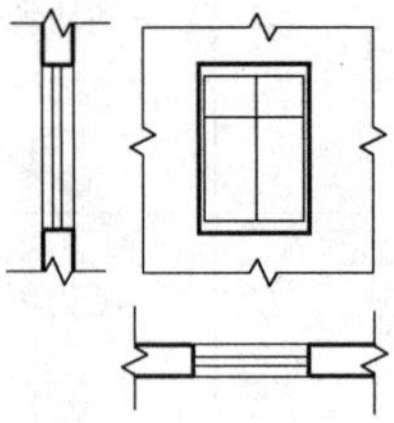	只更换窗，应加粗窗的轮廓线
18	拆除的墙	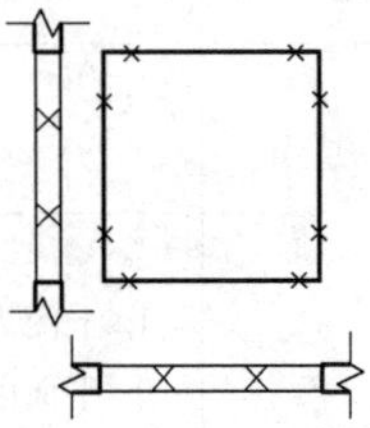	—
19	改建时在原有墙或楼板新开的洞	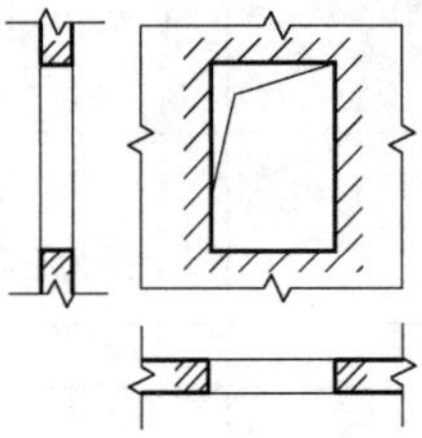	—
20	在原有墙或楼板洞旁扩大的洞	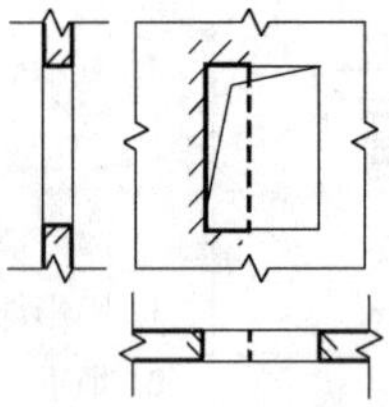	图示为洞口向左边扩大
21	在原有墙或楼板上全部填塞的洞	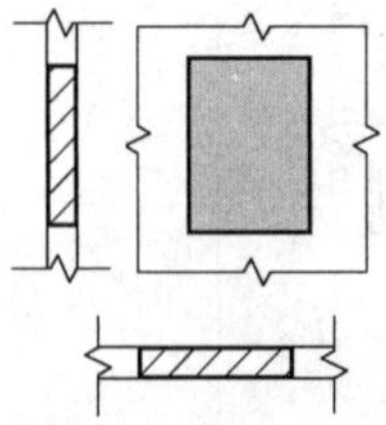	全部填塞的洞 图中立面填充灰度或涂色

（续）

序号	名称	图例	备　注
22	在原有墙或楼板上局部填塞的洞		左侧为局部填塞的洞 图中立面填充灰度或涂色
23	空门洞	h=	h 为门洞高度
24	单面开启单扇门（包括平开或单面弹簧）		1. 门的名称代号用 M 表示 2. 平面图中，下为外，上为内。门开启线为 90°、60°或 45°，开启弧线宜绘出 3. 立面图中，开启线实线为外开，虚线为内开，开启线交角的一侧为安装合页一侧。开启线在建筑立面图中可不表示，在立面大样图中可根据需要绘出 4. 剖面图中，左为外，右为内 5. 附加纱扇应以文字说明，在平、立、剖面图中均不表示 6. 立面形式应按实际情况绘制
	双面开启单扇门（包括双面平开或双面弹簧）		
	双层单扇平开门		

（续）

<table>
<tr><th>序号</th><th>名称</th><th>图例</th><th>备　注</th></tr>
<tr><td rowspan="3">25</td><td>单面开启双扇门（包括平开或单面弹簧）</td><td> 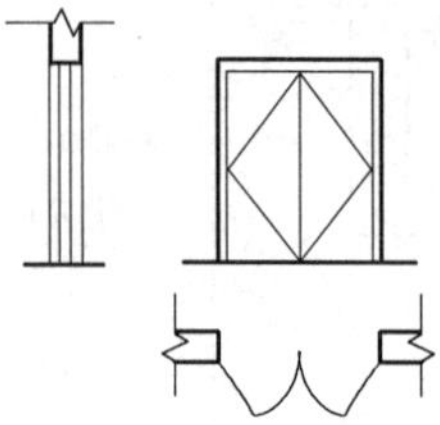</td><td rowspan="3">1. 门的名称代号用 M 表示
2. 平面图中，下为外，上为内。门开启线为 90°、60°或 45°，开启弧线宜绘出
3. 立面图中，开启线实线为外开，虚线为内开。开启线交角的一侧为安装合页一侧。开启线在建筑立面图中可不表示，在立面大样图中可根据需要绘出
4. 剖面图中，左为外，右为内
5. 附加纱扇应以文字说明，在平、立、剖面图中均不表示
6. 立面形式应按实际情况绘制</td></tr>
<tr><td>双面开启双扇门（包括双面平开或双面弹簧）</td><td></td></tr>
<tr><td>双层双扇平开门</td><td></td></tr>
<tr><td rowspan="2">26</td><td>折叠门</td><td> 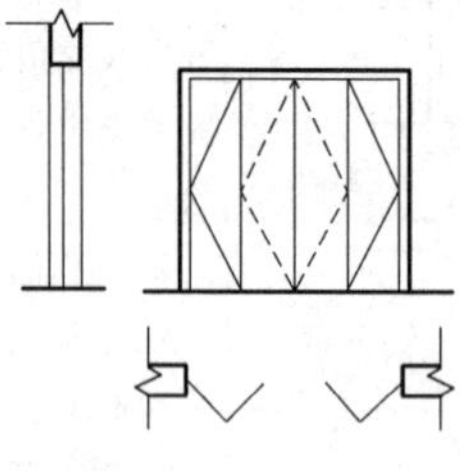</td><td rowspan="2">1. 门的名称代号用 M 表示
2. 平面图中，下为外，上为内
3. 立面图中，开启线实线为外开，虚线为内开。开启线交角的一侧为安装合页一侧
4. 剖面图中，左为外，右为内
5. 立面形式应按实际情况绘制</td></tr>
<tr><td>推拉折叠门</td><td></td></tr>
</table>

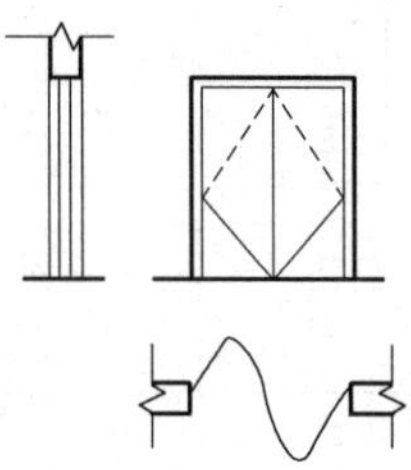

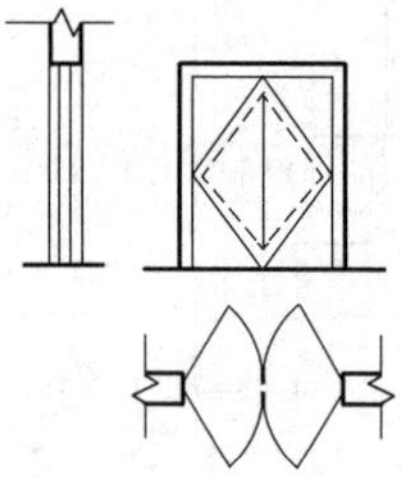

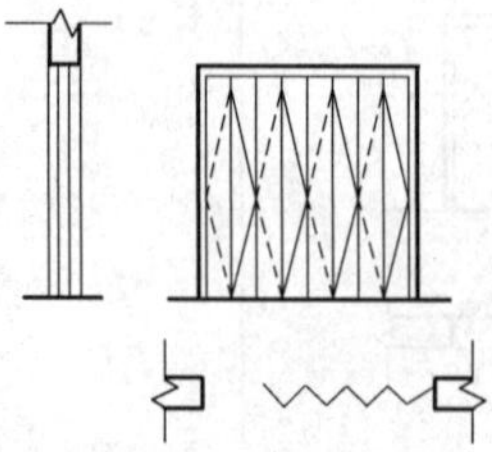

（续）

序号	名称	图例	备　注
27	墙洞外单扇推拉门	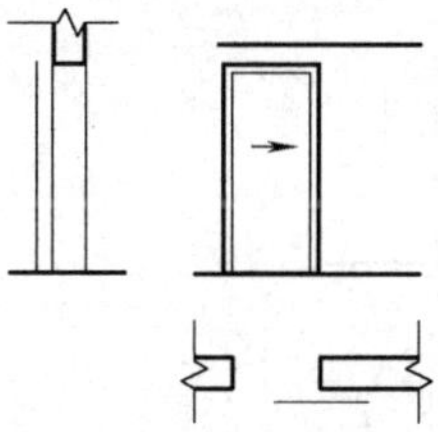	1. 门的名称代号用 M 表示 2. 平面图中，下为外，上为内 3. 剖面图中，左为外，右为内 4. 立面形式应按实际情况绘制
	墙洞外双扇推拉门	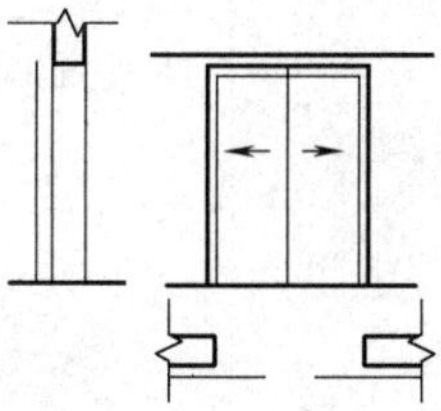	
	墙中单扇推拉门	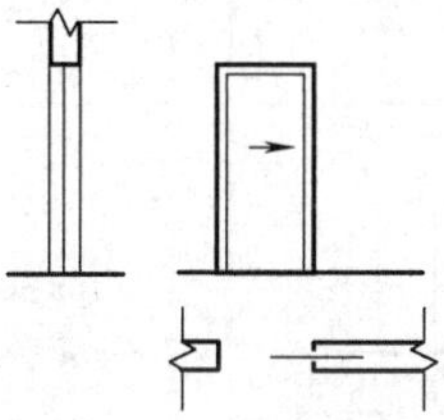	1. 门的名称代号用 M 表示 2. 立面形式应按实际情况绘制
	墙中双扇推拉门	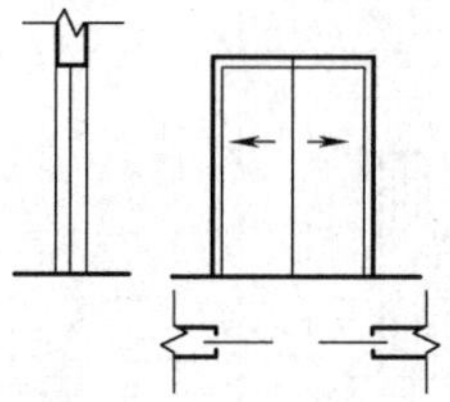	
28	推杠门	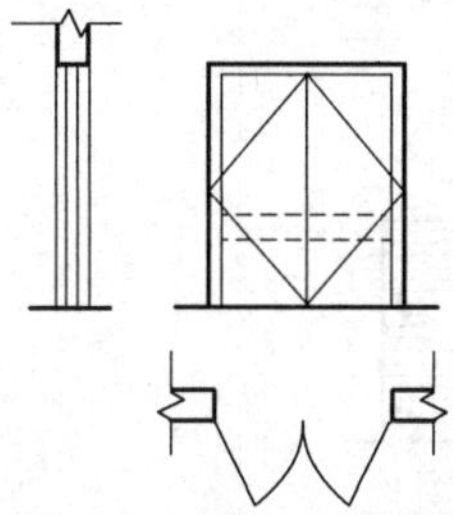	1. 门的名称代号用 M 表示 2. 平面图中，下为外，上为内。门开启线为90°、60°或45° 3. 立面图中，开启线实线为外开，虚线为内开。开启线交角的一侧为安装合页一侧。开启线在建筑立面图中可不表示，在室内设计门窗立面大样图中需绘出 4. 剖面图中，左为外，右为内 5. 立面形式应按实际情况绘制
29	门连窗	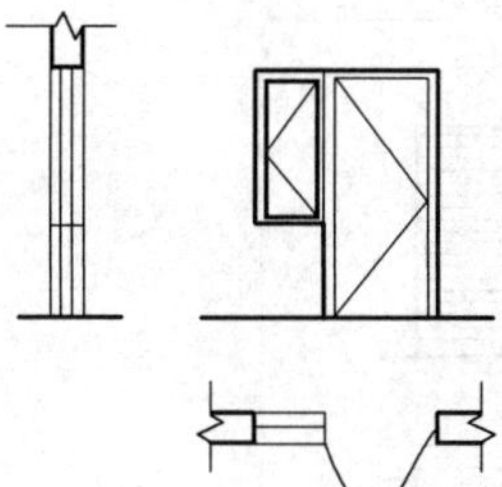	

（续）

序号	名称	图例	备　注
30	旋转门		1. 门的名称代号用 M 表示 2. 立面形式应按实际情况绘制
	两翼智能旋转门		
31	自动门		1. 门的名称代号用 M 表示 2. 立面形式应按实际情况绘制
32	横向卷帘门		—
	竖向卷帘门		
	单侧双层卷帘门		

（续）

序号	名称	图例	备　注
32	双侧单层卷帘门		—
33	固定窗		
34	上悬窗		1. 窗的名称代号用C表示 2. 平面图中，下为外，上为内 3. 立面图中，开启线实线为外开，虚线为内开。开启线交角的一侧为安装合页一侧。开启线在建筑立面图中可不表示，在门窗立面大样图中需绘出 4. 剖面图中，左为外，右为内。虚线仅表示开启方向，项目设计不表示 5. 附加纱窗应以文字说明，在平、立、剖面图中均不表示 6. 立面形式应按实际情况绘制
	中悬窗		
35	下悬窗		
36	立转窗		

（续）

序号	名称	图例	备　注
37	内开平开内倾窗	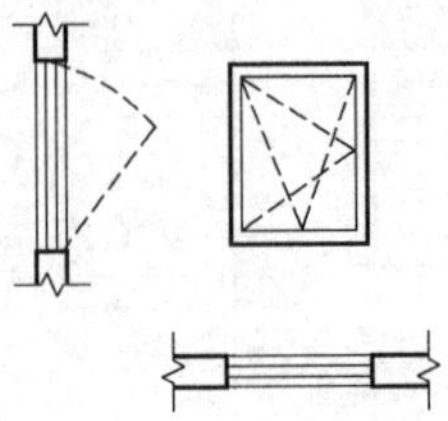	
38	单层外开平开窗	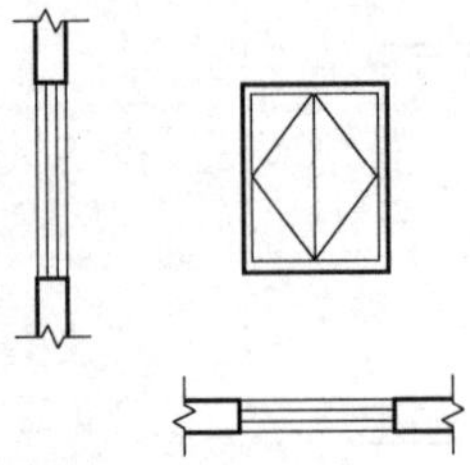	1. 窗的名称代号用 C 表示 2. 平面图中，下为外，上为内 3. 立面图中，开启线实线为外开，虚线为内开。开启线交角的一侧为安装合页一侧。开启线在建筑立面图中可不表示，在门窗立面大样图中需绘出 4. 剖面图中，左为外，右为内。虚线仅表示开启方向，项目设计不表示 5. 附加纱窗应以文字说明，在平、立、剖面图中均不表示 6. 立面形式应按实际情况绘制
	单层内开平开窗	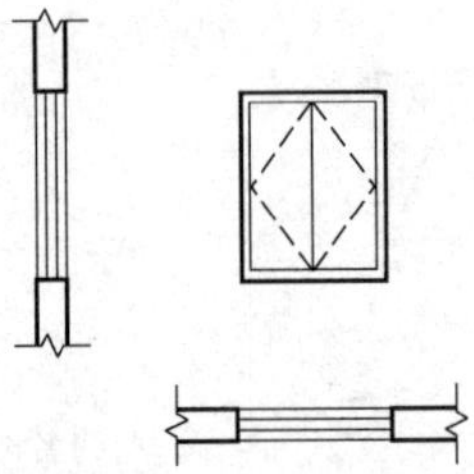	
	双层内外开平开窗	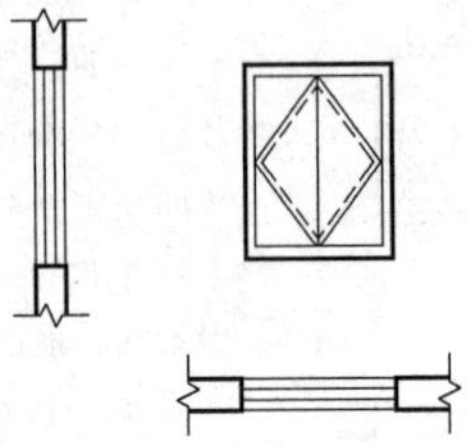	
39	单层推拉窗	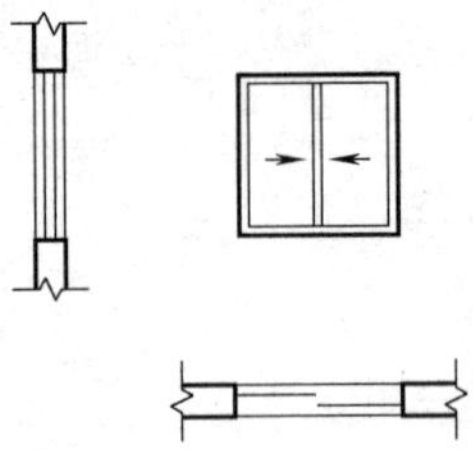	1. 窗的名称代号用 C 表示 2. 立面形式应按实际情况绘制
	双层推拉窗	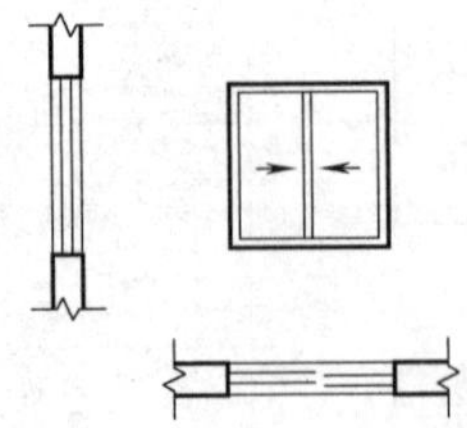	

（续）

序号	名称	图例	备　注
40	上推窗		1. 窗的名称代号用 C 表示 2. 立面形式应按实际情况绘制
41	百叶窗		
42	高窗	h=	1. 窗的名称代号用 C 表示 2. 立面图中，开启线实线为外开，虚线为内开。开启线交角的一侧为安装合页一侧。开启线在建筑立面图中可不表示，在门窗立面大样图中需绘出 3. 剖面图中，左为外，右为内 4. 立面形式应按实际情况绘制 5. h 表示高窗底距本层地面高度 6. 高窗开启方式参考其他窗型
43	平推窗		1. 窗的名称代号用 C 表示 2. 立面形式应按实际情况绘制

平面图中的线型应粗细分明，凡被剖切到的墙、柱断面轮廓线用粗实线画出，没有剖切到的可见轮廓线，如窗台、梯段、卫生设备、家具陈设等用中实线或细实线画出。尺寸线、尺寸界线、索引符号、标高符号等用细实线画出，轴线用细单点长画线画出。平面图比例小于等于 1∶100 时，可画简化的材料图例（如砖墙涂红、钢筋混凝土涂黑等）。

（四）建筑平面图的识读

现以图 10-18 所示的建筑平面图为例，说明平面图的图示内容和识读步骤。

（1）了解图名、比例及文字说明。由图 10-18 可知，该图为某小区别墅底层平面图，比例为 1∶50。

（2）了解平面图的总长、总宽的尺寸，以及内部房间的功能关系、布置方式等。该别墅楼平面基本形状为矩形。总长 18.50m，总宽 14.90m，一幢两户，对称布置。每户在南向设有出入口、客厅、书房；在北向设有餐厅、厨房、阳台及卫生间；在东西两侧设有内部楼梯。

（3）了解纵横定位轴线及其编号；主要房间的开间、进深尺寸；墙（或柱）的平面布置。相邻定位轴线之间的距离，横向的称为开间，纵向的称为进深。从定位轴线可以看出墙（或柱）的布置情况。该别墅楼有七道纵墙，纵向轴线编号为Ⓐ～Ⓖ，五道横墙，横向轴线编号为①～⑤。

客厅开间 5.40m，进深 7.20m；书房开间 3.60m，进深 6.30m；餐厅开间 5.40m，进深

4.50m；厨房开间3.60m，进深3.60m。

该楼所有外墙厚370mm，定位轴线均为偏轴线（外250mm，内120mm）；所有内墙厚240mm，定位轴线均为中轴线（轴线居中）。

（4）了解平面各部分的尺寸。注意平面图尺寸以毫米为单位，标高以米为单位。平面图的尺寸标注有外部尺寸和内部尺寸两部分。

1）外部尺寸。建筑平面图的下方及侧向一般标注三道尺寸。最外一道是外包尺寸，表示房屋外轮廓的总尺寸，即从一端的外墙边到另一端的外墙边总长和总宽的尺寸；中间一道是轴线间的尺寸，表示各房间的开间和进深的大小；最里面的一道是细部尺寸，表示门窗洞口和窗间墙等水平方向的定形和定位尺寸。

底层平面图中还应标出室外台阶、花台、散水等尺寸。

2）内部尺寸。内部尺寸应注明内墙门窗洞的位置及洞口宽度、墙体厚度、设备的大小和定位尺寸。内部尺寸应就近标注。

此外，建筑平面图中的标高，除特殊说明外，通常都采用相对标高，并将底层室内主要房间地面定为±0.000。在该建筑底层平面图中，客厅、书房地坪定为标高零点（±0.000），餐厅、厨房及卫生间地面标高为0.450m，室外地坪标高为-1.200m。

（5）了解门窗的布置、数量及型号。建筑平面图中，只能反映出门窗的位置和宽度尺寸，而它们的高度尺寸，窗的开启形式和构造等情况是无法表达出来的。为了便于识读，在图中采用专门的代号标注门窗，其中门的代号为M，窗的代号为C，代号后面用数字表示它们的编号，如M—1、M—2、…，C—1、C—2、…。一般每个工程的门窗规格、型号、数量都由门窗表说明。表10-3为某小区别墅门窗表。

表10-3 门窗表

统一编号	图集编号	洞口尺寸 $\frac{长}{mm}\times\frac{高}{mm}$	数量/个	材料	部位	备注
M—1	98J4（一）-51-2PM_1-59	1500×2700	2	塑钢	一层	现场定做
M—2		2400×2400	2	塑钢	一层	现场定做
M—3	98J4（二）-6-1M37	900×2100	22	木	一~三层	现场定做
M—4	98J4（一）-51-2PM-69	1800×2700	4	塑钢	二~三层	现场定做
M—5	98J4（二）-6-1M07	750×2100	2	木	二层	现场定做
M—6		2400×2700	2	塑钢	三层	现场定做
M—7	98J4（二）-6-1M32	900×2000	8	木	地下室	现场定做
M—8	98J4（二）-6-1M02	750×2000	2	木	地下室	现场定做
M—9	98J4（一）-54-2TM_1-57	1500×2100	2	塑钢	阁楼	现场定做
C—1	98J4（一）-39-1TC-76	2100×1800	2	塑钢	一层	现场定做
C—2	98J4（一）-39-1TC-66	1800×1800	8	塑钢	一~三层	现场定做
C—3	98J4（一）-38-1TC-53	1500×1000	8	塑钢	楼梯	参照定做
C—4	98J4（一）-39-1TC-46	1200×1800	12	塑钢	一~三层	现场定做
C—5	98J4（一）-39-1TC-86	2400×1800	6	塑钢	二~三层	现场定做
C—6	98J4（一）-38-1TC-73	2100×750	2	塑钢	地下室	参照定做
C—7	98J4（一）-38-1TC-64	1800×1200	4	塑钢	阁楼	现场定做
C—8	98J4（一）-38-1TC-63	1800×750	2	塑钢	地下室	参照定做
C—9	98J4（一）-38-1TC-43	1200×750	4	塑钢	地下室	参照定做

（6）了解房屋室内设备配备等情况。如该别墅楼卫生间设有盥洗台、坐便器等。

（7）了解房屋外部的设施，如散水、雨水管、台阶等的位置及尺寸。

（8）了解房屋的朝向及剖面图的剖切位置、索引符号等。底层平面图中需画出指北针，以表明建筑物的朝向。通过右下角指北针，可以看出该建筑坐北朝南。在底层平面图中，还应画上剖面图的剖切位置（其他平面图上省略不画），以便与剖面图对照查阅。剖切符号通常画在有楼梯间的位置，并剖切到梯段、楼地面、墙身等结构，如1—1为剖面图的剖切位置。

对于屋顶平面图，应了解屋面处的天窗、水箱、屋面出入口、铁爬梯、女儿墙及屋面变形缝等设施和屋面排水方向、坡度、檐沟、泛水、雨水管下水口等位置、尺寸及构造等情况。如图10-22屋顶平面图中的“2%”为坡度设计值，是指沿100cm水平长度高度下降了2cm。

四、建筑立面图

（一）建筑立面图的形成

在与房屋立面平行的铅垂投影面上所作的正投影图，称为建筑立面图，简称立面图。它主要反映房屋的外貌、各部分配件的形状和相互关系以及立面装修做法等。它是建筑及装饰施工的重要图样。

（二）建筑立面图的命名和规定画法

根据建筑物外形的复杂程度，所需绘制的立面图的数量也不同。建筑立面图一般有三种命名方式：

1. 按房屋的朝向来命名　南立面图、北立面图、东立面图、西立面图。

2. 按立面图中首尾轴线编号来命名　如①~⑤立面图（图10-23）、⑤~①立面图（图10-24）、Ⓐ~Ⓖ立面图（图10-25）、Ⓖ~Ⓐ立面图（图10-26）。

3. 按房屋立面的主次（房屋主出入口所在的墙面为正面）来命名　正立面图、背立面图、左侧立面图、右侧立面图。

三种命名方式各有特点，在绘图时应根据实际情况灵活选用，其中以轴线编号的命名方式最为常用。

立面图一般应按投影关系，画在平面图上方，与平面图轴线对齐，以便识读。立面图所采用的比例一般和平面图相同。由于比例较小，所以门窗、阳台、栏杆及墙面复杂的装修可按图例绘制，见表10-2。为简化作图，对立面图上同一类型的门窗，可详细地画一个作为代表，其余均用简单图例来表示。此外，在立面图的两端应画出定位轴线符号及其编号。

为了使立面图外形清晰、层次感强，立面图应采用多种线型画出。一般立面图的外轮廓用粗实线表示；门窗洞、檐口、阳台、雨篷、台阶、花池等突出部分的轮廓用中实线表示；门窗扇及其分格线、花格、雨水管、有关文字说明的引出线及标高等均用细实线表示；室外地坪线用加粗实线表示。

（三）建筑立面图的识读

现以图10-23所示的建筑立面图为例，说明其图示内容和识读步骤。

说明：1.所有檐口边、阳台边，线条均为刷白涂料。
2.线条均凸出外墙皮60mm。
3.雨水管距室外地面200mm。

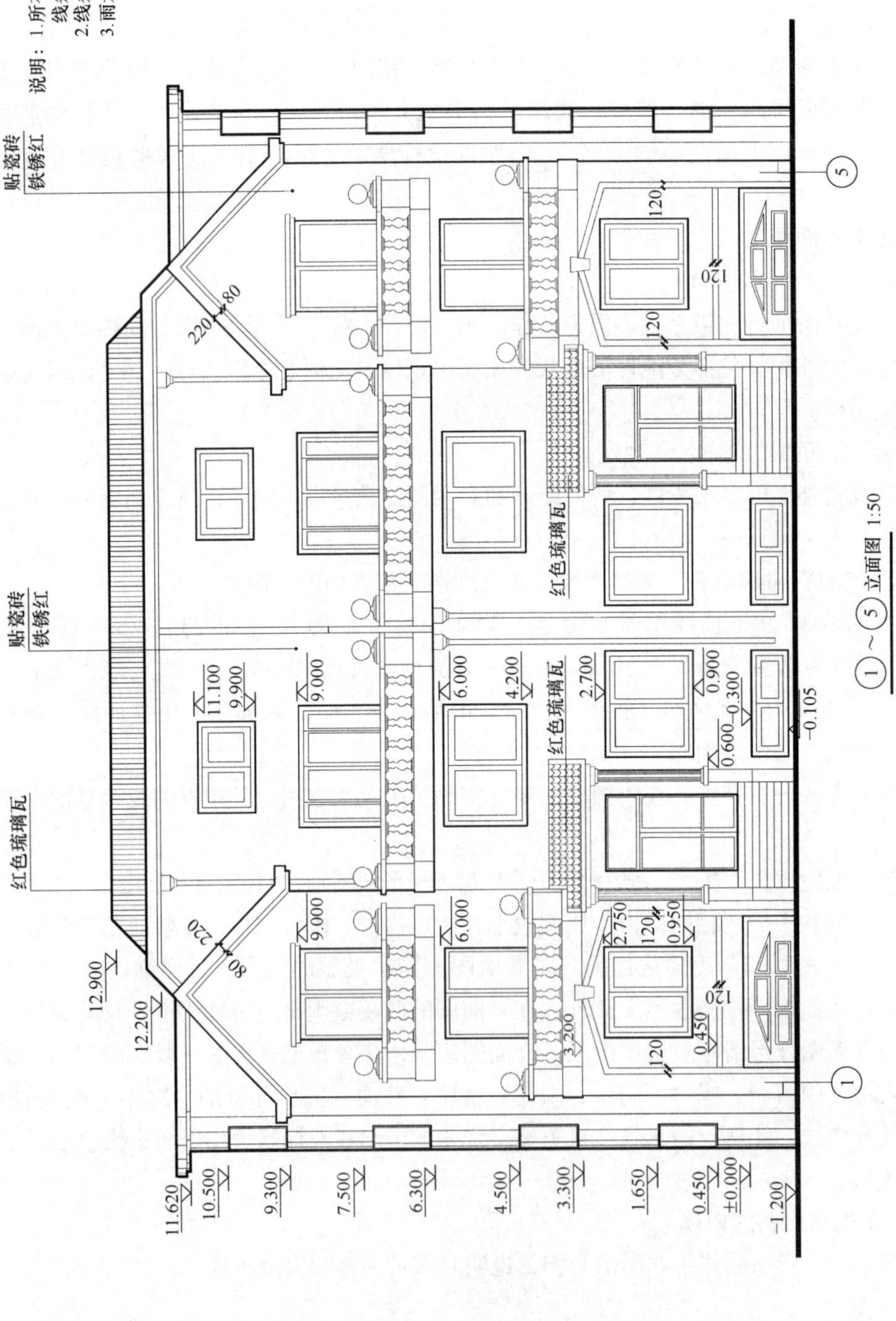

①～⑤立面图 1:50

图 10-23 某小区别墅①～⑤立面图

红色琉璃瓦

贴瓷砖
铁锈红

说明：1.所有檐口边、阳台边，线条均为刷白涂料。
2.线条均凸出外墙皮60mm。
3.雨水管距室外地面200mm。

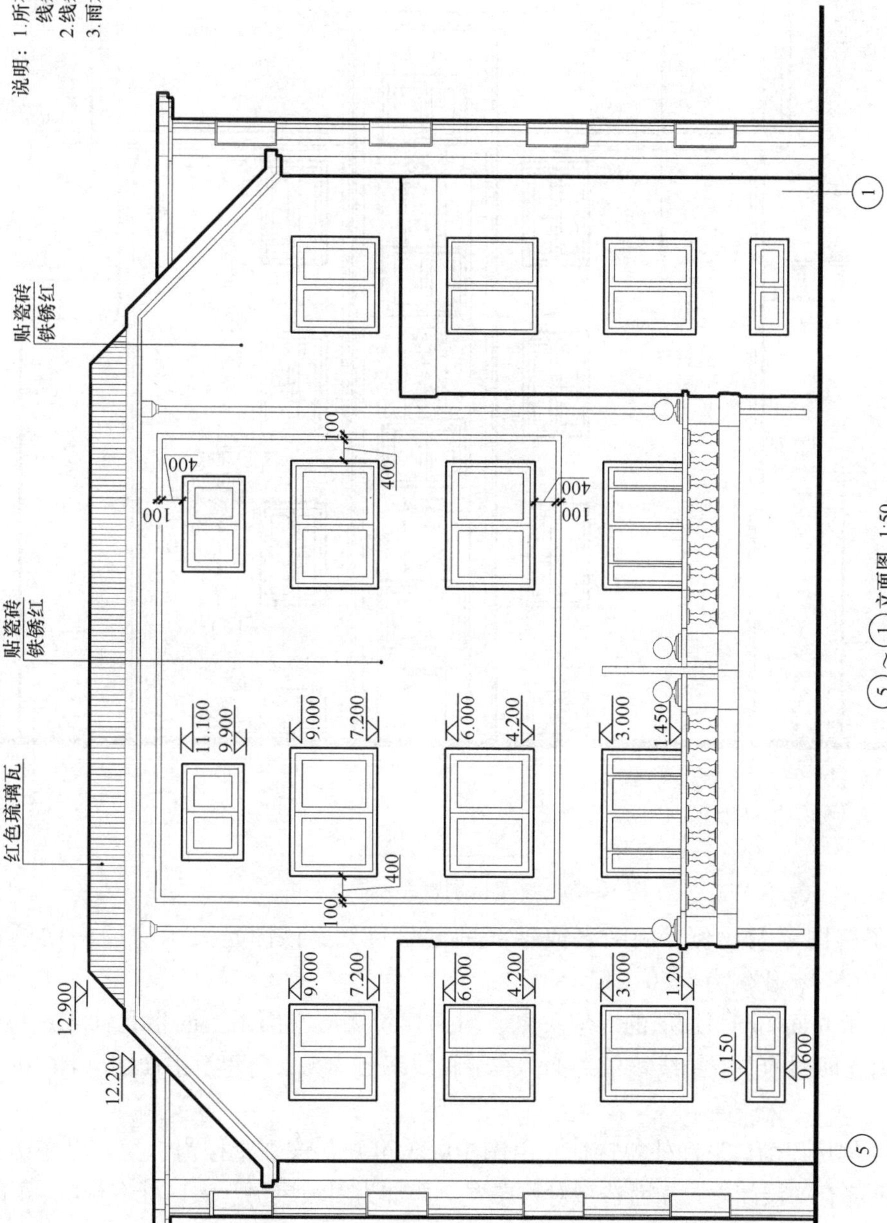

⑤～①立面图　1:50

图 10-24　某小区别墅⑤～①立面图

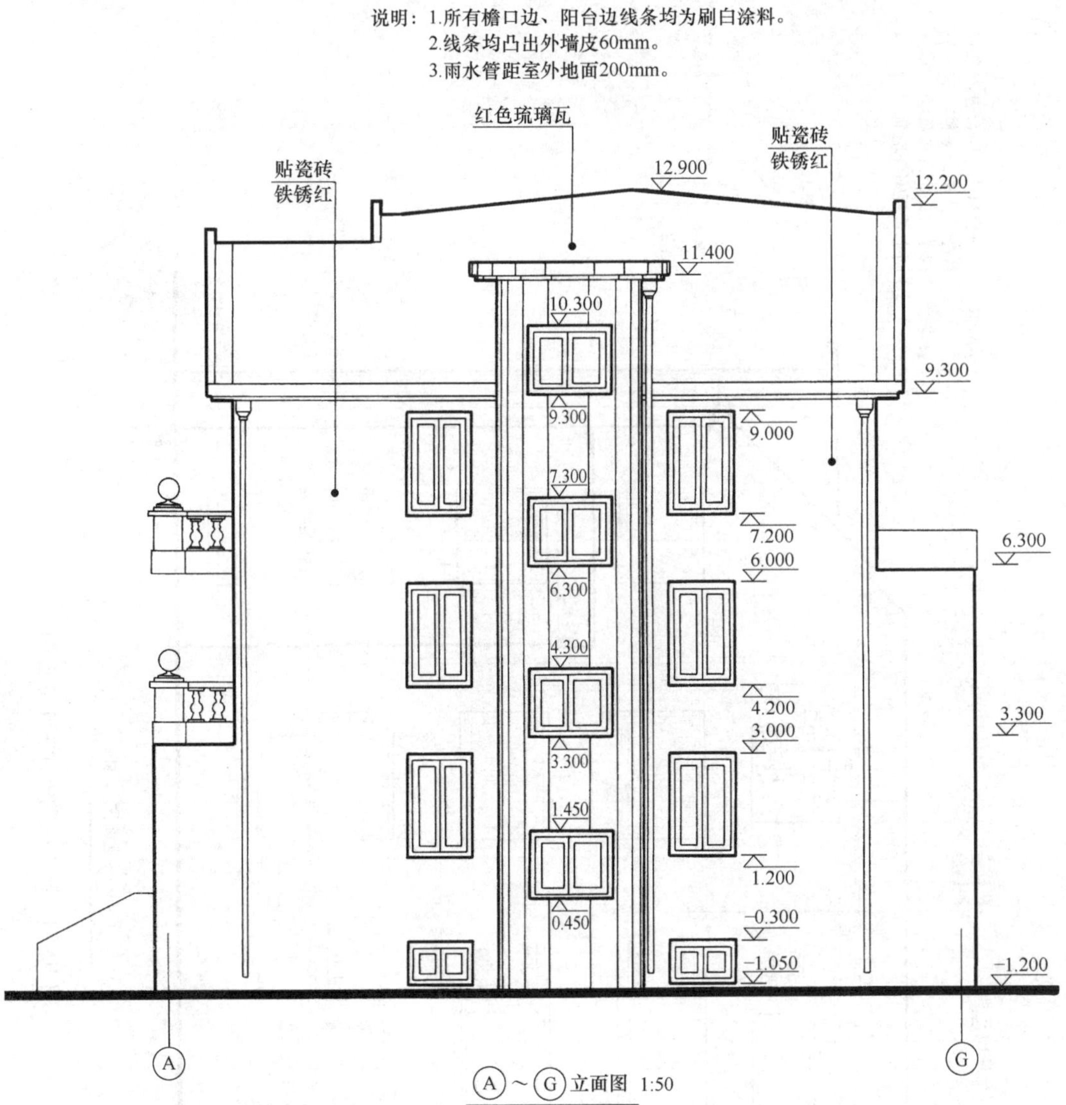

说明：1.所有檐口边、阳台边线条均为刷白涂料。
2.线条均凸出外墙皮60mm。
3.雨水管距室外地面200mm。

红色琉璃瓦
贴瓷砖 铁锈红
贴瓷砖 铁锈红

12.900 12.200 11.400 10.300 9.300 9.300 9.000 7.300 7.200 6.300 6.300 6.000 4.300 4.200 3.300 3.300 3.000 1.450 1.200 0.450 −0.300 −1.050 −1.200

Ⓐ Ⓖ

Ⓐ～Ⓖ立面图 1:50

图 10-25　某小区别墅Ⓐ～Ⓖ立面图

（1）了解图名及比例。从图名或轴线的编号可知，该图是表示房屋南向的立面图（①～⑤立面图），比例为1∶50。

（2）了解立面图与平面图的对应关系。对照建筑底层平面图上的指北针或定位轴线编号，可知南立面图的左端轴线编号为①，右端轴线编号为⑤，与建筑平面图（图10-18）相对应。

（3）了解房屋的体形和外貌特征。由图10-23可知，该别墅楼为三层，其下方有地下室，顶层上部有一层阁楼，立面造型对称布置，局部为斜坡屋顶。入口处有台阶、雨篷、雨篷柱；其他位置门洞处设有阳台；墙面设有雨水管。

（4）了解房屋各部分的高度尺寸及标高数值。立面图上一般应在室内外地坪、阳台、檐口、门、窗、台阶等处标注标高，并宜沿高度方向注写某些部位的高度尺寸。从图中所注标高可知，房屋室外地坪比室内地面低1.200m，屋顶最高处标高12.900m，由此可推算出

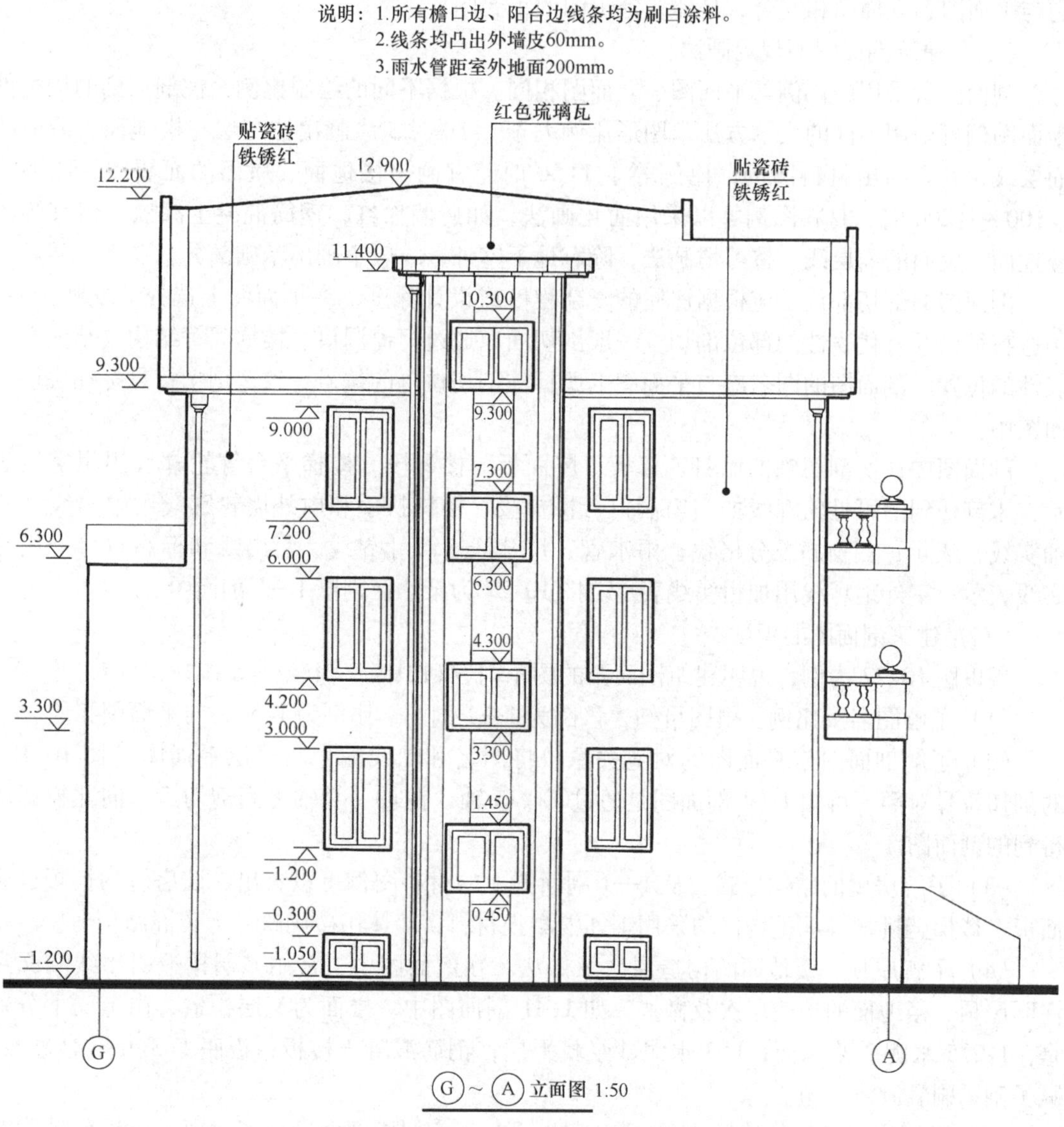

说明：1.所有檐口边、阳台边线条均为刷白涂料。
2.线条均凸出外墙皮60mm。
3.雨水管距室外地面200mm。

红色琉璃瓦
贴瓷砖
铁锈红
12.900
12.200
11.400
10.300
9.300
9.000
7.300
7.200
6.300
6.000
4.300
4.200
3.300
3.000
1.450
0.450
−0.300
−1.050
−1.200

Ⓖ～Ⓐ立面图 1:50

图 10-26　某小区别墅Ⓖ～Ⓐ立面图

房屋外墙的总高度为 14.100m。其他各主要部位的标高在图中均已注出。

（5）了解门窗的形式、位置及数量。该楼的窗户均为塑钢双扇推拉窗，阳台门为四扇，入户门为双扇带亮子的平开门。

（6）了解房屋外墙面的装修做法。从立面图文字说明可知，外墙面为铁锈红瓷砖，屋顶及雨篷为红色琉璃瓦，所有檐口边、阳台边、墙面线条均刷白色涂料。

五、建筑剖面图

（一）建筑剖面图的形成

假想用一个或一个以上的垂直于外墙轴线的铅垂剖切平面将房屋剖开，移去靠近观察者的部分，对剩余部分所作的正投影图，称为建筑剖面图，简称剖面图。它主要反映房屋内部垂直方向的高度、分层情况，楼地面和屋顶的构造以及各构配件在垂直方向上的相互关系。

它与平面图、立面图相配合，是建筑施工图的重要图样。

（二）建筑剖面图的规定画法

剖面图所采用的比例与平面图、立面图相同。根据不同的绘制比例，被剖切到的构配件断面图例可采用不同的表示方法。图形比例大于1:50时，应画出抹灰层与楼地面、屋面的面层线，并宜画出材料图例；比例等于1:50时，宜画出楼地面、屋面的面层线；比例为1:100~1:200时，材料图例可以采用简化画法，如砖墙涂红，钢筋混凝土涂黑，但宜画出楼地面、屋面的面层线。按习惯画法，除有地下室外，一般不画出基础部分。

剖面图的剖切部位，应根据房屋的复杂程度或设计深度，在平面图上选择能反映全貌、构造特征以及有代表性的部位剖切。一般剖切面应通过门窗洞口、楼梯间等结构复杂或有代表性的位置。剖面图的图名应与平面图上所标注剖切位置的编号一致，剖切符号标在底层平面图中。

剖面图中，所剖切到的墙身、楼板、屋面板、楼梯段、楼梯平台等轮廓线用粗实线表示；未剖切到的可见轮廓线如门窗洞口、楼梯段、楼梯扶手和内外墙轮廓线用中实线（或细实线）表示；门窗扇及分格线、雨水管、尺寸线、尺寸界线、引出线和标高符号等用细实线表示；室外地坪线用加粗实线表示。图10-27为某小区别墅1—1剖面图。

（三）建筑剖面图的识读

现以图10-27为例，说明建筑剖面图的图示内容和识读步骤。

（1）了解图名及比例。由图可知，该图为1—1剖面，比例为1:50，与平面图相同。

（2）了解剖面图与平面图的对应关系。将图名和轴线编号与底层平面图（图10-18）的剖切符号对照，可知1—1剖面图是通过①~⑤轴，在Ⓒ~Ⓓ轴之间剖切后，向北投影所得到的剖面图。

（3）了解房屋的结构形式。从1—1剖面图上的材料图例可以看出，该房屋的楼板、屋面板、楼梯、挑檐等承重构件均采用钢筋混凝土材料，墙体用砖砌筑，为砖混结构房屋。

（4）了解屋顶、楼地面的构造层次及做法。在剖面图中，常用多层构造引出线和文字注明屋顶、楼地面的构造层次及做法。如1—1剖面图中，楼面为五层构造，由上而下分别是：1:2.5水泥砂浆抹面；1:3水泥砂浆找平层；钢筋混凝土楼板；板底1:3:6混合砂浆；腻子刮平刷乳胶漆三遍。

（5）了解房屋各部位的尺寸和标高情况。在1—1剖面图中画出了主要承重墙的轴线及其编号和轴线的间距尺寸。在竖直方向注出了房屋主要部位即室内外地坪、楼层、门窗洞口上下、阳台、檐口或女儿墙顶面等处的标高及高度方向的尺寸。在外侧竖向一般需标注细部尺寸、层高及总高三道尺寸，本图中楼梯间外墙窗洞的高度为1000mm。

（6）了解楼梯的形式和构造。从该剖面图可以了解楼梯的形式：每层有两个楼梯段，半圆形休息平台上也分出几级踏步。该楼梯为钢筋混凝土结构。

（7）了解索引详图所在的位置及编号。1—1剖面图中，楼梯扶手、防滑条、挑檐等的详细的形式和构造需另见详图。详图选用华北和西北地区的98J中的相应内容。

六、建筑详图

由于建筑平面图、立面图、剖面图通常采用1:100等较小的比例绘制，对房屋的一些细部（也称节点）的详细构造，如形状、层次、尺寸、材料和做法等无法完全表达清楚。因此，为了满足施工的需要，必须分别将这些内容用较大的比例详细画出图样，这种图样称为

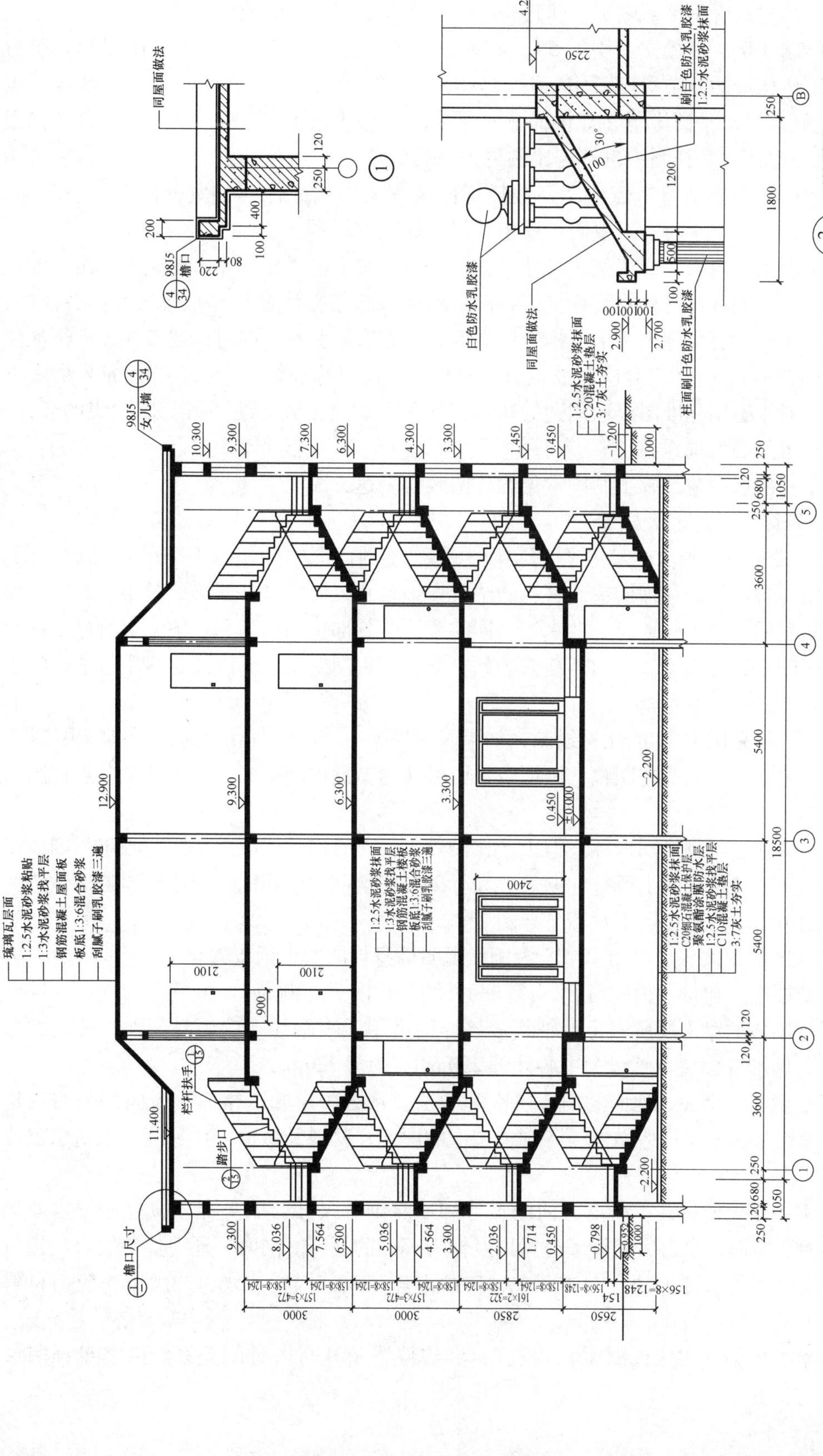

琉璃瓦屋面
1:2.5水泥砂浆粘贴
1:3水泥砂浆找平层
钢筋混凝土屋面板
板底1:3:6混合砂浆
刮腻子刷乳胶漆三遍

1:2.5水泥砂浆抹面
1:3水泥砂浆找平层
钢筋混凝土楼板
板底1:3:6混合砂浆
刮腻子刷乳胶漆三遍

1:2.5水泥砂浆抹面
C20细石混凝土保护层
聚氨酯涂膜防水层
1:2.5水泥砂浆找平层
C10混凝土垫层
3:7灰土夯实

檐口尺寸
栏杆扶手
踏步口
98J5 女儿墙

98J5 檐口
同屋面做法

刷白色防水乳胶漆
1:2.5水泥砂浆抹面
白色防水乳胶漆
同屋面做法
柱面刷白色防水乳胶漆
1:2.5水泥砂浆抹面
C20混凝土垫层
3:7灰土夯实

雨篷详图 1:20

1—1剖面图 1:50

图10-27 某小区别墅1—1剖面图

建筑详图，简称详图。它是建筑细部的施工图，是对建筑平面、立面、剖面图等基本图样的深化和补充，是建筑工程细部施工、建筑构配件制作及编制预算的依据。

详图的绘制比例，一般常采用1∶50、1∶20、1∶10、1∶5、1∶2、1∶1等。详图的表示方法，应视该部位构造的复杂程度而定，有的只需一个剖面详图就能表达清楚（如墙身节点详图），有的则需另加平面详图（如楼梯平面详图、卫生间平面详图等）或立面详图（如阳台详图等）。有时还要在详图中再补充比例更大的局部详图。

一般房屋的详图有墙身节点详图、楼梯详图及室内外构配件（如室外的台阶、花池、花格、雨篷等，室内的厕所、卫生间、壁柜及门窗等）的详图。

详图要求图示的内容详尽清楚，尺寸标准、齐全，文字说明详尽。一般应表达出构配件的详细构造；所用的各种材料及其规格；各部分的构造连接方法及相对位置关系；各部位、各细部的详细尺寸；有关施工要求、构造层次及制作方法说明等。同时，建筑详图必须加注图名（或详图符号），详图符号应与被索引的图样上的索引符号相对应，在详图符号的右下侧注写比例。对于套用标准图或通用图的建筑构配件和节点，只需注明所套用图集的名称、型号、页次，可不必另画详图。

下面介绍一般房屋建筑施工图中常见的详图及其表达方法。

（一）墙身详图（外墙大样图）

1. 表达方式及规定画法　墙身详图实质上是建筑剖面图中外墙身部分的局部放大图。它主要反映墙身各部位的详细构造、材料做法及详细尺寸，如檐口、圈梁、过梁、墙厚、雨篷、阳台、防潮层、室内外地面、散水等，同时要注明各部位的标高和详图索引符号。墙身详图与平面图配合，是砌墙、室内外装修、门窗安装、编制施工预算以及材料用量估算的重要依据。

墙身详图一般采用1∶20的比例绘制，如果多层房屋中楼层各节点相同，可只画出底层、中间层及顶层来表示。为节省图幅，画墙身详图可从门窗洞中间折断，成为几个节点详图的组合。

墙身详图的线型与剖面图一样，但由于比例较大，所有内外墙应用细实线画出粉刷线以及标注材料图例。墙身详图上所标注的尺寸和标高与建筑剖面图相同，但应标出构造做法的详细尺寸。图10-28为某小区别墅墙身详图。

2. 墙身详图的识读　现以图10-28为例，说明墙身详图的识读步骤。

（1）了解图名、比例。由图可知，该图为外墙身详图，比例为1∶20。

（2）了解墙体的厚度及所属定位轴线。该详图适用于Ⓐ轴线上的墙身剖面，砖墙的厚度为370mm，偏轴（以定位轴线为中心外偏250mm，内偏120mm）。

（3）了解屋面、楼面、地面的构造层次和做法。从图中可知，楼面、屋面均为四层构造，地下室地面采用七层构造做法。各构造层次的厚度、材料及做法，详见图中构造引出线上的文字说明。

（4）了解各部位的标高、高度方向的尺寸和墙身细部尺寸。墙身详图应标注室内外地面、各层楼面、屋面、窗台、圈梁或过梁以及檐口等处的标高。同时，还应标注窗台、檐口等部位的高度尺寸及细部尺寸。在详图中，应画出抹灰及装饰构造线，并画出相应的材料图例。

（5）了解各层梁（过梁或圈梁）、板、窗台的位置及其与墙身的关系。由墙身详图可

知，窗过梁为现浇的钢筋混凝土梁，门过梁由圈梁（沿房屋四周外墙水平设置的连续封闭的钢筋混凝土梁）代替，楼板为现浇板。窗框位置在定位轴线处。

（6）了解檐口的构造做法。从墙身详图中檐口处的索引符号 98J5 $\frac{4}{34}$，可以查出檐口的细部构造做法。

（二）楼梯详图

楼梯是楼房上下层之间的重要交通通道，一般由梯段板、休息平台和栏杆（栏板）组成。楼梯详图就是楼梯间平面图及剖面图的放大图。它主要反映楼梯的类型、结构形式、各部位的尺寸及踏步、栏板等装饰做法。它是楼梯施工、放样的主要依据。

楼梯详图一般包括楼梯平面图、剖面图和节点详图。

1. 楼梯平面图　楼梯平面图是用一个假想的水平剖切平面通过每层向上的第一个梯段的中部（休息平台下）剖切后，向下作正投影所得到的投影图。它实质上是房屋各层建筑平面图中楼梯间的局部放大图，通常采用 1∶50 的比例绘制。

三层以上房屋的楼梯，当中间各层楼梯位置、梯段数、踏步数都相同时，通常只画出底层、中间（标准）层和顶层三个平面图；当各层楼梯位置、梯段数、踏步数不相同时，应画出各层平面图，如图 10-29 所示。各层被剖切到的梯段，均在平面图中以 45°细折断线表示其断开位置。在每一梯段处画带有箭头的指示线，并注写“上”或“下”字样。

通常，楼梯平面图画在同一张图纸内，并互相对齐，这样既便于识读又可省略标注一些重复尺寸。

现以前述某别墅楼梯的平面图（图 10-29）为例，说明楼梯平面图的识读步骤。

（1）了解楼梯在建筑平面图中的位置及有关轴线的布置。对照图 10-18 底层平面图可知，此楼梯位于横向①~②（④~⑤）轴线、纵向Ⓒ~Ⓓ轴线之间。

（2）了解楼梯间、梯段、梯井、休息平台等处的平面形式和尺寸以及楼梯踏步的宽度和踏步数。该楼梯间平面为矩形与半圆形的组合。其开间为 2100mm、进深为 4650mm；矩形部分踏步宽为 300mm，踏步数为 16 级；半圆形部分踏步宽和踏步数详见图中尺寸。

（3）了解楼梯的走向及上、下起步的位置。由各层平面图上的指示线，可看出楼梯的走向，第一个梯段踏步的起步位置距②轴 1380mm。

（4）了解楼梯间各楼层平面、休息平台面的标高。各楼层平面的标高在图中均已标出，半圆形处设有扇形踏步，没有设置休息平台。

（5）了解中间层平面图中不同梯段的投影形状。中间层平面图既要画出剖切后往上走的上行梯段（注有“上”字），也要画出该层往下走的下行的完整梯段（注有“下”字），继续往下的另一个梯段有一部分投影可见，用 45°折断线作为分界，与上行梯段组合成一个完整的梯段。各层平面图上所画的每一分格，表示一级踏面。平面图上梯段踏面投影数比梯段的步级数少 1，如平面图中矩形部分往下走的第一段共有 8 级，而在平面图中只画有 7 格。梯段水平投影长为 300mm × 7 = 2100mm。

（6）了解楼梯间的墙、门、窗的平面位置、编号和尺寸。楼梯间的墙分别为 370mm（外墙）、240mm（内墙）；门的编号分别为 M-3、M-7、M-9；窗的编号为 C-3，门窗的规格、尺寸详见门窗表。

（7）了解楼梯剖面图在楼梯底层平面图中的剖切位置及投影方向。如图 10-29 所示剖面

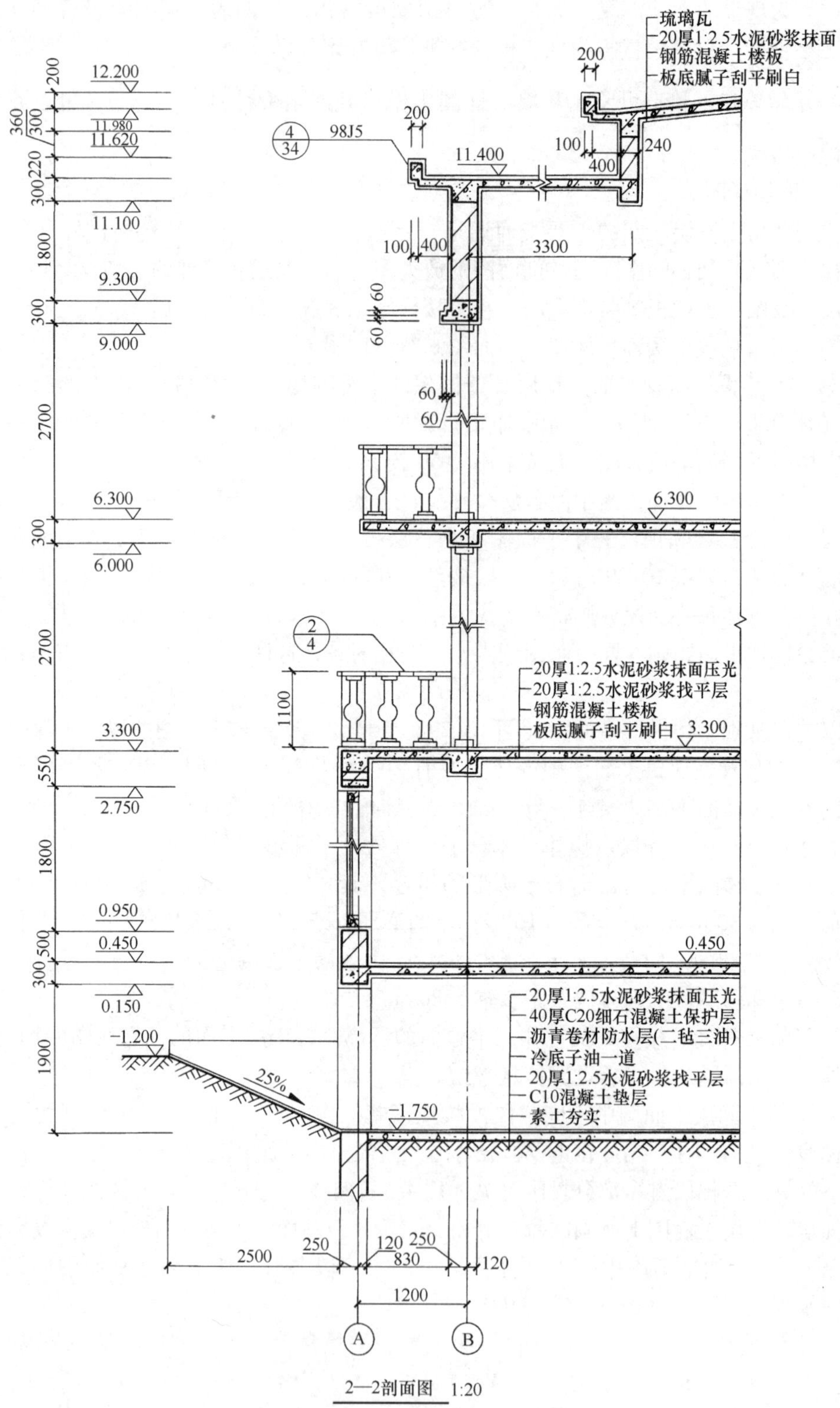

琉璃瓦
20厚1:2.5水泥砂浆抹面
钢筋混凝土楼板
板底腻子刮平刷白

20厚1:2.5水泥砂浆抹面压光
20厚1:2.5水泥砂浆找平层
钢筋混凝土楼板
板底腻子刮平刷白

20厚1:2.5水泥砂浆抹面压光
40厚C20细石混凝土保护层
沥青卷材防水层(二毡三油)
冷底子油一道
20厚1:2.5水泥砂浆找平层
C10混凝土垫层
素土夯实

2—2剖面图 1:20

图 10-28 某小区别墅墙身详图

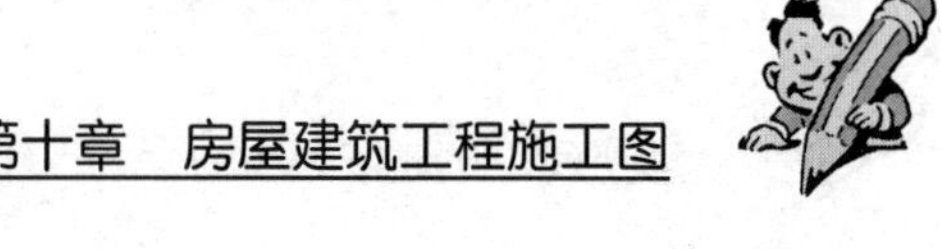

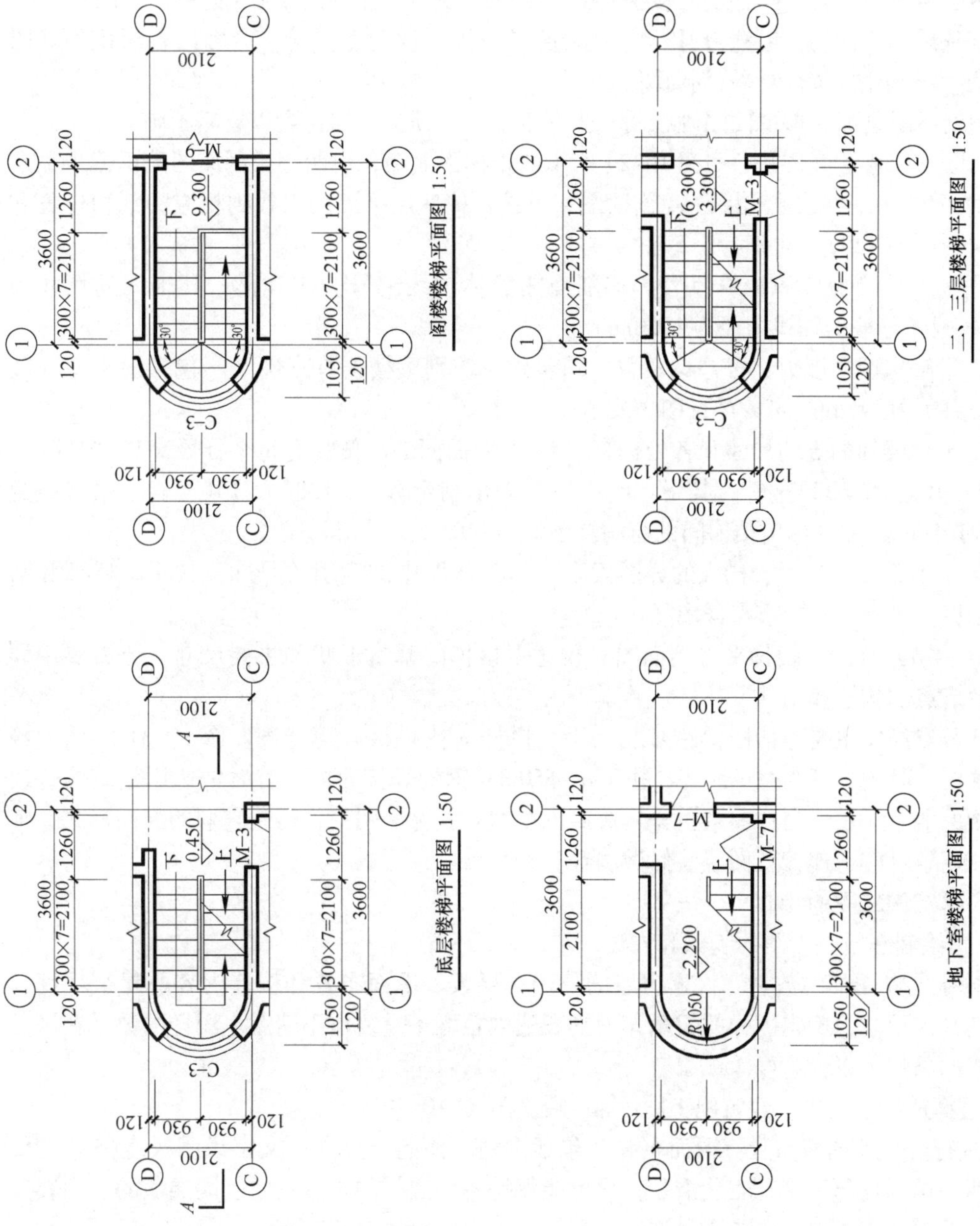

阁楼楼梯平面图 1:50

二、三层楼梯平面图 1:50

底层楼梯平面图 1:50

地下室楼梯平面图 1:50

图 10-29　某小区别墅楼梯平面图

图底层楼梯平面图中的剖切符号为 $A—A$，并表示出剖切位置及投影方向。

2. 楼梯剖面图　楼梯剖面图是用一假想的铅垂剖切平面，通过各层的同一位置梯段和门窗洞口，将楼梯剖开向另一未剖到的梯段方向作正投影，所得到的剖面投影图。通常采用1∶50 的比例绘制。

在多层房屋中，若中间各层的楼梯构造相同时，则剖面图可只画出底层、中间层（标准层）和顶层，中间用折断线分开；当中间各层的楼梯构造不同时，应画出各层剖面。图10-30所示为某小区别墅楼梯的剖面图。

楼梯剖面图宜和楼梯平面图画在同一张图纸上。习惯上，屋顶可以省略不画。

现以图 10-30 为例，并参照图 10-29 所示的楼梯平面图，说明楼梯剖面图的识读步骤。

（1）了解图名、比例。由 1—1 剖面图，可在楼梯底层平面图中找到相应的剖切位置和投影方向（图 10-29），比例为 1∶50。

（2）了解轴线编号和轴线尺寸。该剖面图墙体轴线编号为①和②，其轴线间尺寸为3600mm，圆弧外墙的轴线半径为 1050mm。

（3）了解房屋的层数、楼梯梯段数、踏步数。该别墅楼共有三层（不包括地下室和阁楼），每层的梯段数和踏步数详见图中所示。

（4）了解楼梯的竖向尺寸和各处标高。$A—A$ 剖面图的左侧注有每个梯段高如“158 ×8 =1264”“161 ×2 =322”等，其中“8”“2”表示踏步数，“158”“161”表示踏步高为158mm、161mm，并且标出楼梯间的窗洞高度为 1000mm。

（5）了解踏步、扶手、栏板的详图索引符号。从图中的索引符号知，扶手、栏板和踏步的详细做法可参考楼梯节点详图。

3. 楼梯节点详图　楼梯平、剖面图只表达了楼梯的基本形状和主要尺寸，还需要用详图表达各节点的构造和细部尺寸。

楼梯节点详图主要包括楼梯踏步、扶手、栏杆（或栏板）等详图。图 10-31 所示为楼梯节点详图，其中栏杆为Φ16 钢筋，扶手由 ϕ50mm 钢管焊接而成。有时常选用建筑构造通用图集中的节点做法，与详图索引符号对照可查阅有关标准图集，得到它们的断面形式、细部尺寸、用料、构造连接及面层装修做法等。

七、建筑施工图的绘制

（一）绘制建筑施工图的步骤和方法

1. 确定绘制图样的数量　根据房屋的外形、层数、平面布置和构造内容的复杂程度以及施工的具体要求，确定图样的数量，做到表达内容既不重复也不遗漏。图样的数量在满足施工要求的条件下以少为好。

2. 选择适当的比例　建筑施工图中常用比例见表 10-4。

3. 进行合理的图面布置　图面布置（包括图样、图名、尺寸、文字说明及表格等）要主次分明，排列均匀紧凑，表达清楚，尽可能保持各图之间的投影关系。同类型的、内容关系密切的图样，集中在一张或图号连续的几张图纸上，以便对照查阅。

4. 施工图的绘制方法　绘制建筑施工图的顺序，一般是按平面图→立面图→剖面图→详图的顺序来进行的。先用铅笔画底稿，经检查无误后，按国家标准规定的线型加深图线。铅笔加深或描图上墨时，一般顺序是：先画上部，后画下部；先画左边，后画右边；先画水平线，后画垂直线或倾斜线；先画曲线，后画直线。

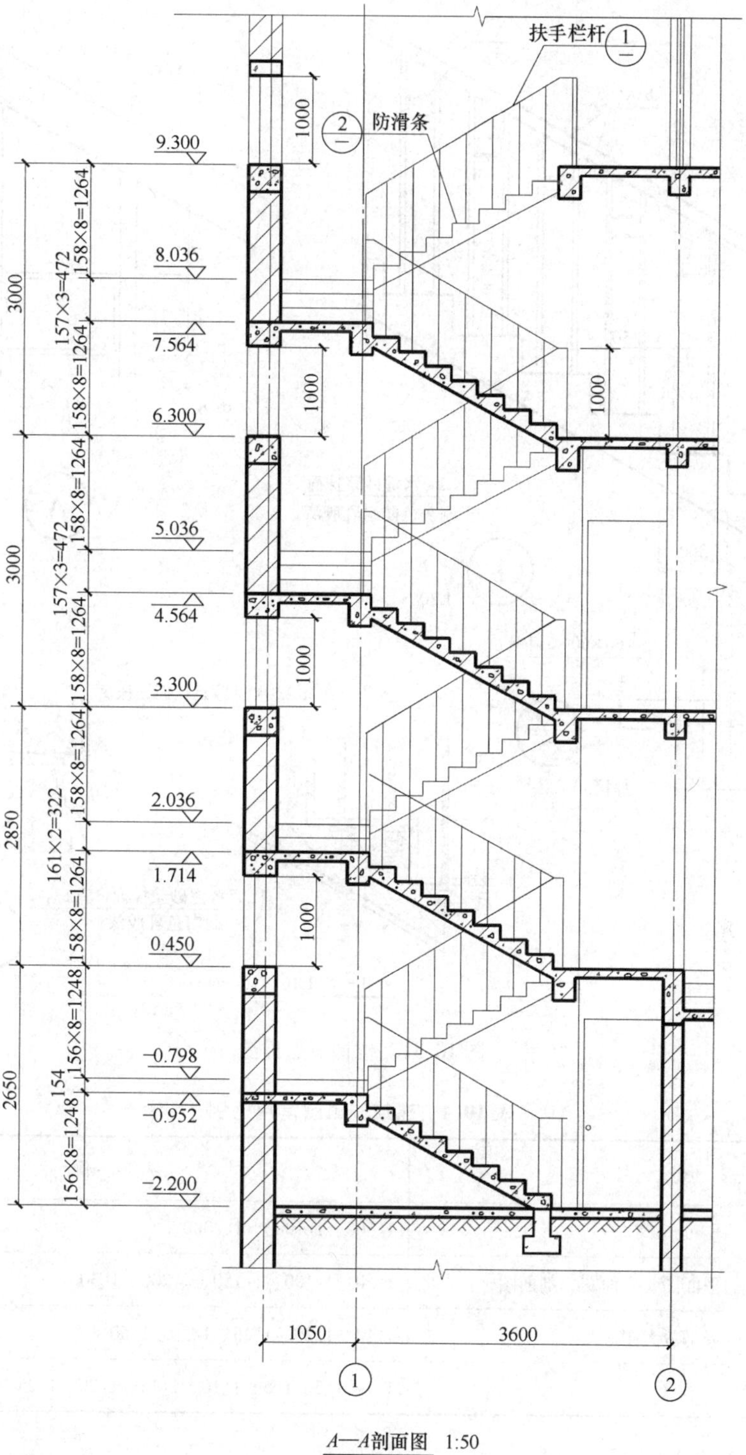

扶手栏杆 ①
防滑条 ②
9.300
8.036
7.564
6.300
5.036
4.564
3.300
2.036
1.714
0.450
−0.798
−0.952
−2.200
3000
3000
2850
2650
158×8=1264
157×3=472
158×8=1264
158×8=1264
157×3=472
158×8=1264
158×8=1264
161×2=322
158×8=1264
156×8=1248
154
156×8=1248
1000
1000
1000
1000
1000
1050
3600
① ②

A—*A*剖面图　1:50

说明：楼梯栏杆间距110mm，扶手高1050mm。

图 10-30　某小区别墅楼梯剖面图

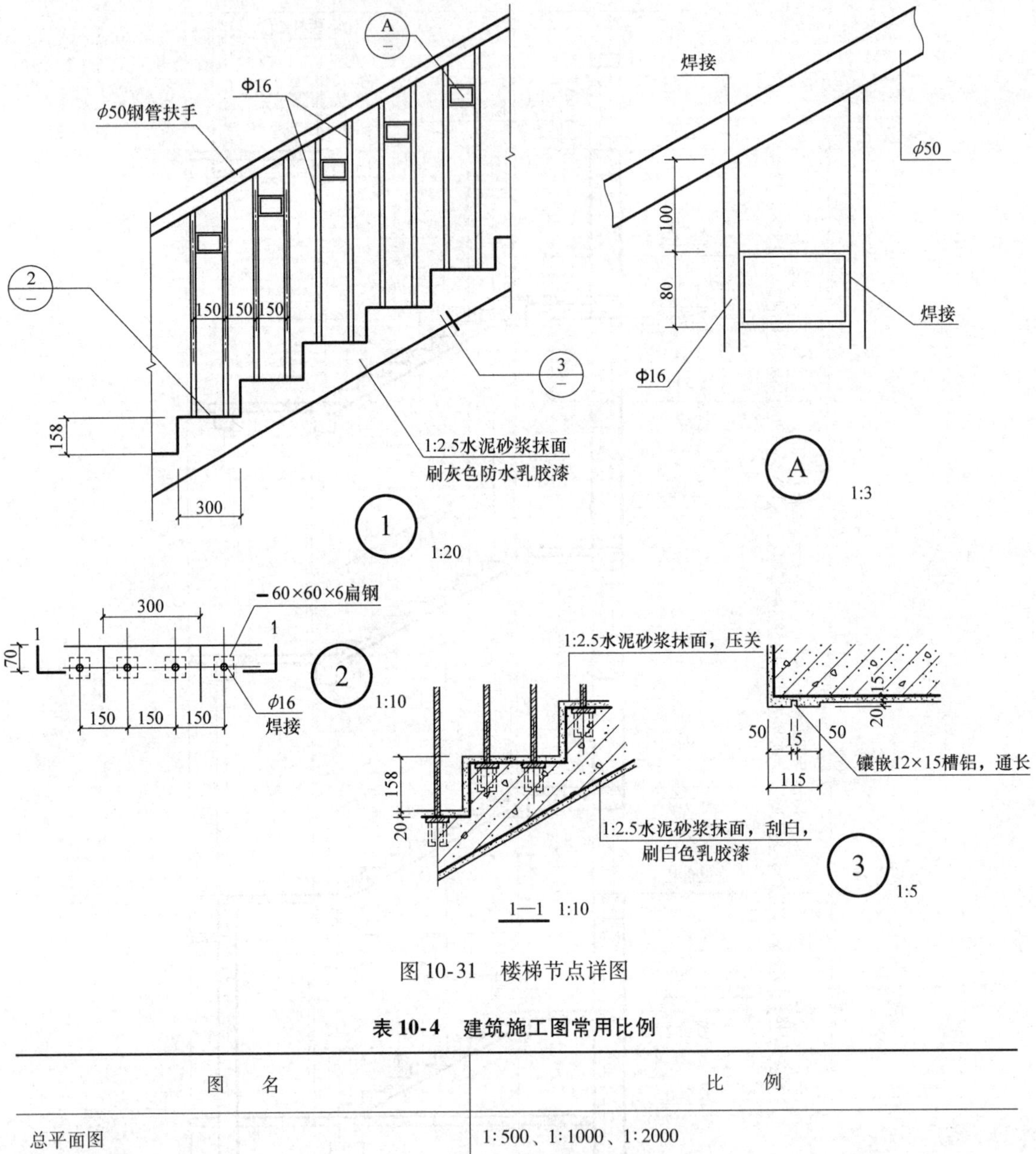

图 10-31　楼梯节点详图

表 10-4　建筑施工图常用比例

图　　名	比　　例
总平面图	1∶500、1∶1000、1∶2000
建筑物或构筑物的平面图、立面图、剖面图	1∶50、1∶100、1∶150、1∶200、1∶300
建筑物或构筑物的局部放大图	1∶10、1∶20、1∶25、1∶30、1∶50
配件及构造详图	1∶1、1∶2、1∶5、1∶10、1∶15、1∶20、1∶25、1∶30、1∶50

（二）建筑施工图画法举例

现以本章某小区别墅为例，说明建筑平面图、立面图、剖面图以及详图的画法和步骤。

1. 建筑平面图的画法步骤

（1）画所有定位轴线（画得略长一些），然后画出墙、柱轮廓线（图 10-32a）。

（2）定门窗洞的位置，画细部，如楼梯、台阶、卫生间、散水、花池等（图10-32b）。

（3）经检查无误后，擦去多余的图线，按规定线型加深。

（4）标注轴线编号、标高尺寸、内外部尺寸、门窗编号、索引符号，书写其他文字说明。在底层平面图中，还应画剖切符号以及在图外适当的位置画上指北针图例，以表明方位。

最后，在平面图下方写出图名及比例等。完成后的平面图见图10-18。

2. 建筑立面图的画法步骤 建筑立面图一般应画在平面图的上方，侧立面图或剖面图可放在所画立面图的一侧。

1）画室外地坪、两端的定位轴线、外墙轮廓线、屋顶线等（图10-33a）。

2）根据层高、各部分标高和平面图门窗洞口尺寸，画出立面图中门窗洞、檐口、雨篷、雨水管等细部的外形轮廓（图10-33b）。

3）画出门扇、墙面分格线、雨水管等细部，对于相同的构造、做法（如门窗立面和开启形式）可以只详细画出其中的一个，其余的只画外轮廓。

4）检查无误后加深图线，并注写标高、图名、比例及有关文字说明。

完成后的立面图见图10-23。

3. 剖面图的画法步骤

1）画定位轴线、室内外地坪线、各层楼面线和屋面线，并画出墙身轮廓线（图10-34a）。

2）画出楼板、屋顶的构造厚度，再确定门窗位置及细部，如梁、板、楼梯段与休息平台等（图10-34b）。

3）经检查无误后，擦去多余线条。按施工图要求加深图线，画材料图例。注写标高、尺寸、图名、比例及有关文字说明。

完成后的剖面图见图10-27。

4. 楼梯详图的画法步骤

（1）楼梯平面图

1）首先画出楼梯间的开间、进深轴线和墙厚、门窗洞位置，确定平台宽度、梯段宽度和长度（图10-35a）。

2）采用两平行线间距任意等分的方法划分踏步宽度（图10-35b）。

3）画栏杆（或栏板）、上下行箭头等细部，检查无误后加深图线，注写标高、尺寸、剖切符号、图名、比例及文字说明等。

完成后的楼梯平面图见图10-29。

（2）楼梯剖面图的画法步骤

1）画轴线，定室内外地面与楼面线、平台位置及墙身线，量取楼梯段的水平长度、竖直高度及起步点的位置（图10-36a）。

2）用等分两平行线间距离的方法划分踏步的宽度、步数和高度、级数（图10-36b）。

3）画出楼板和平台板厚，再画梯段板、门窗、平台梁及栏杆、扶手等细部（图10-36c）。

4）检查无误后加深图线，在剖切到的轮廓范围内画上材料图例，注写标高和尺寸，最后在图下方写上图名及比例等。

完成后的楼梯剖面图见图10-30。

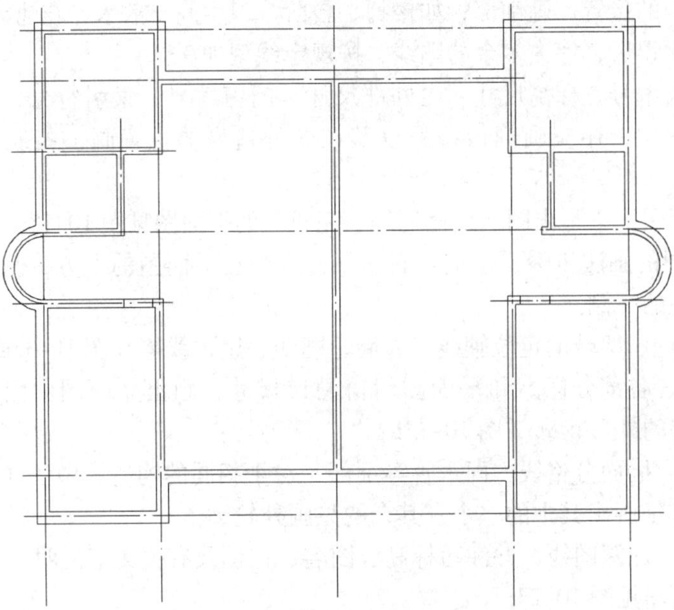

a)

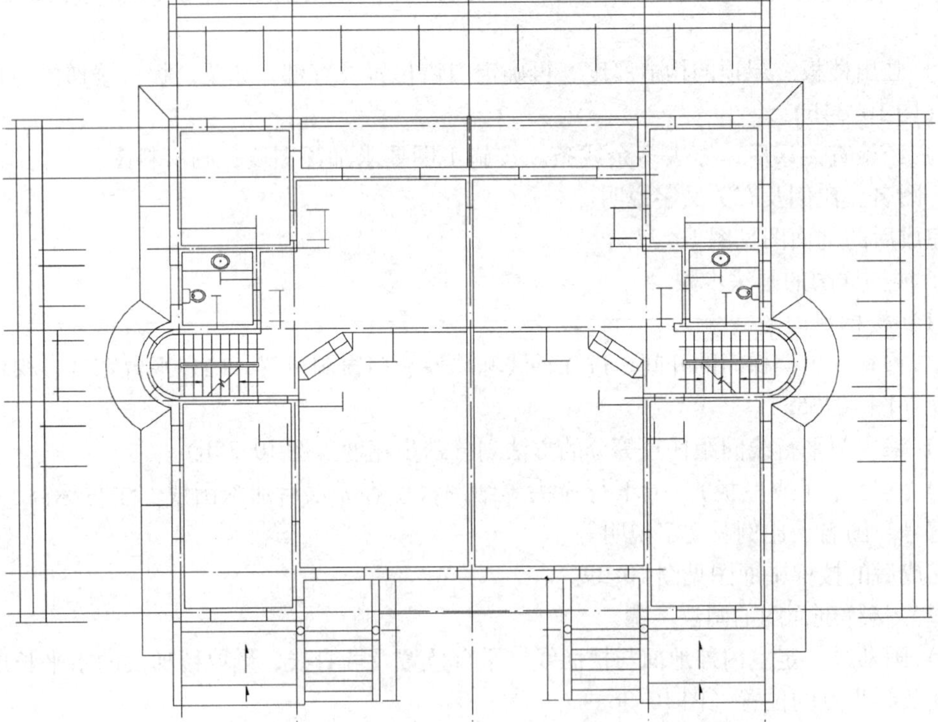

b)

图 10-32　建筑平面图的画法步骤

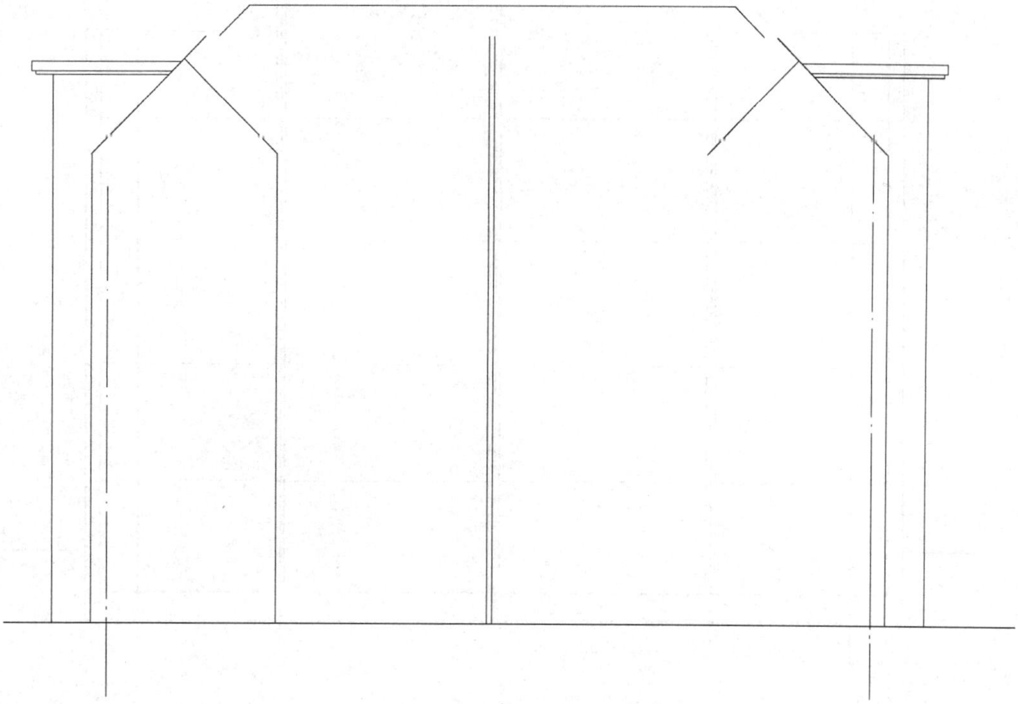

a)

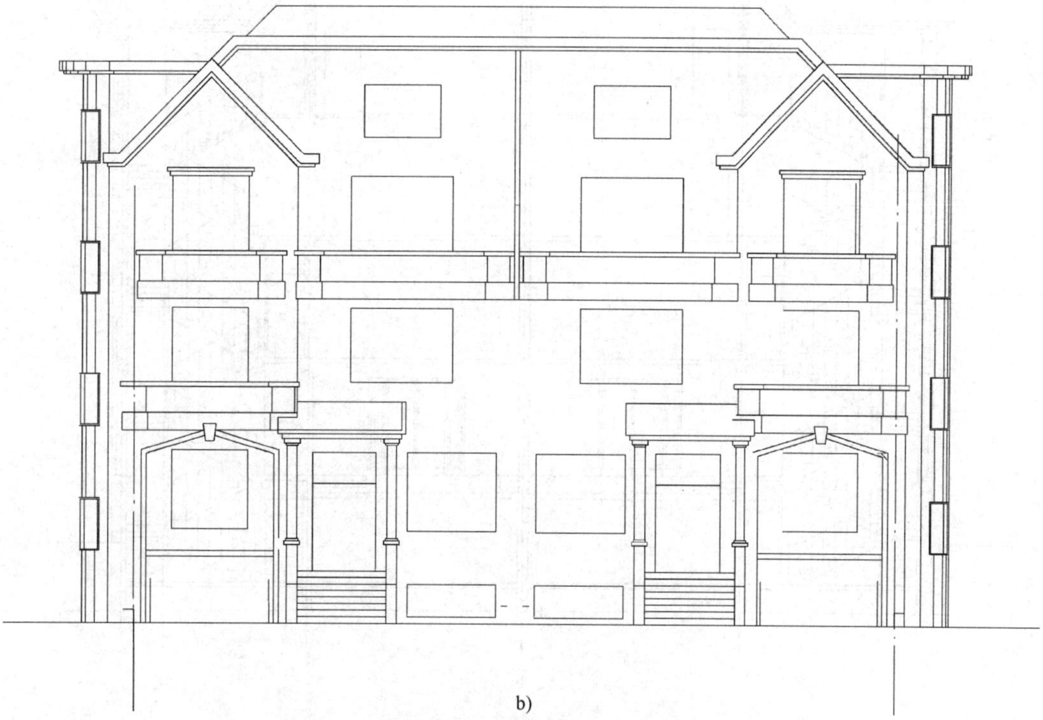

b)

图 10-33　建筑立面图的画法步骤

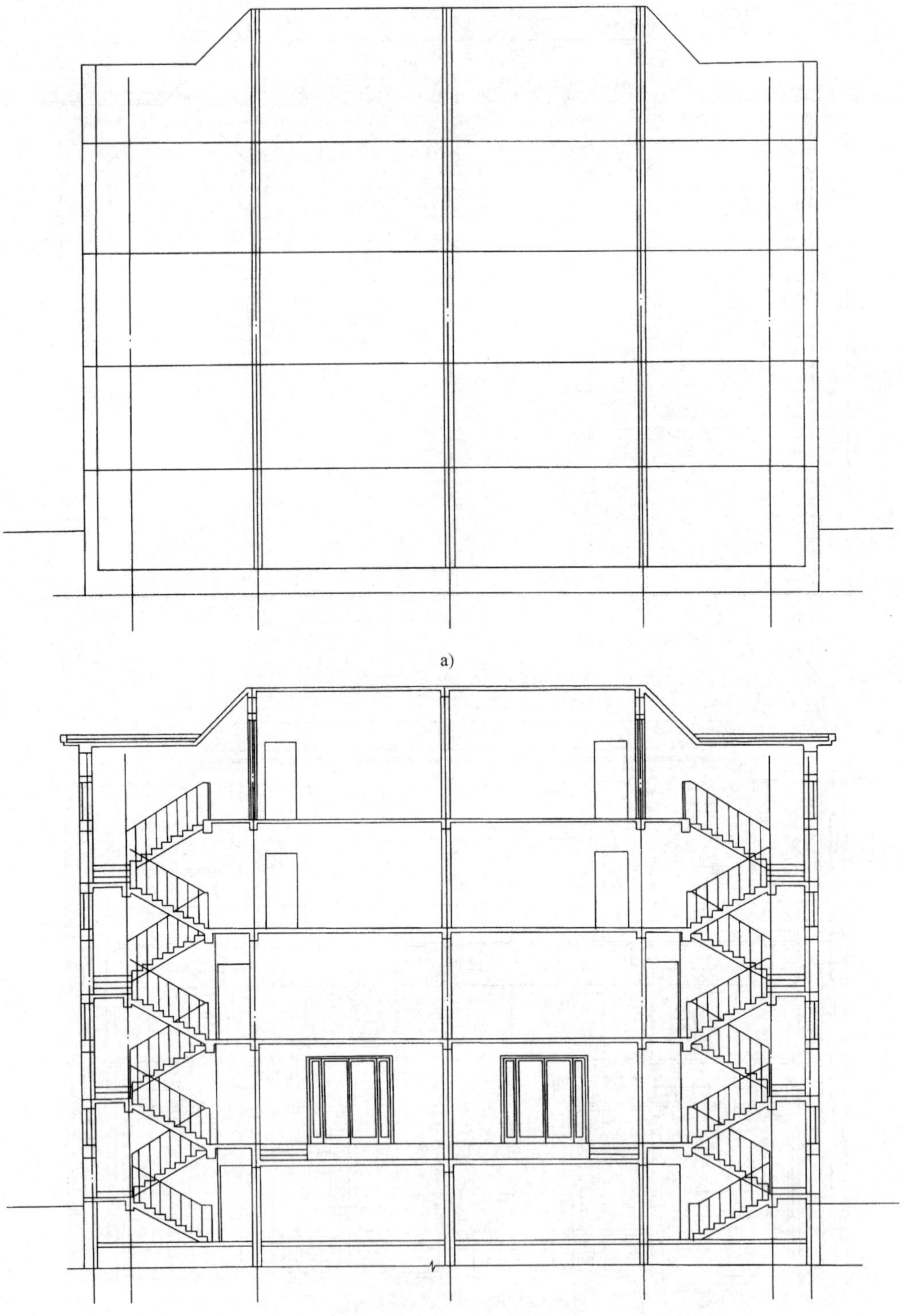

a)

b)

图 10-34　建筑剖面图的画法步骤

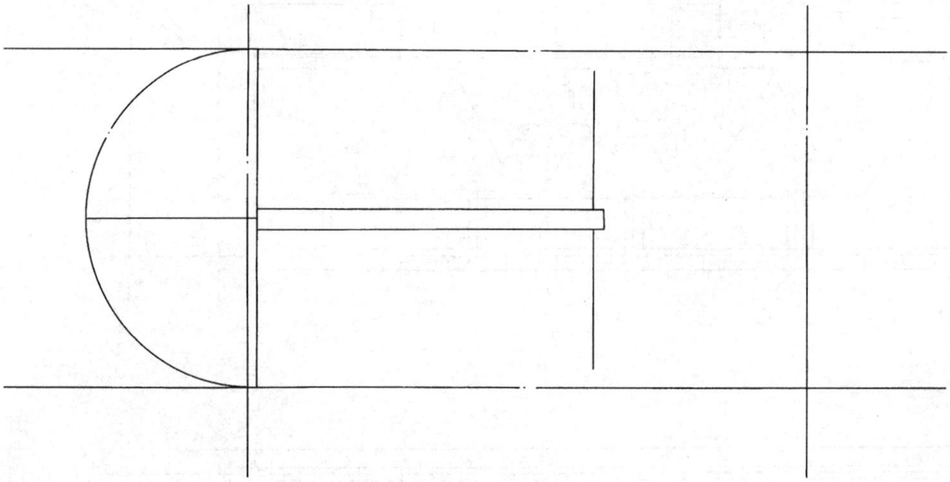

a)

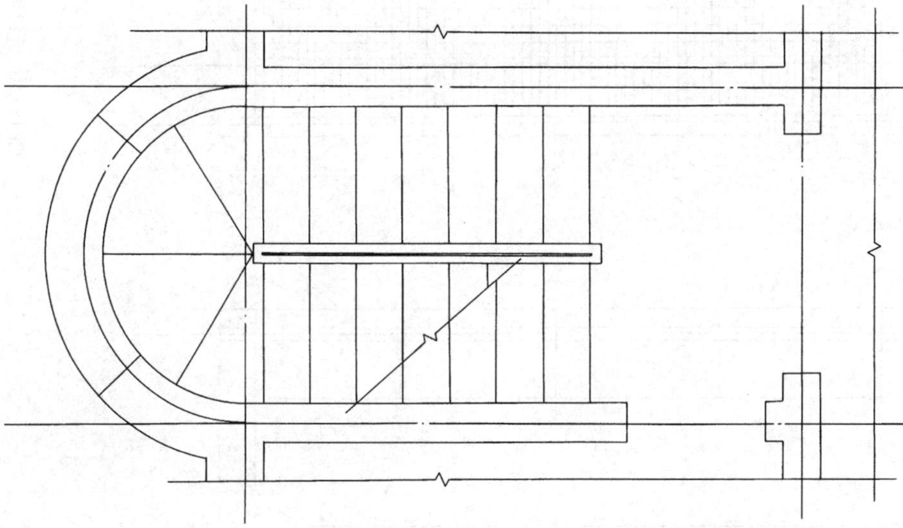

b)

图 10-35　楼梯平面图的画法步骤

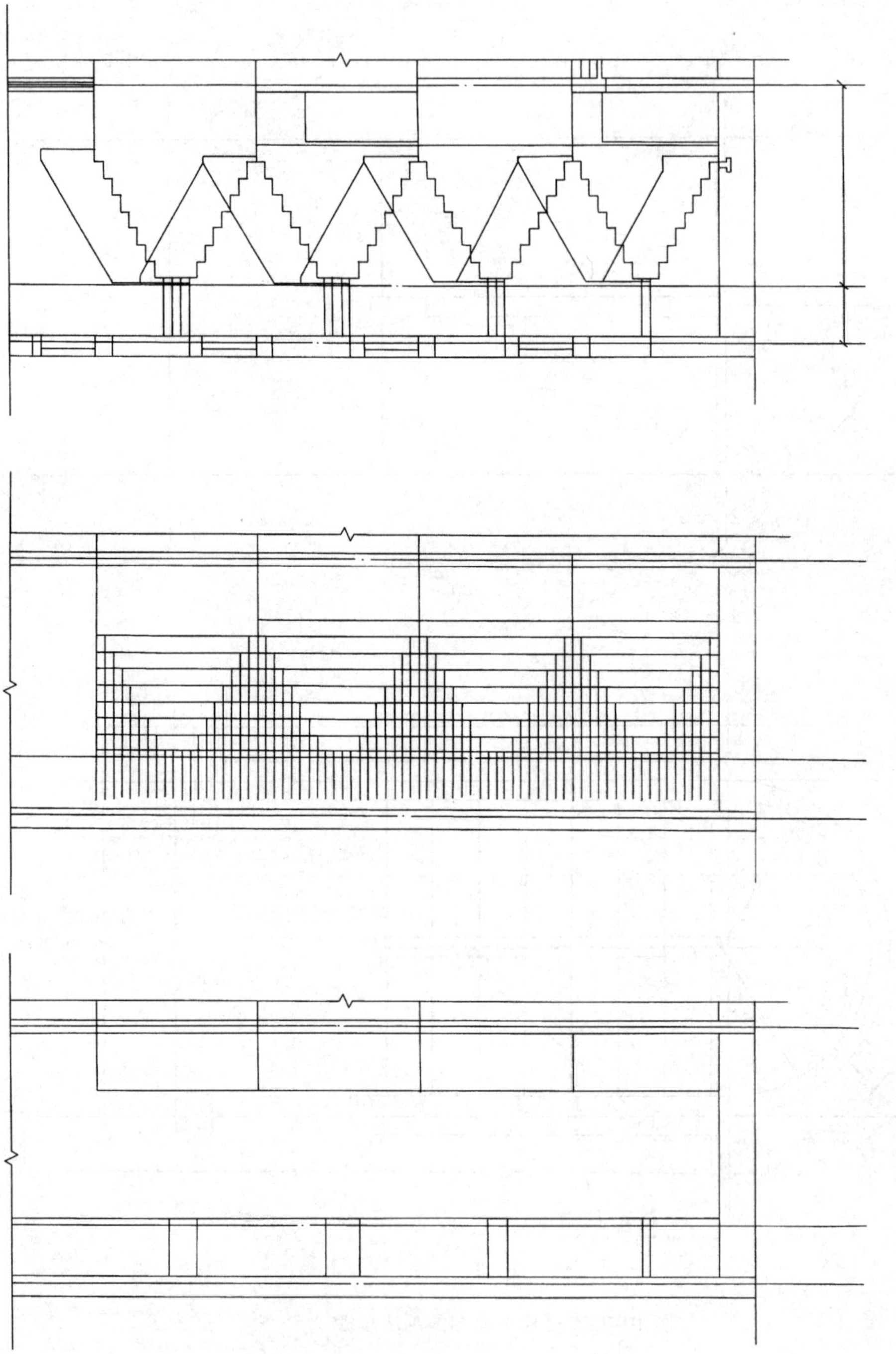

a)

b)

c)

图 10-36　楼梯剖面图的画法步骤

第三节　结构施工图

一、概述

在房屋设计中，除进行建筑设计，画出建筑施工图外，还要进行基础、梁、柱、楼板、楼梯等构件的结构设计，画出结构施工图。

结构设计就是根据建筑设计的要求，经过结构选型、构件布置及结构计算，决定房屋各承重构件（如基础、梁、板、柱等）的材料、形状、大小和内部构造等，并把这些设计结果绘制成图样，用以指导施工，这样的图样称为结构施工图，简称“结施”。它是施工放线，挖槽，支模板，绑钢筋，设置预埋件，浇捣混凝土，安装梁、板、柱，编制预算和施工进度计划的重要依据。

结构施工图一般由结构设计说明、基础平面图、基础详图、结构平面布置图、钢筋混凝土构件详图、节点构造详图及其他一些图样组成。

为了图示简便，在结构施工图中一般用代号来表示构件的名称。常用构件代号是用各构件名称的汉语拼音第一个字母表示的。《建筑结构制图标准》（GB/T 50105—2010）规定的常用构件代号见表10-5。

表10-5　常用构件代号

序号	名　称	代　号	序号	名　称	代　号	序号	名　称	代　号
1	板	B	19	圈梁	QL	37	承台	CT
2	屋面板	WB	20	过梁	GL	38	设备基础	SJ
3	空心板	KB	21	连梁	LL	39	桩	ZH
4	槽形板	CB	22	基础梁	JL	40	挡土墙	DQ
5	折板	ZB	23	楼梯梁	TL	41	地沟	DG
6	密肋板	MB	24	框架梁	KL	42	柱间支撑	ZC
7	楼梯板	TB	25	框支梁	KZL	43	垂直支撑	CC
8	盖板或沟盖板	GB	26	屋面框架梁	WKL	44	水平支撑	SC
9	挡雨板或檐口板	YB	27	檩条	LT	45	梯	T
10	吊车安全走道板	DB	28	屋架	WJ	46	雨篷	YP
11	墙板	QB	29	托架	TJ	47	阳台	YT
12	天沟板	TGB	30	天窗架	CJ	48	梁垫	LD
13	梁	L	31	框架	KJ	49	预埋件	M-
14	屋面梁	WL	32	刚架	GJ	50	天窗端壁	TD
15	吊车梁	DL	33	支架	ZJ	51	钢筋网	W
16	单轨吊车梁	DDL	34	柱	Z	52	钢筋骨架	G
17	轨道连接	DGL	35	框架柱	KZ	53	基础	J
18	车档	CD	36	构造柱	GZ	54	暗柱	AZ

注：1. 预制钢筋混凝土构件、现浇钢筋混凝土构件、钢构件和木构件，一般可直接采用表中的构件代号。在绘图中，除混凝土构件可以不注明材料代号外，其他材料的构件可在构件代号前加注材料代号，并在图样中加以说明。

2. 预应力混凝土构件的代号，应在构件代号前加注“Y”，如Y－DL表示预应力钢筋混凝土吊车梁。

二、钢筋混凝土基本知识

混凝土是由水泥、石子、砂子和水按一定比例拌和在一起，凝固后而形成的一种人造石材。混凝土的抗压强度较高，但抗拉强度较低，受拉后容易断裂。为了提高混凝土构件的抗拉能力，常在混凝土构件的受拉区内配置一定数量的钢筋，使两种材料粘结成一个整体，共同承受外力，这种配有钢筋的混凝土，称为钢筋混凝土。用钢筋混凝土制成的构件，称为钢筋混凝土构件。它们有工地现浇的，也有工厂预制的，分别称为现浇钢筋混凝土构件和预制钢筋混凝土构件。

（一）钢筋的作用和分类

在钢筋混凝土构件中所配置的钢筋，按其作用不同可分为以下几种，如图 10-37 所示。

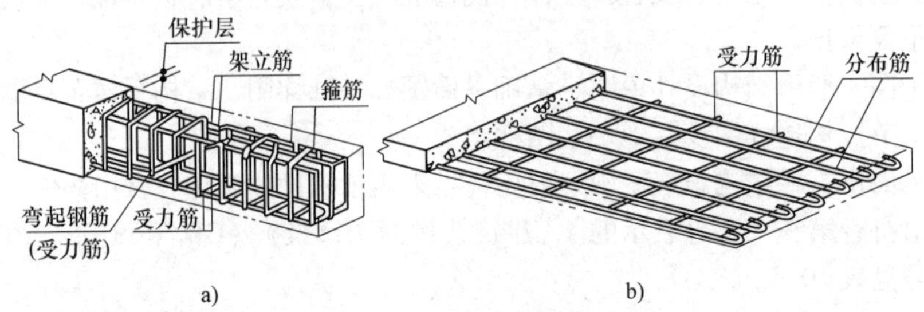

图 10-37　钢筋混凝土构件配筋示意

a）梁　b）板

受力筋——主要承受构件中的拉力或压力，配置在梁、板、柱等承重构件中。

箍　筋——主要用来固定受力钢筋的位置，并承受剪力，一般用于梁或柱中。

架立筋——主要用来固定箍筋的位置，形成构件的钢筋骨架。

分布筋——主要使外力均匀地分布到受力筋上，并固定受力筋的位置，一般用于钢筋混凝土板中。

构造筋——因构件的构造要求和施工安装需要配置的钢筋。架立筋和分布筋也属于构造筋。

（二）常用钢筋的种类及符号

钢筋混凝土构件所使用的钢筋种类很多，按其强度和品种分为不同的等级，见表 10-6。

表 10-6　常用钢筋种类

种　类		符　号	d/mm
热轧钢筋	HPB300	Φ	6 ~ 20
	HRB335	Φ̲	6 ~ 50
	HRB400	Φ̶	6 ~ 50
	RRB400	$Φ^R$	8 ~ 40

（三）钢筋的弯钩及保护层

在钢筋混凝土结构中，为了使钢筋和混凝土能共同承受外力，一般在光圆钢筋的端部应做成弯钩，其形式如图 10-38 所示。

对于表面有月牙纹的变形钢筋，如 HRB335，因为它们的表面较粗糙，能和混凝土产生很好的粘结力，故它们的端部一般不设弯钩。

为了保证钢筋与混凝土的粘结力，并防止钢筋的锈蚀，在钢筋混凝土构件中，从钢筋的外边缘到构件表面应有一定厚度的混凝土，该混凝土层称为保护层。一般梁、柱的保护层厚度为25～30mm，板中保护层厚度为15～20mm。

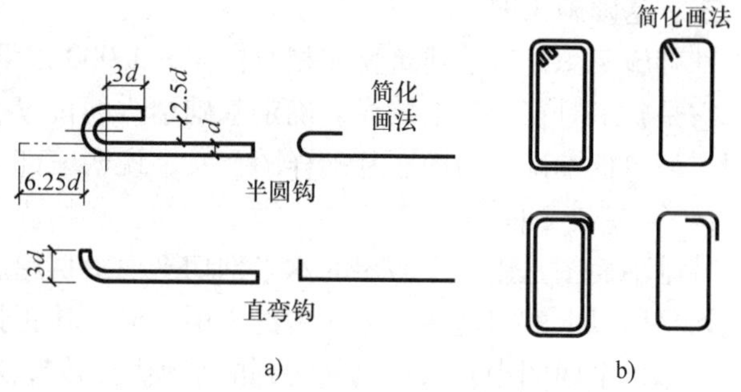

图10-38　钢筋和箍筋的弯钩
a）钢筋的弯钩　b）箍筋的弯钩

（四）钢筋的一般表示方法

钢筋的一般表示方法应符合表10-7的规定。

表10-7　钢筋的一般表示方法

序号	名　称	图　例	说　明
1	钢筋横断面	•	—
2	无弯钩的钢筋端部		下图表示长、短钢筋投影重叠时，短钢筋的端部用45°斜划线表示
3	带半圆形弯钩的钢筋端部		—
4	带直钩的钢筋端部		—
5	带丝扣的钢筋端部		—
6	无弯钩的钢筋搭接		—
7	带半圆弯钩的钢筋搭接		—
8	带直钩的钢筋搭接		—
9	花篮螺栓钢筋接头		—
10	机械连接的钢筋接头		用文字说明机械连接的方式（如冷挤压或直螺纹等）

（五）钢筋的标注

钢筋的直径、根数或相邻钢筋中心距一般采用引出线方式标注，其标注形式及含义如下所示。

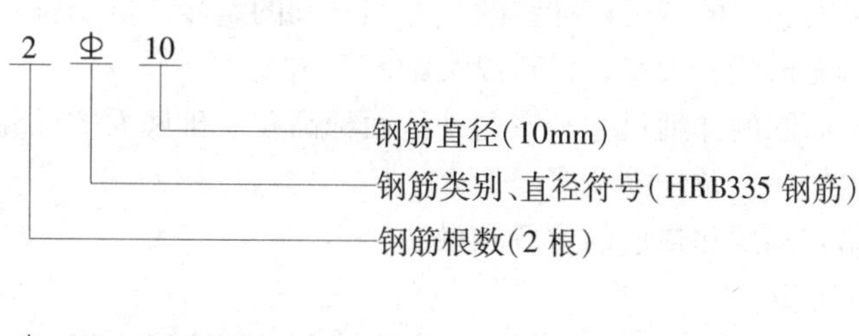

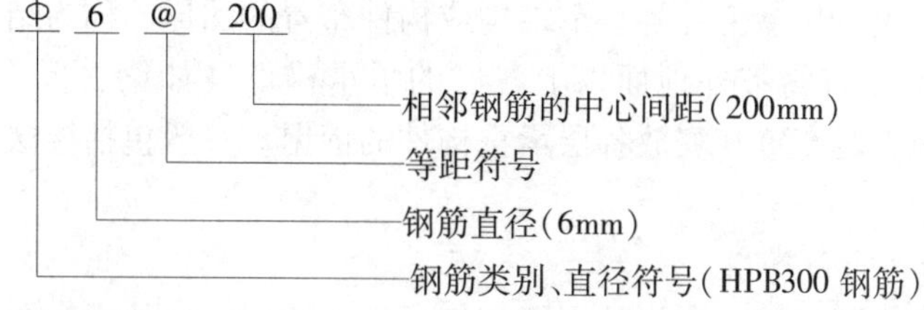

三、基础施工图

基础施工图是表示建筑物在相对标高 ±0.000 以下基础部分的平面布置和详细构造的图样。它是施工时在地基上放线、确定基础结构的位置、开挖基坑和砌筑基础的依据。基础施工图一般包括基础平面图、基础详图及文字说明三部分。

（一）基础平面图

基础平面图是用一个假想的水平剖切平面沿房屋底层室内地面附近将整幢房屋剖开，移去剖切平面以上的房屋和基础四周的土层，向下作正投影所得到的水平剖面图。

在基础平面图中，只画出剖切到的基础墙、柱轮廓线（用中实线表示）、投影可见的基础底部的轮廓线（用细实线表示）以及基础梁等构件（用粗点画线表示），而对其他的细部如砖砌大放脚的轮廓线均省略不画。基础平面图中采用的比例、图例以及定位轴线编号和轴线尺寸应与建筑平面图一致。图 10-39 所示为某小区别墅基础平面图。

阅读基础平面图时，应从以下几方面入手：

（1）了解图名和比例。

（2）了解基础的平面布置、基础底面宽度以及与定位轴线的关系及轴线间的尺寸。

（3）了解基础墙（或柱）、基础梁、±0.000 以下预留孔洞的平面位置、尺寸、标高等情况。

（4）了解基础断面图的剖切位置及其编号。

（5）通过文字说明，了解基础的用料、施工注意事项等情况。

（6）识读基础平面图时，要与其他有关图样相配合，特别是首层平面图和楼梯详图，因为基础平面图中的某些尺寸、平面形状、构造等情况已在这些图中表达清楚了。

（二）基础详图

基础详图是用铅垂剖切平面沿垂直于定位轴线方向切开基础所得到的断面图。它主要反映了基础各部分的形状、大小、材料、构造及基础的埋深等情况。为了表明基础的具体构造，不同断面不同做法的基础都应画出详图。基础详图一般比例较大，常用 1∶20、1∶25、1∶30等。图 10-40 所示为某小区别墅条形基础详图；图 10-41 所示为某单层厂房的柱下独立基础详图。

阅读基础详图时，应从以下几方面入手：

（1）根据基础平面图中的图名或详图的代号、基础的编号、剖切符号，查阅基础详图。

（2）了解基础断面形状、大小、材料以及配筋等情况。

（3）了解基础断面图的详细尺寸和室内外地面标高及基础底面的标高。

（4）了解基础梁的尺寸及配筋情况。

（5）了解基础墙防潮层和垫层的位置和做法。

四、结构平面布置图

用平面图的形式表示房屋上部各承重结构或构件布置的图样，称为结构平面布置图。结构平面布置图是表示建筑物室外地面以上各层的承重构件（如梁、板、柱、墙、过梁等）布置的图样。它是施工时布置和安放各层承重构件的依据。一般包括楼层结构平面布置图和屋顶结构平面布置图。

（一）楼层结构平面布置图

楼层结构平面布置图是用一假想的水平剖切平面在所要表达的结构层没有抹灰时的上表

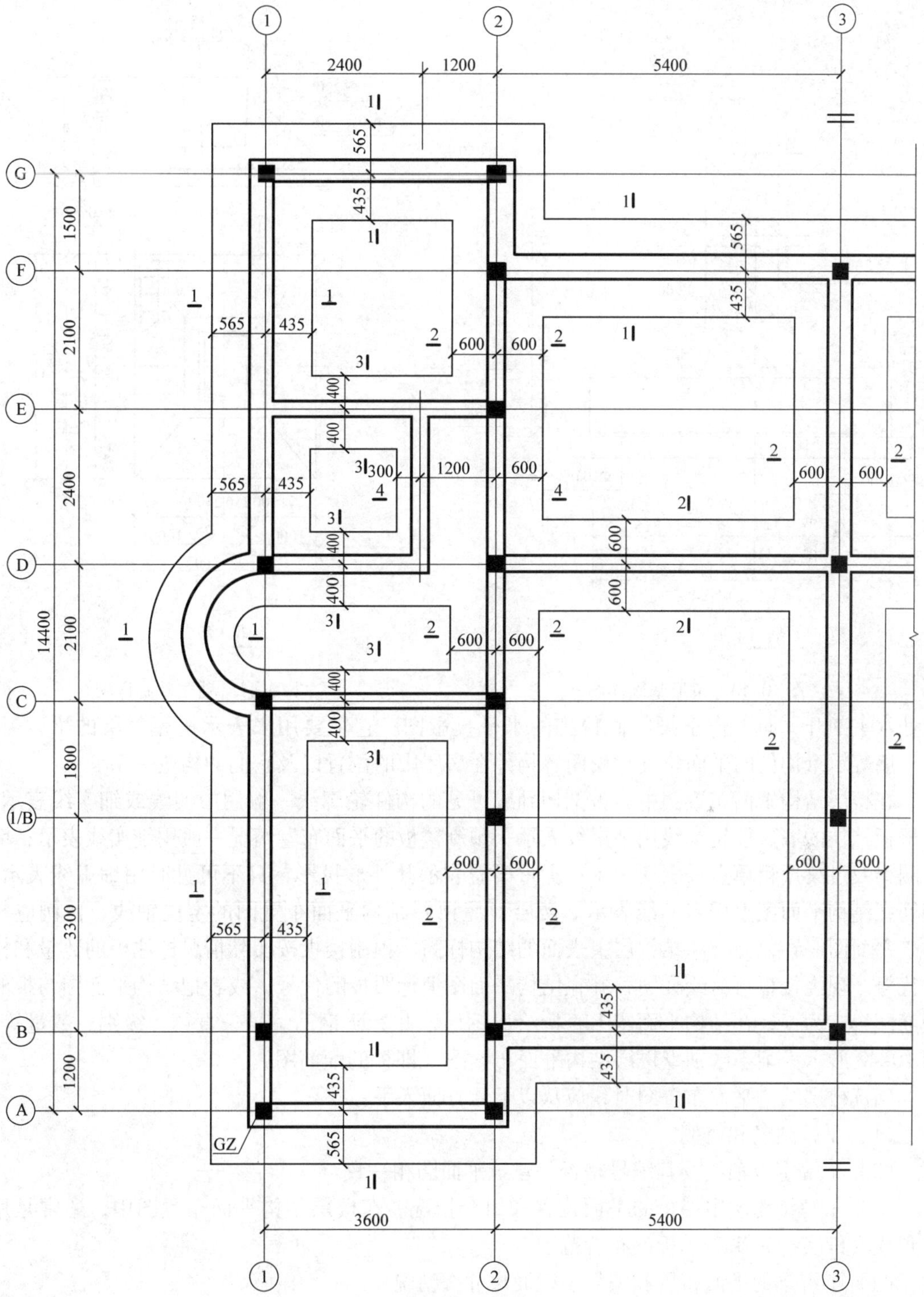

基础平面图 1:50

图 10-39　基础平面图

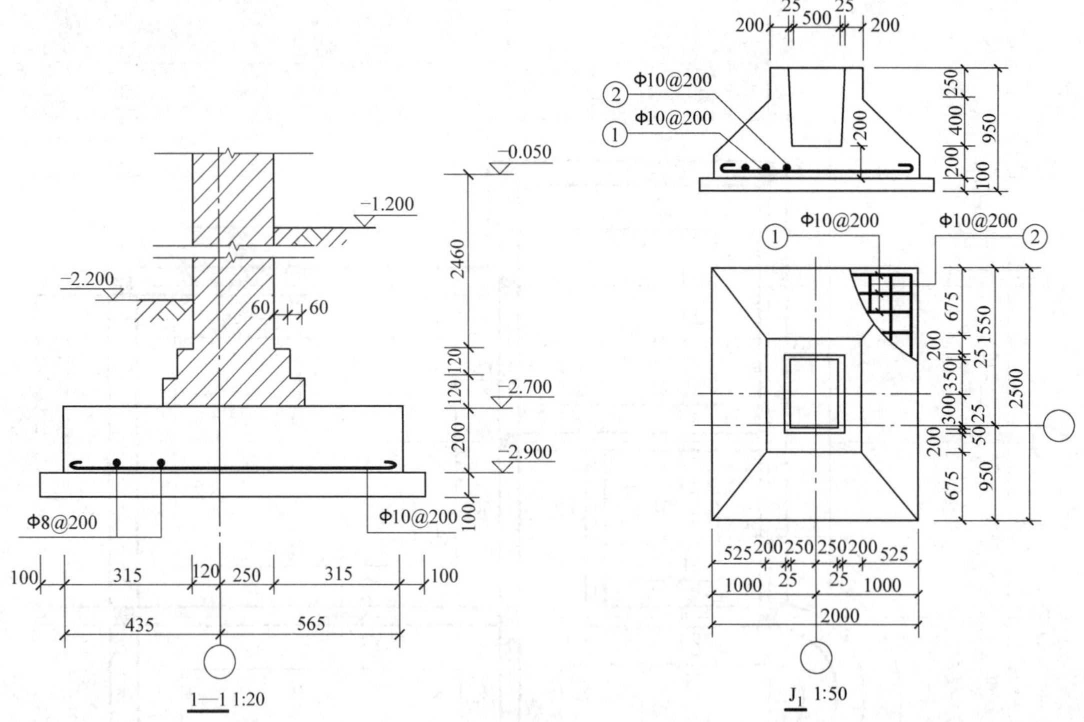

图 10-40　条形基础详图

图 10-41　独立基础详图

面处水平剖开，向下作正投影而得到的水平投影图。它主要用来表示房屋每层的梁、板、柱、墙等承重构件的平面位置，说明各构件在房屋中的位置以及它们的构造关系。

在楼层结构平面布置图中，被剖切到或可见的构件轮廓线一般用中实线或细实线表示；被楼板挡住的墙、柱轮廓线用细虚线表示；预制楼板的平面布置情况一般用细实线表示；墙内圈梁及过梁用粗单点长画线表示；承重梁需表示其外形投影，且不可见时用细虚线表示；钢筋在结构平面图上用粗实线表示。楼层（屋顶）结构平面布置图的定位轴线、比例应与建筑平面图一致，并标注结构层上表面的结构标高。预制楼板按实际情况标注板的数量和构件代号。现浇楼板可另绘详图，并在结构平面图上标明板的代号，或者把结构平面图与板的配筋图合二为一，在结构平面图上直接绘出钢筋，并标明钢筋编号、直径、级别、数量等。图 10-42 所示为某小区别墅楼层结构平面布置图（即板的配筋图）。

阅读楼层结构平面布置图时，应从以下几方面入手：

（1）了解图名和比例。

（2）了解定位轴线及其编号是否与建筑平面图相一致。

（3）了解结构层中楼板的平面位置和组合情况。在楼层结构平面布置图中，通常是用对角线（细实线）来表示板的布置范围。

（4）了解梁的平面布置和编号、截面尺寸等情况。

（5）了解现浇板的厚度、标高及支承在墙上的长度。

（6）了解现浇板中钢筋的布置及钢筋编号、长度、直径、级别、数量等。

（7）了解各节点详图的剖切位置。

（8）了解楼层结构平面布置图上梁、板的标高，注意圈梁、过梁、构造柱等的布置情况。

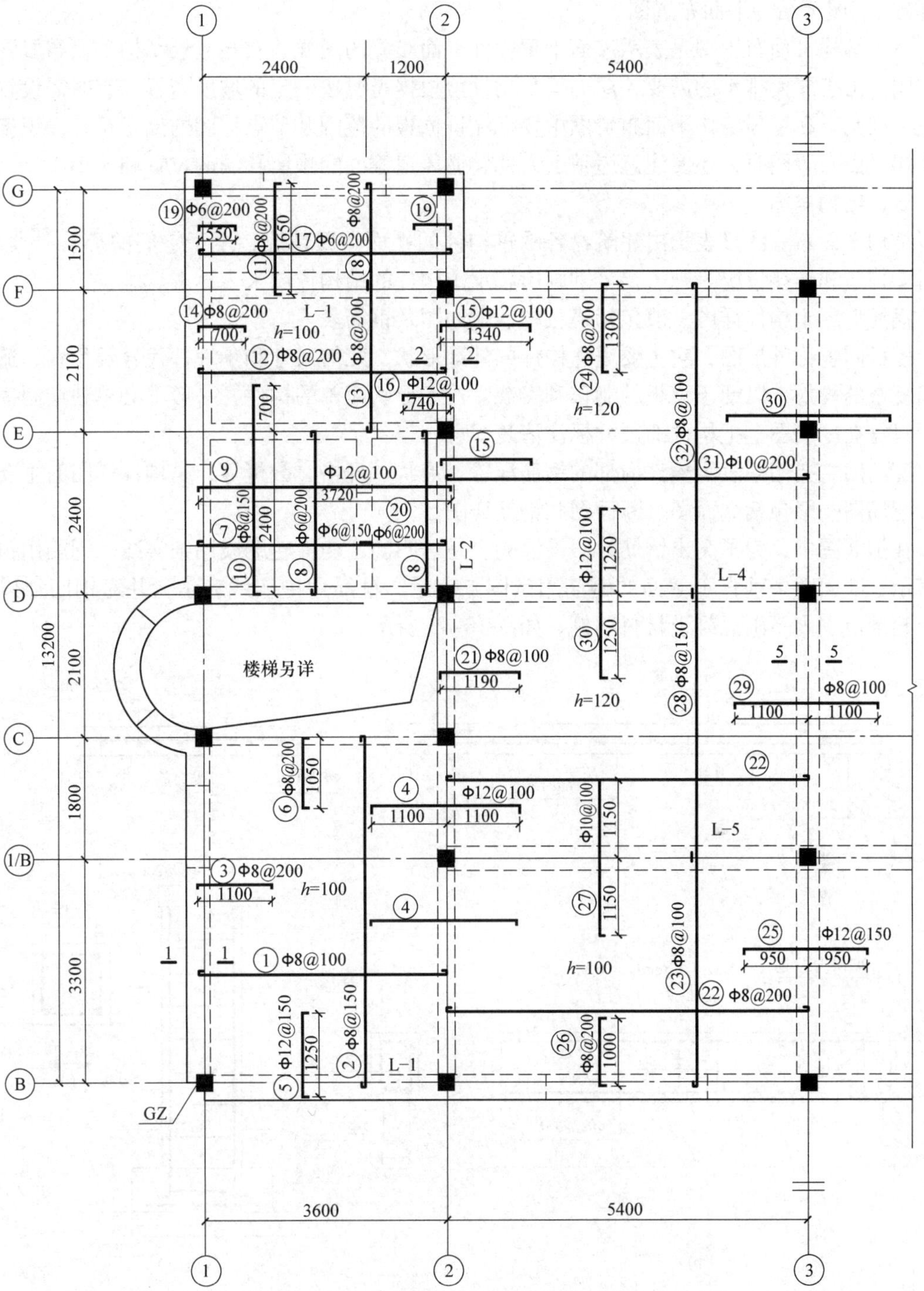

标高6.300m结构平面布置图 1:50

图 10-42　楼层结构平面布置图

（二）屋顶结构平面布置图

屋顶结构平面布置图是表示屋面承重构件平面布置的图样。它与楼层结构平面布置图基本相同。由于屋面排水的需要，屋面承重构件可根据需要按一定的坡度布置，有时需设置挑檐板，因此，在屋顶结构平面布置图中要标注挑檐板的范围及节点详图的剖切符号，识读屋顶结构平面布置图时，还要注意屋顶上人孔、通风道等处的预留孔洞的位置和大小。

五、结构详图

结构平面布置图只表示出建筑物各承重构件的平面布置情况，至于它们的形状、大小、材料、构造和连接情况等则需要分别画出各承重构件的结构详图来表达。

钢筋混凝土构件详图一般包括模板图、配筋图及钢筋表。

模板图也称外形图，它主要表达构件的外部形状、几何尺寸和预埋件代号及位置，适用于较复杂的构件，以便于模板的制作和安装。对于形状简单的构件，一般不必单独绘制模板图，只需在配筋图上把构件的尺寸标注清楚即可。

配筋图主要用来表示构件内部的钢筋配置、形状、规格、数量等，是构件详图的主要图样。配筋图一般包括立面图、断面图和钢筋详图。

在配筋图中，为了突出钢筋，假设混凝土是透明的，构件轮廓线用细实线，钢筋用粗实线表示；断面图中垂直于截面的钢筋用黑圆点表示，箍筋用中实线表示，并对钢筋加以标注；轮廓范围内不画混凝土材料图例，如图 10-43 所示。

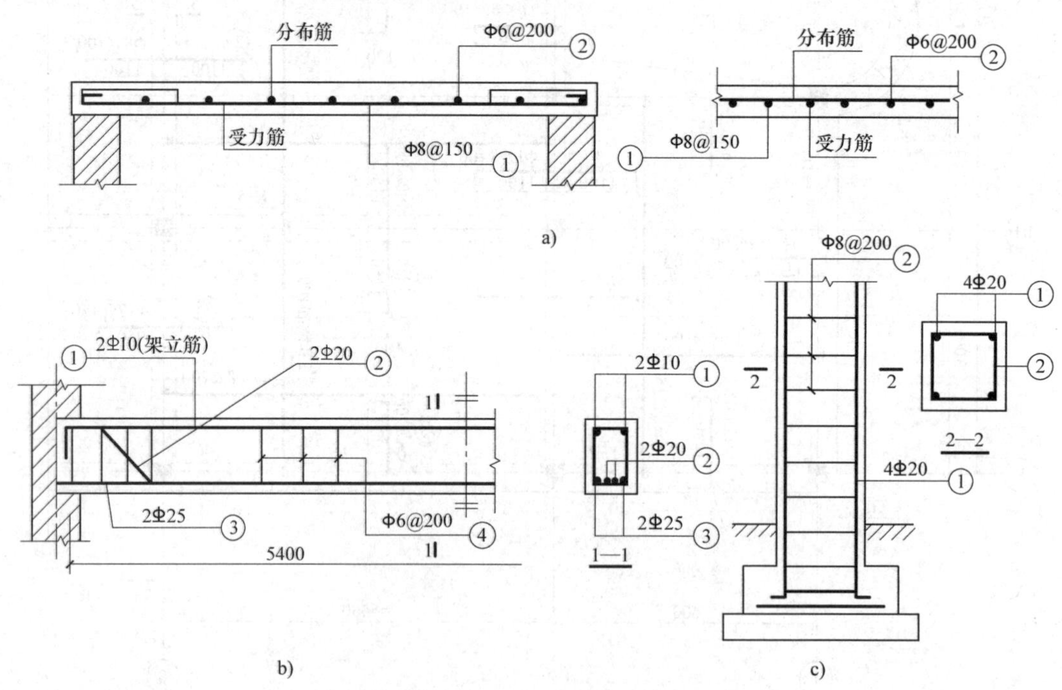

图 10-43　钢筋混凝土构件的表示方法

a）板的立面和断面图　b）梁的立面和断面图　c）柱的立面和断面图

为便于钢筋放样、加工、编制施工预算以及识图，可编制钢筋表。钢筋表的内容一般包括构件名称、数量和钢筋编号、规格、形状、长度、根数、质量等，见表 10-8。

表 10-8　L-1 钢筋表

编号	钢筋简图	规格	长度/mm	根数	质量/kg
①	3940	Φ14	3940	2	11
②	4500	Φ14	4500	1	5
③	3790	Φ12	3790	2	9
④	320　220	Φ6	1180		

（一）钢筋混凝土板结构详图

板是受弯构件，有现浇和预制两种。预制板大多是在工厂或工地生产的定型构件，通常采用标准图，只在施工图中标其代号和索引图集号。

现浇板在工地现场浇筑，现浇板的配筋图一般只画出它的平面图或断面图。通常把板的配筋图直接画在结构平面布置图上，如图 10-42 所示。

识读钢筋混凝土楼板结构详图时，应从以下几方面入手：

（1）了解构件名称或代号（图名）、比例。

（2）了解板的厚度、标高及支承在墙上的长度及与定位轴线、梁、柱的位置关系。

（3）了解断面图的剖切位置。

（4）弄清钢筋配置的详细情况，包括钢筋编号、直径、长度、级别及数量等。

在结构平面布置图中，同种规格的钢筋往往仅画一根示意。钢筋的弯钩向上、向左表示底层钢筋；钢筋弯钩向下、向右表示顶层钢筋，如图 10-44 所示。

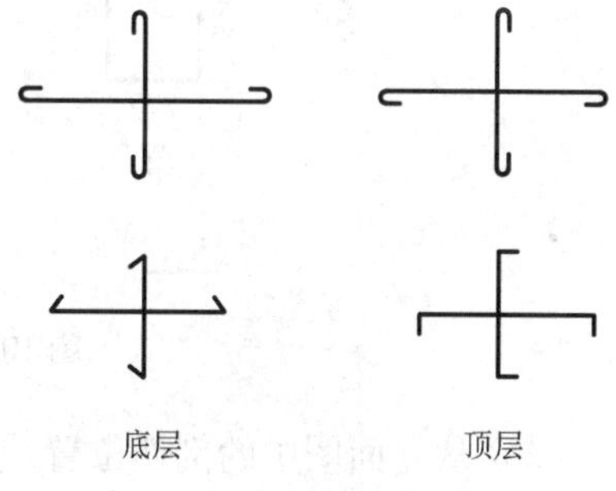

图 10-44　双向钢筋的表示方法

板内不同类型的钢筋都用编号来表示，并在图中或文字说明中注明钢筋的编号、规格、间距等。钢筋编号写在细线圆圈内，圆圈直径为 6mm。

（二）钢筋混凝土梁

梁是受弯构件，钢筋混凝土梁的结构详图以配筋图为主，如图 10-45 所示。

钢筋的形状在配筋图中一般已表达清楚，如果配筋比较复杂，钢筋重叠无法看清时，应在配筋图外另加钢筋详图。钢筋详图应按照钢筋在立面图中的位置由上而下，用同一比例排列在配筋图的下方，并与相应的钢筋对齐。

识读钢筋混凝土梁结构详图时，应从以下几方面入手：

（1）读图时先看图名，再看立面图和断面图，后看钢筋详图和钢筋表。梁内的钢筋由受力筋、架立筋和箍筋所组成。现结合图 10-45 介绍如下：

1）受力筋（架立筋）。在梁的跨中下部配置 3 根受力筋（3Φ14）承受拉力，梁的上部配置 2 根通长钢筋（2Φ12）承受压力（或构造架立作用）。为了抵抗梁端部的斜向拉力，防止出现斜裂缝，常将一部分受力主筋在端部弯起，称作弯起钢筋（图中弯起 1Φ14）。

2）箍筋是将梁的受力主筋和架立筋连接在一起构成骨架的钢筋，它也能抑制斜裂缝的出现（图中Φ6@200）。

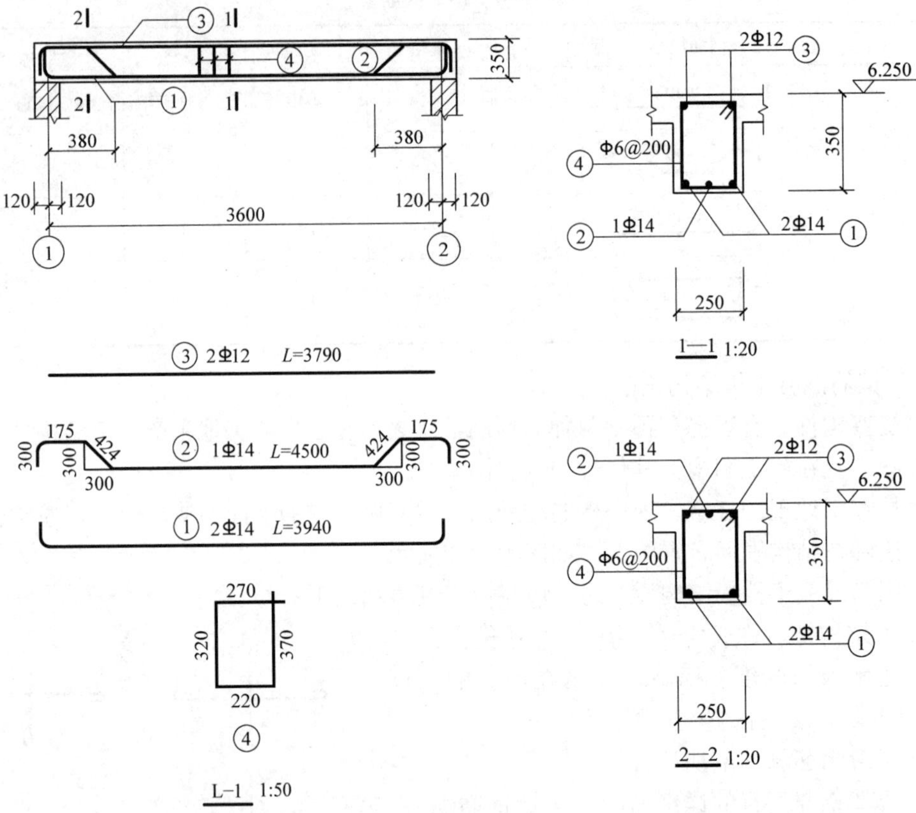

图 10-45　钢筋混凝土梁的结构详图

（2）从立面图中的剖切位置线了解断面图的剖切位置。通过断面图，了解梁的断面形状、钢筋布置和变化情况。

（3）从钢筋详图中，了解每种钢筋的编号、根数、直径、各段设计长度以及弯起角度。另外，从钢筋表中也可了解构件的名称、数量，钢筋的规格、简图、长度、重量等。

六、结构施工图的画法

结构施工图应采用正投影法绘制，特殊情况下也可采用仰视投影法绘制。

（一）基础平面图的画法（图 10-39）

（1）画出与建筑平面图相一致的定位轴线。

（2）画出基础墙（或柱）的边线及基础底部边线。

（3）画出不同断面图的剖切线及其编号。

（4）画出其他细部。

（5）标注轴线间的尺寸、基础及墙（或柱）的平面尺寸等。

（6）注写有关文字说明。

（二）基础详图的画法（图 10-40）

（1）画出基础的定位轴线。

（2）画出室内外地面的位置线，并根据基础各部分的高、宽等尺寸画出基础、基础墙等断面轮廓线。

（3）画出基础梁、基础底板配筋等内部构造情况。

（4）标注室内外地面、基础底面的标高和各细部尺寸。

（5）书写文字说明。

（三）结构平面布置图的画法（图 10-42）

（1）画出与建筑平面图相一致的定位轴线。

（2）画出平面外轮廓、楼板下的不可见墙身线和门窗洞的位置线以及梁的平面轮廓线等。

（3）对于预制板部分，注明预制板的数量、代号、编号；对于现浇板，画出板中钢筋的布置，并注明钢筋的编号、规格、间距、数量等。

（4）标注断面图的剖切位置并编号。

（5）标注轴线编号和各部分尺寸、楼（屋）面结构标高等。

（6）书写文字说明。

七、混凝土结构施工图平面表示方法简介

混凝土结构施工图平面表示方法（简称平法）就是把结构构件的尺寸、配筋等按相应的制图规则，整体、直接地表达在各类构件的结构平面布置图上，再与标准构造详图相结合，即成一套完整的结构施工图。这种方法减化了传统的将构件从结构平面布置图上索引出来，再逐个绘制配筋详图的繁琐过程，施工图的图纸量和 CAD 设计成本约为传统方法的 1/3，有利于设计和识图，提高了工作效率。

在平面图上表示各构件的尺寸和配筋的方式有：平面注写方式、列表注写方式、截面注写方式。无论何种方式，构件尺寸均以毫米、标高均以米为单位。现以平面注写和截面注写两种方法，介绍梁、柱结构施工图的识读。这类图形在与装饰工程的配合中应用最多，装饰技术人员必须十分了解装饰空间的梁柱布置情况。

（一）梁平面整体配筋图的识读

在结构平面布置图中表达梁的编号、位置、尺寸及配筋的图样称为梁平面整体配筋图。图 10-46 为其注写方法的示例，图中有集中标注与原位标注两个内容。

1. 集中标注　集中标注包括梁的结构编号、截面尺寸（宽×高）、箍筋、贯通筋和架立筋数值以及梁的上表面结构标高五项通用内容。集中标注选用一根细实线从梁中引出（如果多跨连续梁的五项通用内容均相同，可从梁的任一跨引出）。图 10-46 上方“KL2（2A）”表示框架梁编号为 2，括号中的数字“2”表示该框架为两跨，“A”表示框架一端有悬挑梁（如注写“B”表示两端均有悬挑梁）；第二行“Φ8@100/200（2）2Φ25”的含义为：梁的箍筋为Ⅰ级钢筋、直径为 8mm，加密区箍筋中心距为 100mm（在每跨梁的两端），非加密区箍筋中心距为 200mm（在梁的跨中区域），“（2）”表示该梁箍筋为双肢箍，“2Φ25”表示各梁跨中的通长筋数值；第三行“G4Φ10”表示梁的侧面配有 4 根Φ10 的构造钢筋（G 表示构造钢筋）；集中标注的最末一行“（-0.100）”表示梁顶结构标高低于本层楼面结构标高 0.100m（如果梁顶面高于楼板面时该值注写“+”号，高差为零时不标注）。

2. 原位标注　原位标注指在梁的具体位置上标注其配筋值。写在梁上方的表示该处截面上部配筋，写在梁下方的表示该处截面下部配筋。当上部配筋（梁的纵向筋）多于一排时，用斜线“/”将各排钢筋自上而下分开。如图 10-46 中的“6Φ25 4/2”表示梁支座处上排纵筋为“4Φ25”、下排纵筋为“2Φ25”。当同排纵筋有两种直径时，用加号“+”相连，注写时梁截面角上的钢筋写在前面，如图左上侧的“2Φ25＋2Φ22”表示梁支座上部有4根纵筋伸入支座，2根Φ25钢筋放在角部、2根Φ22钢筋放在中部。图内中间跨下方的“4Φ25”表示梁下部纵筋为4根Φ25，伸入左右支座内。

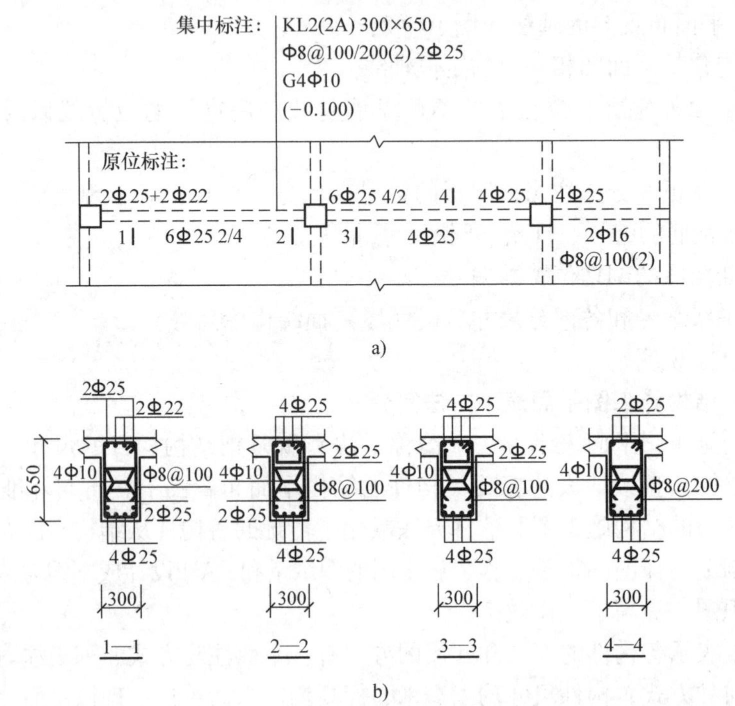

图10-46　梁的平法标注方式与对照

a）平面注写方式示例　b）对应的配筋断面图

当梁中间支座两侧的上部纵筋相同时，可仅在支座的一边标注配筋值，另一边省去不标。当梁的上、下部纵筋均为通长筋且各跨配筋相同时，此项可加注下部纵筋的配筋值，用分号“;”将上部与下部纵筋的配筋值分隔开来。如“3Φ22；3Φ20”表示梁的上部配置3根Φ22的钢筋，梁的下部配置3根Φ20的通长筋。当梁腹板高大于450mm时，需设置侧面的纵向构造钢筋，前述“G4Φ10”即是，在梁的侧面每边设2根Φ10。梁侧面有抗扭纵筋时，需在该跨的集中标注的下方位置标注抗扭纵筋的总配筋值，并在其前面加“N”号。如图10-47下方圆弧梁集中标注的“N4Φ20”表示该梁两侧各有2根Φ20抗扭钢筋伸入支座。附加箍筋或吊筋，将其直接画在平面图中的主梁上，用引线注写总配筋值，如图10-47中，轴线②上弯起钢筋的“2Φ18”即为附加的2根Φ18吊筋；轴线Ⓑ、轴线②相交处的“8Φ10”表示两侧各加4根Φ10箍筋。

图10-47为采用平面注写方式表达的梁平面整体配筋图示例。

（二）柱平面整体配筋图的识读

柱平面整体配筋图是在柱平面布置图上采用列表注写或截面注写方式表达柱的位置、编号、截面尺寸及配筋值的图样。如图10-48所示为截面注写方式画出的柱平面整体配筋图，即在柱平面布置图上分别从不同编号的柱中各选一个截面注写截面尺寸、配筋值来表达柱平面的整体配筋情况。

从图 10-48 的图名可知：此图为标高为 19.470～37.470 的柱施工图。下面以此图中轴线⑤下方的柱截面为例，说明其具体识读方法。图中标注出了柱的平面尺寸；在该截面的右上引出标注中，“KZ3”表示框架柱编号为 3，“650×600”表示适用于前述标高范围的柱截面尺寸，“24Φ22”是标高范围的柱纵筋值；“Φ10@100/200”为前述标高范围内柱的箍筋值，“100”为每层柱两端距楼板 500mm 范围内箍筋加密的中心距，“200”为柱的非加密区箍筋中心距。

在图 10-48 左侧有一表格，反映楼层结构标高及层高情况。表中竖向粗实线范围为本平法图适用部分，层号为“－”者为地下室。

平法制图规则规定，用“/”区分箍筋加密与非加密区的中心距，当箍筋沿柱高只有一种中心距时，不用“/”线；在圆柱中，当采用螺旋箍筋时，需在箍筋前加“L”。

（三）结构构件在平法中的编号要求

平法制图规则还制定了梁、柱、墙等结构构件的编号规则，见表 10-9～表 10-12。

表 10-9　梁编号

梁的类型	代号	序号	跨数及是否带悬挑	梁的类型	代号	序号	跨数及是否带悬挑
楼层框架梁	KL	××	（××）或（××A）或（××B）	非框架梁	L	××	（××）或（××A）或（××B）
屋面框架梁	WKL	××	（××）或（××A）或（××B）	悬挑梁	XL	××	
框支梁	KZL	××	（××）或（××A）或（××B）				

注：（××A）为一端有悬挑，（××B）为两端有悬挑，悬挑不计入跨数。

例：KL7（5A）表示第 7 号框架梁，5 跨，一端有悬挑；L9（7B）表示第 9 号非框架梁，7 跨，两端有悬挑。

表 10-10　柱编号

柱　类　型	代　　号	序　　号	柱　类　型	代　　号	序　　号
框架柱	KZ	××	梁上柱	LZ	××
框支柱	KZZ	××	剪力墙上柱	QZ	××

表 10-11　墙柱编号

墙柱类型	代　　号	序　　号
暗柱	AZ	××
端柱	DZ	××
小墙肢	XQZ	××

表 10-12　墙梁编号

墙梁类型	代　　号	序　　号
连梁	LL	××
暗梁	AL	××
边框梁	BKL	××

（四）钢筋混凝土标准构造详图

一套平法施工图必须配有结构标准构造图或相应的设计详图，来反映其具体构造，如钢筋形式、搭接、锚固、弯折等施工要求及尺寸。如图 10-49 所示为抗震设计时 KL、WKL 纵向钢筋的构造要求。图 10-49 中上部为屋盖、下部为楼盖处框架梁，左侧为边跨，中间为中跨，右跨省略（构造形式同左跨）。图中 l_n 为左跨 l_{n1}、中跨 l_{n2} 及向右的 l_{ni} 各跨中的较大值，h_c 为沿框架梁方向的柱截面尺寸，d 为钢筋直径，l_{abE} 为抗震设防的纵向受拉筋基本锚固长度，其值见表 10-13。有时还需根据设计图中的相关说明来理解构件中的钢筋构造做法及其他要求。

层号	标高/m	层高/m
屋面2	65.670	
塔层2	62.370	3.30
屋面1(塔层1)	59.070	3.30
16	55.470	3.60
15	51.870	3.60
14	48.270	3.60
13	44.670	3.60
12	41.070	3.60
11	37.470	3.60
10	33.870	3.60
9	30.270	3.60
8	26.670	3.60
7	23.070	3.60
6	19.470	3.60
5	15.870	3.60
4	12.270	3.60
3	8.670	3.60
2	4.470	4.20
1	−0.030	4.50
−1	−4.530	4.50
−2	−9.030	4.50

结构层楼面标高
结构层高

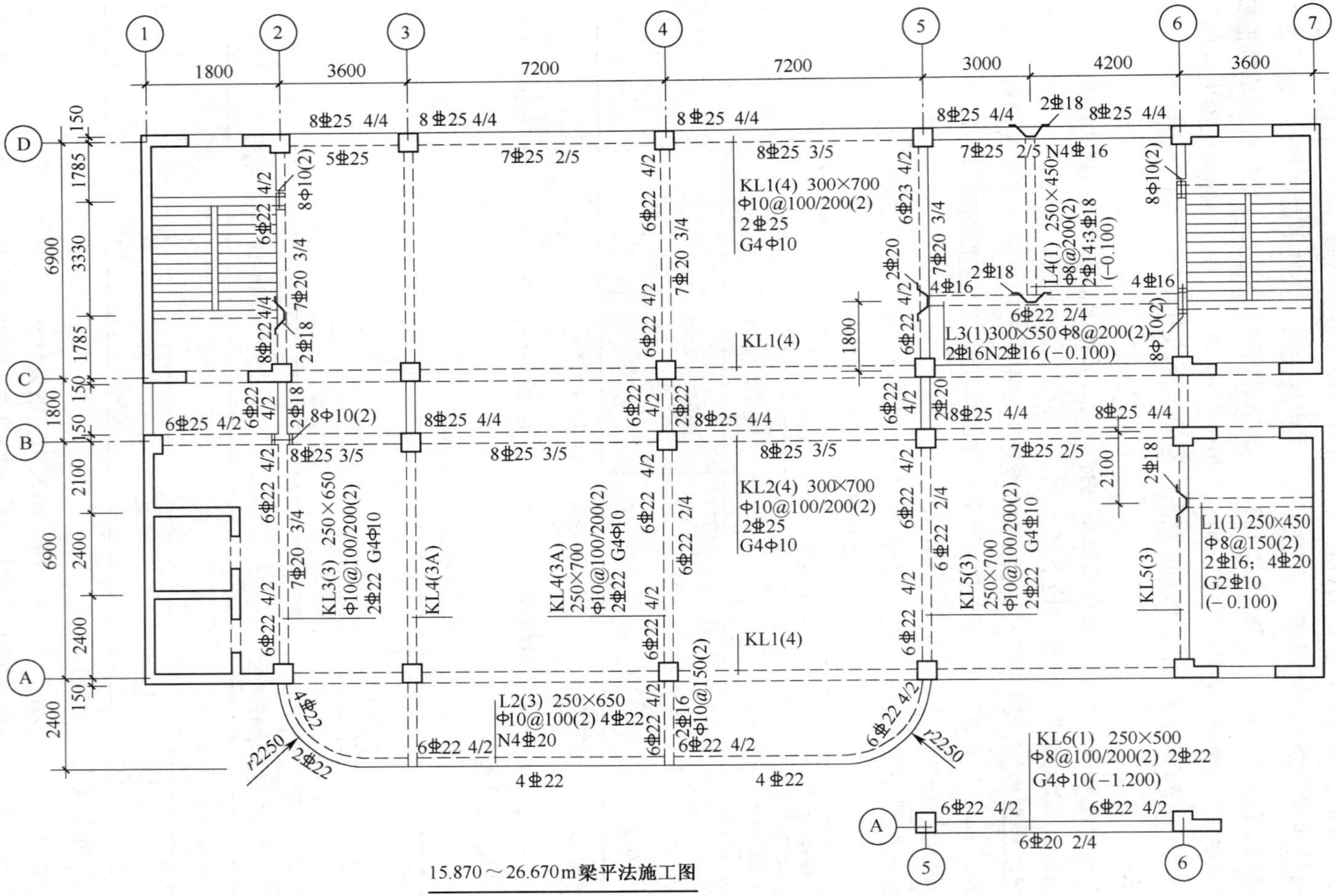

15.870～26.670m梁平法施工图

图 10-47 梁平面整体配筋图示例（平面标注方法）

屋面2	65.670	
塔层2	62.370	3.30
屋面1(塔层)1	59.070	3.30
16	55.470	3.60
15	51.870	3.60
14	48.270	3.60
13	44.670	3.60
12	41.070	3.60
11	37.470	3.60
10	33.870	3.60
9	30.270	3.60
8	26.670	3.60
7	23.070	3.60
6	19.470	3.60
5	15.870	3.60
4	12. 270	3.60
3	8.670	4.60
2	4.470	4.20
1	−0.030	4.50
−1	−4.530	4.50
−2	−9.030	4.50
层号	标高/m	层高/m

结构层楼面标高
结　构　层　高
上部结构嵌固部位:
−0.030

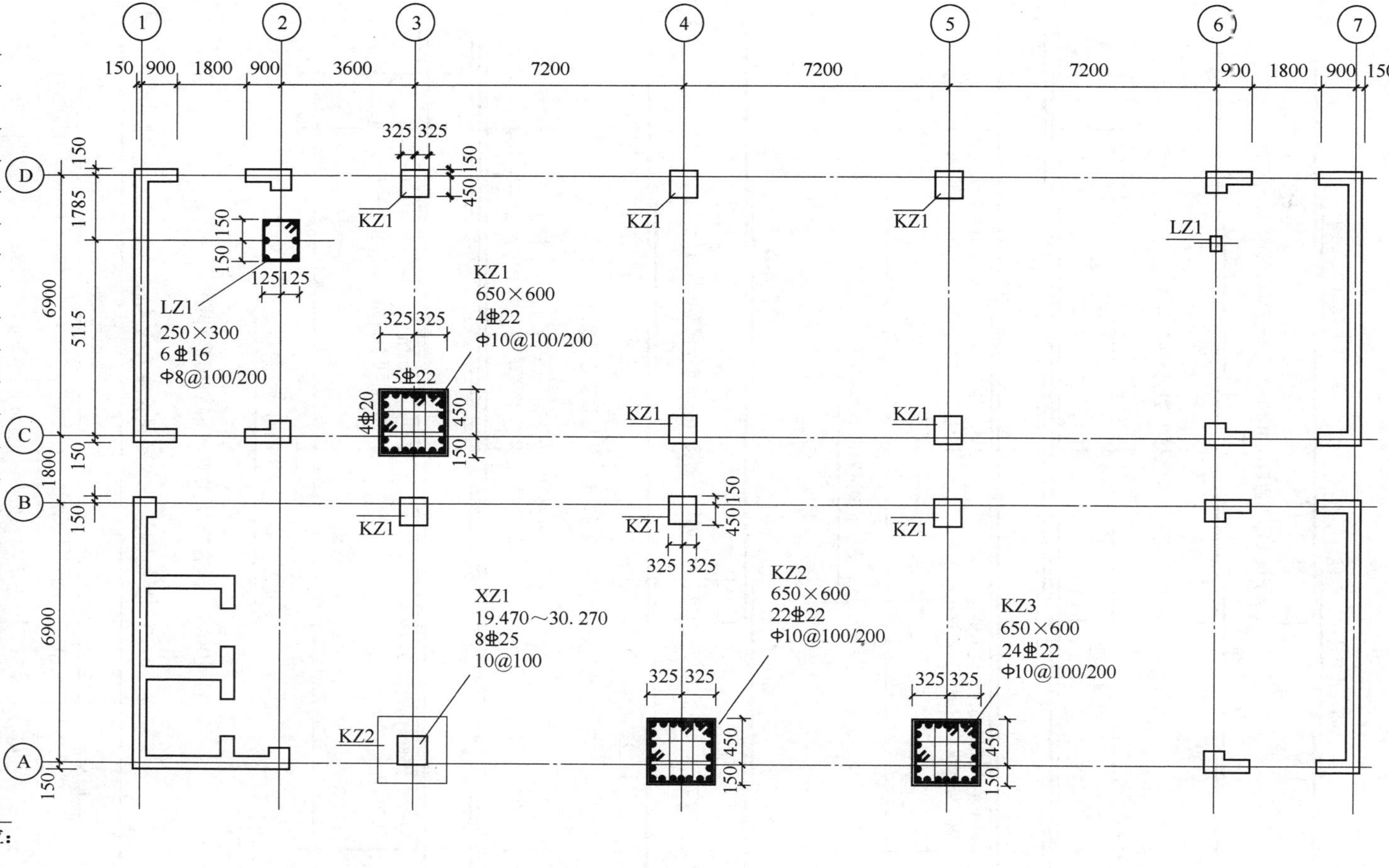

LZ1
250×300
6⌀16
Φ8@100/200

KZ1
650×600
4⌀22
Φ10@100/200

XZ1
19.470～30. 270
8⌀25
10@100

KZ2
650×600
22⌀22
Φ10@100/200

KZ3
650×600
24⌀22
Φ10@100/200

19.470～37.470m柱平法施工图

图 10-48　柱平面整体配筋图示例（截面标注方法）

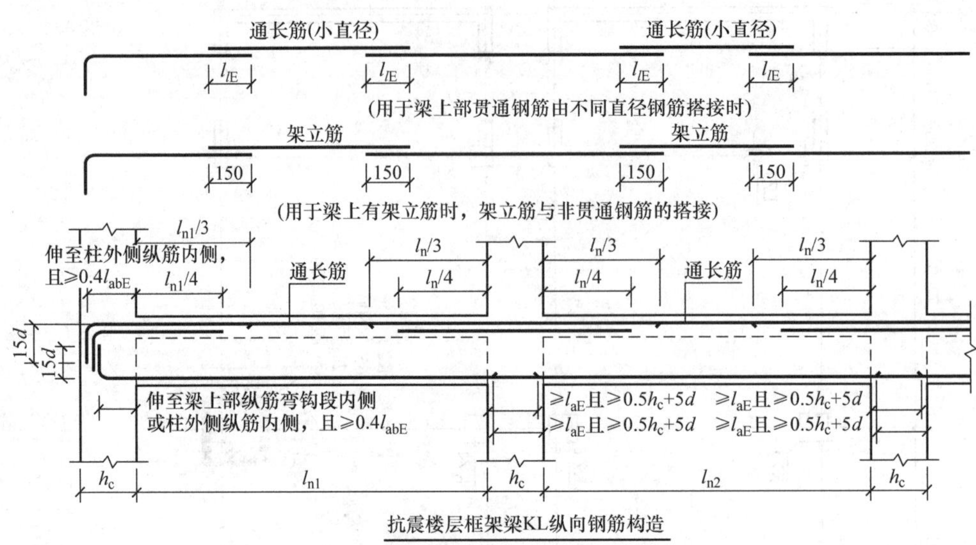

抗震楼层框架梁KL纵向钢筋构造

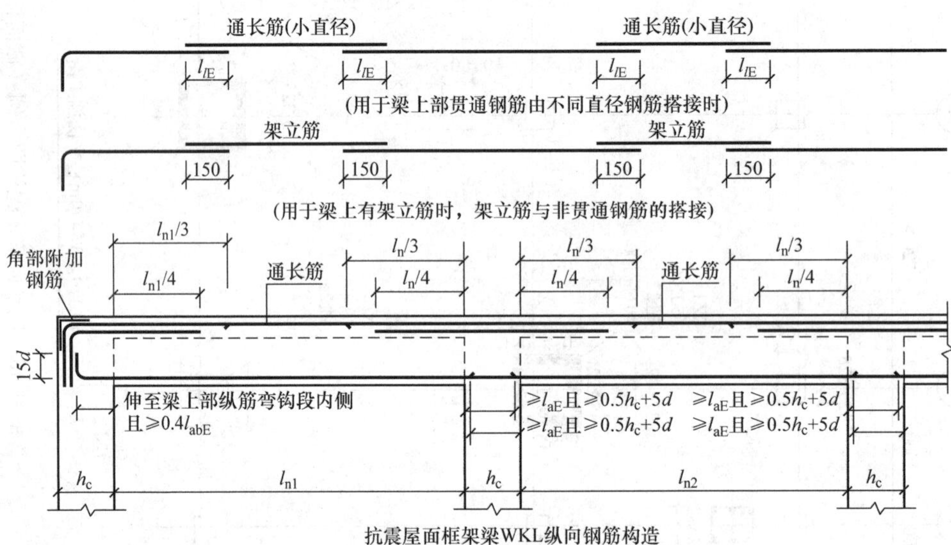

抗震屋面框架梁WKL纵向钢筋构造

图 10-49 抗震框架梁纵向钢筋构造详图

表 10-13 受拉钢筋基本锚固长度 l_{ab}、l_{abE}

钢筋种类	抗震等级	混凝土强度等级								
		C20	C25	C30	C35	C40	C45	C50	C55	≥C60
HPB300	一、二级（l_{abE}）	45*d*	39*d*	35*d*	32*d*	29*d*	28*d*	26*d*	25*d*	24*d*
	三级（l_{abE}）	41*d*	36*d*	32*d*	29*d*	26*d*	25*d*	24*d*	23*d*	22*d*
	四级（l_{abE}） 非抗震（l_{ab}）	39*d*	34*d*	30*d*	28*d*	25*d*	24*d*	23*d*	22*d*	21*d*

（续）

钢筋种类	抗震等级	混凝土强度等级								
		C20	C25	C30	C35	C40	C45	C50	C55	≥C60
HRB335 HRBF335	一、二级（l_{abE}）	44*d*	38*d*	33*d*	31*d*	29*d*	26*d*	25*d*	24*d*	24*d*
	三级（l_{abE}）	40*d*	35*d*	31*d*	28*d*	26*d*	24*d*	23*d*	22*d*	22*d*
	四级（l_{abE}） 非抗震（l_{ab}）	38*d*	33*d*	29*d*	27*d*	25*d*	23*d*	22*d*	21*d*	21*d*
HRB400 HRBF400 RRB400	一、二级（l_{abE}）	—	46*d*	40*d*	37*d*	33*d*	32*d*	31*d*	30*d*	29*d*
	三级（l_{abE}）	—	42*d*	37*d*	34*d*	30*d*	29*d*	28*d*	27*d*	26*d*
	四级（l_{abE}） 非抗震（l_{ab}）	—	40*d*	35*d*	32*d*	29*d*	28*d*	27*d*	26*d*	25*d*
HRB500 HRBF500	一、二级（l_{abE}）	—	55*d*	49*d*	45*d*	41*d*	39*d*	37*d*	36*d*	35*d*
	三级（l_{abE}）	—	50*d*	45*d*	41*d*	38*d*	36*d*	34*d*	33*d*	32*d*
	四级（l_{abE}） 非抗震（l_{ab}）	—	48*d*	43*d*	39*d*	36*d*	34*d*	32*d*	31*d*	30*d*

注：1. HPB300 级钢筋末端应做 180°弯钩，弯后平直段长度不应小于 3*d*，但作受压钢筋时可不做弯钩。

2. 当锚固钢筋的保护层厚度不大于 5*d* 时，锚固钢筋长度范围内应设置横向构造钢筋，其直径不应小于 *d*/4（*d* 为锚固钢筋的最大直径）；对梁、柱等构件间距不应大于 5*d*，对板、墙等构件间距不应大于 10*d*，且均不应大于 100（*d* 为锚固钢筋的最小直径）。

第十一章
建筑装饰装修施工图

【主要内容】

1. 建筑装饰装修施工图的作用。

2. 建筑装饰装修施工图的种类、特点、组成及有关规定。

3. 建筑装饰装修施工图中各图样的形成、比例、用途以及图线的表达方法。

4. 建筑装饰装修施工图的识读与绘制。

【学习目标】

1. 熟记建筑装饰装修施工图的组成及常用图例符号。

2. 熟记建筑装饰装修施工图各图样常用比例、图线要求。

3. 熟知并牢记建筑装饰装修施工图的图示内容，识读与绘制的方法步骤。此部分是本章的重点。

第一节　概　　述

建筑装饰装修施工图是按照装饰装修设计方案确定的空间尺度、构造做法、材料选用、施工工艺等，并遵照建筑及装饰装修设计规范要求编制的用于指导装饰施工生产的技术文件。建筑装饰装修施工图同时也是进行造价管理、工程监理等工作的主要技术文件。建筑装饰装修施工图按施工范围分为室内装饰装修施工图和室外装饰装修施工图。

一、建筑装饰装修施工图的特点

建筑装饰装修施工图与前述房屋建筑工程施工图的图示原理相同，是用正投影方法绘制的用于指导施工的图样，制图遵守《房屋建筑制图统一标准》、《建筑制图标准》及《房屋建筑室内装饰装修制图标准》等的要求。建筑装饰装修施工图反映的构造内容多、材料种类多、尺度变化大，需用适宜的比例、约定的图例加上必要的文字引注、尺寸和标高的标注加以表达，必要时绘制透视图、轴测图等辅助表达，以利识读。

建筑装饰设计通常是在建筑设计的基础上进行的，由于设计深度的不同、构造做法的细化，以及为满足使用功能和视觉效果而选用材料的多样性等，在制图和识图上有其自身的规

律，如图样的组成、施工工艺及细部做法的表达等都有不同。

装饰装修设计同样需经方案和施工图设计两个阶段。方案设计阶段是根据业主要求、现场情况，以及有关规范、设计标准等，以透视效果图、平面布置图、室内立面图、主要尺寸、设计说明等形式，将方案设计表达出来。经修改补充，取得合理方案后，报业主或有关主管部门审批，再进入施工图设计阶段。施工图设计是装饰设计的主要程序，目的是绘制指导施工的图样。复杂、大型（或高档）装饰装修工程尚需在方案和施工图设计阶段之间增加技术设计阶段，主要是解决与较多的设备（如空调、电气、监控等）专业之间的技术配合。

二、建筑装饰装修施工图的组成

（一）图纸的组成与排序

建筑装饰装修施工图一般由图纸目录、设计（施工）说明、平面布置图、楼地面铺装图、顶棚平面图、室内立面图、墙（柱）面装饰装修剖面图、装饰装修详图等图纸组成。其中设计说明、平面布置图、楼地面铺装图、顶棚平面图、室内立面图为基本图纸，表明施工内容的基本要求和主要做法；墙（柱）面装饰装修剖面图、装饰装修详图为施工的详细图纸，用于表明内外材料选用、细部尺寸、凹凸变化、工艺做法等。图纸的编排也以上述顺序排列。室内装饰装修图纸，应按楼层自下而上的顺序排列。同楼层各区段的室内装饰装修图纸应按主、次区域和内容的逻辑关系排列。

本书为简明起见，将结合一套家庭装饰装修施工图进行叙述。

对于大中型、高档和复杂的装饰装修工程，宜按图纸目录、设计（施工）说明、总平面布置图、总平面顶棚图、顶棚装饰灯具布置图、设备设施布置图、顶棚综合布点图、墙体定位平面图、地面铺装图、陈设与家具平面布置图、部品部件平面布置图、各空间平面布置图、各空间顶棚平面图、各空间（墙、柱面）立面图、部品部件立面图、装饰装修剖面图、装饰装修详图、装饰装修节点图、装饰装修材料表、配套标准图的顺序排列。

（二）图纸的目录和设计（施工）说明

一套图纸应有目录，装饰装修施工图也不例外。在第一页图的适当位置编排本套图纸的目录（有时采用 A4 幅面专设目录页），以便查阅。图纸目录包括图别、图号、图纸内容、采用标准图集代号、备注等，如图 11-1 所示。图别中的“装施”即装饰装修施工图的简称，图号中的“1”即图纸的第一页。

在建筑装饰装修施工图中，一般应将工程概况、设计风格、材料选用、施工工艺、工程做法及施工注意事项以及施工图中不易表达或设计者认为重要的其他内容写成文字，编成设计说明（有时也称施工说明），如图 11-1 所示。

三、建筑装饰装修施工图的有关规定

（一）图样的比例

由于人的活动需要，装饰装修空间要有较大的尺度，为了在图纸上绘制施工图样，通常采用缩小的比例，绘制比例见表 11-1。

住宅室内装饰施工图

设计说明

本图为跃层式住宅室内装饰装修施工图，按业主认可的效果图设计绘制，装饰效果为现代式风格。

1.吊顶采用轻钢龙骨(50系列)、纸面石膏板(厚9.5mm)，板缝、板面批腻刮白(板缝贴绷带)、罩白色乳胶漆3遍。

2.墙柱面采用30×40木龙骨，罩防火涂料2遍；基层为九厘板，面层板选用见相应施工图标注。

3. 所用木作面罩透明聚酯清漆6遍。

4.地面花岗石选用

(1)客厅及餐厅：800×800×20白麻石材，中央拼花，详见“装施7”；1:3干硬性水泥砂浆铺贴。

(2)卧室：铺设成品胡桃木地板，用40×50木龙骨架空铺设(水平间距450)。

(3)其他房间：铺贴米黄色全瓷砖，厨房、卫生间贴防滑米色全瓷砖。有水房间瓷砖铺贴坡向地漏，坡度1%，1:3干硬性水泥砂浆铺贴。

图纸目录			
图别	图号	图纸内容	备注
装施	1	图纸目录及设计说明	
装施	2	平面布置图	
装施	3	地面铺装图	
装施	4	顶棚平面图	
装施	5	室内立面图	
装施	6	客厅墙身剖面图	
装施	7	装饰详图	

5.墙面除木作、贴瓷砖外，均批腻、刮白3道，再罩白色乳胶漆3遍。

6.说明中未尽事宜，应遵守《建筑装饰装修工程质量验收规范》(GB 50210—2001)的规定。

图 11-1　图纸目录及设计说明

表 11-1　绘图所用的比例

比例	部位	图纸内容
1∶200～1∶100	总平面、总顶面	总平面布置图、总顶棚平面布置图
1∶100～1∶50	局部平面、局部顶棚平面	局部平面布置图、局部顶棚平面布置图
1∶100～1∶50	不复杂的立面	立面图、剖面图
1∶50～1∶30	较复杂的立面	立面图、剖面图
1∶30～1∶10	复杂的立面	立面放大图、剖面图
1∶10～1∶1	平面及立面中需要详细表示的部位	详图
1∶10～1∶1	重点部位的构造	节点图

（二）图例符号

建筑装饰装修施工图的图例符号应符合《房屋建筑制图统一标准》、《建筑制图标准》和《房屋建筑室内装饰装修制图标准》等的有关规定，常用平面图例见表 11-2。

表 11-2　建筑装饰装修施工图常用平面图例

图　例	名称	图　例	名称	图　例	名称
	衣柜	TV TV	电视机		吸顶灯
	双人床		个人电脑		格栅荧光灯
	单人床		绿化植物		艺术吊灯
	低柜 高柜		健身器		射灯
	办公桌椅		地毯		风口
	会议桌椅		筒灯		坐便器
					浴缸
			台灯		洗面台

（三）字体、图线

字体要求与前述第二章相同。装饰装修施工图线型、线宽的详细要求见表 11-3。

表 11-3　房屋建筑室内装饰装修制图常用线型

名称		线型	线宽	一般用途
实线	粗	————	b	（1）平、剖面图中被剖切的房屋建筑和装饰装修构造的主要轮廓线 （2）房屋建筑室内装饰装修立面图的外轮廓线 （3）房屋建筑室内装饰装修构造详图、节点图中被剖切部分的主要轮廓线 （4）平、立、剖面图的剖切符号
	中粗	————	$0.7b$	（1）平、剖面图中被剖切的房屋建筑和装饰装修构造的次要轮廓线 （2）房屋建筑室内装饰装修详图中的外轮廓线

（续）

名称		线型	线宽	一般用途
实线	中		0.5b	（1）房屋建筑室内装饰装修构造详图中的一般轮廓线 （2）小于0.7b的图形线、家具线、尺寸线、尺寸界线、索引符号、标高符号、引出线、地面、墙面的高差分界线等
	细		0.25b	图形和图例的填充线
虚线	中粗		0.7b	（1）表示被遮挡部分的轮廓线 （2）表示被索引图样的范围 （3）拟建、扩建房屋建筑室内装饰装修部分轮廓线
	中		0.5b	（1）表示平面中上部的投影轮廓线 （2）预想放置的房屋建筑或构件
	细		0.25b	表示内容与中虚线相同，适合小于0.5b的不可见轮廓线
单点长画线	中粗		0.7b	运动轨迹线
	细		0.25b	中心线、对称线、定位轴线
折断线	细		0.25b	不需要画全的断开界线
波浪线	细		0.25b	（1）不需要画全的断开界线 （2）构造层次的断开界线 （3）曲线形构件断开界限
点线	细		0.25b	制图需要的辅助线
样条曲线	细		0.25b	（1）不需要画全的断开界线 （2）制图需要的引出线
云线	中		0.5b	（1）圈出被索引的图样范围 （2）标注材料的范围 （3）标注需要强调、变更或改动的区域

（四）剖切符号

剖视的剖切符号及断面的剖切符号应符合《房屋建筑制图统一标准》的规定；剖切符号应标注在需要表示装饰装修剖面内容的位置上。

（五）索引符号

（1）索引符号根据用途的不同，可分为立面索引符号、剖切索引符号、详图索引符号、设备索引符号、部品部件索引符号。

1）表示室内立面在平面上的位置及立面图所在图纸编号，应在平面图上使用立面索引符号，如图11-2所示。

2）表示剖切面在界面上的位置或图样所在图纸编号，应在被索引的界面或图样上使用剖切索引符号，如图11-3所示。

3）表示局部放大图样在原图上的位置及本图样所在页码，应在被索引图样上使用详图

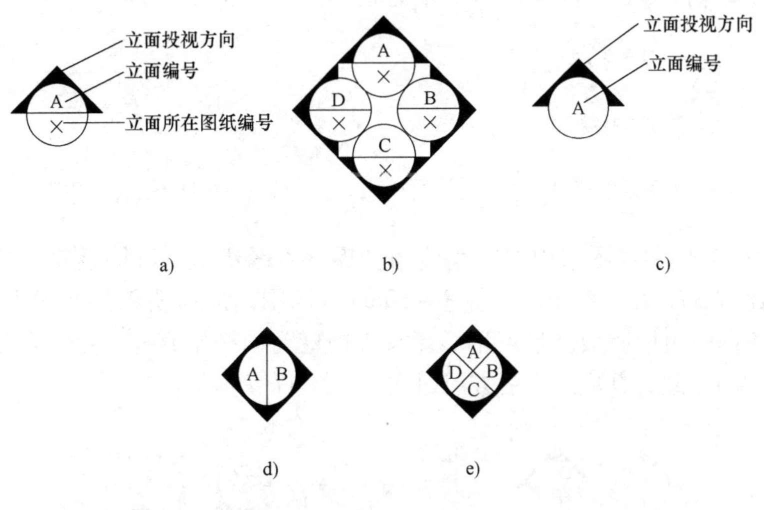

图 11-2　立面索引符号

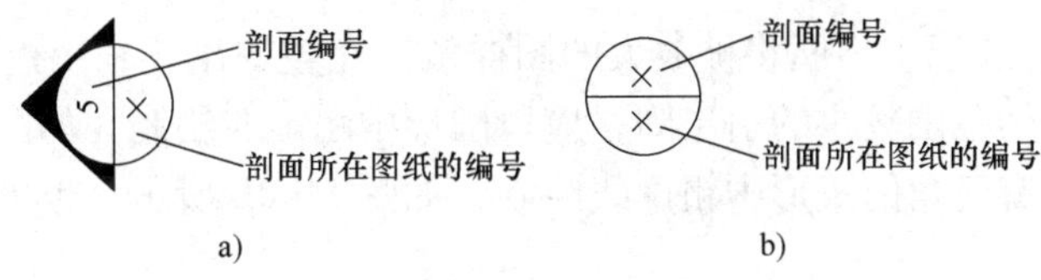

图 11-3　剖切索引符号

索引符号，如图 11-4 所示。

4）表示各类设备（含设备、设施、家具、灯具等）的品种及对应的编号，应在图样上使用设备索引符号，如图 11-5 所示。

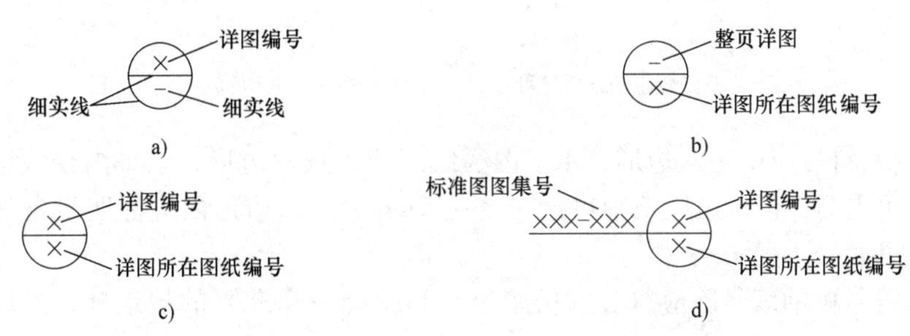

图 11-4　详图索引符号

a）本页索引符号　b）整页索引符号　c）不同页索引符号　d）标准图索引符号

（2）索引符号的绘制应符合下列规定：

1）立面索引符号应由圆圈、水平直径组成，且圆圈及水平直径应以细实线绘制。根据图面比例，圆圈直径可选择 8 ~ 10mm。圆圈内应注明编号及索引图所在页码。立面索引符号应附以三角形箭头，且三角形箭头方向应与投射方向一致，圆圈中水平直径、数字及字母

（垂直）的方向应保持不变，如图 11-6 所示。

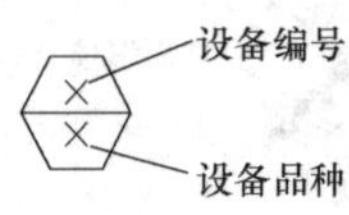

图 11-5　设备索引符号

图 11-6　立面索引符号

2）剖切索引符号和详图索引符号均应由圆圈、直径组成，圆圈及直径应以细实线绘制。根据图面比例，圆圈的直径可选择 8～10mm。圆圈内应注明编号及索引图所在页码。剖切索引符号应附三角形箭头，且三角形箭头方向应与圆圈中直径、数字及字母（垂直于直径）的方向保持一致，并应随投射方向而变，如图 11-7 所示。

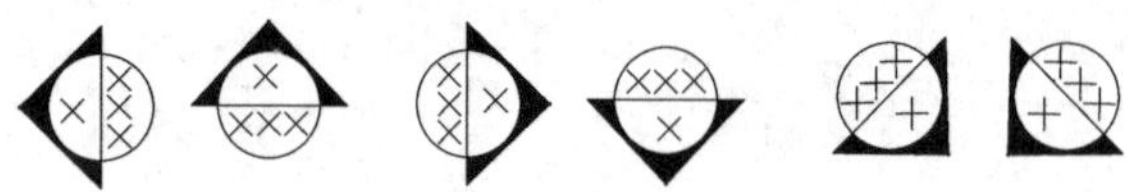

图 11-7　剖切索引符号

3）索引图样时，应以引出圈将被放大的图样范围完整圈出，并应由引出线连接引出圈和详图索引符号。图样范围较小的引出圈，应以圆形中粗虚线绘制，如图 11-8a 所示；范围较大的引出圈，宜以有弧角的矩形中粗虚线绘制，如图 11-8b 所示，也可以云线绘制，如图 11-8c 所示。

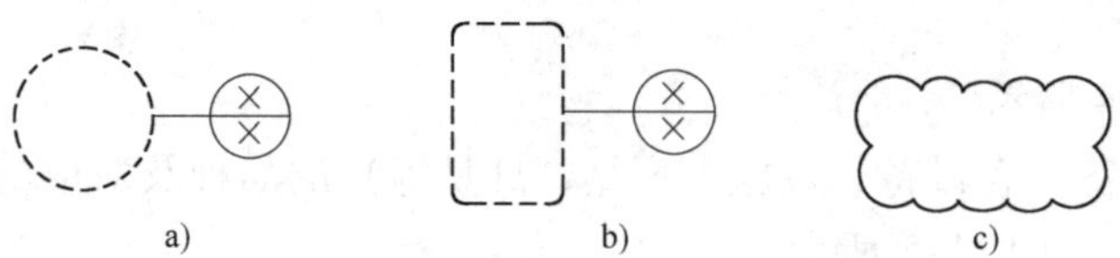

图 11-8　索引符号

a）范围较小的索引符号　b）、c）范围较大的索引符号

4）设备索引符号应由正六边形、水平内径线组成，正六边形、水平内径线应以细实线绘制。根据图面比例，正六边形长轴可选择 8～12mm。正六边形内应注明设备编号及设备品种代号，如图 11-5 所示。

（3）索引符号中的编号除应符合《房屋建筑制图统一标准》的规定外，尚应符合下列规定：

1）当引出图与被索引的详图在同一张图纸内时，应在索引符号的上半圆中用阿拉伯数字或字母注明该索引图的编号，在下半圆中间画一段水平细实线，如图 11-4a 所示。

2）当引出图与被索引的详图不在同一张图纸内时，应在索引符号的上半圆中用阿拉伯数字或字母注明该详图的编号，在索引符号的下半圆中用阿拉伯数字或字母注明该详图所在图纸的编号。数字较多时，可加文字标注，如图 11-4c、d 所示。

3）在平面图中采用立面索引符号时，应采用阿拉伯数字或字母为立面编号代表各投视方向，并应以顺时针方向排序，如图 11-9 所示。

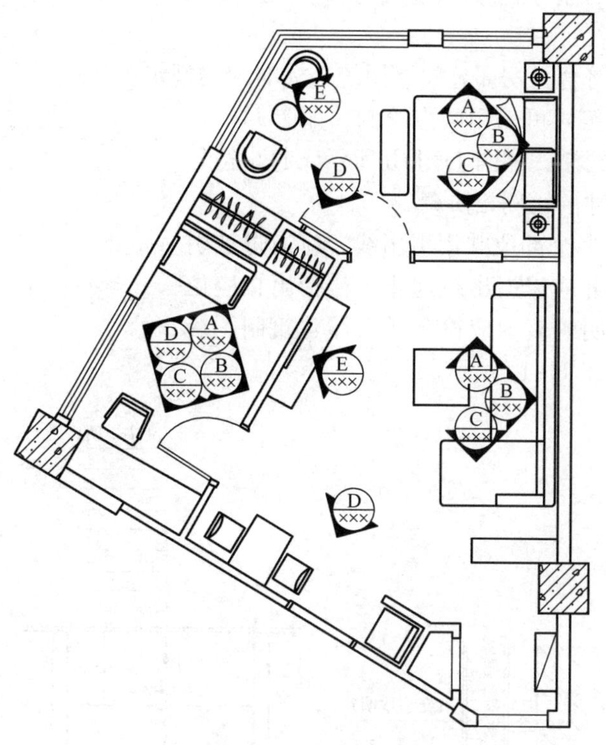

图 11-9　立面索引符号的编号

（六）图名编号

（1）房屋建筑室内装饰装修的图纸宜包括平面图、索引图、顶棚平面图、立面图、剖面图、详图等。

（2）图名编号应由圆、水平直径、图名和比例组成。圆及水平直径均应由细实线绘制，圆直径根据图面比例，可选择 8～12mm，如图 11-10 所示。

（3）图名编号的绘制应符合下列规定：用来表示被索引出的图样时，应在图号圆圈内画一水平直径，上半圆中应用阿拉伯数字或字母注明该图样编号，下半圆中应用阿拉伯数字或字母注明该图索引符号所在图纸编号，如图 11-10a 所示；当索引出的详图图样与索引图同在一张图纸内时，圆内可用阿拉伯数字或字母注明详图编号，也可在圆圈内画一水平直径，且上半圆中应用阿拉伯数字或字母注明编号，下半圆中间应画一段水平细实线，如图 11-10b 所示。

图 11-10　图名编号

a）被索引出的图样的图名编写　b）索引图与被索引出的图样同在一张图纸内的图名编写

（4）图名编号引出的水平直线上方宜用中文注明该图的图名，其文字宜与水平直线前

端对齐或居中。比例的注写应符合相关比例的规定。

（七）引出线

引出线的绘制应符合《房屋建筑制图统一标准》的规定。

（1）引出线起止符号可采用圆点绘制，如图 11-11a 所示，也可采用箭头绘制，如图 11-11b 所示。起止符号的大小应与本图样尺寸的比例相协调。

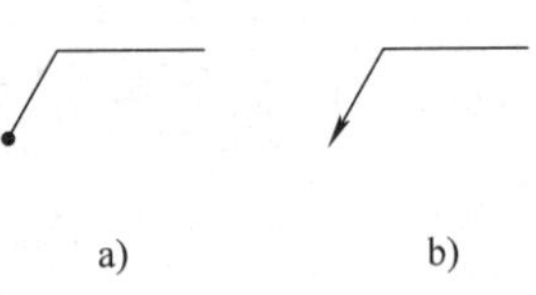

图 11-11　引出线起止符号

（2）多层构造或多个部位共用引出线，应通过被引出的各层或各部分，并应以引出线起止符号指出相应位置。引出线和文字说明的表示应符合《房屋建筑制图统一标准》的规定，如图 11-12 所示。

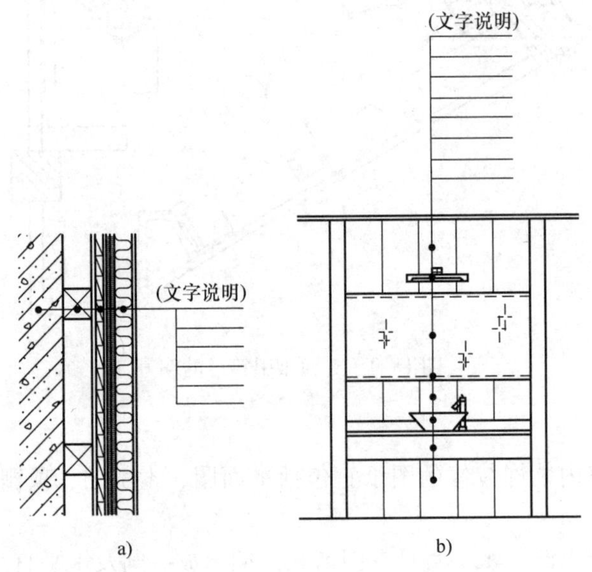

图 11-12　共用引出线示意

a）多层构造共用引出线　b）多个物象共用引出线

（八）其他符号

1. 对称符号　对称符号应由对称线和分中符号组成。对称线应用细单点长画线绘制，分中符号应用细实线绘制。分中符号可采用两对平行线或英文缩写。采用平行线作为分中符号时（图 11-13a）应符合《房屋建筑制图统一标准》的规定；采用英文缩写作为分中符号时，大写英文 CL 应置于对称线一端，如图 11-13b 所示。

2. 连接符号　连接符号应以折断线或波浪线表示需连接的部位。两部位相距过远时，折断线或波浪线两端靠图样一侧应标注大写字母表示连接编号。两个被连接的图样应用相同的字母编号，如图 11-14 所示。

3. 转角符号　立面的转折应用转角符号表示，且转角符号应以垂直线连接两端交叉线并加注角度符号表示，如图 11-15 所示。

4. 指北针　指北针的绘制应符合《房屋建筑制图统一标准》的规定。指北针应绘制在房屋建筑室内装饰装修整套图纸的第一张平面图上，并应位于明显位置。

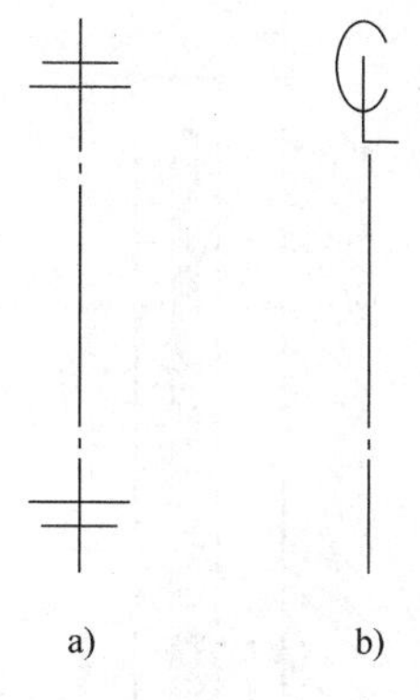

图 11-13　对称符号

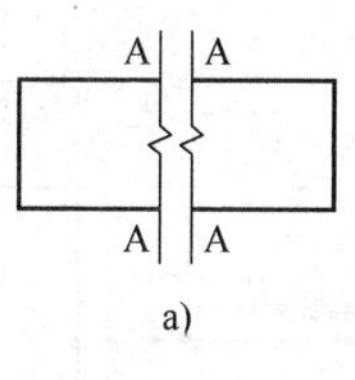

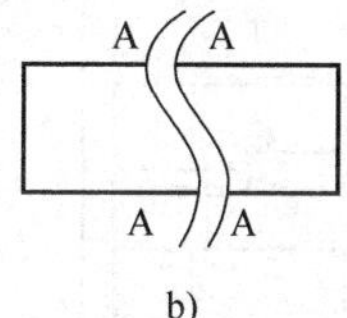

图 11-14　连接符号

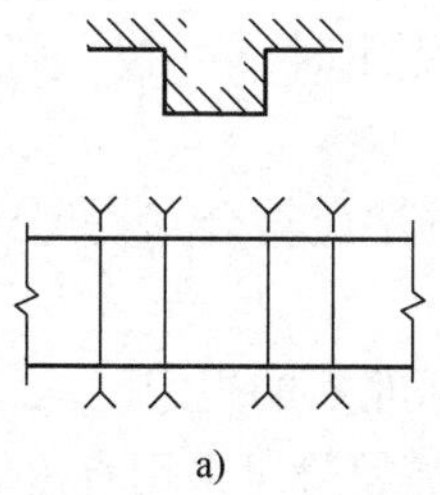

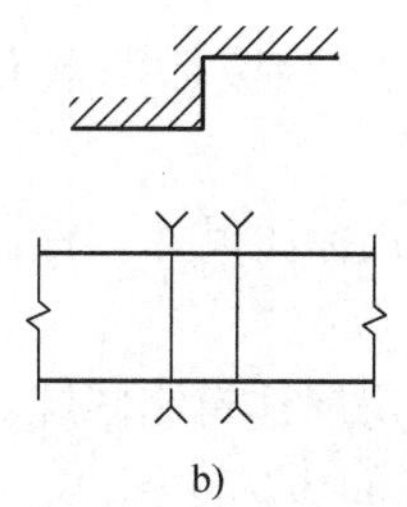

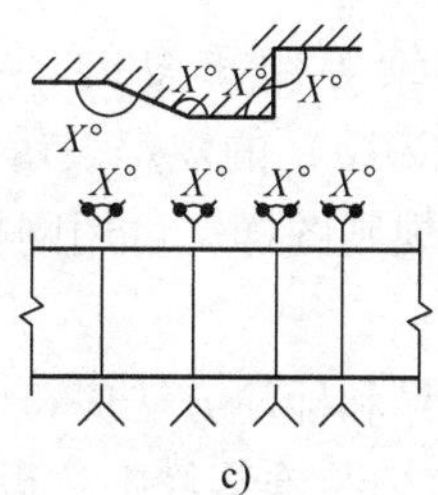

图 11-15　转角符号

a）表示成 90°外凸立面　b）表示成 90°内转折立面　c）表示不同角度转折外凸立面

（九）尺寸标注

（1）图样尺寸标注的一般标注方法应符合《房屋建筑制图统一标准》的规定。

1）尺寸起止符号可用中粗斜短线绘制，并应符合《房屋建筑制图统一标准》的规定；也可用黑色圆点绘制，其直径宜为 1mm。

2）尺寸标注应清晰，不应与图线、文字及符号等相交或重叠。

3）尺寸宜标注在图样轮廓以外，当需要注在图样内时，不应与图线、文字及符号等相交或重叠。当标注位置相对密集时，各标注数字应在离该尺寸线较近处注写，并应与相邻数字错开。标注方法应符合《房屋建筑制图统一标准》的规定。

4）总尺寸应标注在图样轮廓以外。定位尺寸及细部尺寸可根据用途和内容注写在图样外或图样内相应的位置。

（2）尺寸标注、标高注写和标高符号应符合下列规定：

1）立面图、剖面图及详图应标注标高和垂直方向尺寸；不易标注垂直距离尺寸时，可在相应位置标注标高，如图 11-16 所示。

2）各部分定位尺寸及细部尺寸应注写净距离尺寸或轴线间尺寸。

3）标注剖面或详图各部位的定位尺寸时，应注写其所在层次内的尺寸，如图 11-17 所示。

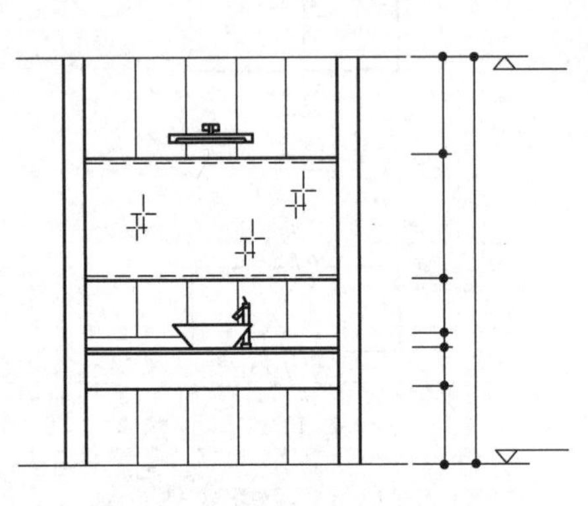
图 11-16　尺寸及标高的注写

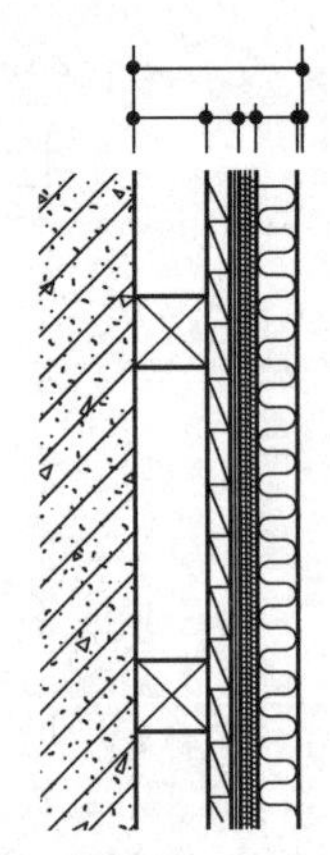
图 11-17　尺寸的注写

4）图中连续等距重复的图样，当不易标明具体尺寸时，可按《建筑制图标准》（GB/T 50104—2010）的规定表示。

5）对于不规则图样，可用网格形式标注尺寸，标注方法应符合《房屋建筑制图统一标准》的规定。

6）标高符号和标注方法应符合《房屋建筑制图统一标准》的规定。

房屋建筑室内装饰装修中，设计空间应标注标高，标高符号可采用直角等腰三角形，也可采用涂黑的三角形或90°对顶角的圆，标注顶棚标高时，也可采用CH符号表示，如图11-18所示。

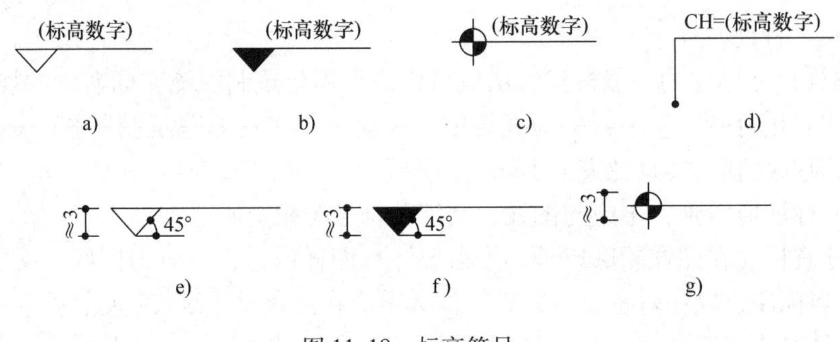

图 11-18　标高符号

（十）定位轴线

定位轴线的绘制应符合《房屋建筑制图统一标准》的规定。

（十一）图例符号

（1）常用房屋建筑室内材料、装饰装修材料、常用家具、电器、厨具、洁具、配景、灯具、水暖设备及开关插座等应按附录B所示图例画法绘制。

（2）当采用个性化设计时，采用标准图例中未包括的材料及设备时，可自编图例，但不得与标准所列的图例重复，且在绘制时，应在适当位置画出该图例，并应加以说明。如有下列情况，可不画建筑装饰材料图例，但应加文字说明，如：图纸内的图样只用一种图例时；图形较小无法画出建筑装饰材料图例时；图形较复杂，画出建筑装饰材料图例影响图纸理解时。

（3）常用房屋建筑室内装饰装修材料图例按附录表 B-1 所示图例画法绘制。

（4）常用家具图例按附录表 B－2 所示图例画法绘制。

（5）常用电器图例按附录表 B－3 所示图例画法绘制。

（6）常用洁具图例按附录表 B－4 所示图例画法绘制。

（7）常用洁具图例按附录表 B－5 所示图例画法绘制。

（8）室内常用景观配饰图例按附录表 B－6 所示图例画法绘制。

（9）常用灯光照明图例按附录表 B－7 所示图例画法绘制。

（10）常用设备图例按附录表 B－8 所示图例画法绘制。

（11）常用开关、插座图例按附录表 B－9、表 B－10 所示图例画法绘制。

四、装饰装修工程图样画法

（一）投影法

（1）房屋建筑室内装饰装修的视图，应采用位于建筑内部的视点按正投影法绘制，且自 A 的投影镜像图应为顶棚平面图，自 B 的投影应为平面图，自 C、D、E、F 的投影应为立面图，如图 11-19 所示。

（2）顶棚平面图应采用镜像投影法绘制，其图像中纵横轴线排列应与平面图完全一致，如图 11-20 所示。

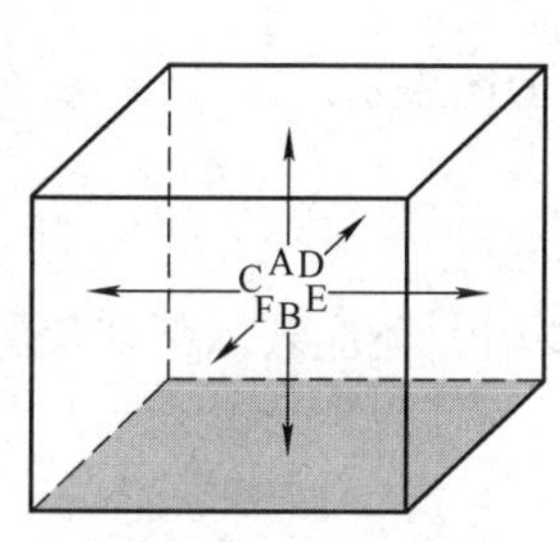

图 11-19　正投影法

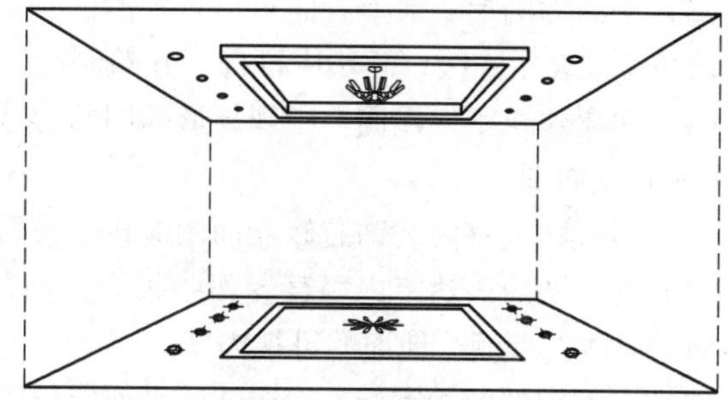
图 11-20　镜像投影法

（3）装饰装修界面与投影面不平行时，可用展开图表示。

（二）平面图

（1）除顶棚平面图外，各种平面图应按正投影法绘制。

（2）平面图宜取视平线以下适宜高度水平剖切俯视所得，并根据表现内容的需要，可增加剖视高度和剖切平面。

（3）平面图应表达室内水平界面中正投影方向的物像，且需要时，还应表示剖切位置中正投影方向墙体的可视物像。

（4）局部平面放大图的方向宜与楼层平面图的方向一致。

（5）平面图中应注写房间的名称或编号，编号应注写在直径为 6mm 细实线绘制的圆圈内，其字体大小应大于图中索引文字标注，并应在同张图纸上列出房间名称表。

（6）对于平面图中的装饰装修物件，可注写名称或用相应的图例符号表示。

（7）在同一张图纸上绘制多于一层的平面图时，应按《建筑制图标准》的规定执行。

（8）对于较大的房屋建筑室内装饰装修平面，可分区绘制平面图，且每张分区平面图均应以组合示意图表示所在位置。对于在组合示意图中要表示的分区，可采用阴影线或填充色块表示。各分区应分别用大写拉丁字母或功能区名称表示。各分区视图的分区部位及编号应一致，并应与组合示意图对应。

（9）房屋建筑室内装饰装修平面起伏较大的呈弧形、曲折形或异形时，可用展开图表示，不同的转角面应用转角符号表示连接，且画法应符合《建筑制图标准》的规定。

（10）在同一张平面图内，对于不在设计范围内的局部区域应用阴影线或填充色块的方式表示。

（11）为表示室内立面的平面上的位置，应在平面图上表示出相应的索引符号。

（12）对于平面图上未被剖切到的墙体立面的洞、龛等，在平面图中可用细虚线连接表明其位置。

（13）房屋建筑室内各种平面中出现异形的凹凸形状时，可用剖面图表示。

（三）顶棚平面图

（1）顶棚平面图中应省去平面图中门的符号，并应用细实线连接门洞以表明位置。墙体立面的洞、龛等，在顶棚平面中可用细虚线连接表明其位置。

（2）顶棚平面图应表示出镜像投影后水平界面上的物像，且需要时，还应表示剖切位置中投影方向的墙体的可视内容。

（3）平面为圆形、弧形、曲折形、异形的顶棚平面，可用展开图表示，不同的转角面应用转角符号表示连接，画法应符合《建筑制图标准》的规定。

（4）房屋建筑室内顶棚上出现异形的凹凸形状时，可用剖面图表示。

（四）立面图

（1）房屋建筑室内装饰装修立面图应按正投影法绘制。

（2）立面图应表达室内垂直界面中投影方向的物体，需要时，还应表示剖切位置中投影方向的墙体、顶棚、地面的可视内容。

（3）立面图的两端宜标注房屋建筑平面定位轴线编号。

（4）平面为圆形、弧形、曲折形、异形的室内立面，可用展开图表示，不同的转角面应用转角符号表示连接，画法应符合《建筑制图标准》的规定。

（5）对称式装饰装修面或物体等，在不影响物像表现的情况下，立面图可绘制一半，并应在对称轴线处画对称符号。

（6）在房屋建筑室内装饰装修立面图上，相同的装饰装修构造样式可选择一个样式绘出完整图样，其余部分可只画图样轮廓线。

（7）在房屋建筑室内装饰装修立面图上，表面分隔线应表示清楚，并应用文字说明各部位所用材料及色彩等。

（8）圆形或弧线形的立面图应以细实线表示出该立面的弧度感，如图 11-21 所示。

（9）立面图宜根据平面图中立面索引编号标注图名。有定位轴线的立面，也可根据两端定位轴线号编注立面图名称。

（五）剖面图和断面图

房屋建筑室内装饰装修剖面图和断面图的绘制，应符合《房屋建筑制图统一标准》及

《建筑制图标准》的规定。

（六）视图布置

（1）同一张图纸上绘制若干个视图时，各视图的位置应根据视图的逻辑关系和版面的美观决定，如图11-22所示。

（2）每个视图均应在视图下方、一侧或相近位置标注图名，标注方法应符合图名编号的有关规定。

（七）其他规定

（1）房屋建筑室内装饰装修构造详图、节点图，应按正投影法绘制。

（2）表示局部构造或装饰装修的透视图或轴测图，可按《房屋建筑制图统一标准》的规定绘制。

（3）房屋建筑室内装饰装修制图中的简化画法，应符合《房屋建筑制图统一标准》的规定。

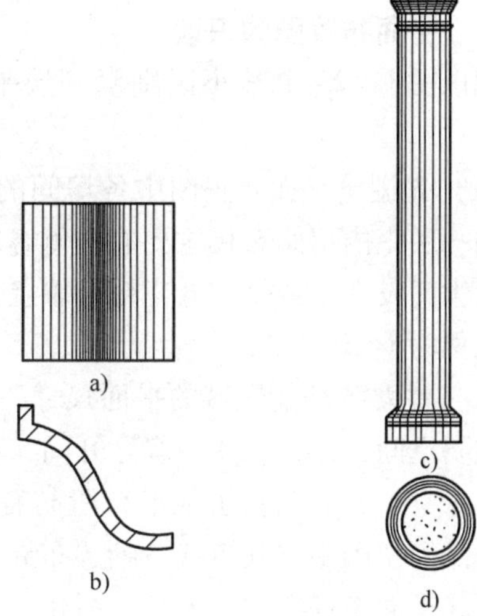

图11-21　圆形或弧线形图样立面
a）立面图　b）平面图
c）立面图　d）平面图

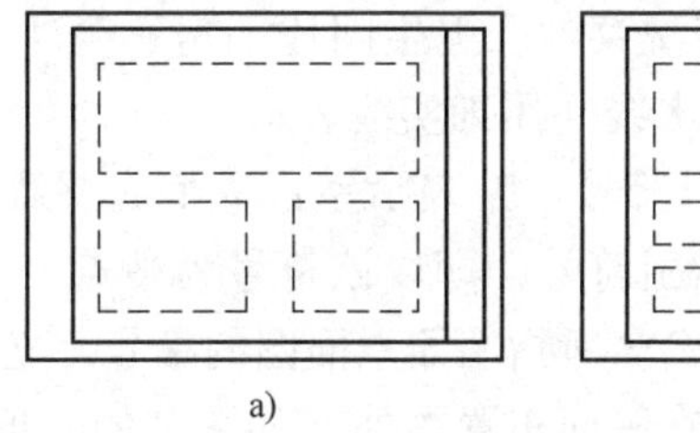

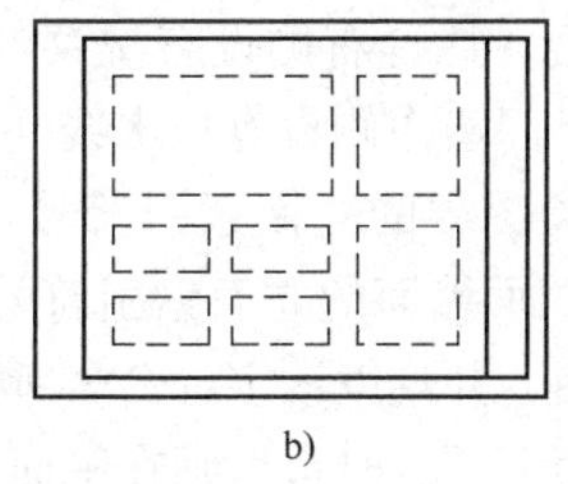

图11-22　常规的布图方法

第二节　平面布置图

平面布置图是装饰装修施工图中的主要图样，它是根据设计原理、人体工学以及用户的要求画出的用于反映建筑平面布局、装饰空间及功能区域的划分、家具设备的布置、绿化及陈设的布局等内容的图样，是确定装饰空间平面尺度及装饰形体定位的主要依据。

一、平面布置图的形成与表达

平面布置图是假想用一个水平剖切平面，沿着每层的门窗洞口位置进行水平剖切，移去剖切平面以上的部分，对以下部分所作的水平正投影图。剖切位置选择在每层门窗洞口的高度范围内，剖切位置不必在室内立面图中指明。平面布置图与建筑平面图一样，实际上是一种水平剖面图，但习惯上称为平面布置图，其常用比例为1∶50、1∶100和1∶150。

平面布置图中剖切到的墙、柱轮廓线等用粗实线表示；未剖切到但能看到的内容用细实线表示，如家具、地面分格、楼梯台阶等。在平面布置图中门扇的开启线宜用细实线表示。

二、平面布置图的识读

现以图11-23中某小区别墅一层平面布置图（与第十章建筑施工图配套）为例加以说明。

（1）先浏览平面布置图中各房间的功能布局、图样比例等，了解图中基本内容。从图中看到一层室内房间布局主要有南侧客厅、书房，北侧的餐厅、厨房及楼梯、卫生间等功能区域。大门设在轴线②～③南侧外墙上，入口处有台阶，大门向外开启并与一层客厅相连，此图比例为1:50。

（2）注意各功能区域的平面尺寸、地面标高、家具及陈设等的布局。客厅是住宅布局中的主要空间，图11-23中客厅开间5.40m、进深7.20m，布置有影视柜、沙发、茶几、棋牌桌等家具，并有三步折线形台阶与餐厅相连，客厅地面标高为±0.000，装饰物有花台、旱景小品等。图中空间流线清晰、布局合理。在客厅大门内侧和窗台旁还布置有鞋柜和立式空调。在平面布局图中，家具、绿化、陈设等应按比例绘制，一般选用细线表示。与客厅连通的空间是餐厅、楼梯间及过厅，由于空间贯通，并且客厅和餐厅地面不在同一标高（餐厅地面标高为0.450m），所以进入客厅后有层次感，且视线开阔。

图中餐厅和客厅之间设有装饰栏杆（长3.750m），靠餐厅的轴线③墙设有酒水柜。餐厅布置有8人餐桌及立式空调。书房设有写字台、书柜、椅子及沙发等家具。厨房中的虚线表示煤气灶上方的吊柜，灶台右侧设有洗菜池。卫生间比书房、餐厅等地面低0.02m（用-0.020表示），卫生间门扇内侧设有挡水线（用细实线表示）。

（3）理解平面布置图中的立面索引符号。为表示室内立面在平面图中的位置及名称，图11-23客厅中绘出了四面墙面的立面索引符号，即以该符号为站点分别以A、B、C、D四个方向观看所指的墙面，并且以该字母命名所指墙面立面图的编号。立面索引符号通常画在平面布置图的房间地面上，有时也可画在平面布置图外（如图名的附近），表示该平面布置图所反映的各房间室内立面图的名称都按此符号进行编号。立面索引编号宜用拉丁字母或阿拉伯数字按顺时针方向注写在8～10mm的细实线圆圈内。

a)

图11-23　某小区别墅效果图及平面布置图

a）效果图

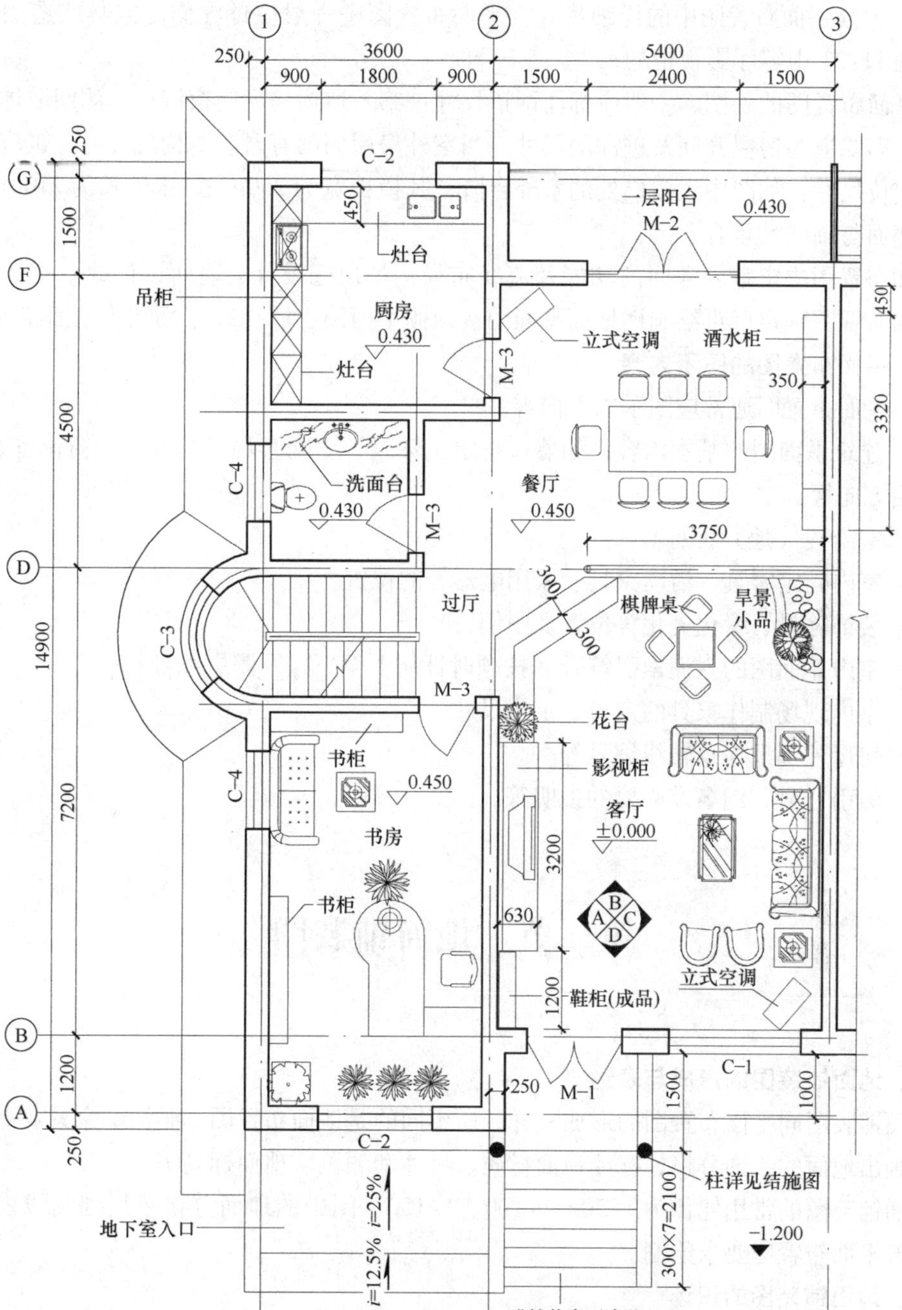

一层平面布置图 1:50

b)

图 11-23　某小区别墅效果图及平面布置图（续）

b）平面布置图

（4）识读平面布置图中的详细尺寸。平面布置图中一般应标注固定家具或造型等的尺寸，如图 11-23 中客厅影视柜的尺寸。

在平面布置图的外围，一般应标注两道尺寸：第一道为房屋门窗洞口、洞间墙体或墙垛的尺寸，第二道为房屋开间及进深的尺寸。当室外房屋周围有台阶等构配件时，也应标注其定形、定位尺寸，如图中大门口处的室外台阶，其栏板宽为 250mm、水平长为 2100mm，左侧栏板侧面与轴线②重合。

平面布置图决定室内空间的功能及流线布局，是顶棚设计、墙面设计的基本依据和条件，平面布置图确定后再绘制楼地面平面图、顶棚平面图、墙（柱）面装饰立面图等图样。

三、平面布置图的图示内容

室内平面布置图通常应图示以下内容：

（1）建筑平面图的基本内容，如墙柱与定位轴线、房间布局与名称、门窗位置及编号、门的开启方向等。

（2）室内楼（地）面标高。

（3）室内固定家具、活动家具、家用电器等的位置。

（4）装饰陈设、绿化美化等位置及图例符号。

（5）室内立面图的立面索引符号（按顺时针从上至下在圆圈中编号）。

（6）室内现场制作家具的定形、定位尺寸。

（7）房屋外围尺寸及轴线编号等。

（8）索引符号、图名及必要的说明等。

第三节　地面铺装图

一、地面铺装图的形成与表达

地面铺装图同平面布置图的形成一样，所不同的是地面布置图不画活动家具及绿化等布置，只画出地面的装饰分格，标注地面材质、尺寸和颜色、地面标高等。

地面铺装图的常用比例为 1∶50、1∶100、1∶150。图中的地面分格采用细实线表示，其他内容按平面布置图要求绘制。

二、地面铺装图的识读

从图 11-24 中看到除书房地面是胡桃木实木地板外，其他主要房间如客厅、餐厅、楼梯等为幼点白麻花岗石地面。客厅、餐厅为 800mm×800mm 幼点白麻花岗石铺贴，并且每间中央都做拼花造型；厨房、卫生间铺贴 400mm×400mm 防滑地砖；楼梯台阶也为幼点白麻花岗石铺贴。石材地面均设 150mm 宽黑金砂花岗石走边。为反映地面的详细做法，图中对客厅、餐厅的地面拼花造型做了详图索引，以表示其后有详图反映其做法。

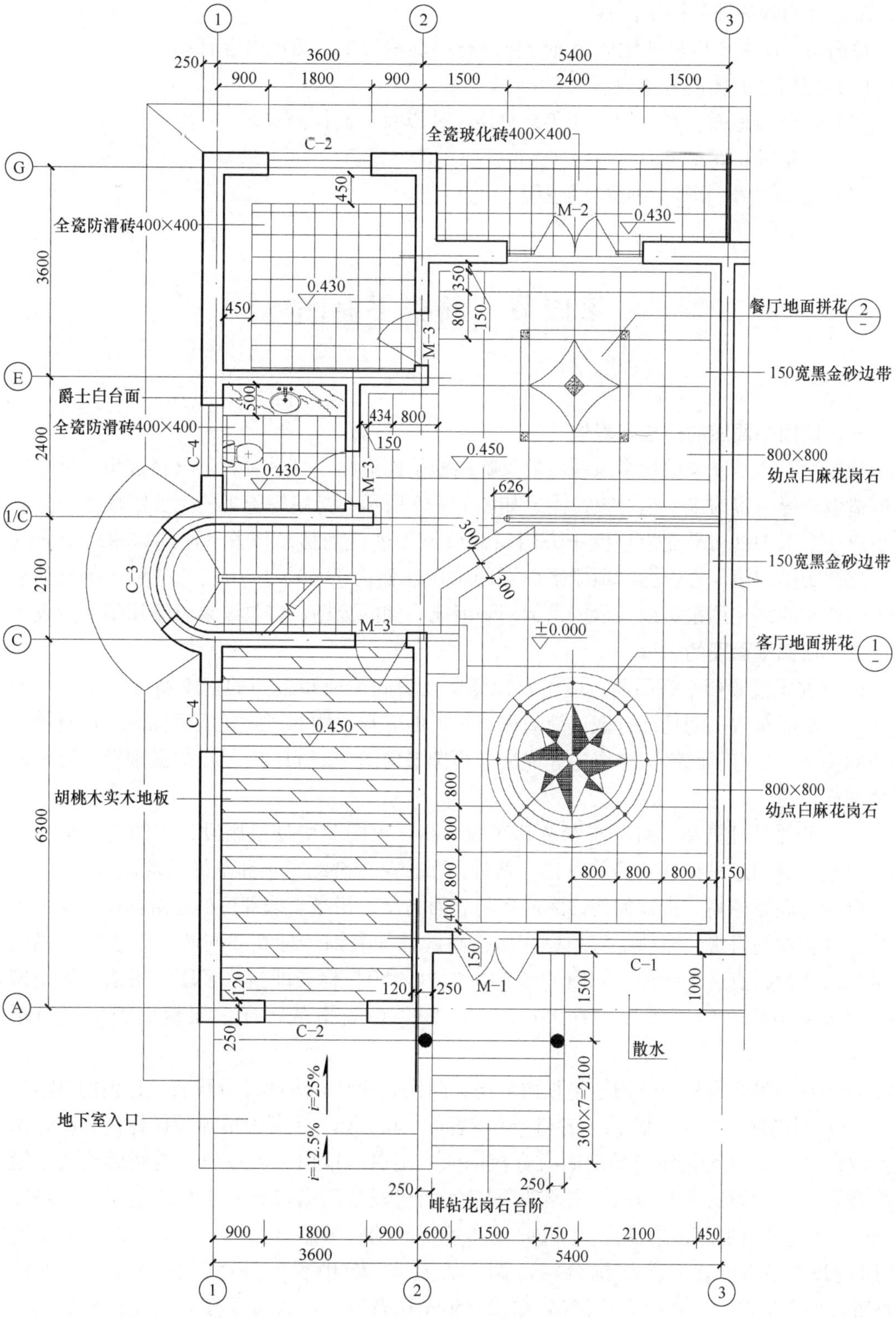

一层地面铺装图 1:50

图 11-24　某小区别墅地面铺装图

三、地面铺装图的图示内容

地面铺装图主要以反映地面装饰分格、材料选用为主，图示内容有：

（1）建筑平面图的基本内容。

（2）室内楼地面材料选用、颜色与分格尺寸以及地面标高等。

（3）楼地面拼花造型。

（4）索引符号、图名及必要的说明。

第四节　顶棚平面图

一、顶棚平面图的形成与表达

顶棚平面图是以镜像投影法画出的反映顶棚平面形状、灯具位置、材料选用、尺寸标高及构造做法等内容的水平镜像投影图，如图 11-20 所示，是装饰施工的主要图样之一。它是假想以一个水平剖切平面沿顶棚下方门窗洞口位置进行剖切，移去下面部分后对上面的墙体、顶棚所作的镜像投影图。顶棚平面图的常用比例为 1:50、1:100、1:150。在顶棚平面图中剖切到的墙柱用粗实线表示，未剖切到但能看到的顶棚、灯具、风口等用细实线表示。

二、顶棚平面图的识读

（1）在识读顶棚平面图前，应了解顶棚所在房间平面布置图的基本情况。因为在装饰设计中，平面布置图的功能分区、交通流线及尺度等与顶棚的形式、底面标高、选材等有着密切的关系。只有了解平面布置，才能读懂顶棚平面图。图 11-25 是反映某别墅一层顶棚布置的图样。

（2）识读顶棚造型、灯具布置及其底面标高。顶棚造型是顶棚设计中的重要内容。顶棚有直接顶棚和悬吊顶棚（简称吊顶）两种。吊顶又分叠级吊顶和平吊顶两种形式。

顶棚的底面标高是指顶棚装饰完成后的表面高度，相当于该部位的建筑标高。但为了便于施工和识读的直观，习惯上将顶棚底面标高（其他装饰体标高亦同此）都按所在楼层地面的完成面为起点进行标注。如图 11-25 中的“6.450”标高即指从客厅一层地面到顶棚最高处（直接顶棚）的距离（为 6.45m），“6.150”标高指从客厅一层地面到吊顶的距离为 6.15m。

图中央为吊灯符号，在周边吊顶内的小圆圈代表筒灯，虚线部分代表吊顶内的灯槽板。

（3）明确顶棚尺寸、做法。图 11-25 中客厅“6.150”标高为吊顶顶棚标高，此处吊顶宽为 750mm，做法为轻钢龙骨纸面石膏板饰面，刮白后罩白色乳胶漆。内侧虚线代表隐藏的灯槽板，其中设有荧光灯带，外侧两条细实线代表吊顶檐口有两步叠级造型，每步宽为 60mm。曲线吊顶由两条半径为 4225mm 和 6350mm 的圆弧组合而成，它与二层平面布置图（图 11-26）中该位置的曲线挑台相协调。从图 11-25 中看到餐厅吊顶中有一个直径为 3000mm 的圆形造型，正中有一盏吊灯。2.850m 标高为板底直接顶棚装饰完成面标高，圆形外侧吊顶标高为 2.700m，在圆形吊顶图形的下侧有四组大小不等的矩形灯槽，灯槽内设有筒灯，图中标注了矩形灯槽的定形和定位尺寸。餐厅吊顶做法也是轻钢龙骨纸面石膏板外

饰白色乳胶漆。

图11-25左侧书房为二级吊顶（均为平顶），一级吊顶标高2.800m，二级顶标高3.000m；图中“┌┘”形是该吊顶的重合断面图，粗实线为吊顶后的轮廓线。

厨房顶棚为平吊顶，做法为轻钢龙骨铝扣板吊顶，顶棚中间有一盏吸顶灯，完成面标高为2.800m。卫生间吊顶标高为2.500m，材料为长条铝微孔板。

（4）注意图中各窗口有无窗帘及窗帘盒做法，明确其尺寸。在图11-25中的书房、卫生间有窗帘及窗帘盒。

（5）识读图中有无与顶棚相接的吊柜、壁柜等家具。图11-25厨房中靠轴线①顶棚处有吊柜，图中用打叉符号表示。

（6）识读顶棚平面图中有无顶角线做法。顶角线是顶棚与墙面相交处的收口做法，有此做法时应在图中反映。在图11-25中，书房顶棚画有与墙面平行的细线即为顶角线，此顶角线做法为50mm宽石膏线，表面为白色乳胶漆饰面。

（7）注意室外阳台、雨篷等处的吊顶做法与标高。室内吊顶有时会随功能流线延伸至室外，如阳台、雨篷等，通常还需画出它们的顶棚图。在图11-25所示的大门口雨篷，吊顶做法为轻钢龙骨骨架，高压水泥板外贴白色铝塑板，底面标高是2.800m，长为3.27m、宽为1.80m。轴线②~③北侧阳台为木龙骨白色PVC板吊顶，吊顶装饰面标高2.800m。

在读二层以上顶棚平面图时，应注意归纳与一层图的异同点。同样先识读其平面布置图，了解二层以上装饰空间布局（图11-26），再识读对应的顶棚图。图11-27为某别墅的二层顶棚平面图，可见客厅中庭部分吊顶仍是一层的形式、做法与尺寸，客厅空间跨越两层。二层曲线挑台的吊顶标高为5.970m，灯池（三角形）吊顶标高为6.150m，做法为轻钢龙骨纸面石膏板乳胶漆饰面；二层卧室有吸顶灯，其顶棚均不做吊顶，直接批腻子刮白，罩白色乳胶漆，顶棚周边均无顶角线；卫生间吊顶与一层相同，为长条铝微孔板吊顶。

三、顶棚平面图的图示内容

顶棚平面图采用镜像投影法绘制，其主要内容有：

（1）建筑平面及门窗洞口。门画出门洞边线即可，不画门扇及开启线。

（2）室内（外）顶棚的造型、尺寸、做法和说明，有时可画出顶棚的重合断面图并标注标高。

（3）室内（外）顶棚灯具符号及具体位置（灯具的规格、型号、安装方法由电气施工图中反映）。

（4）室内各种顶棚的完成面标高（按每一层楼地面为±0.000标注顶棚装饰面标高，这是实际施工中常用的方法）。

（5）与顶棚相接的家具、设备的位置及尺寸。

（6）窗帘及窗帘盒、窗帘帷幕板等。

（7）空调送风口位置、消防自动报警系统及与吊顶有关的音频、视频设备的平面布置形式及安装位置。

（8）图外标注开间、进深、总长、总宽等尺寸。

（9）索引符号、说明文字、图名及比例等。

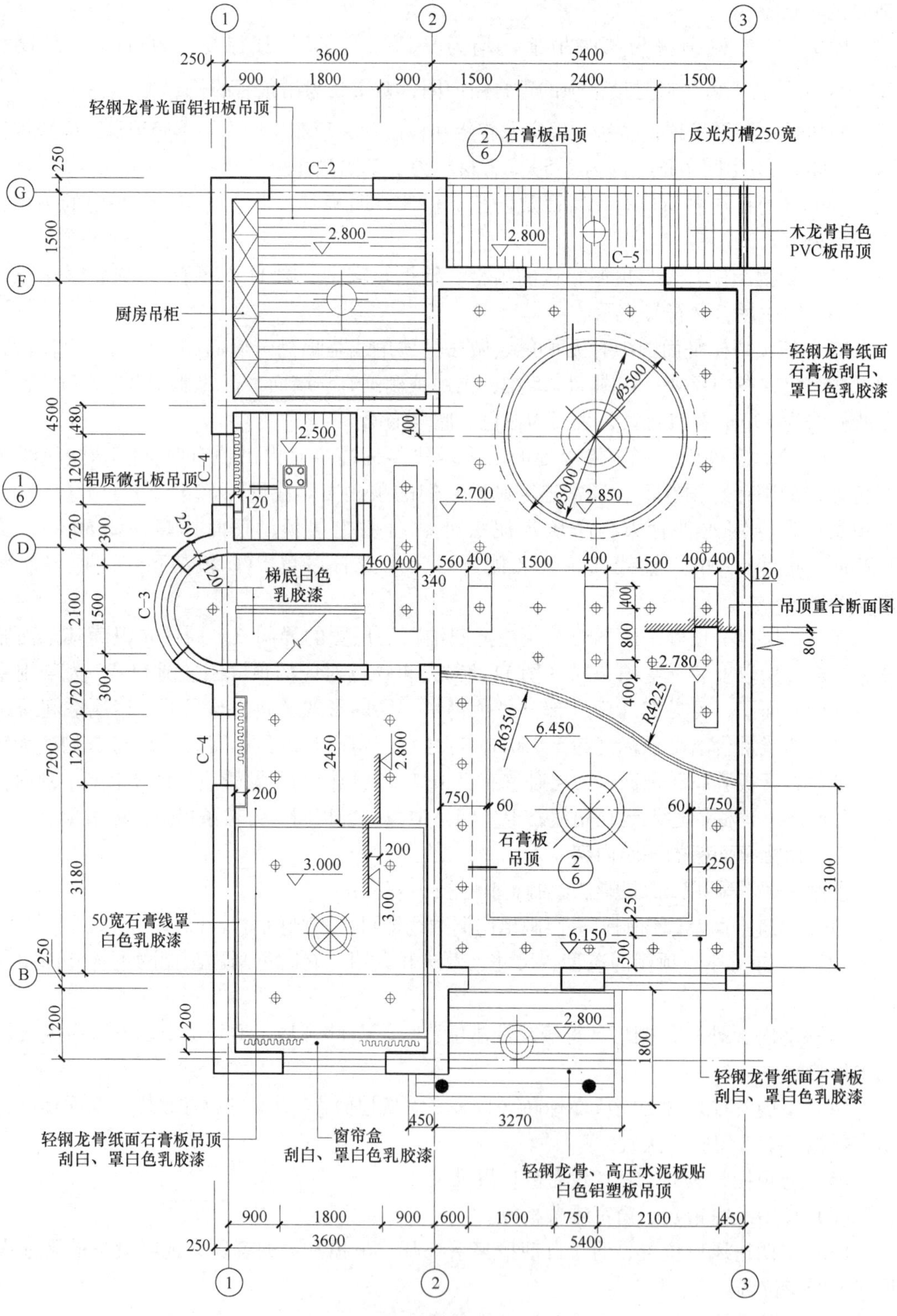

轻钢龙骨光面铝扣板吊顶
石膏板吊顶
反光灯槽250宽
木龙骨白色PVC板吊顶
厨房吊柜
轻钢龙骨纸面石膏板刮白、罩白色乳胶漆
铝质微孔板吊顶
梯底白色乳胶漆
吊顶重合断面图
石膏板吊顶
50宽石膏线罩白色乳胶漆
轻钢龙骨纸面石膏板刮白、罩白色乳胶漆
轻钢龙骨纸面石膏板吊顶刮白、罩白色乳胶漆
窗帘盒刮白、罩白色乳胶漆
轻钢龙骨、高压水泥板贴白色铝塑板吊顶

一层顶棚平面图 1:50

图 11-25　某小区别墅一层顶棚平面图

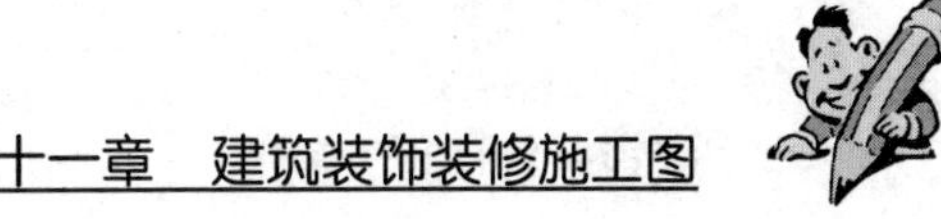

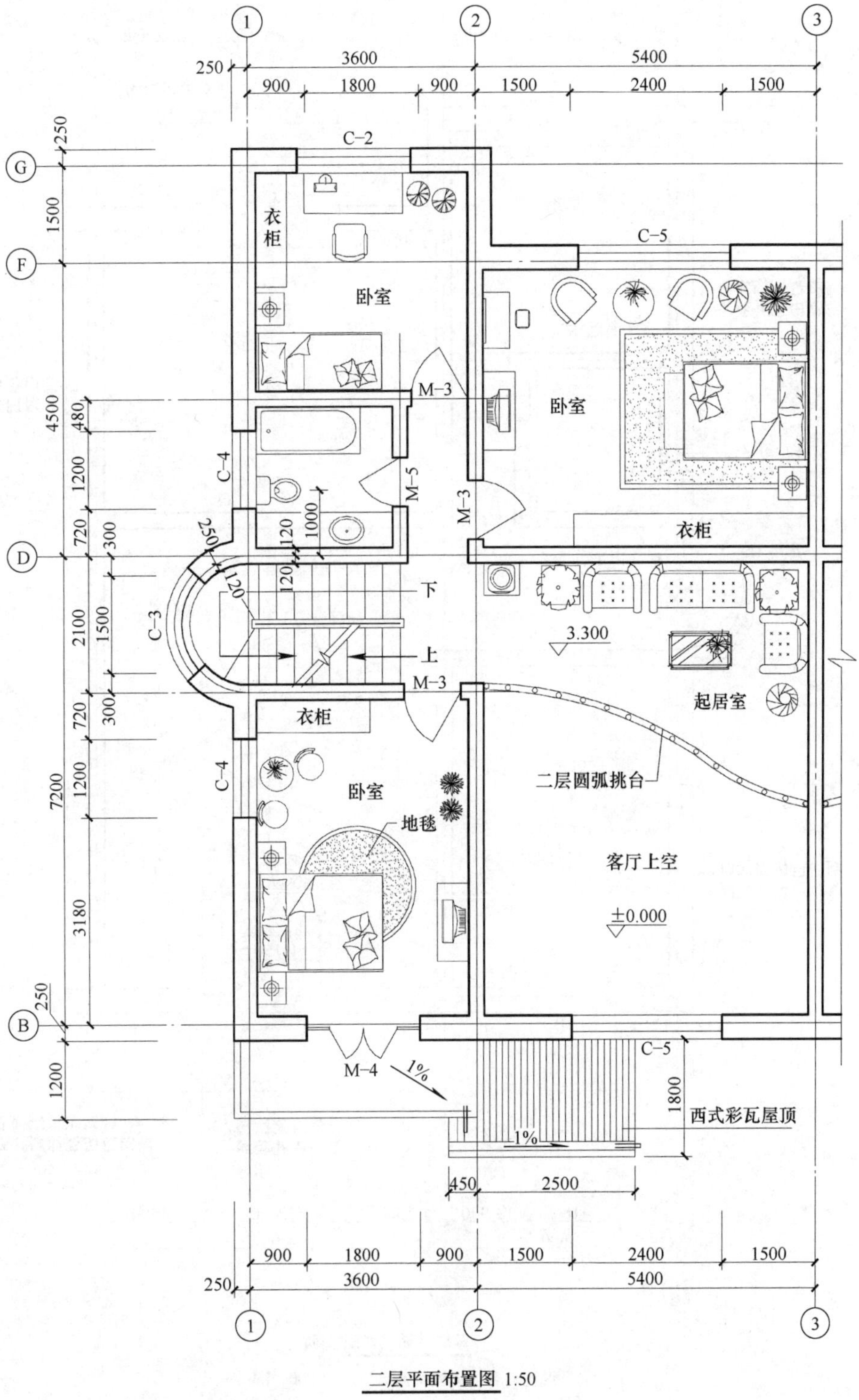

二层平面布置图 1:50

图 11-26　某小区别墅二层平面布置图

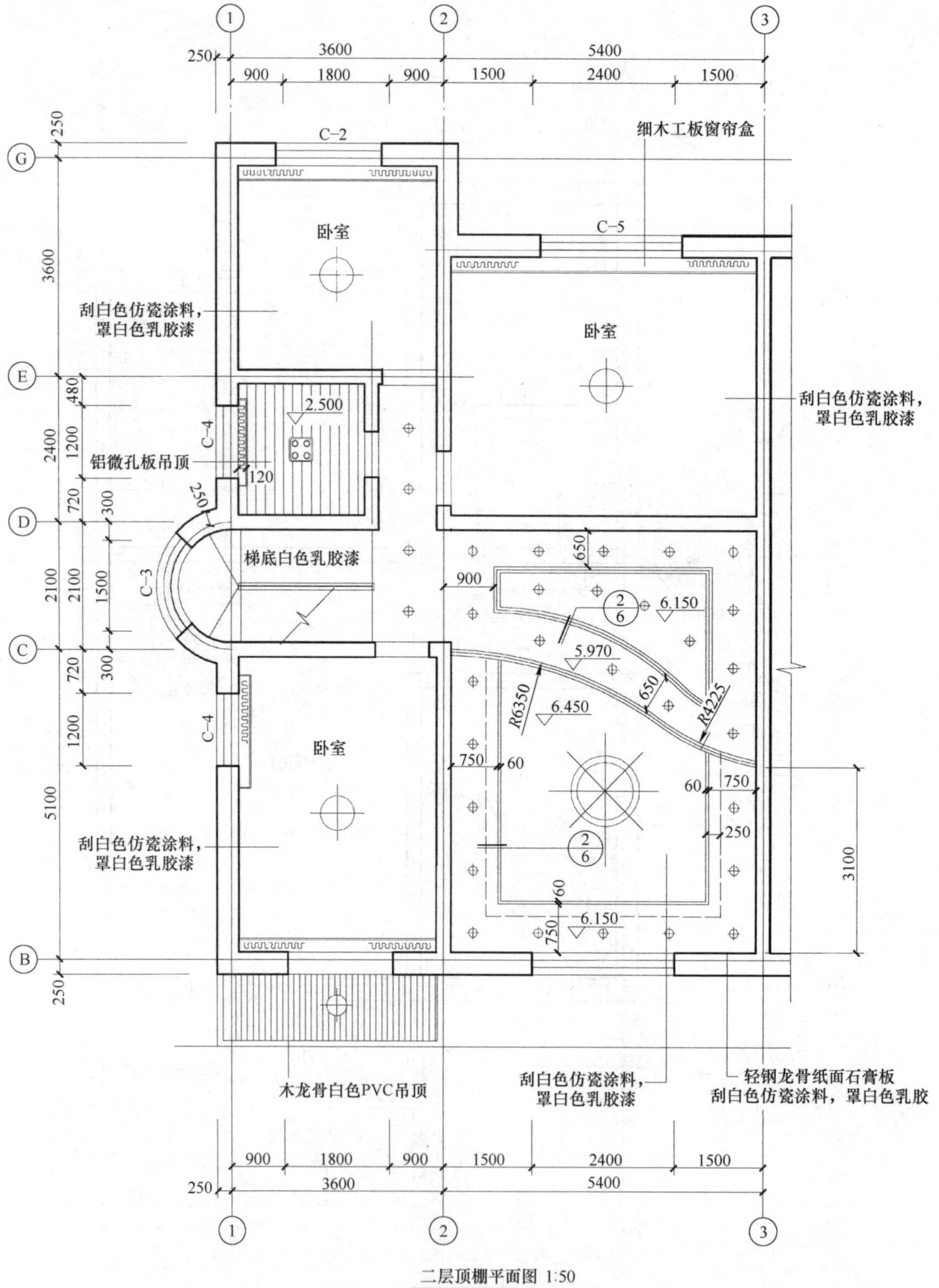

二层顶棚平面图 1:50

说明：客厅顶棚标高自一层±0.000算起

图 11-27　某小区别墅二层顶棚平面图

第五节　室内立面图

一、室内立面图的形成与表达

室内立面图是将房屋的室内墙面按立面索引符号的指向，向直立投影面所作的正投影图。它用于反映室内空间垂直方向的装饰设计形式、尺寸与做法、材料与色彩的选用等内容，是装饰工程施工图中的主要图样之一，是确定墙面做法的主要依据。房屋室内立面图的名称，应根据平面布置图中立面索引符号的编号或字母确定（如1立面图、A立面图）。

室内立面图应包括投影方向可见的室内轮廓线和装饰构造、门窗、构配件、墙面做法、固定家具、灯具等内容及必要的尺寸和标高，并需表达非固定家具、装饰物件等情况。室内立面图的顶棚轮廓线，可根据情况只表达吊顶或同时表达吊顶及结构顶棚。

室内立面图的外轮廓用粗实线表示，墙面上的门窗及凸凹于墙面的造型用中实线表示，其他图示内容、尺寸标注、引出线等用细实线表示。室内立面图一般不画虚线。

室内立面图的常用比例为1:50，可用比例为1:30、1:40等。

二、室内立面图的识读

室内墙面除相同者外一般均需画立面图，图样的命名、编号应与平面布置图上的立面索引的编号相一致，立面索引决定室内立面图的识读方向，同时也给出了图样的数量。现结合某别墅客厅室内立面图，说明识读步骤。

（1）首先确定要读的室内立面图所在房间位置，按房间顺序识读室内立面图。图11-23中写出客厅字样并且编号为“A、B、C、D”的立面索引即为客厅空间的墙立面编号，图中因客厅与餐厅空间相连，所以其中的字母“B”指向餐厅墙面。

（2）在平面布置图中按照立面索引的指向，从中选择要读的室内立面图。如选择A向立面（向左），即影视柜所在的墙面。

（3）在平面布置图中明确该墙面位置有哪些固定家具和室内陈设等，并注意其定形、定位尺寸，做到对所读墙（柱）面布置的家具、陈设等有一个基本了解。如图11-23中影视柜的定形尺寸为3200mm和630mm，定位尺寸为1200mm。

（4）浏览选定的室内立面图，了解所读立面的装饰形式及其变化。如识读图11-28中的“A立面图”，该立面图反映了从左到右客厅墙面及相连的楼梯间、卫生间、餐厅的A方向投影全貌，因为该别墅客厅空间为中庭式，所以一、二层在客厅处连通，使得客厅高大、气派。图中反映了客厅在中庭吊顶处有现代风格的吊灯一组以及下方影视墙造型、花台、室内台阶、楼梯、卫生间及餐厅门和两旁墙壁的装饰形式及尺寸。

（5）详细识读室内立面图，注意墙面装饰造型及装饰面的尺寸、范围、选材、颜色及相应做法。从图11-28可见，影视墙具有欧式壁炉造型，其上方挂有牛的头骨饰件及左右壁灯，壁炉内饰有大花白石材，其他为胡桃木装饰板饰面罩聚酯清漆，附近有索引符号引出其详图位置。影视墙长为4210mm，高为2750mm。在影视墙右侧为550mm宽啡钻花岗石花台，紧靠的是三步室内台阶，表面铺贴幼点白麻花岗石。楼梯间及其右侧墙面装饰做法是：下部墙面为胡桃木墙裙（高850mm）和踢脚线（高150mm），上部墙面为素色壁纸。门套、

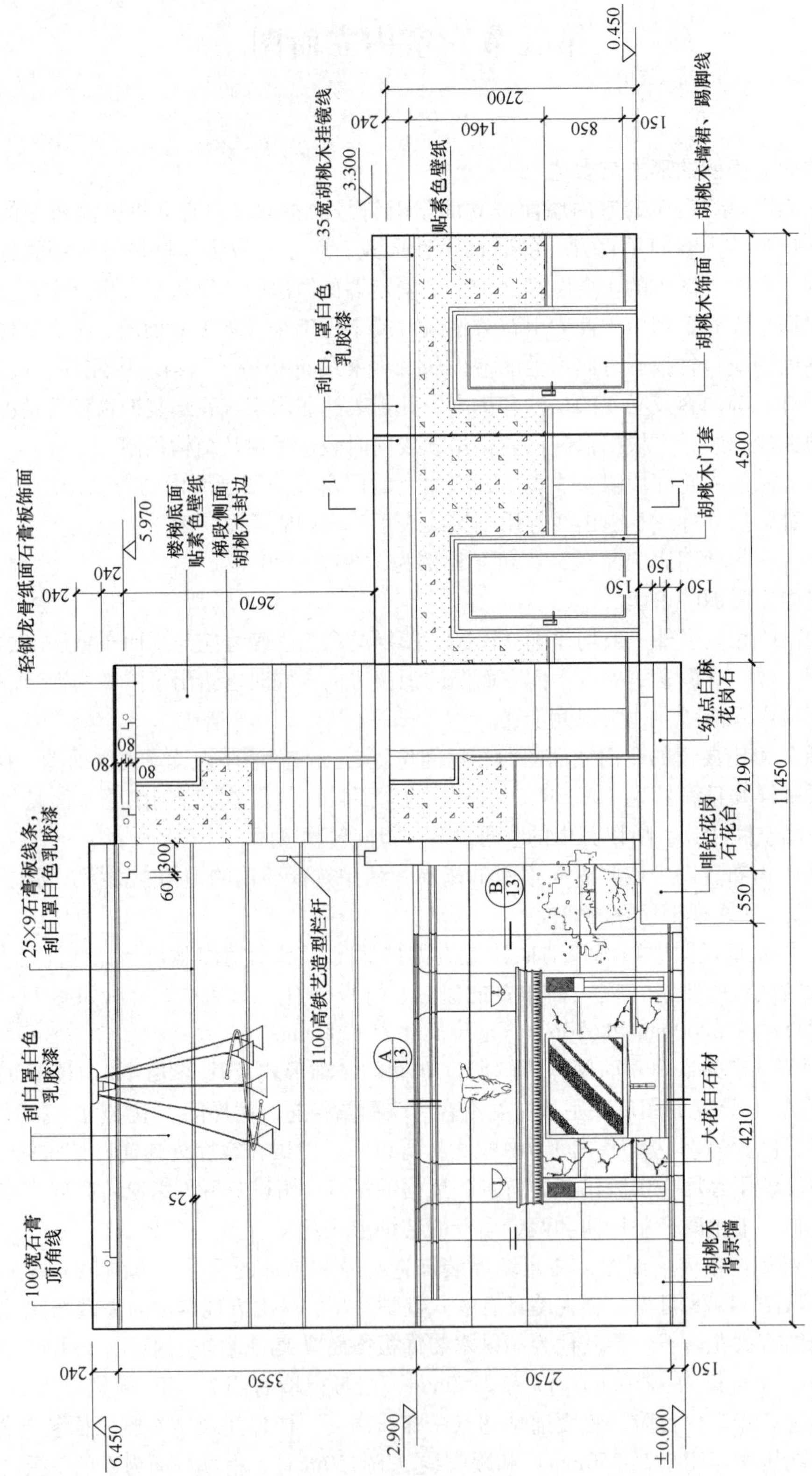

A 立面图

图 11-28 某小区别墅室内立面图（一）

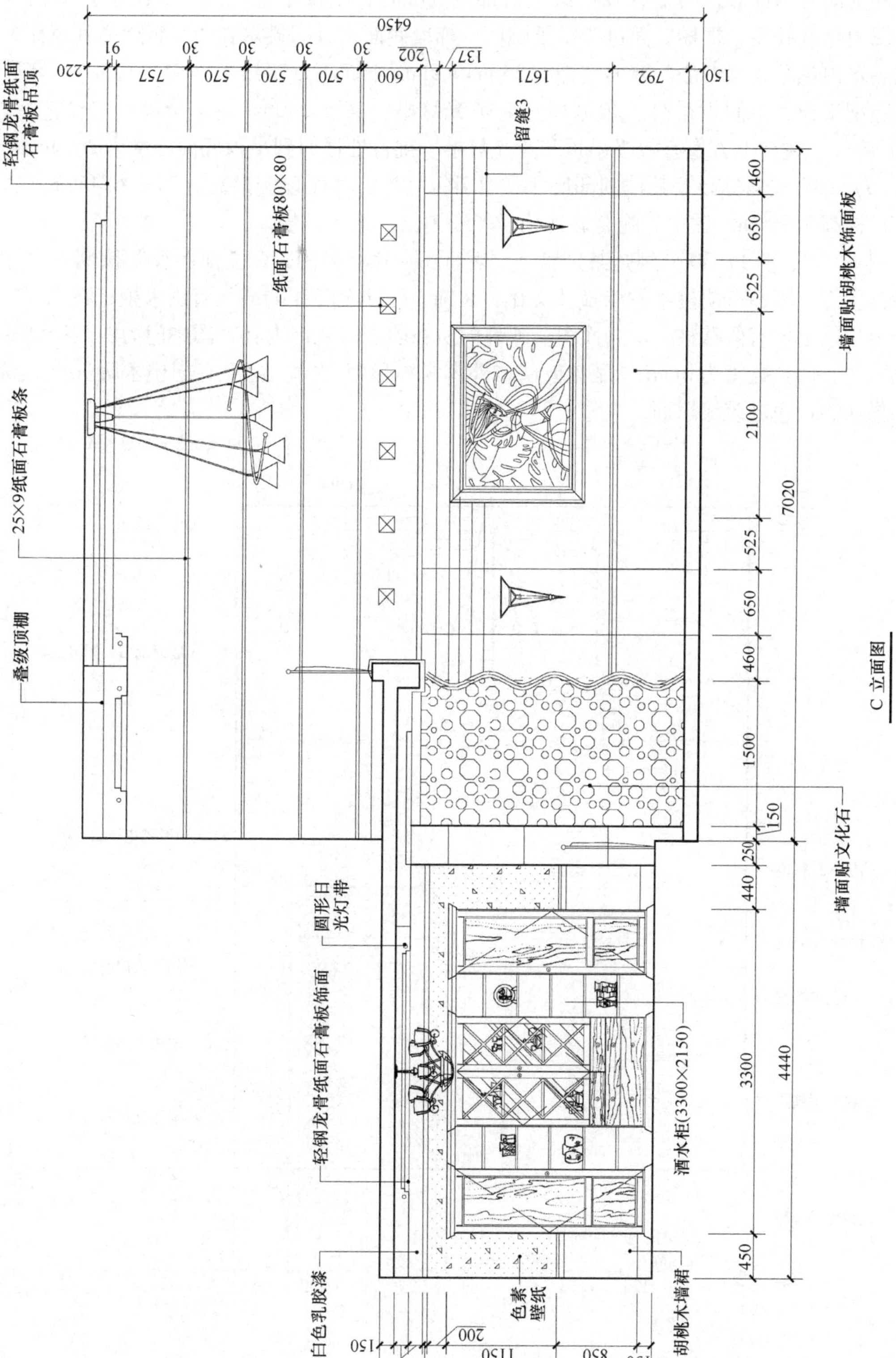

C 立面图

图 11-29　某小区别墅室内立面图（二）

门扇均为胡桃木饰面，门上方及壁纸上口饰有35mm宽胡桃木挂镜线，此线上方墙面为刮白、罩白色乳胶漆。楼梯底面也为壁纸贴面，梯段侧面饰以胡桃木封边。客厅高处墙面也为刮白、罩白色乳胶漆做法，墙面装饰有25mm×9mm纸面石膏板线条（引出标注）。客厅有叠级造型吊顶，中间设吊灯，顶棚周边有荧光灯槽，高度240mm。二层挑台有铁艺栏杆，高1100mm，挑台上方也有叠级吊顶和荧光灯槽，挑台处楼面到吊顶底面高度为2670mm。

（6）查看立面标高、其他细部尺寸、索引符号等。客厅顶棚最高标高为6.450m，影视墙上口标高2.900m。图中为配合影视柜详图还画出了索引符号。

图11-29、图11-30分别是某别墅一层客厅C、D立面图。C立面图反映该墙在客厅中有两盏壁灯，墙面有胡桃木护墙板及文化石装饰，延伸至餐厅的墙上有酒水柜；在客厅、餐厅分界的墙上做有假壁柱。D立面图反映外门所在墙面的装饰内容，图中门为西式造型胡桃木实木门，门上亮窗为6mm厚雕花玻璃；外窗为矩形塑钢窗，窗下有胡桃木暖气罩；高处墙面做法为白色乳胶漆罩面。

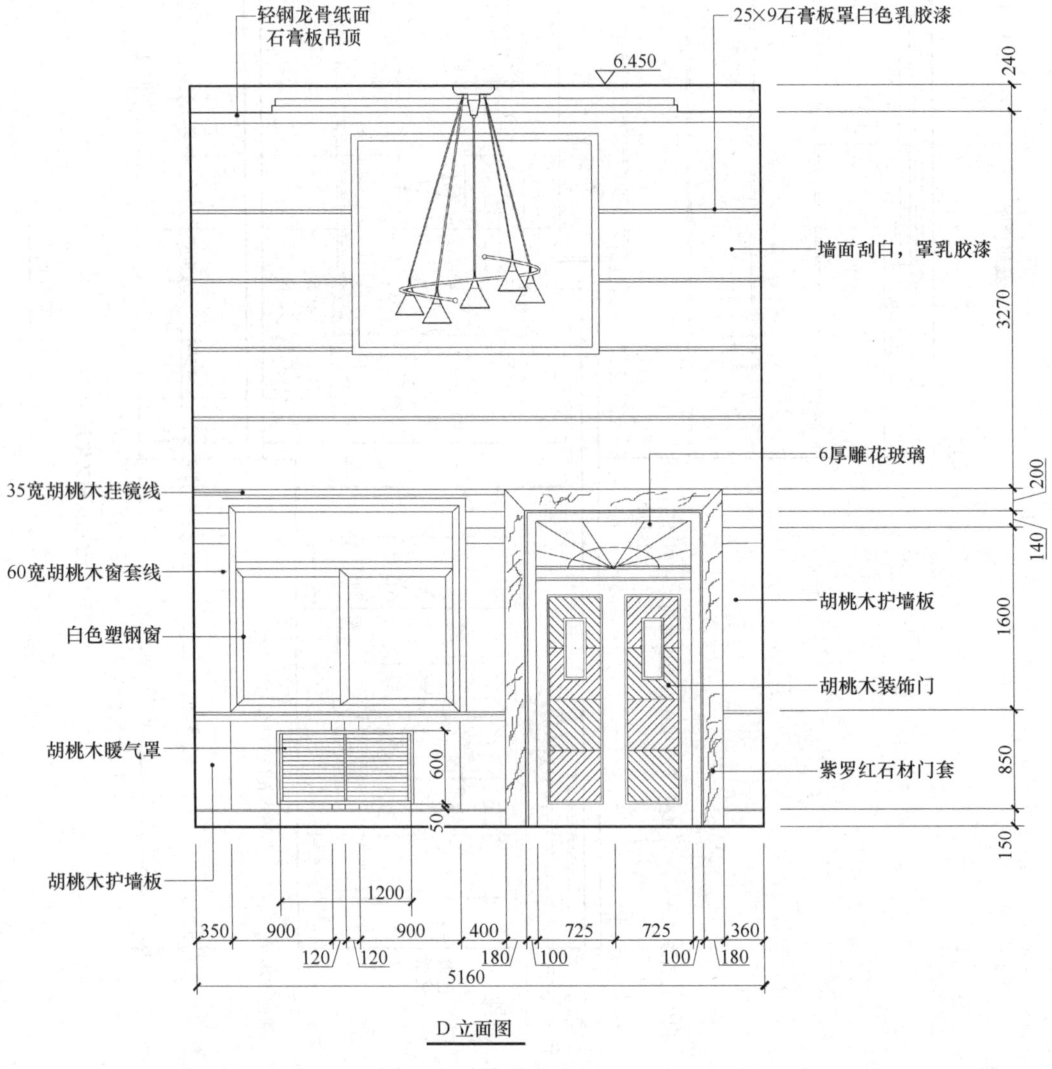

轻钢龙骨纸面石膏板吊顶
25×9石膏板罩白色乳胶漆
6.450
墙面刮白，罩乳胶漆
6厚雕花玻璃
35宽胡桃木挂镜线
60宽胡桃木窗套线
胡桃木护墙板
白色塑钢窗
胡桃木装饰门
胡桃木暖气罩
紫罗红石材门套
胡桃木护墙板
240 3270 200 140 1600 850 150
600 50 1200
350 900 900 400 725 725 360
120 120 180 100 100 180
5160

D立面图

图11-30　某小区别墅室内立面图（三）

三、室内立面图的图示内容

（1）室内立面轮廓线，顶棚有吊顶时可画出吊顶、叠级、灯槽等剖切轮廓线（粗实线表示），墙面与吊顶的收口形式，可见的灯具投影图形等。

（2）墙面装饰造型及陈设（如壁挂、工艺品等），门窗造型及分格，墙面灯具、暖气罩等装饰内容。

（3）装饰选材、立面的尺寸标高及做法说明。图外一般标注 1 ~2 道竖向及水平向尺寸，楼地面、顶棚等的装饰标高；图内一般应标注主要装饰造型的定形、定位尺寸。做法标注采用细实线引出。

（4）附墙的固定家具及造型（如影视墙、壁柜）。

（5）索引符号、说明文字、图名及比例等。

第六节　装饰装修详图

一、装饰装修详图的形成与表达

由于平面布置图、地面平面图、室内立面图、顶棚平面图等的比例一般较小，很多装饰造型、构造做法、材料、细部尺寸等无法反映或反映不清晰，满足不了装饰施工、制作的需要，故需放大比例画出详细图样，形成装饰详图。装饰详图一般采用 1:1 ~1:20 的比例绘制。

在装饰装修详图中剖切到的装饰体轮廓用粗实线表示，未剖到但能看到的投影内容用细实线表示。

二、装饰装修详图的分类

装饰装修详图按其部位分为：

1. 墙（柱）面装饰装修剖面图　主要用于表达室内立面墙（或柱）的构造，着重反映墙（柱）面在分层做法、选材、色彩上的要求。

2. 顶棚详图　主要是用于反映吊顶构造、做法的剖面图或断面图。

3. 装饰造型详图　独立的或依附于墙柱的装饰造型，表现装饰的艺术氛围和情趣的构造体，如影视墙、花台、屏风、壁龛、栏杆造型等的平、立、剖面图及线角详图。

4. 家具详图　主要指需要现场制作、加工、油漆的固定式家具如衣柜、书柜、储藏柜等，有时也包括可移动家具如床、书桌、展示台等。

5. 装饰门窗及门窗套详图　门窗是装饰工程中的主要施工内容之一，其形式多种多样，在室内起着分割空间、烘托装饰效果的作用，它的样式、选材和工艺做法在装饰图中有特殊的地位。其图样有门窗及门窗套立面图、剖面图和节点详图。

6. 楼地面详图　反映地面的艺术造型及细部做法等内容。

7. 小品及饰物（部件、部品）详图　小品、饰物详图包括雕塑、水景、指示牌、织物等的制作图。

三、装饰装修详图的识读

室内装饰空间通常由顶棚、墙面、地面三个基面构成。这三个基面经过装饰设计师的精

心设计，再配置风格协调的家具、绿化与陈设等，营造出特定的气氛和效果，这些气氛和效果的营造必须通过细部做法及相应的施工工艺才能实现，实现这些内容的重要技术文件就是装饰详图。装饰装修详图种类较多且与装饰构造、施工工艺有着紧密联系，在识读装饰装修详图时应注意与实际相结合，做到举一反三，融会贯通，所以装饰装修详图是识图中的重点、难点，必须予以足够的重视。

（一）墙（柱）面装饰装修剖面图

1. 墙（柱）面装饰装修剖面图的形成与表达　墙（柱）面装饰装修剖面图是用于表示墙（柱）面从本层楼（地）面到本层顶棚的竖向构造、尺寸与做法的施工图样。它是假想用竖向剖切平面，沿着需要表达的墙（柱）面进行剖切，移去介于剖切平面和观察者之间的墙（柱）体，对剩下部分所作的竖向剖面图。通常由楼（地）面与踢脚线节点、墙（柱）面节点、墙（柱）顶部节点等组成，反映墙（柱）面造型沿竖向的变化、材料选用、工艺要求、色彩设计、尺寸标高等。墙（柱）面装饰装修剖面图通常选用1∶10、1∶15、1∶20等比例绘制。

墙（柱）面装饰装修剖面图的剖切符号应绘制在室内立面图的相应位置上，如图11-28所示A立面图右侧的1—1剖切符号，此剖切符号所反映的图样即为图11-31所示。从图中看出，剖切到的墙体轮廓、楼（地）面轮廓线用粗实线表示，剖切到的木线、顶棚板等用中实线表示，其他用细实线表示。

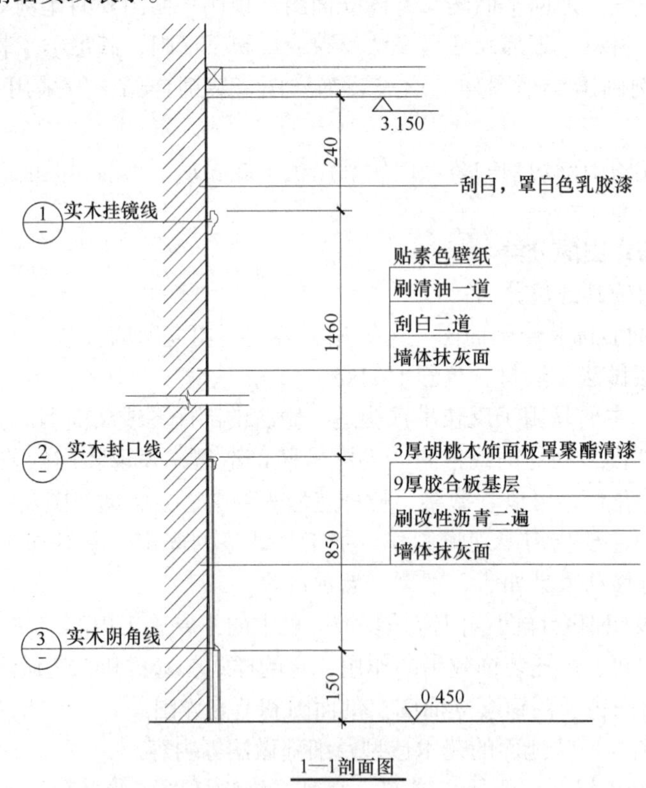

图11-31　某小区别墅墙（柱）面装饰剖面图

2. 墙（柱）面装饰装修剖面图的识读　墙（柱）面装饰装修剖面图主要用于表达室内立面的构造，着重反映墙（柱）面在分层做法、选材、色彩上的要求。墙（柱）面装饰装

修剖面图还应反映装饰基层的做法、选材等内容，如墙面防潮处理、木龙骨架、基层板等。当构造层次复杂、凸凹变化及线角较多时，还应配置分层构造说明、画出详图索引，另配详图加以表达。识读时应注意墙（柱）面各节点的凹凸变化、竖向设计尺寸与各部位标高。现以图 11-31 为例说明识图步骤。

（1）先在室内立面图上看清墙（柱）面装饰装修剖面图剖切符号的位置、编号与投影方向。图 11-31 墙（柱）面装饰装修剖面图的剖切符号在图 11-28 所示的 A 立面图右侧，投影方向为从左向右，反映餐厅墙面的装饰做法。

（2）浏览墙（柱）面装饰装修剖面图所在轴线、竖向节点组成，注意凹凸变化、尺寸范围及高度。本图反映了地面及踢脚线、墙面、顶棚收口三个节点的竖向构造。踢脚线、墙裙封边线、挂镜线均凸出墙面；踢脚线高为 150mm，踢脚线上方为墙裙，高为 850mm；墙裙上方贴壁纸高为 1460mm，挂镜线以上到顶棚底面为刮白刷乳胶漆。顶棚无顶角线。

（3）识读各节点构造做法及尺寸。墙（柱）面做法采用分层引出标注的方法，识读时注意：自上而下的每行文字，表示的是墙（柱）面装饰自左向右的构造层次。墙面选用素色壁纸，构造层次和做法如图 11-31 所示。挂镜线上方为刮白、墙面罩乳胶漆。顶棚底面标高为 2. 7m。识读详图索引，对照详图了解各线角的用材和细部尺寸。图 11-32 是墙裙封口线节点详图，封口线材料为胡桃木，高为 25mm、水平宽为 23mm。

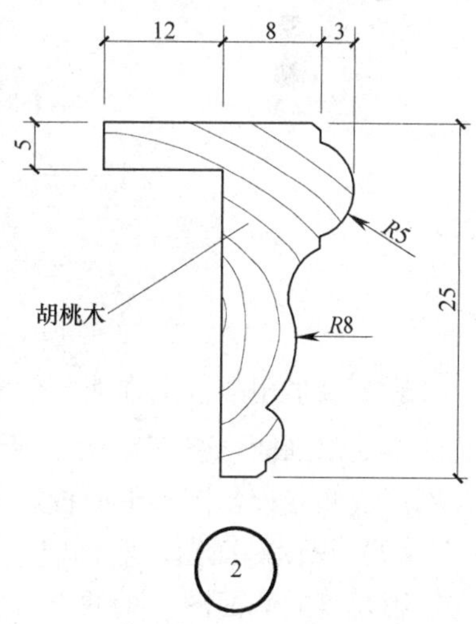

图 11-32　木线条详图

（二）顶棚详图

图 11-33 是某别墅一层餐厅顶棚详图。

此图反映的是轻钢龙骨纸面石膏板吊顶做法的断面图。其中吊杆为 Φ8 钢筋，其下端有螺纹，用螺母固定大龙骨垂直吊挂件，垂直吊挂件钩住高度 50mm 的大龙骨，再用中龙骨垂直吊挂件钩住中龙骨（高度 19mm），在中龙骨底面固定 9. 5mm 厚纸面石膏板，然后在板面批腻子刮白、罩白色乳胶漆。图中有荧光灯灯槽做法，灯的右侧为石膏顶角线白色乳胶漆饰面，用木螺钉固定在三角形木龙骨上，三角形木龙骨又固定在左侧的木龙骨架上，荧光灯左侧有灯槽板做法，灯槽板为木龙骨架、纸面石膏板。吊顶用木质材料时应进行防火处理，如涂刷防火涂料等。

吊顶应标注底面标高。如图 11-33 所示，一级顶（高顶）标高 3. 400m、二级顶标高为 3. 150m。图中还标注有顶角线和灯槽等的尺寸。

图 11-34 为某别墅卫生间铝板吊顶详图，读者可对照轴测图进行识读。

（三）装饰造型详图

图 11-35 为客厅影视墙详图，此图由平面、立面、剖面以及节点详图组成。

（1）识读正立面图，明确装饰形式、用料、尺寸等内容。图中看到背投式电视机放在影视墙中间的地台上，地台高于地面 150mm，墙面的装饰造型是西式壁炉和上方的两根装饰柱。壁炉墙面贴有大花白石材，横向留缝；壁炉支柱为木作，饰面用两种材料：斜纹木饰为影木，其他木饰为胡桃木。壁炉上沿饰以金粉饰面的雕花木线等立体装饰线，壁炉上方背景墙面饰有牛头骨饰件，壁柱上设壁灯两盏。图中影视墙高 2900mm、左右长 3200mm。

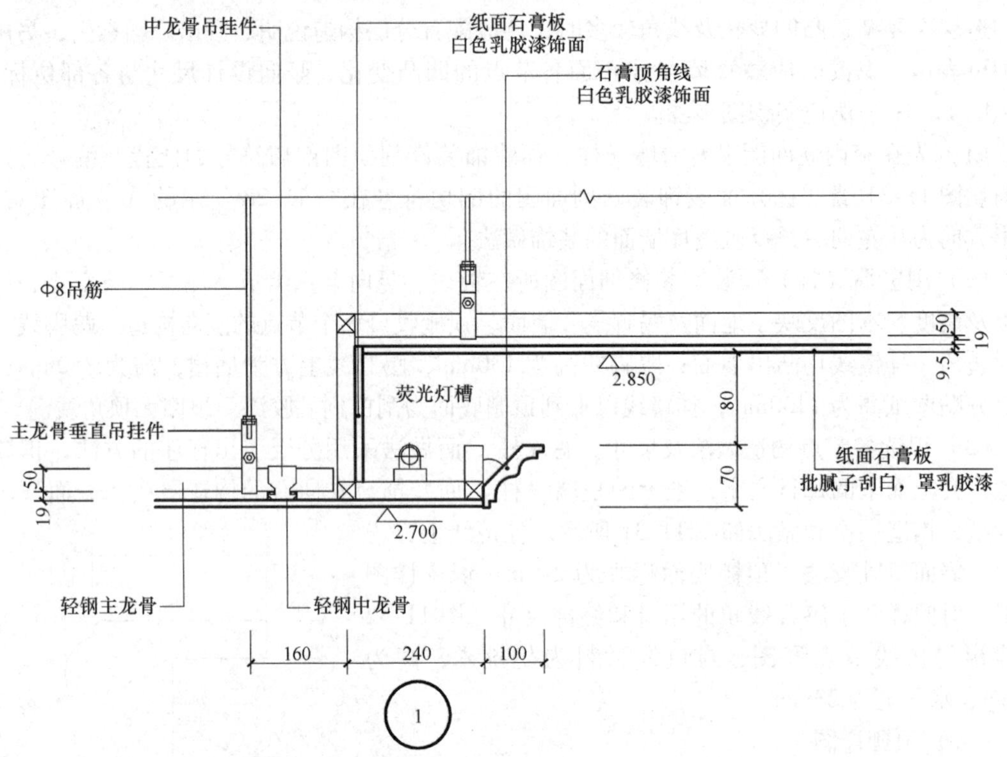

图 11-33　某小区别墅一层餐厅顶棚详图

影视墙采用胡桃木饰面，横向拉缝（拉缝宽 5mm）。其他造型线条为实木线做法。图中有两个局部剖面索引符号㊀、㊁，分别用于反映影视墙在竖直和水平方向的剖切情况，并分别形成侧立投影图和平面投影图。

（2）识读侧面图，明确竖直方向的装饰构造、做法、尺寸等内容。图 11-35 中的详图Ⓐ是影视墙的侧面图。图的下方为地台，地台宽为 830mm，其中设上下两层木龙骨，外缘收边做法有详图索引。壁炉的顶部造型采用木龙骨制作，正面饰有金粉饰面的雕花木线等装饰线，高度 280mm，上下底面为木工板贴胡桃木饰面板并罩亚光清漆饰面。壁炉之上的背景墙面内部为木龙骨架，突出砖墙 150mm，表面饰以胡桃木饰面板。右上方的细实线轮廓表示壁柱轮廓，壁柱突出背景墙面 80mm，柱头突出柱面 60mm。柱面、柱头均用胡桃木饰面板饰面，柱头上缘木线高度 50mm。

图中反映壁炉台面标高为 1. 80m。图的右侧分别引出柱头、壁炉、地台三个节点索引，反映这些部位的详细做法。

（3）识读平面图，明确影视墙在水平方向的凹凸变化、尺寸及材料用法。图 11-35 中的详图Ⓑ是影视墙的水平投影图。图中反映地台的落地长为 2. 43m、宽为 0. 83m，台面为紫罗红石材（图中有石材符号者）。壁炉台面的长比地台每边加出 50mm，台面为胡桃木饰面板罩亚光清漆。图中虚线代表壁炉支柱。背景墙面为木龙骨架，其中壁柱宽为 400mm，从墙面伸出 230mm。两边的背景墙构造厚度是 80mm，中间墙面构造厚度为 150mm。

（4）识读节点详图，注意各节点做法、线角形式及尺寸，掌握细部构造内容。图 11-36

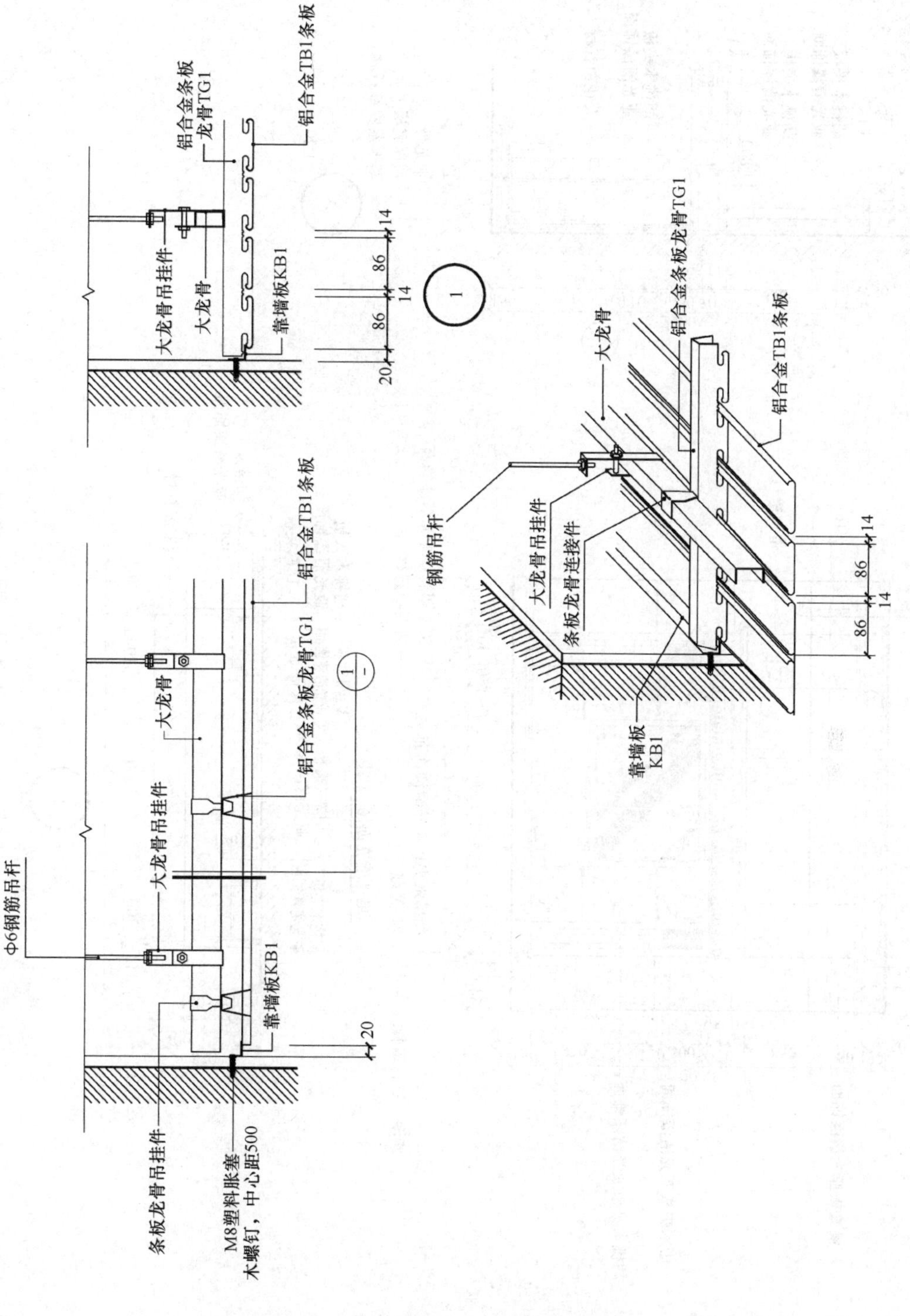

Φ6钢筋吊杆
条板龙骨吊挂件
大龙骨吊挂件
大龙骨
M8塑料胀塞
木螺钉，中心距500
靠墙板KB1
铝合金条板龙骨TG1
铝合金TB1条板
20

大龙骨吊挂件
大龙骨
铝合金条板
龙骨TG1
靠墙板KB1
铝合金TB1条板
20　86　14　86　14

钢筋吊杆
大龙骨吊挂件
条板龙骨连接件
大龙骨
靠墙板
KB1
铝合金条板龙骨TG1
铝合金TB1条板
86　14　86　14

轴测图

图 11-34　某小区别墅卫生间吊顶详图

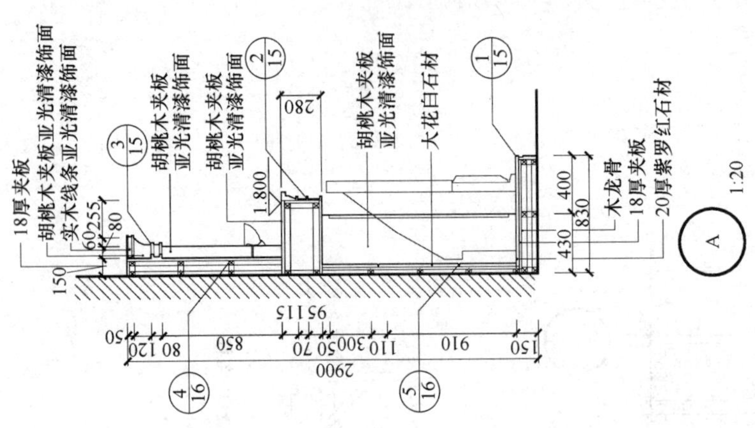

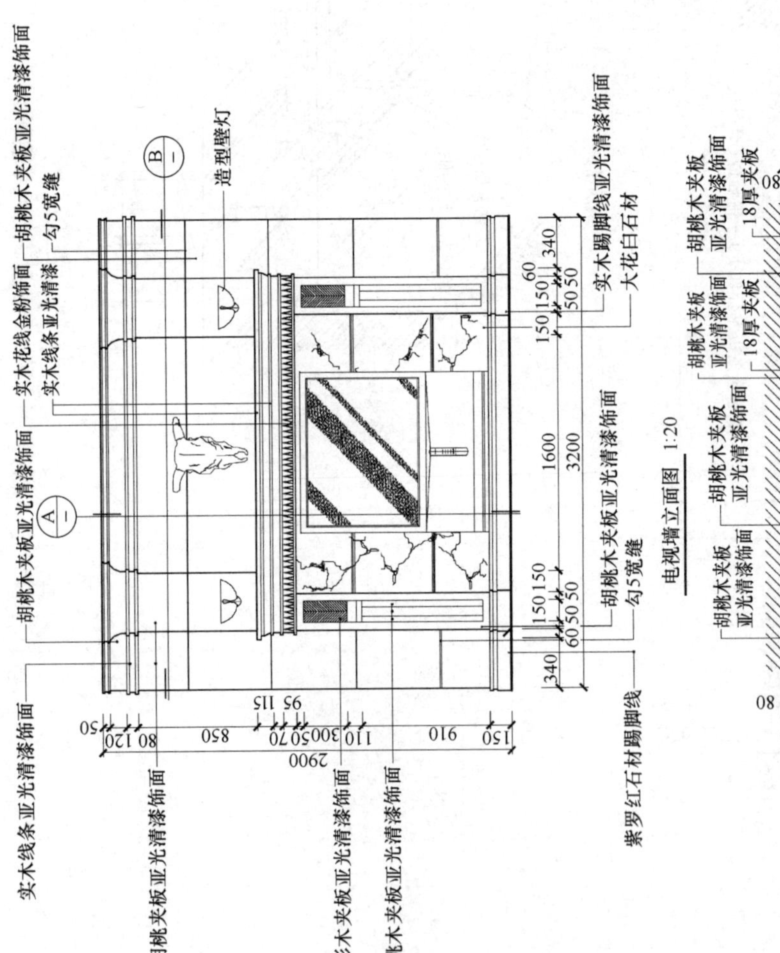

图 11-35 某小区别墅影视墙详图

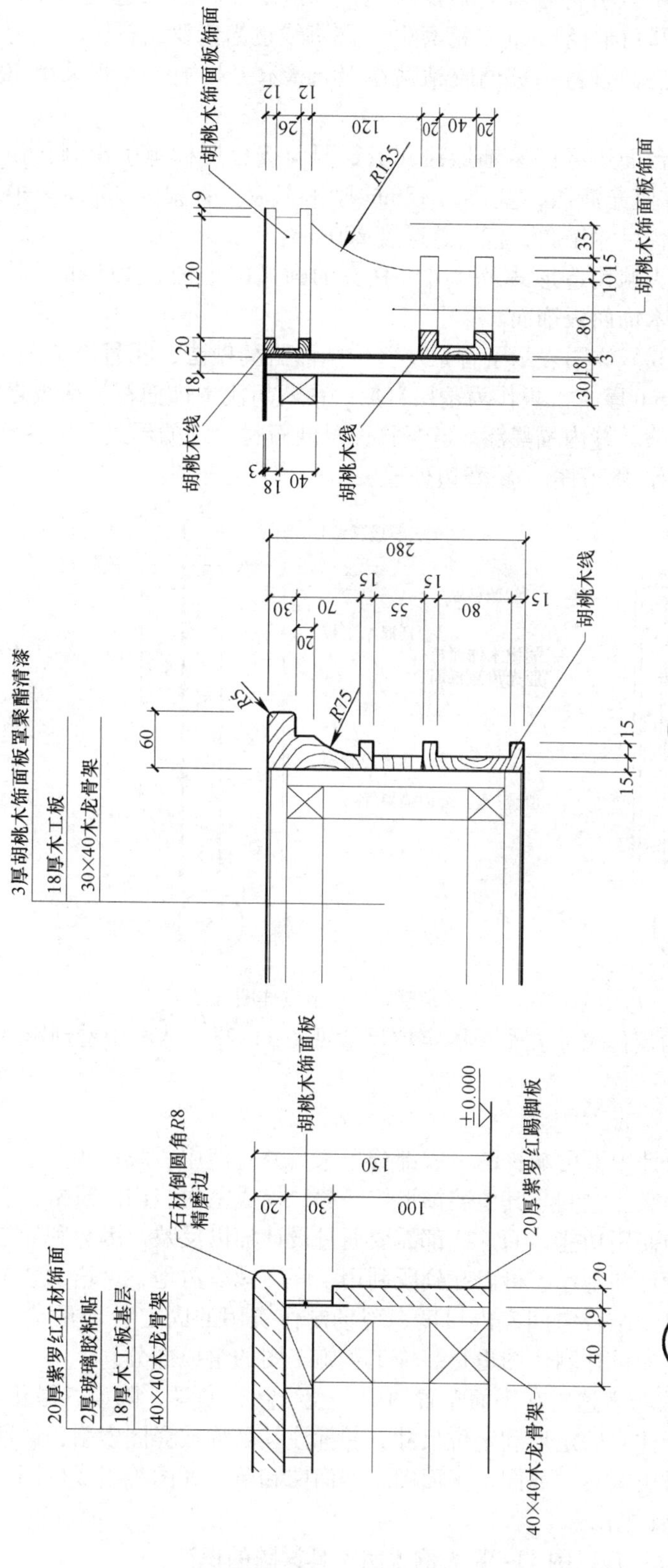

20厚紫罗红石材饰面
2厚玻璃胶粘贴
18厚木工板基层
40×40木龙骨架
石材倒圆角R8
精磨边
胡桃木饰面板
±0.000
40×40木龙骨架
20厚紫罗红踢脚板

①

3厚胡桃木饰面板罩聚酯清漆
18厚木工板
30×40木龙骨架
胡桃木线

②

胡桃木线
胡桃木饰面板饰面
胡桃木线
胡桃木饰面板饰面

③

图 11-36　某小区别墅影视墙节点详图（一）

中①号详图（与详图Ⓐ中索引符号对应）反映地台外侧节点，台面选用20mm厚紫罗红石材，边缘上下倒圆角，圆角半径8mm，精磨边。踢脚线也为紫罗红石材。①号详图上方标注了地台的分层构造做法，石材用玻璃胶粘贴在18mm木工板上，龙骨采用40mm×40mm双向木龙骨。

②号详图表示壁炉台面边缘的装饰做法，上下两面按分层构造引出制作说明：面层为3mm厚胡桃木饰面板罩亚光清漆，基层为18mm厚木工板，骨架为30mm×40mm木龙骨。壁炉正面粘贴胡桃木线，尺寸见图，台面总厚度280mm。

③号详图表示了柱头的构造形式及尺寸。柱头的圆弧面半径为135mm。除用胡桃木线装饰外，其他均为胡桃木饰面板饰面。

图11-37所示④、⑤号详图表示了背景及壁炉墙面留缝做法，④号详图表示在30mm×40mm木龙骨上安装18mm厚木工板作为基层，然后粘贴胡桃木饰面板，两板之间离开3mm缝隙，板面饰以亚光清漆，缝内描黑漆。⑤号详图反映石材留缝的形式及做法，图中石材用云石胶粘贴，石材板边作45°倒角、精磨边处理。

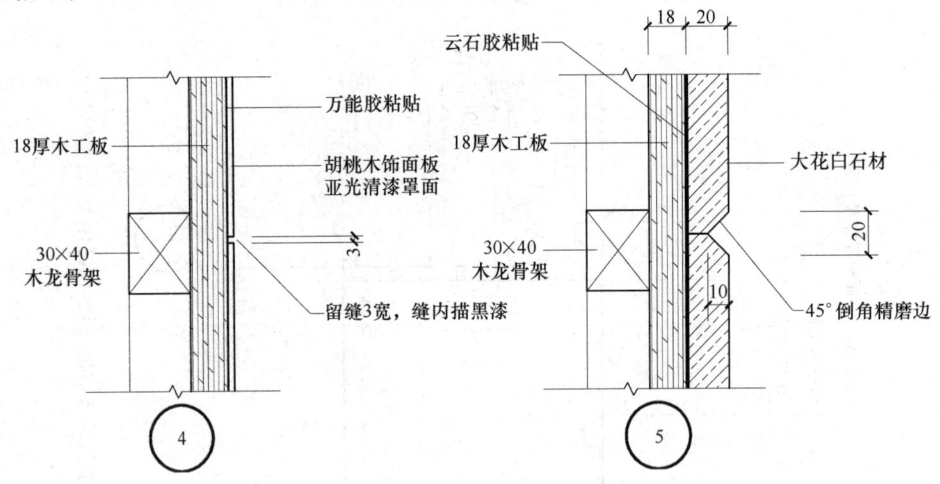

图11-37　某小区别墅影视墙节点详图（二）

（5）识读影视墙的定位尺寸。影视墙定位尺寸见图11-23，从图中看到影视墙距左侧轴线Ⓑ墙面为1.20m。

（四）家具详图

家具是室内环境设计中不可缺少的组成部分。家具具有使用、观赏和分割空间关系的功能，有着特定的空间含义。它们与其他装饰形体一起，构成室内装饰的风格，表达出特有的艺术效果和提供相应的使用功能，而这些都需要通过设计加以反映。因势利导就地制作适宜的家具，附以精心的设计和制作，可以起到既利用空间、减少占地，又增加装饰效果、提高服务效能的作用。所以，结合空间室内尺度、现场制作实用的固定（或活动）式家具，具有非常实用的意义，它的设计制作图也是装饰工程施工图的组成部分。

1. 家具详图的组成与表达　在平面布置图中已经绘制有家具、陈设、绿化等水平投影，如现场制作家具还应标注它的定形和定位尺寸，并标注其名称或详图索引，以便对照识读家具详图。家具详图通常由家具立面图、平面图、剖面图和节点详图等组成。图示比例、线宽的选用同前述装饰造型详图。

2. 家具详图的识读　现以图11-38为例说明家具详图的识读。

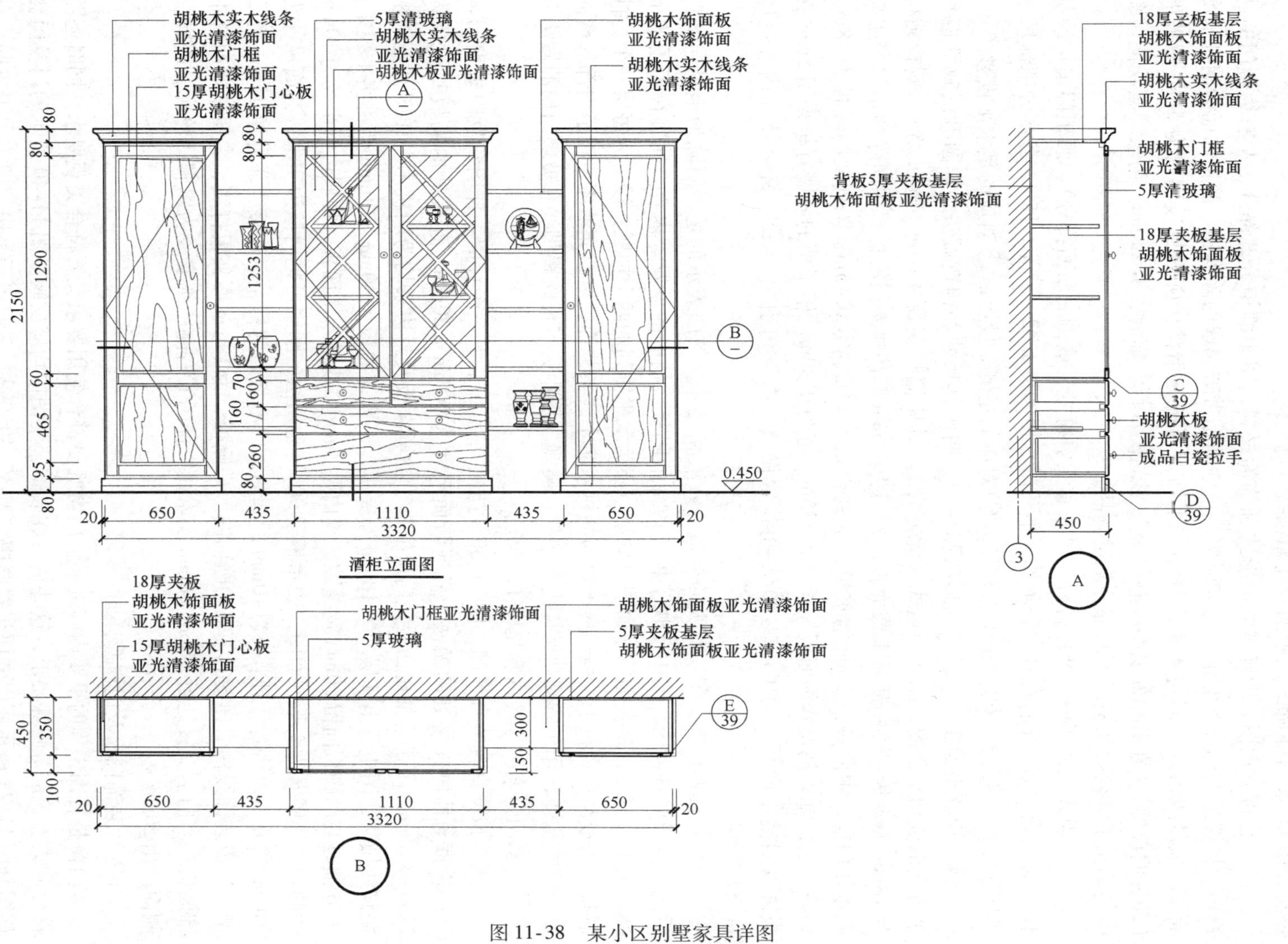

图 11-38 某小区别墅家具详图

（1）了解所要识读家具的平面位置和形状。图 11-38 是酒柜的平、立、剖面图，酒柜位置在图 11-23 平面布置图中的餐厅靠轴线③墙一侧。

（2）识读立面图，明确其立面形式和饰面材料。图中酒柜分五部分，左右为带门的储物柜，接着是对称设置的敞开式陈列架，正中间是带玻璃扇的陈列柜。酒柜饰面为胡桃木饰面板，家具线角均为胡桃木实木线角。木饰面罩亚光清漆。陈列柜玻璃扇为 5mm 清玻璃（即透明玻璃），在玻璃外表面饰有“×”形胡桃木板装饰线，宽 25mm。为表现其功能，图中还画出了陈列架和柜子中的部分陈设物品。

（3）识读立面图中的开启符号、尺寸和索引符号（或剖、断面符号）。酒柜门扇均绘制有“〈”或“〉”开启符号，表示外开平开门。柜体长 3.32m、高 2.15m，各部分细部尺寸见图示。图中有 $\frac{A}{-}$、$\frac{B}{-}$ 两个索引符号，$\frac{A}{-}$ 对应的是侧立投影，$\frac{B}{-}$ 对应的是水平投影。

（4）识读平面图，了解平面形状和结构，明确其尺寸和构造做法。详图Ⓑ反映酒柜水平方向的剖切平面图，结构为板式（无龙骨）。其中储物柜长 0.65m、宽 0.35m，侧板结构为 18mm 厚夹板、外贴胡桃木饰面板，柜门为 15mm 厚胡桃木门心板；中间陈列柜门扇用胡桃木作门框，中间镶嵌 5mm 清玻璃，陈列柜长 1.11m、宽 0.45m；陈列架的隔板为 18mm 夹板，表面饰以胡桃木饰面板，长为 0.435m，宽为 0.30m。柜子中的靠墙背板采用 5mm 夹板饰以胡桃木面板。为了反映 90°转角位置做法，右下角引出“$\frac{E}{39}$”索引号（内容见图 11-39所示）。

（5）识读侧面图，了解其纵向构造、做法和尺寸。该图表示的是中间陈列柜纵向剖切后向右投影的剖面图，图中反映了柜子内部的隔板、抽屉的设置等内容。抽屉在柜子的下部，上下共三层，从左侧的立面图可见第一层为水平排列的两个抽屉，以下为每层一个。抽屉拉手为成品白瓷拉手。柜子最上口为胡桃木实木线条装饰，罩亚光清漆。柜子内部靠墙面设置背板构造，用于防潮和保持内部平整、美观。图中为了反映踢脚线和玻璃门扇的做法引出$\frac{C}{39}$、$\frac{D}{39}$两个索引号（内容见图 11-39）。

（6）识读家具节点详图。图 11-39 列出了Ⓒ、Ⓓ、Ⓔ三个详图。详图Ⓒ反映玻璃门扇下部横框与抽屉连接处的做法，横框断面尺寸为 50mm×20mm，连接处的隔板封边条为 24mm×6mm，下部为抽屉面板，门扇横框、抽屉面板及封边条均为胡桃木。详图Ⓓ是酒柜踢脚线做法，图中看出基层均为 18mm 厚夹板，踢脚饰面板为 80mm×20mm 胡桃实木线条，下方抽屉与踢脚板间留 20mm 宽缝隙，缝内贴 3mm 厚胡桃木饰面板。抽屉边倒半径为 10mm 的圆角。详图Ⓔ为水平剖面图，表示柜子 90°转角做法，图中可见门框为实木，断面尺寸为 60mm×20mm，外侧也倒半径为 10mm 的圆角，门心板与门框企口连接，靠外留 15mm 宽凹槽，形成装饰线槽。详图Ⓔ上部的断面图形是侧板，为 18mm 厚夹板打底、表面粘贴胡桃木饰面板，与门框交接处封 24mm×6mm 实木线。详图Ⓔ右侧的细实线为踢脚线轮廓，踢脚线侧面凸出 20mm。

（五）装饰门窗及门窗套详图

门窗是装饰工程的重要内容之一。门窗既要符合使用要求又要符合美观要求，同时还需符合防火、疏散等特殊要求，这些内容在装饰施工图中均应反映。图 11-40 所示的门及门套详图是图 11-23 所示底层平面布置图中“M-3”的详图，它们用于书房、厨房、卫生间。现以图 11-40 为例说明其识读方法。

（1）识读门的立面图，明确立面造型、饰面材料及尺寸等。图中可见门扇装饰形式较

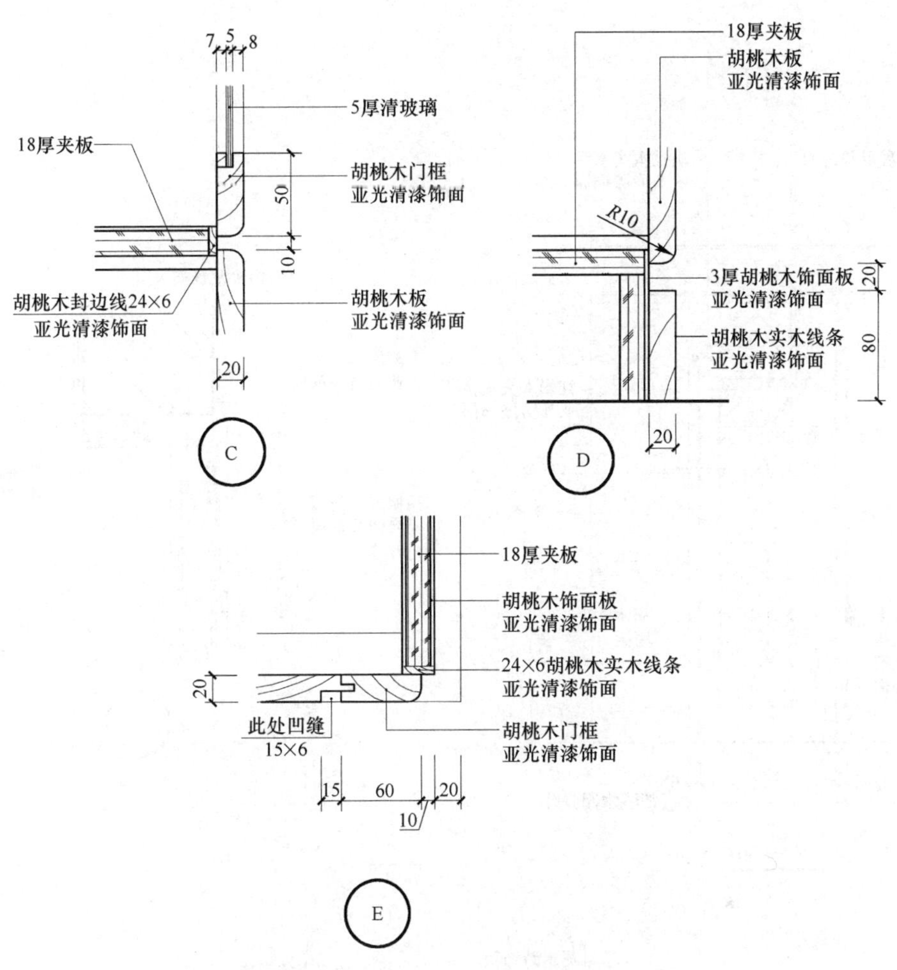

图 11-39　某小区别墅家具节点详图

简洁，门扇立面周边为胡桃木板饰面，门心板处饰以斜拼红影木饰面板，门套饰以胡桃木线，亚光清漆饰面。门的立面高为 2.15m、宽为 0.95m，门扇宽为 0.82m，其中门套宽度为 65mm。图中有“Ⓐ”、“Ⓑ”两个剖面索引符号，其中“Ⓐ”是将门剖切后向下投影的水平剖面图，“Ⓑ”为门头上方局部剖面，剖切后向右投影。

（2）识读门的平面图。图 11-40 下方详图Ⓐ即为门的水平剖面图，它反映了门扇及两边门套的详细做法和线角形式。从图上可以看到，门套的装饰结构为 30mm×40mm 木龙骨架（30mm、40mm 是指木龙骨断面尺寸），15mm 厚木工板打底。为了形成门的止口（门扇的限位构造），还加贴了 9mm 夹板，然后再粘贴胡桃木饰面板形成门套，如图 11-41 所示。门的贴脸（门套的正面）做法较简单，直接将门套线安装在门套基层上，表面饰以亚光清漆。门扇的拉手为不锈钢执手锁，门体为木龙骨架、表面饰以红影（中间）和胡桃木（两边）饰面板，为形成门表面的凹凸变化，胡桃木下垫有 9mm 厚夹板，宽度为 125mm。在两种饰面板的分界处用宽 25mm、高 20mm 的胡桃木角线收口，形成较好的装饰效果（俗称造型门）。

（3）识读节点详图。图 11-40 中右侧的详图Ⓑ为门头处的构造做法，与详图Ⓐ表达的

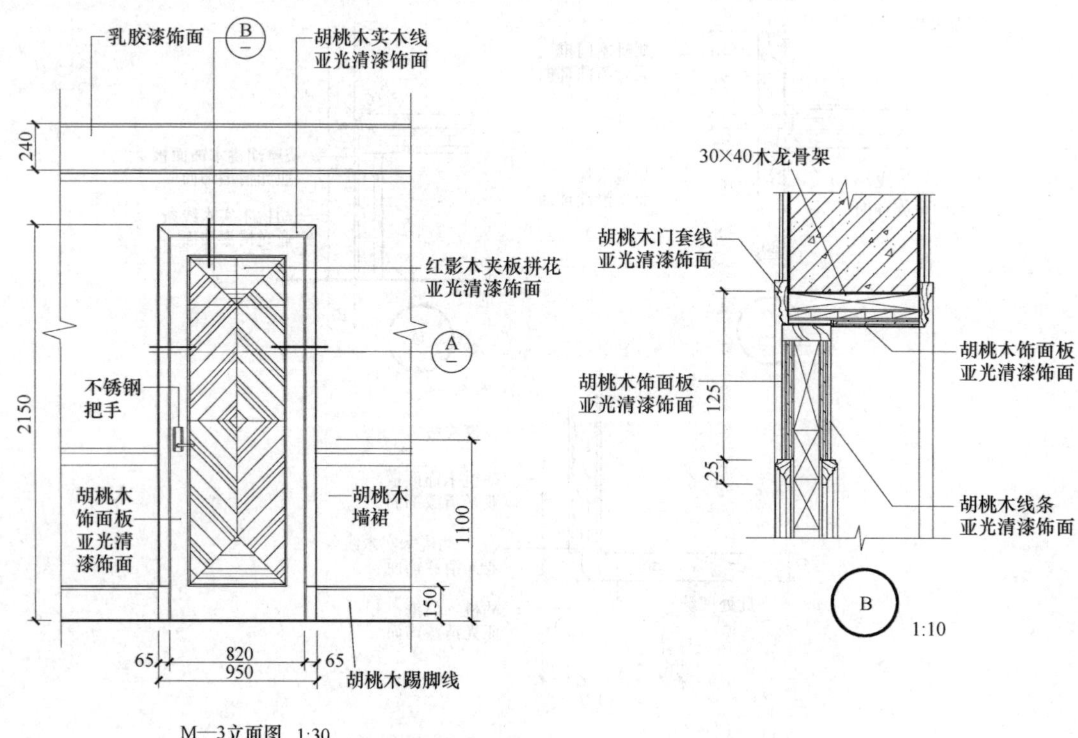

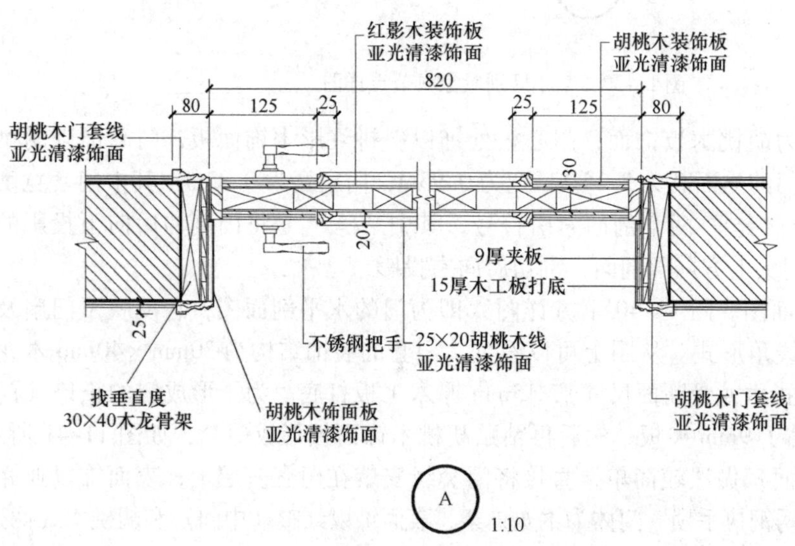

图 11-40　装饰门及门套详图

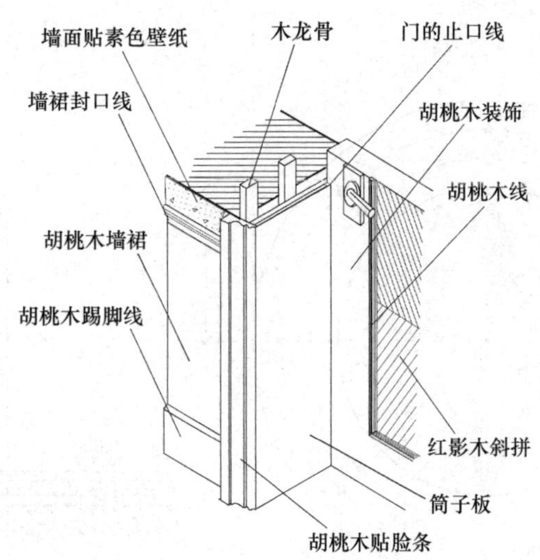

图 11-41　门套立体图

内容基本一致，反映门套与门扇的用料、断面形状、尺寸等，所不同的是该图是一个竖向剖面图，左右的细实线为门套线（贴脸条）的投影轮廓线。

在识读门及门套详图时，应注意门的开启方向（通常由平面布置图确定其开启方向）。图 11-23 所示的 M-3 为内开门，图中的门扇在室内一侧。在门窗详图中通常要画出与之相连的墙面的做法、材料图例等，表示出门、窗与周边形体的联系，多余部分用折断线折断后省略。

（六）楼地面详图

楼地面在装饰装修空间中是一个重要的基面，要求其表面平整、美观，并且强度和耐磨性要好，同时兼顾室内保温、隔声等要求，做法、选材、样式非常多。限于篇幅本书只介绍常用地面做法的识图。

楼地面详图一般由局部平面图和断面图组成。

1. 局部平面图　图 11-42 中详图①是一层客厅地面（图 11-24）中间的拼花设计图，属局部平面图。该图标注了图案的尺寸、角度，用图例表示了各种石材，标注了石材的名称。图案大圆直径为 3.00m，图案由四个同心圆和钻石图形组成。

识读局部平面图时，应先了解其所在地面平面图中的位置，当图形不在正中时应注意其定位尺寸。图形中的材料品种较多时可自定图例，但必须用文字加以说明。

2. 断面图　图 11-42 中的详图Ⓐ表示该拼花设计图所在地面的分层构造，图中采用分层构造引出线的形式标注了地面每一层的材料、厚度及做法等，是地面施工的主要依据。图中楼板结构边线采用粗实线，其他各层采用中实线表示。

四、装饰装修详图的图示内容

当装饰装修详图所反映的形体的体量和面积较大或造型变化较多时，通常需先画出平、立、剖面图来反映装饰造型的基本内容，如准确的外部形状、凸凹变化、与结构体的连接方式、标高、尺寸等。选用比例一般为 1∶10 ~ 1∶50，有条件时平、立、剖面图应画在一张图纸上。当该形体按上述比例画出的图样不够清晰时，需要选择 1∶1 ~ 1∶10 的大比例绘制。当装饰详图较简单时，可只画其平面图、断面图（如地面装饰详图）即可。

装饰装修详图图示内容一般有：

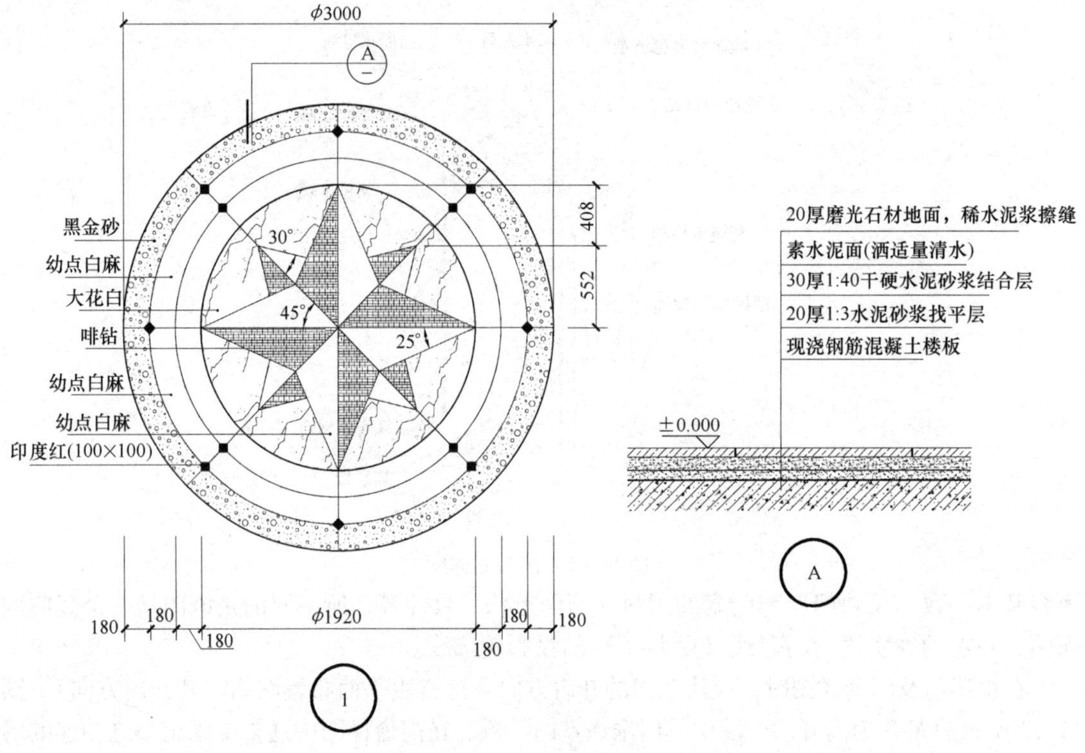

图 11-42　地面详图

（1）装饰装修形体的建筑做法。

（2）造型样式、材料选用、尺寸标高。

（3）所依附的建筑结构材料、连接做法，如钢筋混凝土与木龙骨、轻钢及型钢龙骨等内部骨架的连接图示（剖面或断面图），选用标准图时应加索引。

（4）装饰装修体基层板材的图示（剖面图或断面图），如石膏板、木工板、多层夹板、密度板、水泥压力板等用于找平的构造层次（通常固定在骨架上）。

（5）饰面层、胶缝及线角的图示（剖面图或断面图），复杂线角及造型等还应绘制大样图。

（6）色彩及做法说明、工艺要求等。

（7）索引符号、图名、比例等。

第七节　室外装饰装修工程施工图

室外装饰装修工程施工图通常由装饰立面图、骨架立面图、装饰装修造型平面图、装饰装修详图等组成。室外形体因常年暴露在室外，受风霜雪雨、阳光暴晒、温度变化等影响，有些装饰装修做法如玻璃幕墙、石材幕墙等还需结构设计师进行结构设计。由于要考虑诸多因素的影响，室外装饰装修构造在通常情况下有别于室内，所以在图示形式、表达内容上也

就与室内装饰装修施工图有些不同。但在制图原理、制图标准方面仍与前述要求相同，也与第十章所述一致。

现结合某单位礼堂改造的正立面装饰装修施工图，说明室外装饰装修施工图的识读和表达方法。

一、装饰装修立面图

（一）装饰装修立面图的形成与表达

装饰装修立面图是将建筑物需要装饰的整墙面（或部分墙面）向正投影体系中直立的投影面进行投影所得到的反映这些墙面装饰装修内容的施工图样。实际上它与建筑立面图反映的对象和表达方法是一致的，只是装饰装修立面图更多地是从装饰和造型的角度来表达，有时只是范围小一些，如店面装饰、灯箱广告等。为了达到一定的装饰装修效果或因其装饰装修构造的需要，形体常常需要增设依附于墙体的骨架，如灯箱钢骨架、外墙铝塑板骨架、玻璃及石材幕墙骨架等。

装饰装修立面图的常用比例为1:50、1:100、1:150等。立面图的室外地坪线用加粗实线（1.2b）画出；建筑物轮廓线和装饰形体外轮廓用粗实线表示；装饰装修形体本身的凸凹变化及门窗洞口等用中实线表示；其他如分格线、装饰线角、尺寸标注、标高标注等用细实线表示。

（二）装饰装修立面图的识读

装饰装修立面图是用于表达房屋外装饰装修内容的图样，所以立面图上反映的是装饰装修造型和空间尺度，如饰面材料的选用、图案和分格及尺寸等。为了更好地表达装饰性，有时采用表现性制图来辅助表达，如加画阴影、装饰图案、美术字、装饰纹样等。

（1）浏览立面图，明确房屋的形状、特征，注意装饰装修范围及设计要求。图11-43为外墙面采用干挂石材装饰的某礼堂正立面图。从图中可看出，该建筑是主体三层、两侧附房为两层的中式屋顶建筑。主要出入口在中间，入口处共有三樘12mm厚的玻璃自由门，入口台阶共七级。墙面分格线表示的是安溪红火烧板（一种经表面加工的花岗石板）的排板布局，有点状填充图例的分格表示的是印度红光面板装饰范围。左右墙面对称布置有安溪红石材浮雕。勒脚采用黑色蘑菇石干挂。屋顶檐口刷白色外墙乳胶漆装饰，屋顶为琉璃瓦装饰，琉璃瓦仅画出了局部投影（施工图中重复内容可采用省略画法）。

（2）注意各做法的分格尺寸和总尺寸。在图11-43所示立面图的下方和左方标注了石材排板的详细尺寸（立面装饰的分格及造型轮廓是装饰立面图的主要表达内容），各层窗口周边装饰有120mm宽的银灰铝塑板窗套。勒脚处黑色蘑菇石干挂的高度是1.76m，单板分格高度为0.44m，共四层。勒脚以上安溪红和印度红单板高度均为0.60m，墙面的石材干挂总高度为13.16m。

（3）识读其他说明及索引符号等，明确详图所在位置。图中有窗口、墙面等的索引符号。

（三）装饰装修立面图的图示内容

（1）房屋轮廓、门窗、台阶、雨水管等立面图基本内容。

（2）装饰装修范围的分格、造型的投影。

（3）装饰装修做法、材料、尺寸、标高等的标注。

（4）索引符号、图名、比例等。

二、骨架立面图

（一）骨架立面图的形成与表达

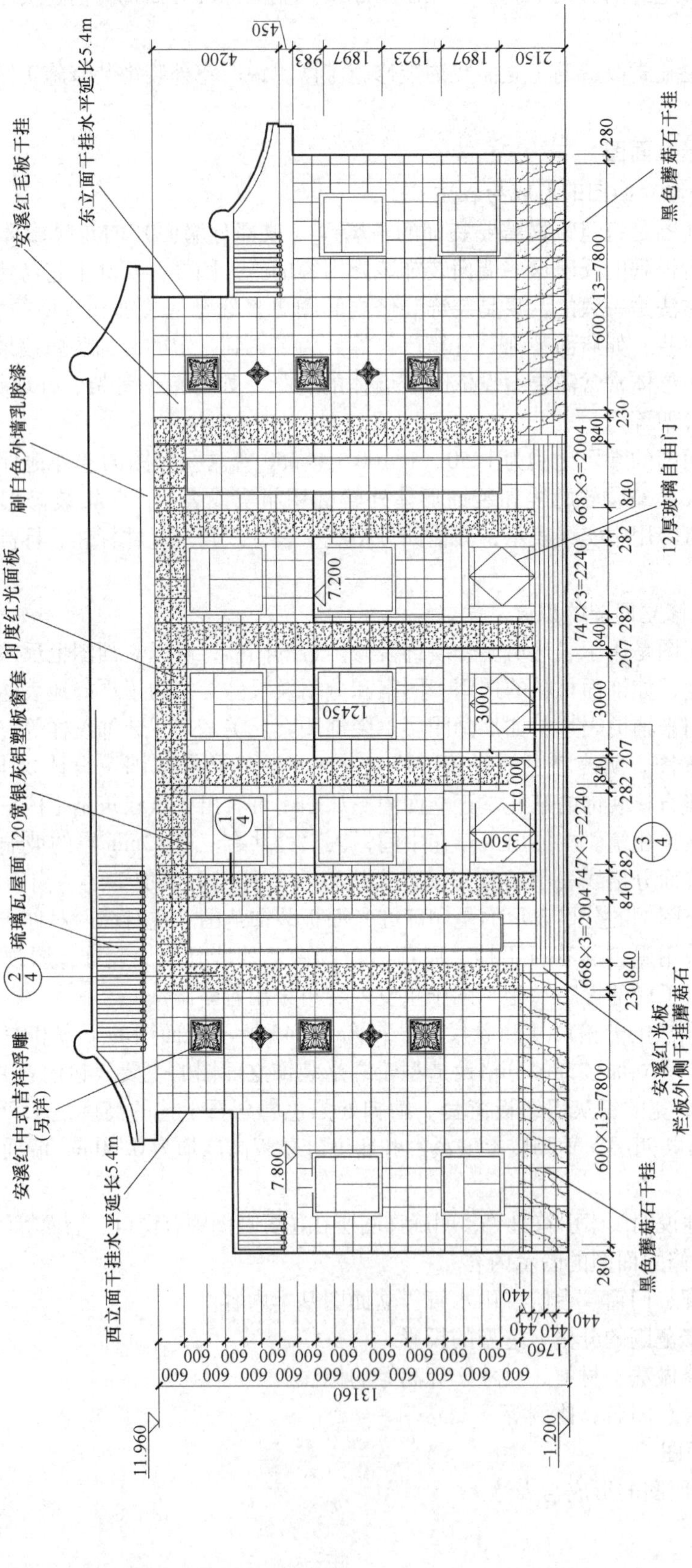
安溪红毛板干挂
东立面干挂水平延长5.4m
刷白色外墙乳胶漆
印度红光面板
120宽银灰铝塑板窗套
琉璃瓦屋面
安溪红中式吉祥浮雕
(另详)
西立面干挂水平延长5.4m
黑色蘑菇石干挂
安溪红光板
栏板外侧干挂蘑菇石
12厚玻璃自由门
600×13=7800
668×3=2004
747×3=2240
13160
11.960
-1.200
±0.000
7.200
7.800
12450
3000
3500

礼堂正立面干挂石材排板图 1:100

图 11-43　某礼堂正立面图

外墙装饰装修分两种：一为新建建筑的外墙装饰，一般情况下建筑设计已经做了外墙装饰装修施工图，外立面装饰装修形体的骨架已经在结构施工中完成，这些图样实际就是针对于外墙面的建筑及结构施工图，形成与表达同第十章的相关内容；二为旧建筑的外立面装饰装修改造施工图（或虽为新建筑但需要重新进行装饰设计，以满足业主要求），由于原建筑没有考虑或根本无法考虑到现时的业主所要求的装饰形式，所以有些装饰装修结构、构造必须在原墙上进行增减，这就需要经过设计画出相应装饰构造的骨架图，以使饰面层能依附于造型骨架。

立面骨架图是假想在面层尚未施工时看到的墙面龙骨（包括预埋件、后置埋件等）的立面布局图，与建筑立面图的形成原理相同。常用绘图比例有1:50、1:100、1:150等。

图中的骨架、预埋件投影用细实线表示，门窗的立面形式、墙面分格等省略不画，其他内容同建筑立面图。

（二）骨架立面图的识读

图11-44所示为某礼堂正立面改造为干挂石材的钢架布置施工图，图中墙面竖线表示钢架竖梃（竖向龙骨）、横线为横向龙骨，竖梃为8号槽钢，横向龙骨为∟50×5角钢，图的左侧和下侧标注了竖梃及横向龙骨的详细定位尺寸，其中右下方“1190×7=8330”表示该部位水平方向分七等份，每一等份（竖梃中心距）为1190mm。图中索引符号⊕所指位置的小矩形是竖梃的支座——预埋钢板的定位位置及外形，从图11-44看出预埋钢板设在每层楼盖和窗间墙处。预埋钢板（有时也称钢锚板）的施工必须在竖梃安装之前进行。水平角钢设在每一层石材的水平缝处，因为水平缝是不锈钢挂件连接上下两块石板的地方，故必须有横向角钢作为支撑。

（三）骨架立面图的图示内容

在骨架立面图中骨架布局是主要表达对象，故门窗等可只画其洞口轮廓线，而墙面装饰轮廓线、分格线、雨水管等省略不画。立面骨架图的图示内容有：

（1）房屋轮廓、门窗洞口、室外台阶、室外地坪线等的投影。

（2）骨架的布局、定位尺寸和标高。

（3）索引符号、做法说明、图名及比例等。

三、装饰装修造型平面图

（一）装饰装修造型平面图的形成与表达

墙面的装饰装修造型是占有一定空间的形体，如挑檐造型、雨篷造型、墙面的假柱造型等，装饰装修立面图有时反映不清这些造型的平面变化，故需画出它们的平面图。

装饰装修平面图是假想用一水平剖切平面沿装饰墙面中凸凹变化较大位置进行水平全剖切所得到的水平正投影图。当沿墙面竖向装饰造型起伏变化大、构造复杂时，需剖切多次（剖切符号在装饰装修立面图上标明）。剖切到的轮廓线代表装饰面层，用粗实线表示，其他内容可用细实线表示。

装饰装修造型平面图通常采用的比例为1:50、1:100、1:150。

（二）装饰装修造型平面图的识读

图11-45是某礼堂装饰墙面所在位置的平面图。因为主要反映的是正立外墙面，所以墙体其他部分予以省略。图中画出了装饰墙面的平面形状和尺寸，同时反映了外侧台阶、柱子的平面尺寸和装饰要求。图中可见台阶两侧栏板用蘑菇石干挂，栏板顶部饰以安溪红光面板（宽0.60m），台阶用安溪红火烧板贴面，每步台阶宽为330mm。我们注意到图11-44的立面图所反映的墙面似乎是平面的，而在平面图上却有凹凸变化，如大门位于柱子的后面，此地面上方是二层高的凹入空间，形成门廊（图11-43门口上方的7.200m即为门廊顶面标高，7.200m以上是三层墙体直至屋顶）。

（三）装饰装修造型平面图的图示内容

（1）装饰装修面层轮廓线的水平投影。

（2）室外台阶、门窗、雨水管等的投影。

（3）装饰装修面层的水平尺寸、选材、做法等技术要求。

（4）索引符号、说明、图名、比例等。

四、装饰装修详图

（一）装饰装修详图的形成和表达

室外装饰装修详图是对装饰立面图、骨架立面图的细化和补充，用较大比例的图形表示细部设计、构造和做法的图样。在设计实践中装饰装修详图是图样中数量较大的部分。根据工程对象和设计内容的不同，这些详图通常包括雨篷平面图、雨篷吊顶图、灯箱详图、装饰图案制作图及相应节点详图等，常用绘图比例为1:1～1:30。剖切到的部分画粗实线，未剖切但能够看到的部分画细实线。

（二）装饰装修详图的识读

图11-46为某礼堂外装饰装修节点详图，详图①是经窗口水平剖切的窗套处的构造详图，“120”为窗套的贴脸宽，饰面材料为银灰色铝塑板，其基层为18mm厚木工板，木工板固定在靠墙木龙骨上。窗套左侧干挂安溪红石材做法是从墙面钢板上向外焊接8号槽钢，然后在此槽钢左侧焊接通高的8号竖梃槽钢（竖梃槽钢与墙体有间隙是为了消除原墙面的垂直误差，此尺寸一般根据现场情况确定，通常为20mm左右）。在竖梃的外侧焊接水平的∟50×5角钢形成横向龙骨，外侧用不锈钢角码挂接安溪红石材，石材厚度25mm。详图Ⓐ为石材之间的连接详图。

（三）装饰装修详图的图示内容

（1）剖切到的建筑结构轮廓线及其材料图例。

（2）与建筑结构相连的骨架投影及其材料图例。

（3）基层板（或连接件）的投影及其材料图例。

（4）装饰装修面层的投影及其材料图例。

（5）详细尺寸、标高。

（6）索引符号、说明、图名、比例等。

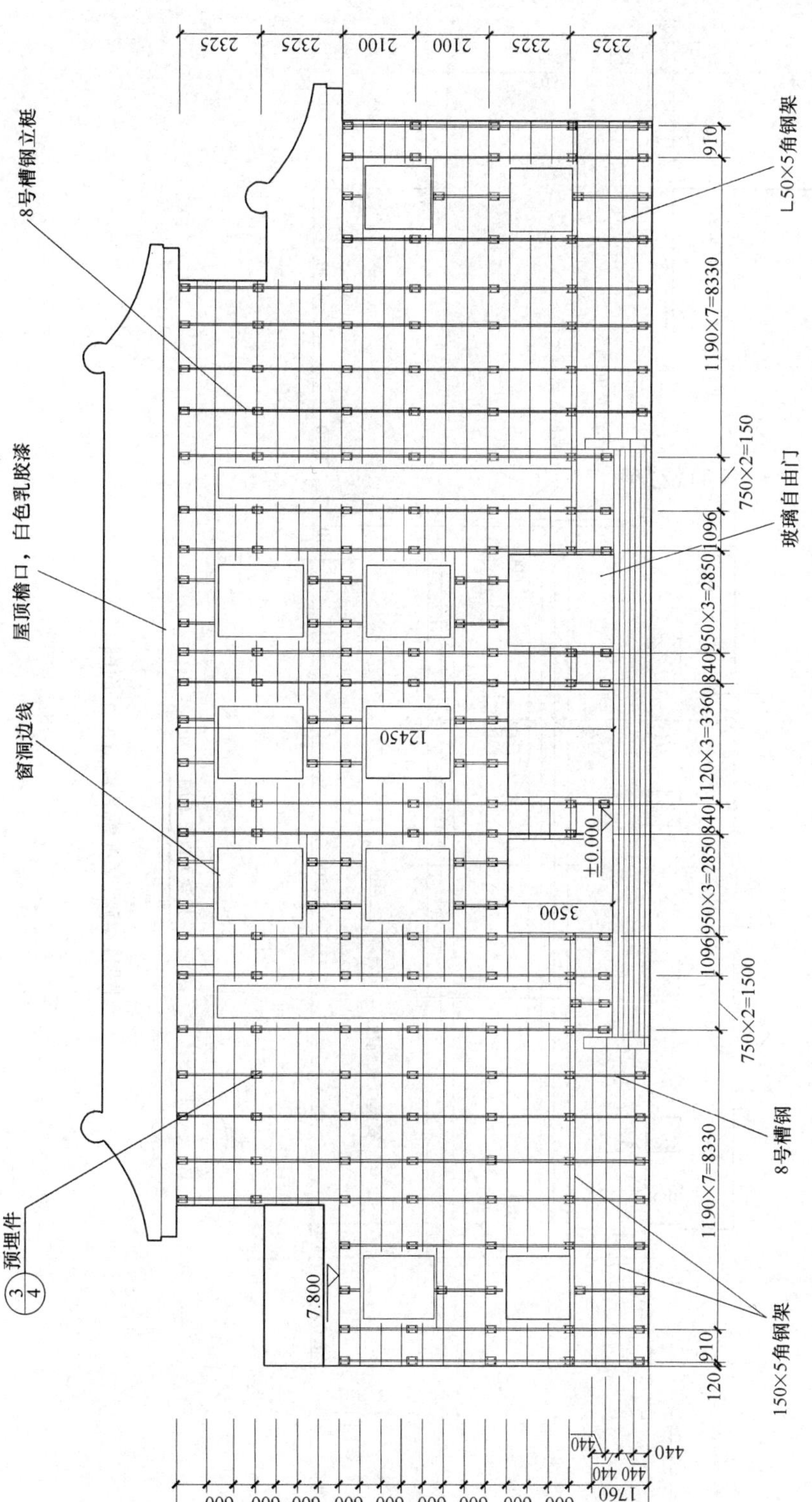

预埋件
窗洞边线
屋顶檐口，白色乳胶漆
8号槽钢立梃
11.960
7.800
±0.000
-1.200
13160
12450
3500
120 910 1190×7=8330 1096 950×3=2850 840 1120×3=3360 840 950×3=2850 1096 1190×7=8330 910
750×2=1500
750×2=150
2325 2325 2100 2100 2325 2325
150×5角钢架
8号槽钢
玻璃自由门
∟50×5角钢架

礼堂正立面钢架布置图　1:100

说明：本工程型钢龙骨架竖梃为8号槽钢，横向龙骨为∟50×50角钢，焊缝满焊高度不小于5mm，刷防锈漆二遍。

图 11-44　某礼堂骨架立面图

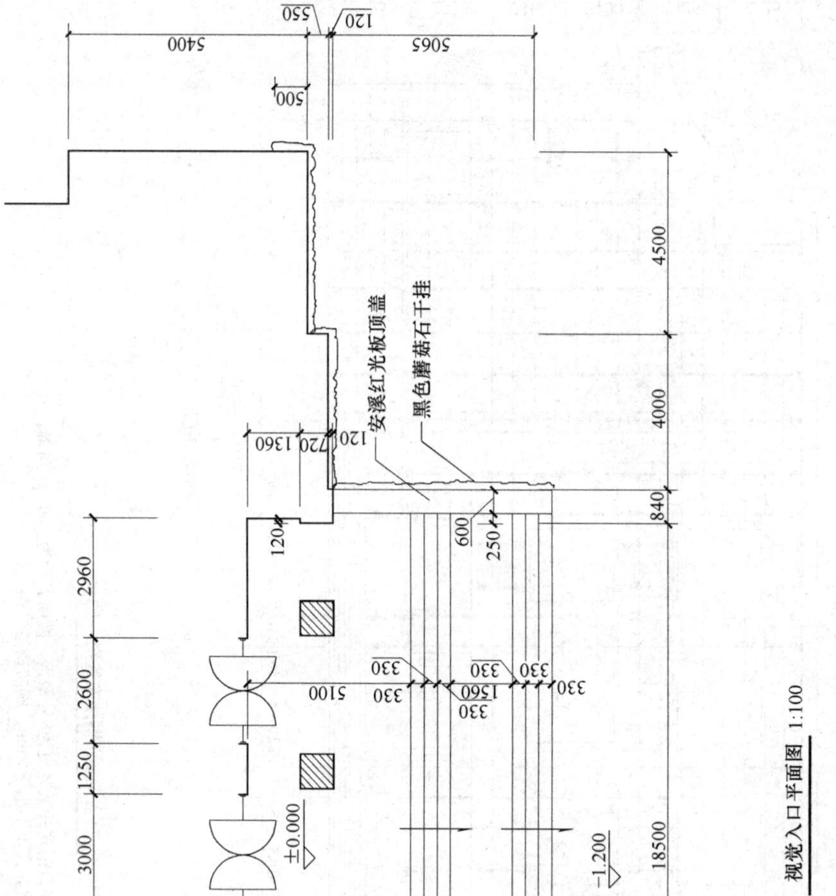

5400 550 120 5065 500

4500 4000 840 18500 840 4000 4500

1360 720 120 120

2960 2600 1250 3000 1250 2600 2962

5100 330 330 1560 330 330 330 330

600 250 600 265 850 850

±0.000 −1.200

安溪红光板顶盖

黑色蘑菇石干挂

安溪红火烧板

北

视觉入口平面图 1:100

图 11-45 某礼堂装饰造型平面图

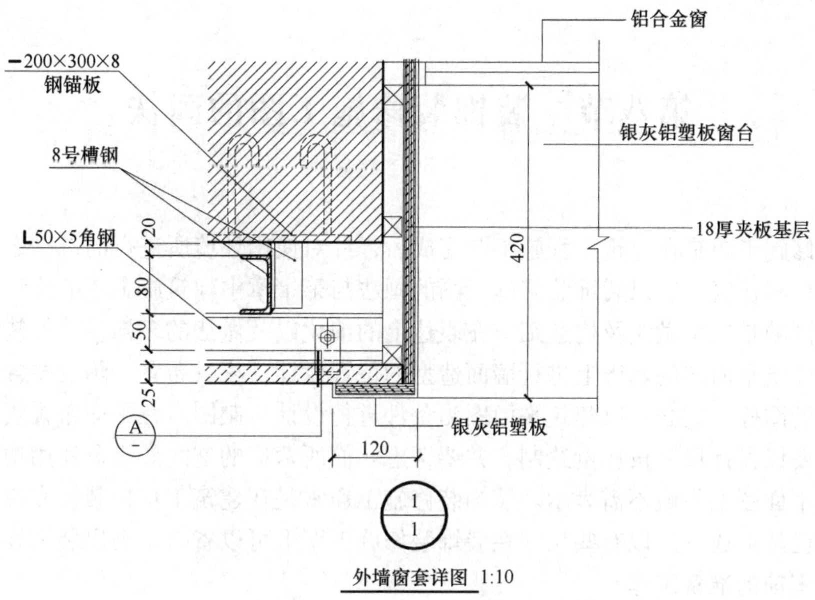

外墙窗套详图 1:10

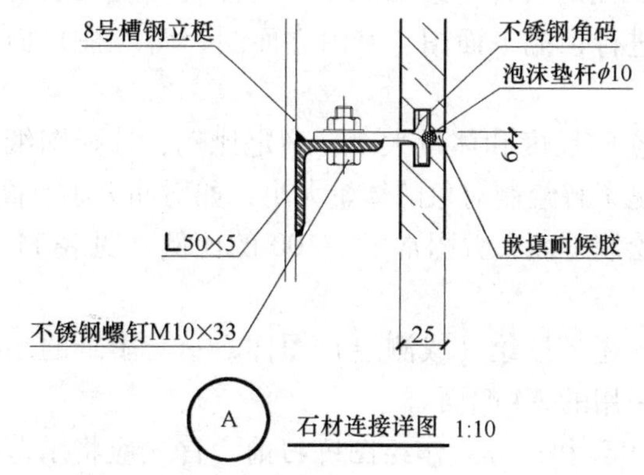

石材连接详图 1:10

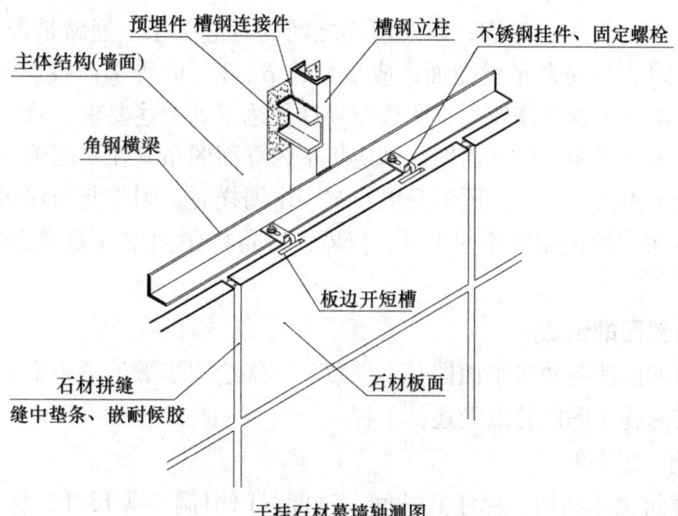

干挂石材幕墙轴测图

图 11-46　某礼堂外墙装饰详图

第八节　装饰装修施工图的画法

装饰装修施工图是在建筑工程施工图完成后，针对使用环境所进行的二次设计。由于工程对象仍是房屋建筑，所以装饰装修施工图的画法与第十章中建筑施工图的画法与步骤基本相同，所不同的是造型做法及构造细节在表达上的细化以及做法的多样性。如装饰装修平面布置图是在建筑平面图的基础上进行墙面造型的位置设计、家具布置、陈设布置、地面分格及拼花布置的图样，它必须以建筑平面图为条件进行设计、制图。在平面布置图中家具、陈设、绿化等要以设计尺寸按比例绘制，并要考虑它们所营造的空间效果及使用功能，而这些内容在建筑平面图上一般不需表示。装饰装修施工通常是在建筑工程粗装修完成后进行，建筑结构主体已经形成，所以有些尺寸在装饰装修施工图上可以省略，突出装饰设计的内容。

一、绘图前的准备工作

（1）明确装饰装修施工图的设计与绘图顺序。装饰装修施工图的设计工作一般先从平面布置图开始，然后着手进行顶棚平面图、室内立面图、墙（柱）面装饰装修剖面图、装饰装修详图等的绘制。

（2）明确工程对象的空间尺度和体量大小，确定比例，选择图纸的幅面大小。当确定了绘图顺序后，接下来就是了解绘制对象的体量大小，如房间大小、高度等，根据所绘图样的要求确定绘图比例，如绘制平面布置图常用1∶100的比例（见表11-1），由此确定图纸的幅面大小。

值得注意的是无论设计还是抄绘（或测绘）图样，一套图纸的图幅大小一般不宜多于两种，不含目录及表格所采用的A4幅面。

（3）明确所绘图样的内容和任务。作绘图练习前，首先应将示范图样看懂，明确作图的目的与要求，做到心中有数。

（4）注意布图的均衡、匀称，以及图样之间的对应关系。通常情况下，装饰装修施工图应按基本投影图的布局来布置图面，应尽量将H、V、W等多向投影绘制在一张图纸上。但在实际工程中由于工程形体较大，图样布局往往达不到上述要求。倘若某图幅能布置两个图样时，如平面布置图和室内立面图，则应将室内立面图布置在平面图的上方，以利于对应绘制，同时也便于识读。当一张图纸只能布置一个图样时，则将此图样居中布置。

（5）准备好手工绘图用的绘图工具、仪器，准备好蒙图纸（遮盖图纸用的干净纸张），着手绘图。

二、平面布置图的画法

平面布置图的画法与建筑平面图基本一致。详细绘图步骤见第十章第二节。这里将绘图步骤结合装饰装修施工图的特点简述如下：

（1）选比例、定图幅。

（2）画出建筑主体结构，标注其开间、进深、门窗洞口等尺寸，标注楼地面标高，如图11-47所示。

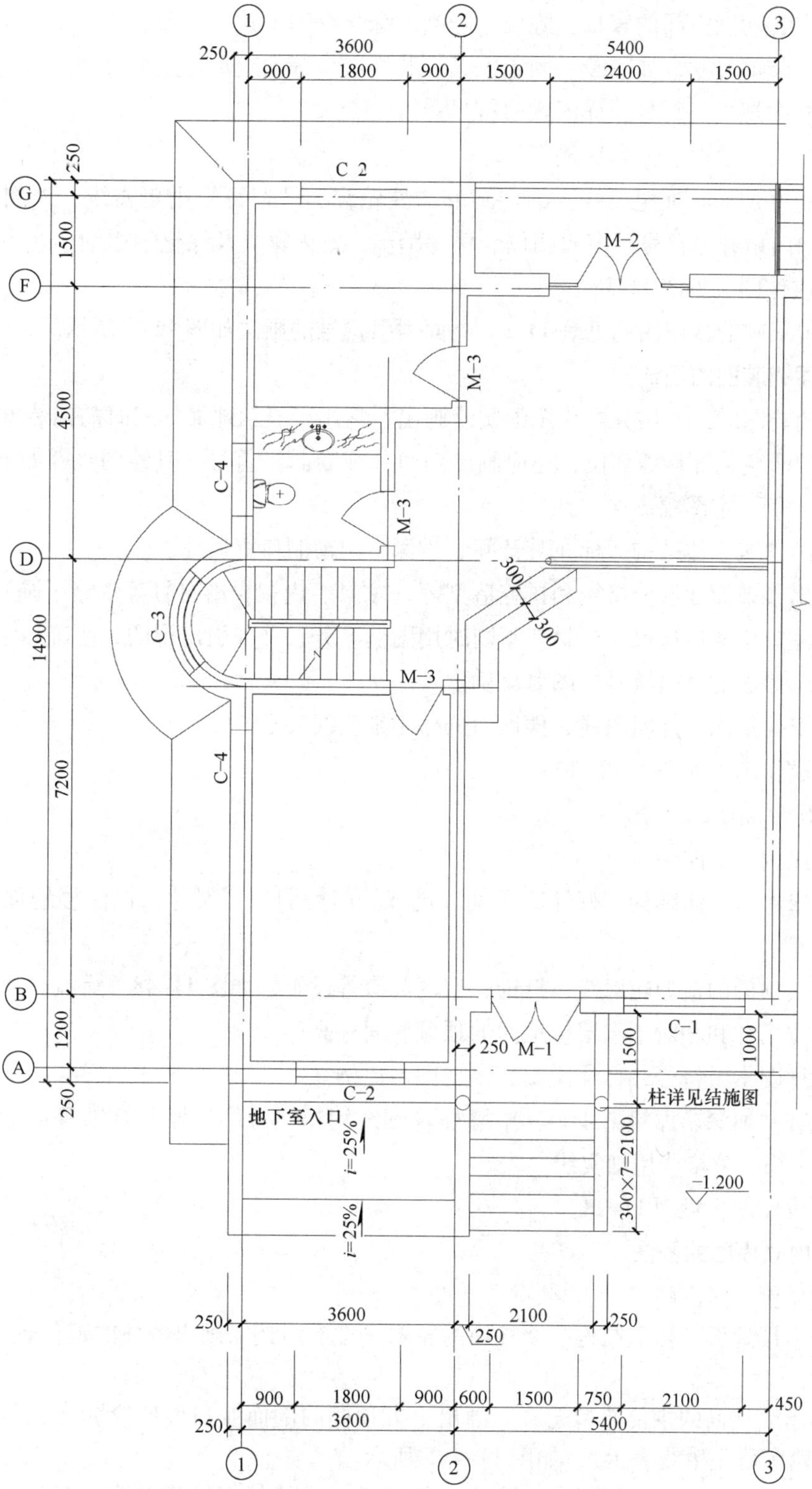

图 11-47　画出建筑主体结构及主要尺寸

（3）画出各功能空间的家具、陈设、隔断、绿化等的形状、位置。

（4）标注装饰尺寸，如隔断、固定家具、装饰造型等的定形、定位尺寸。

（5）绘制内视投影符号、详图索引符号等。

（6）注写文字说明、图名比例等。

（7）检查并加深、加粗图线。剖切到的墙柱轮廓、剖切符号用粗实线，未剖到但能看到的图线，如门扇开启符号、窗户图例、楼梯踏步、室内家具及绿化等用细实线表示。

（8）完成作图，见图 11-23。

平面布置图中的常用图例见表 11-2。立面索引符号的画法如图 11-2 所示。

三、地面铺装图的画法

画地面铺装图时，面层分格线用细实线画出，它用于表示地面施工时的铺装方向。对于台阶和其他凹凸变化等特殊部位，还应画出剖面（或断面）符号。其绘图步骤如下：

（1）选比例、定图幅。

（2）画出建筑主体结构，标注其开间、进深、门窗洞口等尺寸。

（3）画出楼地面面层分格线和拼花造型等（家具、内视投影符号等省略不画）。

（4）标注分格和造型尺寸。材料不同时用图例区分，并加引出说明，明确做法。

（5）细部做法的索引符号、图名比例。

（6）检查并加深、加粗图线，楼地面分格用细实线表示。

（7）完成作图，如图 11-24 所示。

四、顶棚平面图的画法

（1）选比例、定图幅。

（2）画出建筑主体结构，标注其开间、进深、门窗洞口等尺寸，标注楼地面标高（图 11-47）。

（3）画出顶棚的造型轮廓线、灯饰、空调风口等设施，如图 11-48 所示。

（4）标注尺寸和相对于本层楼地面的顶棚底面标高。

（5）画详图索引符号，标注说明文字、图名比例。

（6）检查并加深、加粗图线。其中墙柱轮廓线用粗实线，顶棚及灯饰等造型轮廓用中实线，顶棚装饰及分格线用细实线。

（7）完成作图，见图 11-28。

五、室内立面图的画法

（1）选比例、定图幅。

（2）画出楼地面、楼盖结构、墙柱面的轮廓线（有时还需画出墙柱的定位轴线），如图 11-49a 所示。

（3）画出墙柱面的主要造型轮廓。画出上方顶棚的剖面线和可见轮廓（比例小于等于 1∶50时顶棚轮廓可用单线表示），如图 11-49b 所示。

（4）检查并加深、加粗图线。其中室内周边墙柱、楼板等结构轮廓用粗实线，顶棚剖面线用粗实线，墙柱面造型轮廓用中实线，造型内的装饰及分格线以及其他可见线用细实线，如图 11-49c 所示。

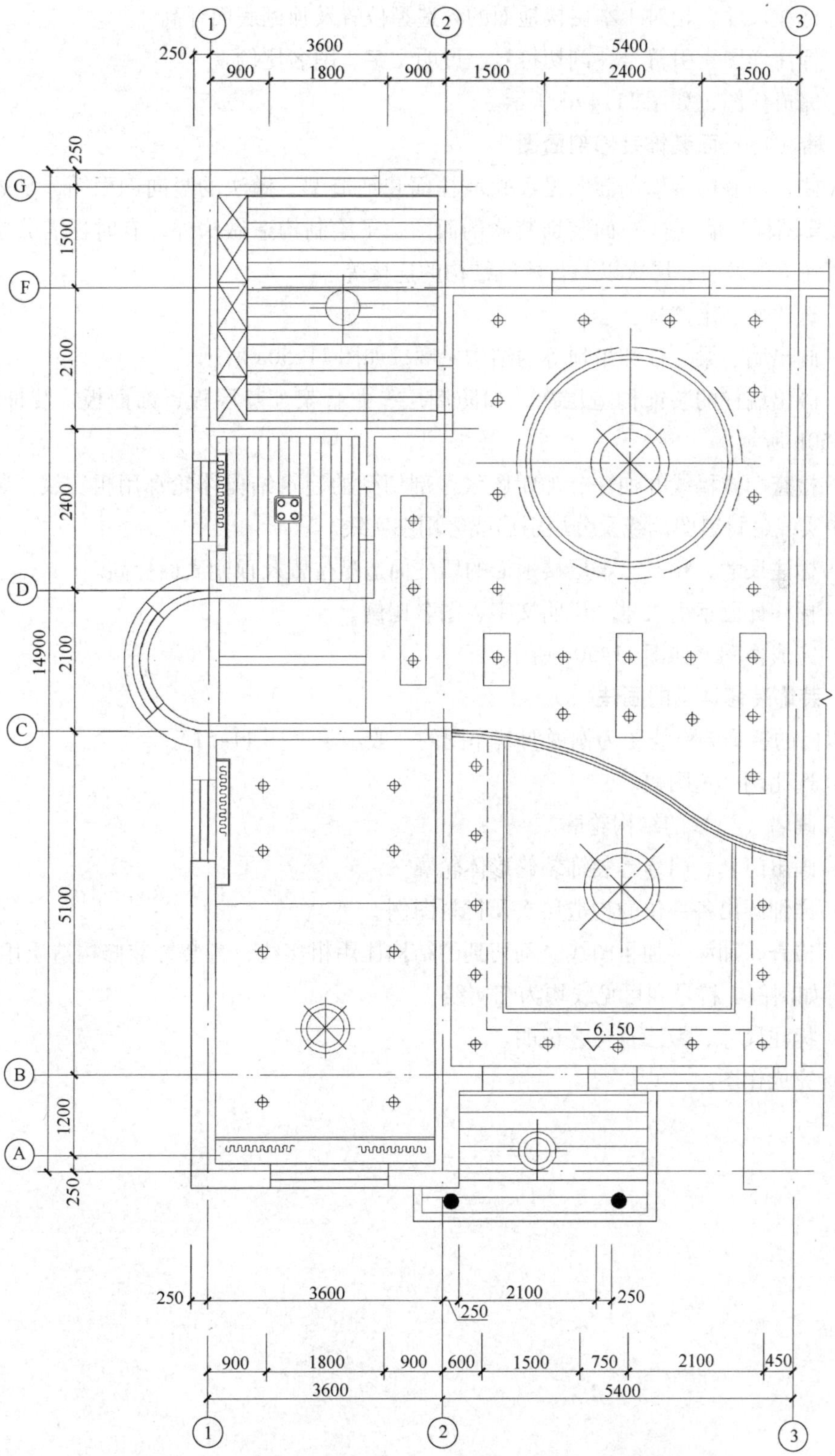

图 11-48　画顶棚的造型轮廓线，灯饰、空调风口等设施轮廓线

（5）标注尺寸，相对于本层楼地面的各造型位置及顶棚底面标高。

（6）标注详图索引符号、剖切符号、说明文字、图名比例。

（7）完成作图，如图 11-49d 所示。

六、墙（柱）面装饰装修剖面图

墙（柱）面装饰装修剖面图是反映墙柱面装饰造型、做法的竖向剖面图，是表达墙面做法的重要图样。墙（柱）面装饰装修剖面图除了绘制构造做法外，有时还需分层引出标注，以明确工艺做法、层次以及与建筑结构的连接等。

（1）选比例、定图幅。

（2）画出墙、梁、柱和吊顶等的结构轮廓，如图 11-50a 所示。

（3）画出墙柱的装饰构造层次，如防潮层、龙骨架、基层板、饰面板、装饰线角等，如图 11-50b 所示。

（4）检查图样稿线并加深、加粗图线。剖切到的建筑结构体轮廓用粗实线，装饰构造层次用中实线，材料图例线及分层引出线等用细实线。

（5）标注尺寸，相对于本层楼地面的墙柱面造型位置及顶棚底面标高。

（6）标注详图索引符号、说明文字、图名比例。

（7）完成作图，如图 11-50c 所示。

七、装饰装修详图的画法

现以门的装饰装修详图为例说明其作图的一般步骤（图 11-51）。

（1）选比例、定图幅。

（2）画墙（柱）的结构轮廓。

（3）画出门套、门扇等装饰装修形体轮廓。

（4）详细画出各部位的构造层次及材料图例。

（5）检查并加深、加粗图线。剖切到的结构体用粗实线，各装饰装修构造层用中实线，其他内容如图例、符号和可见线均为细实线。

（6）标注尺寸、做法及工艺说明。

（7）完成作图。

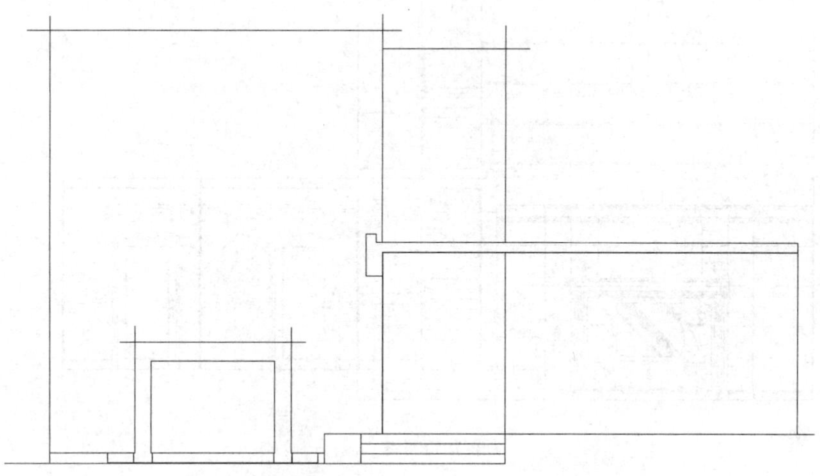

画出楼地面、楼盖结构、墙柱面的轮廓

a)

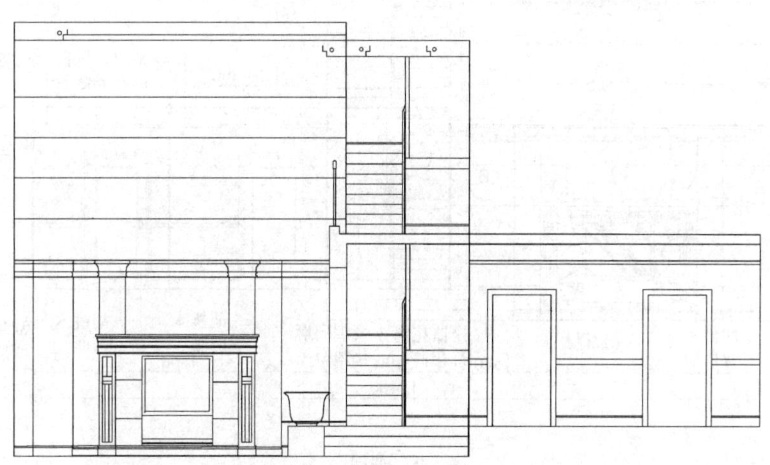

画出墙柱面的主要造型轮廓，画出上方顶棚的剖面和可见轮廓

b)

图 11-49　室内立面图的画法

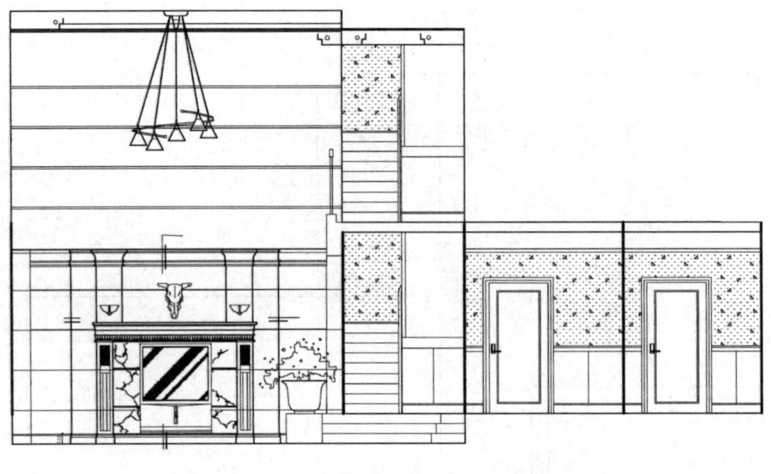

加深加粗图线

c)

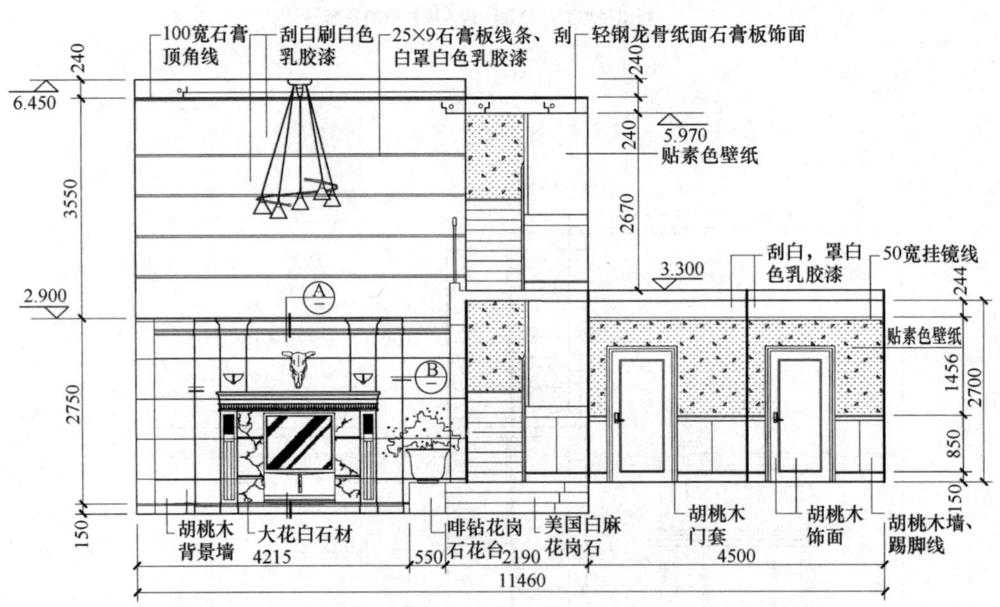

A 立面图

标注尺寸、标高，说明等

d)

图 11-49　室内立面图的画法（续）

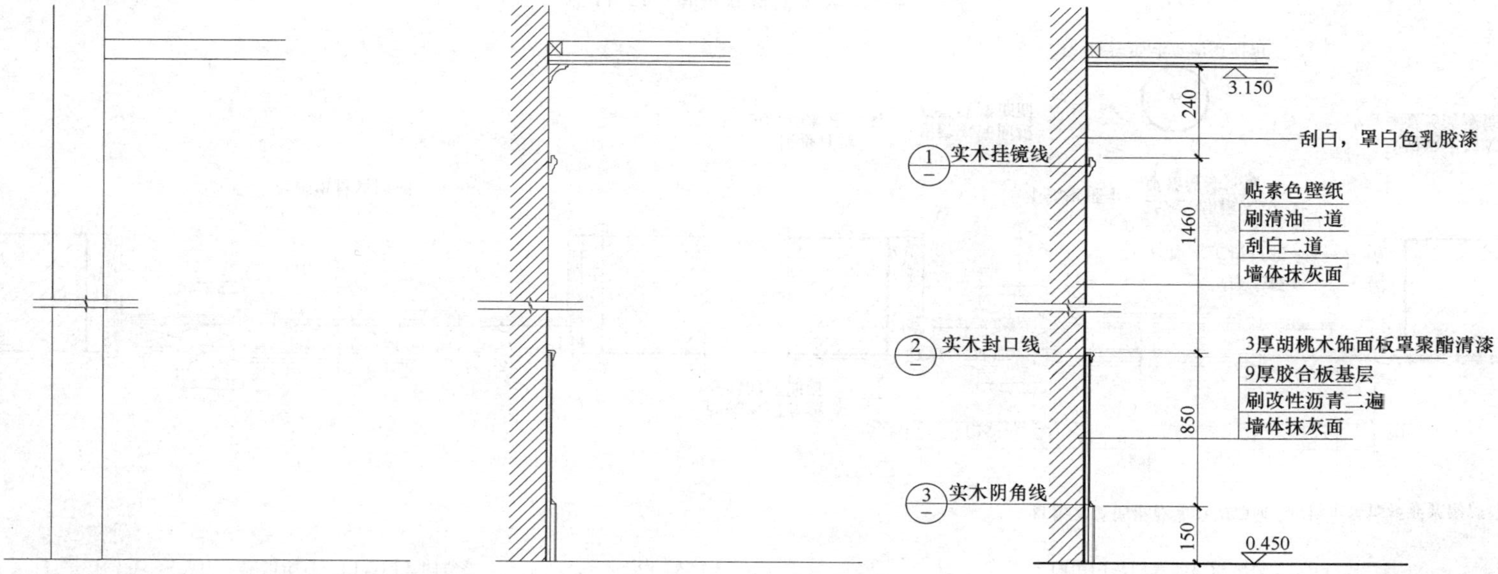

画出墙、梁、柱和楼盖、吊顶等的结构轮廓

a)

画出装饰构造层次

b)

3.150

240

1460

850

150

0.450

刮白，罩白色乳胶漆

贴素色壁纸
刷清油一道
刮白二道
墙体抹灰面

3厚胡桃木饰面板罩聚酯清漆
9厚胶合板基层
刷改性沥青二遍
墙体抹灰面

1 实木挂镜线

2 实木封口线

3 实木阴角线

墙身剖面图

标尺寸、说明、加深加粗

c)

图 11-50　墙柱装饰装修剖面图的画法

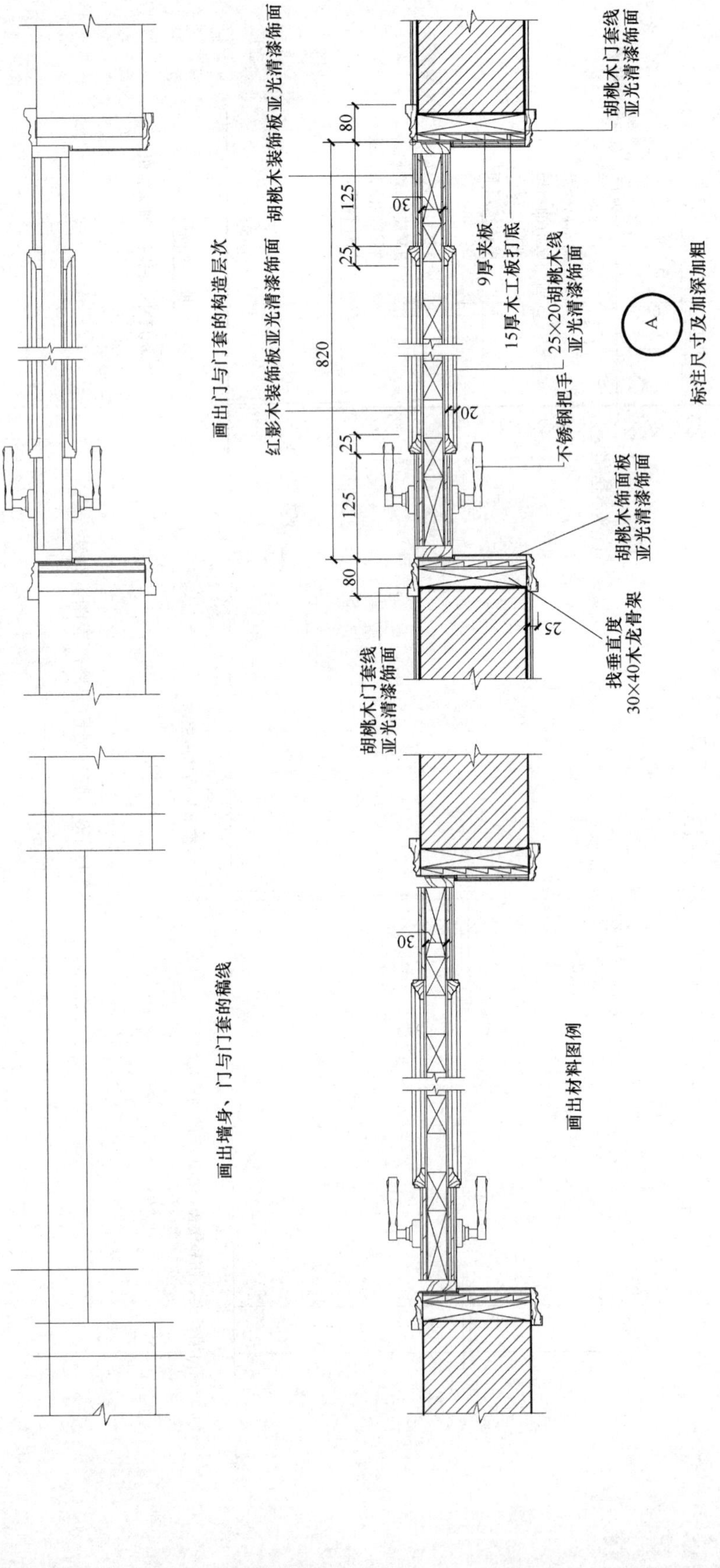

图 11-51 装饰装修详图的一般画法

第十二章
设备工程施工图的识读

【主要内容】

1. 设备工程施工图的特点、组成，常用的图例符号。
2. 室内给水排水施工图的识读。
3. 室内采暖施工图的识读。
4. 室内空调施工图的识读。
5. 室内电气照明施工图的识读。
6. 室内弱电设备施工图的识读。

【学习目标】

1. 知道设备施工图的组成、常用图例符号。
2. 会识读一般的室内设备施工图，能看懂室内设备的名称、型号、数量，其管线（或线路）的走向、安装方法等。

建筑物是满足人们生产、生活、学习、工作的场所，为了达到相应的使用要求，除了建筑本身功能合理、结构安全、造型美观外，还必须有相应的设备来保证，也可以说有了相应的设备才能更好地发挥建筑的功能，改善和提高使用者的生活质量（或生产者的生产环境)。设备工程包括给水排水、采暖空调、电气照明等。设备工程施工图主要由给水排水施工图、采暖施工图、空调施工图、电气施工图等组成。

设备工程施工图的主要内容有：施工说明、平面布置图、系统图（反映设备及管线系统走向的轴测图和原理图等）及安装详图。

设备工程施工图的图示特点是以建筑图为依据，采用正投影、轴测投影等投影方法，借助于各种图例、符号、线型、线宽来反映设备施工的内容。本章主要介绍室内设备施工图的识读。

第一节　室内给水排水施工图的识读

一、概述

给水排水工程包括给水工程和排水工程两个方面。给水工程是指水源取水、水质净化、净水输送、配水使用等工程。排水工程是指各种污水（生产、生活污水及雨水等）的排除、污水处理等工程。城市水源、城市排污及城市给排水管网属市政工程范围。建筑工程中一般仅完成建筑物室内给水排水工程和一个功能小区的室外给水排水工程（如一个学校、一个住宅小区等），属建筑设备工程。

给水排水工程一般由各种管道及其配件和卫生洁具、计量装置等组成，与房屋建筑工程（包括装饰工程）有密切的联系。因此阅读给水排水施工图前，对建筑施工图、结构施工图、装饰施工图都应有一定的认识，同时应掌握绘制和识读轴测图的有关知识。

给水排水施工图一般包含施工说明、给水排水平面图、给水排水系统图和安装详图四个部分。在阅读过程中，要注意掌握以下内容：

（1）在给水排水施工图上，所有管道、配件、设备装置都采用统一规定的图例符号表示。由于这些图例符号不完全反映实物的形状，因此，我们应首先熟悉这些图例符号所代表的内容，常见的给水排水图例符号见表 12-1。

（2）给水排水管道的敷设是纵横交错的，为了把整个管网的连接和走向表达清楚，需用轴测图来绘制给水排水工程系统图，通常采用斜等轴测图表示。

（3）给水排水工程属于建筑的设备配套工程，因此要对建筑或装饰施工图中各种房间的功能用途、有关要求、相关尺寸、位置关系等有足够了解，以便相互配合，做好预埋件和预留洞口等工作。

表 12-1　给水排水施工图图例

名　称	图　例	名　称	图　例
管　道		存水弯	
交叉道	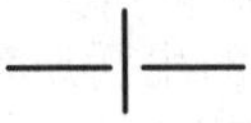	检查口	
三通连接	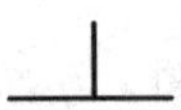	清扫口	
坡　向	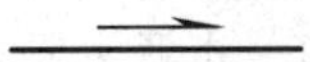	通气帽	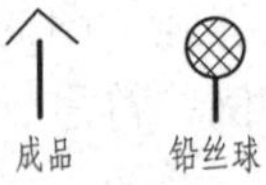 成品　铅丝球
圆形地漏		污水池	
自动冲洗水箱	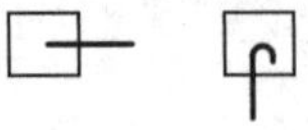	蹲式大便器	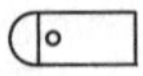
放水龙头		座式大便器	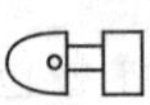

（续）

名　称	图　例	名　称	图　例
室外消火栓		淋浴喷头	
室内消火栓	 平面　系统	矩形化粪池	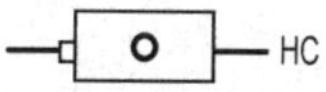 HC
水盆水池		圆形化粪池	 HC
洗脸盆		阀门井、检查井	
浴　缸	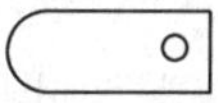	水表井	

二、室内给水排水施工图

（一）给水排水平面图

给水排水平面图应按建筑层数分层绘制，若干层相同时，可用一个标准层平面图表示，一般应包括以下内容：

（1）建筑物平面轮廓及轴线网，反映建筑的平面布置及相关尺寸，用细实线绘制。

（2）用不同图例符号和线型所表示的给水排水设备和管道的平面布置。

（3）给水排水立管和进出户管的编号。

（4）必要的文字说明，如房间名称、地面标高、设备定位尺寸、详图索引等。

阅读平面图时，可按用水设备→支管→竖向立管→水平干管→室外管线的顺序，沿给水排水管线迅速了解管路的走向、管径大小、坡度及管路上各种配件、阀门、仪表等情况，如图12-1所示为某职工住宅厨房和卫生间的给水排水平面图，由于设备集中，采用1∶50比例绘制。

图12-1中卫生间有浴盆、洗手盆、座便器三件卫生设备和一个地漏，厨房内有洗菜池和燃气热水器两件设备和一个地漏。燃气热水器、洗菜池、浴盆、洗手盆、坐便器共用一根水平给水干管，水平干管通过水表和阀门与竖立干管S1相接（图中用粗实线圆圈画出）。洗菜池、浴盆、洗手盆共用一根给水热水干管，如图中双点画线所示，热水干管接至燃气热

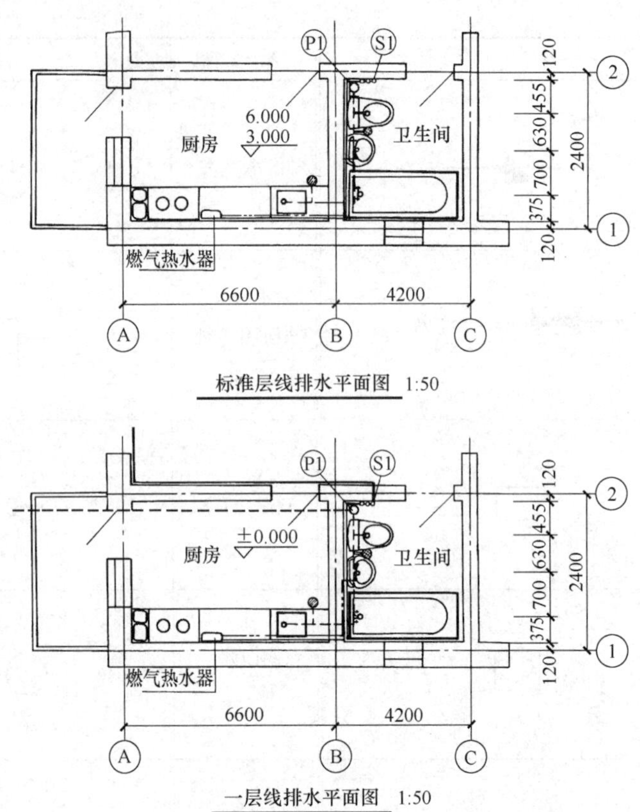

图 12-1　某职工住宅厨房和卫生间给水排水平面图

水器引出管。排水水平干管最前端为洗菜池，依次为厨房地漏、浴盆、洗手盆、卫生间地漏、坐便器，最后接至排水竖立管 P1，管线用粗虚线表示。给水排水竖向立管贯通房屋的各层，之后由一层埋入地下后引至室外，与室外给水排水管网相接。

给水排水平面图中不反映水平管高度位置及楼层间管道连接关系，也不反映管线上如存水弯、清扫口等配件，这些内容一般在系统图中表达。

（二）给水排水系统图

给水排水系统图按给水系统、排水系统分别绘制。采用斜等轴测投影方法，管线采用相应线型的单线表示，各种配件等用图例表示。相同层可只画一层，在未画处标明同某层即可。

给水排水系统图一般包括以下内容：

（1）整个管网的相互连接及走向关系，管网与楼层的关系。

（2）管线上各种配件的位置及形式，如存水弯形式、检查口位置、阀门、水表等。

（3）管路编号、各段管径、坡度及标高等。

阅读系统图时，可通过立管编号找出它与平面图的联系，并对照阅读，从而形成对整个管线的空间整体认识。如图 12-2 中的给水系统图，给水水平干管管径为 DN32（DN 为公称直径符号），在标高 -1.500m（均指管心标高）经转折引至竖向立管，由竖向立管引上至各层水平干管，再用分支管引至各用水设备。竖管管径为 DN32，楼层水平支管中心距楼面高 500mm，管径为 DN20。管线在一层设总阀门，在每层水平支管上设用户阀门并设一个水表计量用。洗菜池、浴盆、洗手池均设冷热水，热水管由燃气热水器引至各用水设备（双点画线为热水管）。现在来看图 12-2 中的排水系统图，各层均设一条水平干管，末端管径为 *DN*50；坐便器至竖立干管采用管径 *DN*100，水平干管均做 2% 坡度坡向立管以方便出水。竖立干管采用管径 *DN*100。顶部做通气管伸出屋面 0.8m 高，端部设通风帽。竖立干管上检查口隔层设置，检查口做法及距地高度均有标准图集可供选用，所以不作标注。水平管端部均设清扫口，以方便检修。

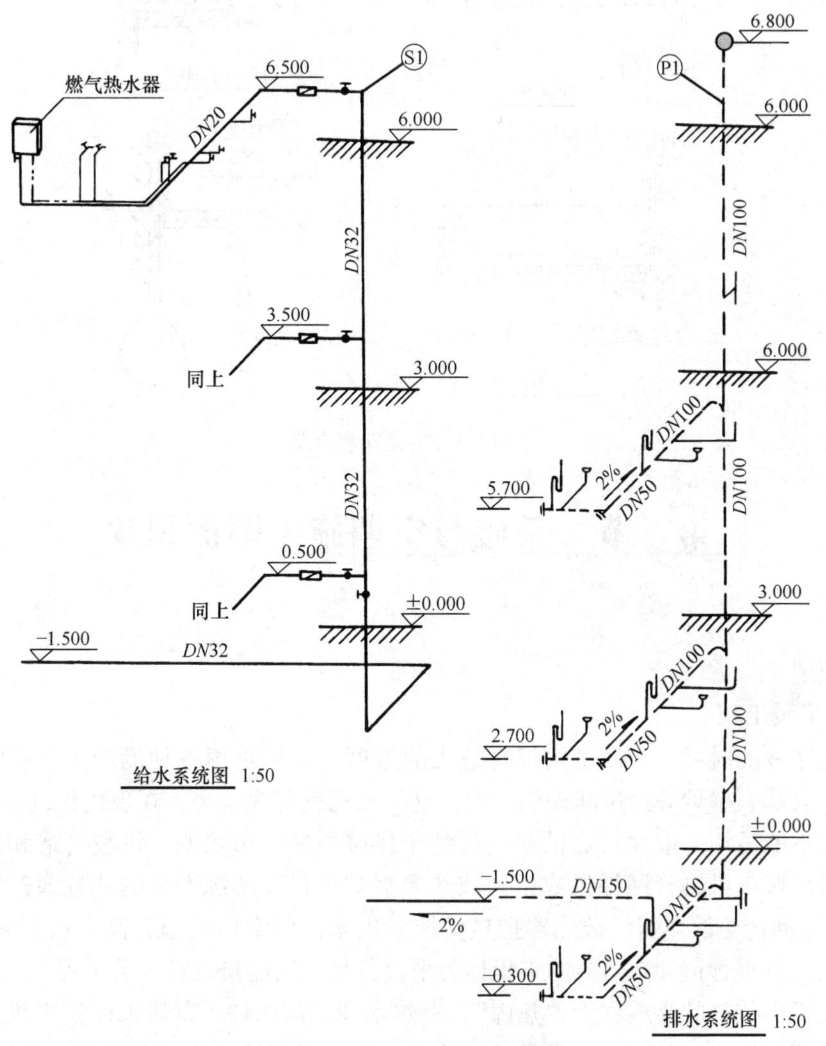

图 12-2　给水排水系统图

（三）给水排水设备安装详图

给水排水工程中所用配件均为工业定型产品，其安装做法国家已有标准图集和通用图集可供选用，一般不需绘制。阅读设备安装详图时，应首先根据设计说明所述图集号及索引号找出对应详图，了解详图所述节点处的安装做法，图 12-3 为浴盆安装详图，本图用四个图样表达了浴盆的安装方法。

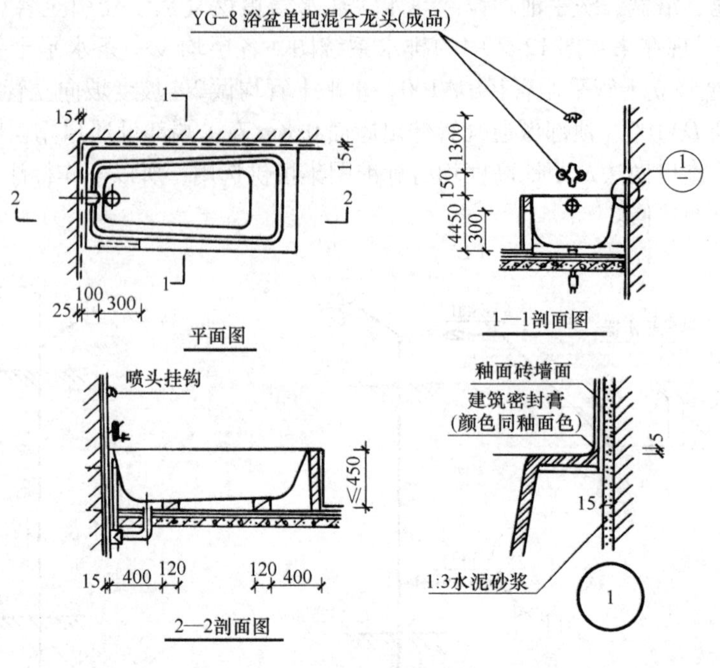

图 12-3　浴盆安装详图

第二节　采暖与空调施工图的识读

一、概述

（一）采暖工程

在天气寒冷的时候，为使室内保持适当的温度，人们采用各种能产生热量的设施如火炉、火炕、火墙、壁炉等给房间提供温暖，这一过程就称为采暖。在现代建筑中上述传统的采暖方式已不能适用，取而代之的是一种集中供暖系统，由热源、供暖管道和散热器等组成。热源可由城市供热管网提供或由区域热源锅炉提供。热源产生的热量通过供暖管道中“热媒”的流动传至散热器，散热器把热量散发出来，使室内气温升高，达到采暖的目的。给建筑物安装供暖管道和散热器的工程称为采暖工程，属建筑设备安装工程。

采暖工程中传热的介质称为“热媒”，有热水和蒸汽两种。以热水作为“热媒”时称热水采暖，以蒸汽作为“热媒”时称蒸汽采暖。一般民用建筑以热水采暖方式居多。

采暖系统的工作过程为：热源把“热媒”加热，“热媒”通过供热管道送入建筑物内的散热器中把热量散发出来，以加热室内空气。放热后的“热媒”沿回水管道流回热源再加热，循环往复，使建筑物内得到连续不断的热量，从而保证适宜的温度，满足人们需要。

采暖工程较传统采暖方式有如下优点：①不用自己管理热源；②空气温度适宜、稳定；③卫生条件好，污染少。

采暖工程施工图是安装与敷设采暖设备及管道的依据，一般包括施工说明、采暖平面图、采暖系统图和安装详图四部分内容。

（二）空调工程

随着人民生活水平的不断提高，对房间内温度、湿度、空气清新程度的要求亦日益提高；某些工业生产车间由于产品生产工艺的需要，亦必须控制车间内的温度、湿度等指标。给建筑物安装空调系统设备使其能自动调节室内环境指标（如温度、湿度、空气清新程度等）的工程称空调工程。空调系统按空气处理设备的设置情况分为集中式系统、半集中式系统、分散式系统三类。

1. 集中系统　空气处理设备（过滤器、加热器、冷却器、加湿器及通风机等）集中设置在空调机房内，空气经处理后，由风道送入各房间。

2. 半集中式系统　较多使用的是风机盘管空调系统。空调机房内设冷热水机组，用循环泵把冷水或热水沿循环管路送入各房间，在房间内用风机盘管设备把盘管（与循环管路相接）中的冷或热量吹入房间。亦可以某一楼层或某一功能分区为单位设置新风机组并用风管与各房间风机盘管上新风口连接，使在调温的同时，向房间内送入新鲜空气并调节空气湿度。风机盘管系统目前在宾馆、写字楼等公共建筑中被广泛应用。

3. 分散式系统　如窗式空调机和分体式空调机，可一机供一室或几室使用，也可一室使用多台。此形式无新风系统，仅能调温使用。此类空调安装方便，以电作为能源，目前住宅中使用较多。

空调工程图亦由施工说明、空调平面布置图、空调系统图和详图四部分组成。

（三）采暖施工图和空调施工图的特点及图例

在阅读采暖施工图或空调施工图时，应注意掌握以下特点：

（1）二者均为设备施工图，因此应注意它们与建筑施工图、装饰施工图的联系，并应熟悉各种图例符号，对于空调施工图还应对风管尺寸及设备配件的形状尺寸有充分了解，以便与装饰工程配合。

（2）采暖、空调施工图均采用斜等轴测图绘制系统图。

（3）采暖、空调工程均为一闭合循环系统，应按一定的方向、顺序去阅读图样，如采暖热媒的流向等，以了解系统各部分的相互联系。

（4）对于空调工程，还应对系统上的电气控制部分与电气工程的关系有所了解，以便与电气专业作好配合，如风机盘管的风速控制、各种防火阀门的控制等都为电气控制。

（5）采暖施工图及空调施工图图例见表 12-2。

表 12-2　采暖空调施工图图例

名　称	图　例	名　称	图　例
管道		温度计	
截止阀		止回阀	

（续）

名　称	图　例	名　称	图　例
风口（通用）	或	散热器	
保温管		集气罐	
风管检查孔		水动对开式多叶调节阀	
弯头		空气过滤器	
矩形三通		加湿器	
防火阀	70℃	风机盘管	
风管		窗式空调器	
方形疏流器		风机	轴流风机　离心风机
		压缩机	
风管止回阀		压力表	

二、采暖施工图的识读

（一）采暖平面图

采暖平面图一般应表达如下内容：

(1) 定位轴线及尺寸，建筑平面轮廓线、主要尺寸、楼面标高、房间尺寸。

(2) 采暖系统中各干管、支管、散热器及其他附属设备的平面布置。

(3) 各主管的编号，各段管路的坡度、尺寸等。

图 12-4 所示为某单位职工住宅楼的采暖工程施工图，本工程采用同程式上给下回热水

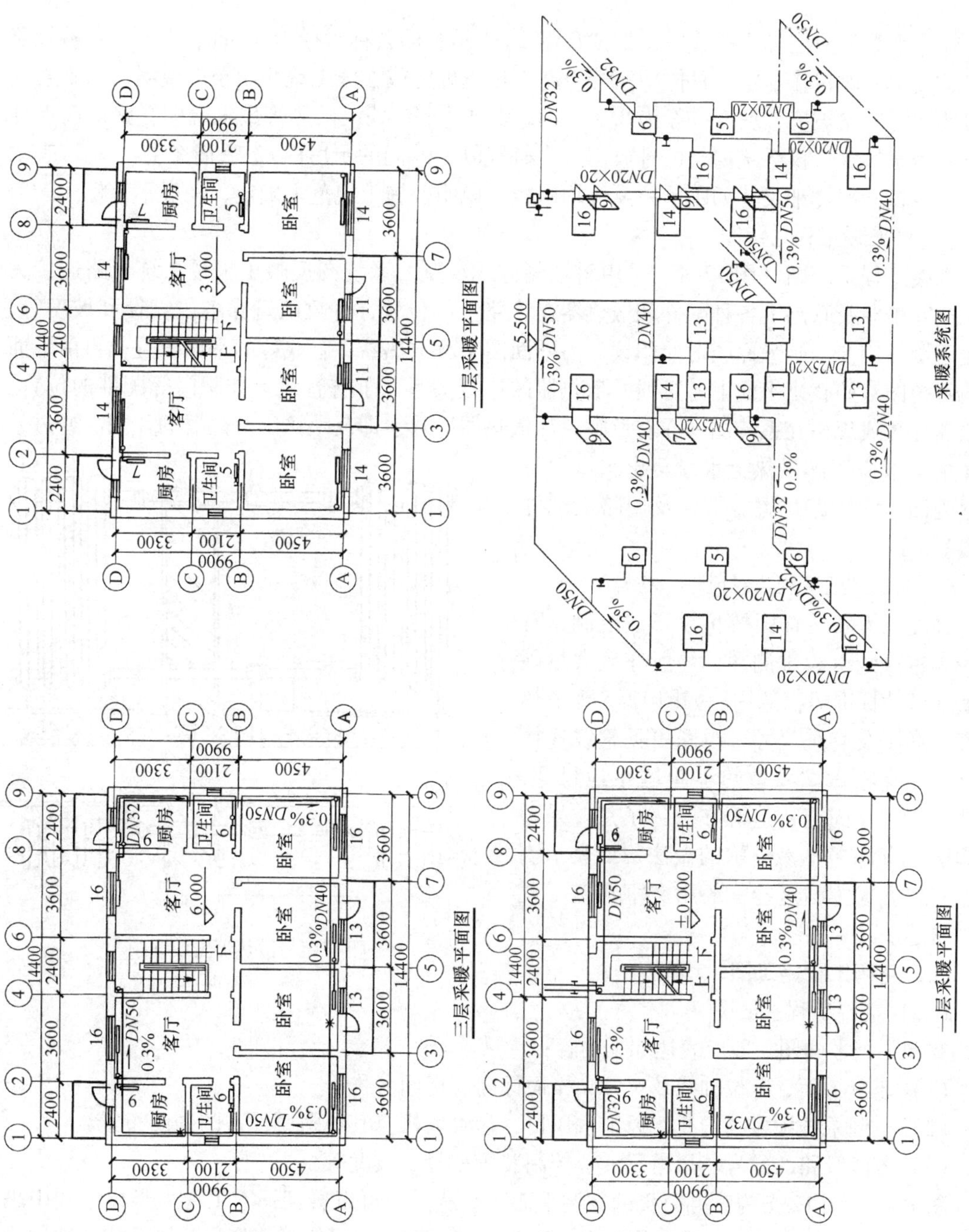

二层采暖平面图

三层采暖平面图

一层采暖平面图

采暖系统图

图 12-4　采暖工程施工图

采暖系统。水平供热管布置在三层顶部，水平回水管布置在地下架空层内窗口下部，散热器一般布置在窗或门边，以利于室内热对流。散热器为四柱式铸铁散热片，每组由多片组合而成。散热器前的数字表示片数。考虑到顶层、底层散热器散热量大，所以选用暖气片数亦略多。

在水平管上应注各段的管径，如“*DN*50”表示管的公称直径为50mm；“ * ”表示管路支架，支架一般仅作示意，具体间距等由施工规范确定或在施工说明中予以说明；水平管上一般要注明管路坡度，坡度一般为0.3%且应坡向进水口处；供热管最末端即管路最高点处设有一个集气罐，供系统内气体排放用（在轴线⑧~⑨间的厨房内）。平面图上“·”表示立管的位置，但详细尺寸如距墙距离等均由施工说明及施工规范来确定，一般不作标注。

（二）采暖工程系统图

采暖工程系统图（图12-4）采用斜轴测方式绘制。系统图反映了采暖系统管路连接关系、空间走向及管路上各种配件和散热器在管路上的位置，并反映管路各段管径和坡度等。采暖系统图应与采暖平面图对照阅读，由平面图了解散热器、管线等的平面位置，再由平面图与系统图对照找出平面上各管线及散热器的连接关系，了解管线上如阀门等配件的位置。散热器片数或规格在系统图中亦有反映，如散热器上数字即反映该组散热器的片数。通过系统图的阅读应了解供热上水口至出水口中每趟立管回路的管路位置、管径及回路上配件位置等。

（三）采暖工程安装详图

采暖工程安装详图按正投影法绘制，有时为表达清楚可绘轴测图，一般亦有大量国标及地区性标准可供选用。如图12-5为散热器安装详图及有关尺寸，由图可见管线连接管穿墙、穿板做法及散热器距墙距地尺寸，散热器形式及固定构造等亦一目了然。采暖工程图中有许多不易图示的做法，如表示刷漆、接口方式等，这些一般用文字在施工说明中叙述。

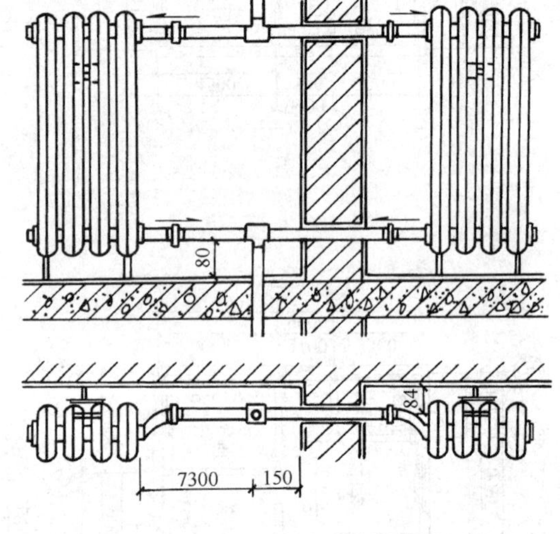

图12-5　散热器安装详图

三、空调工程施工图

（一）空调工程平面图

空调工程平面图一般应表达如下内容：

（1）建筑平面、定位轴线及尺寸，楼面标高、房间名称等。

（2）空调系统中各种管线、风道、风口、盘管风机及其他附属设备的平面布置。

（3）各段管路的编号、风道尺寸、控制装置型号、坡度等。

图12-6、图12-7为某办公楼的空调平面图。从图中可以看到：本工程为半集中式中央空调，中央空调机房及新风机房均设在地下一层，空调采用风机盘管加送新风系统，即制冷（热）机在使水产生低（高）温后，用循环泵把水送入水系统中，流动冷（热）水流经风机盘管散发冷（热）量到房间内，之后经回水管再流回空调制冷（热）设备中，与此同时由新风机产生的新风沿风管送入各房间，使空气保持清新。

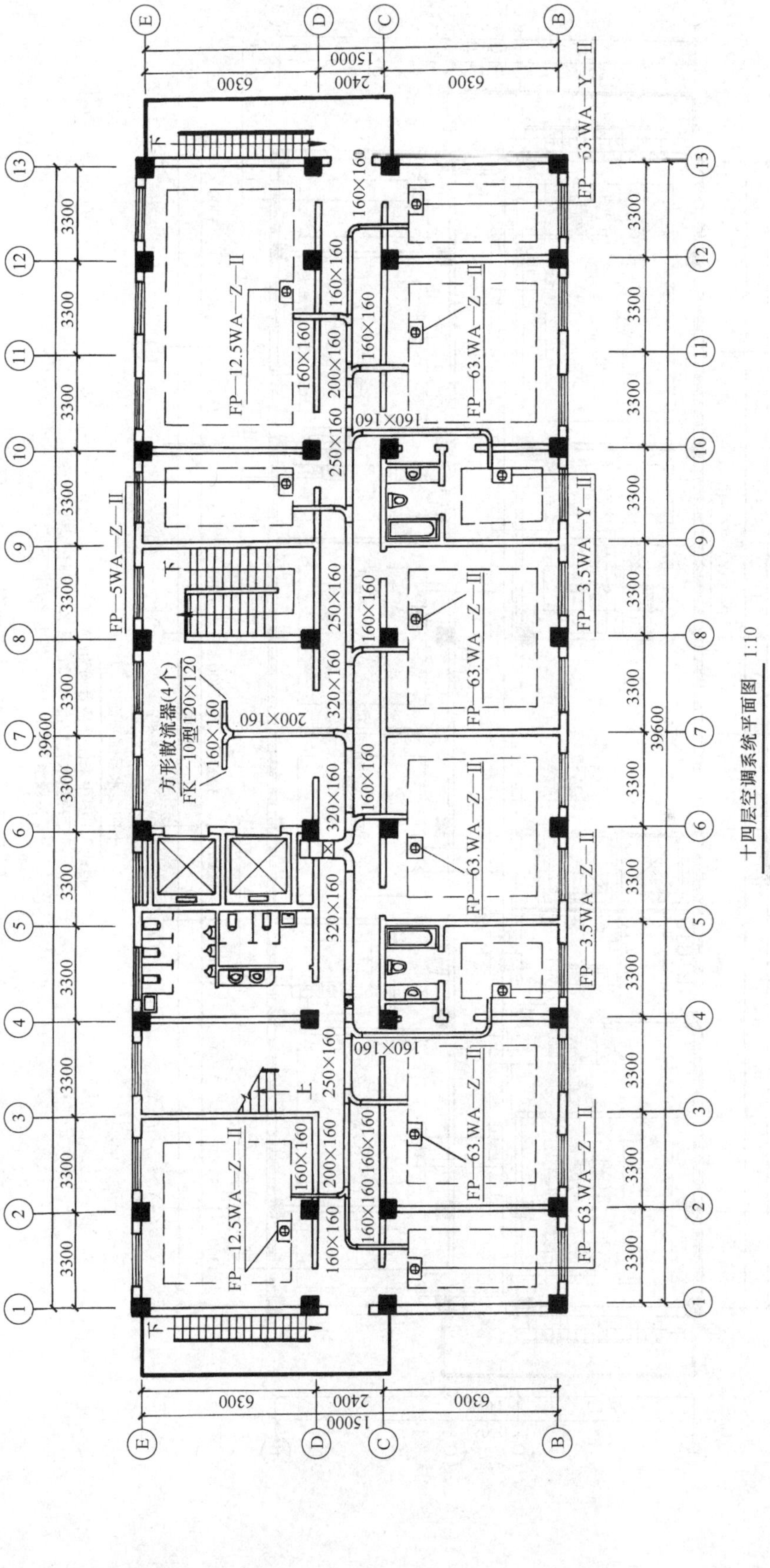

十四层空调系统平面图　1:10

图 12-6　十四层空调系统平面图

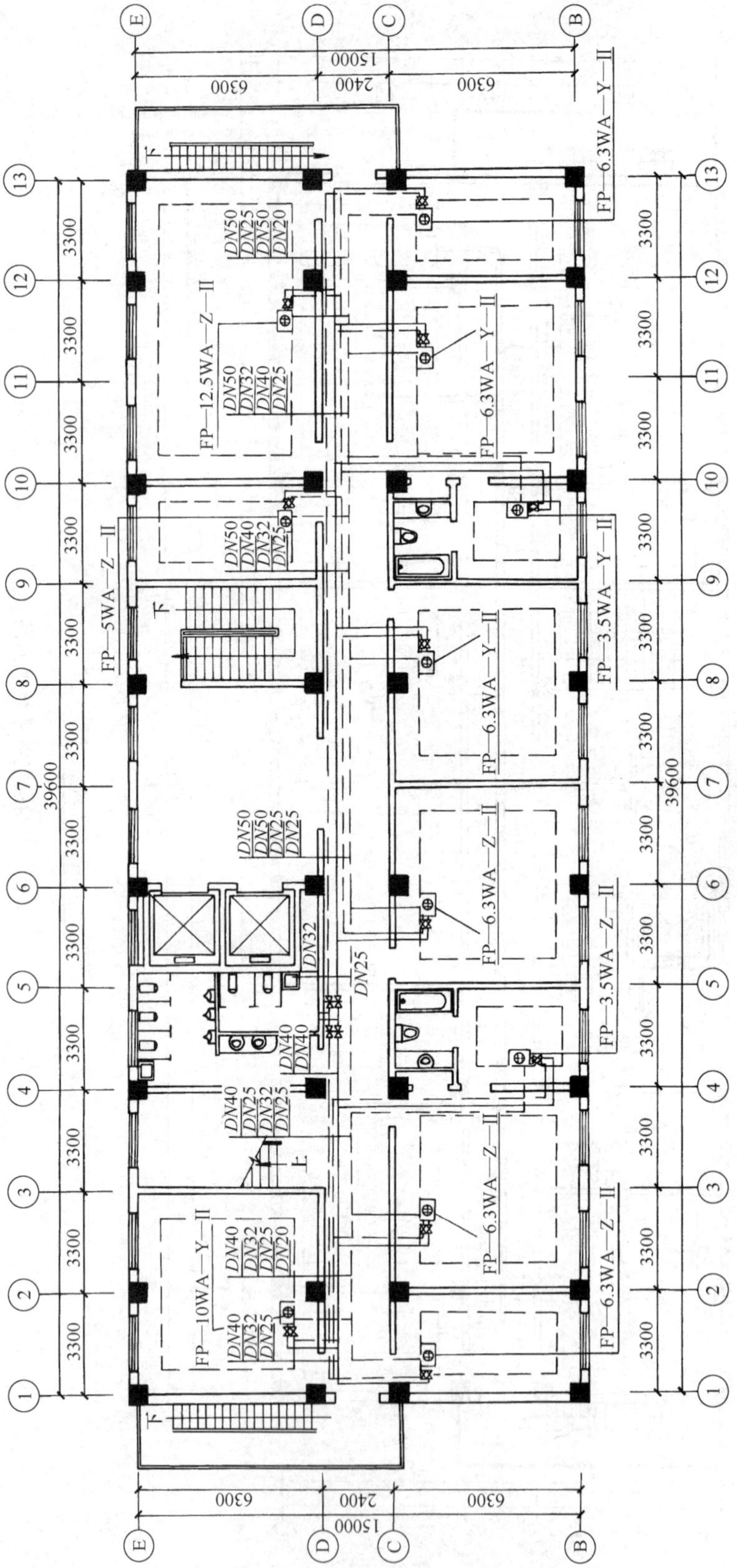

十四层水系统平面图 1:10

说明：1.图中未注管径者均为$DN20$。
2.冷热水管坡度0.003，沿水流方向上坡。
冷凝水管坡度0.01，沿水流方向下坡。

图 12-7 十四层水系统平面图

为使图面清晰，本工程把新风系统平面与风机盘管的循环水系统平面分画在两个图样中。在图中注出了各段风管和水管的直径，如图 12-6 所示风管边上标注的“250 × 160”表示此段风管为矩形管，水平宽 250mm、高 160mm，图 12-7 所示水管上“*DN*50”表示水管直径为 50mm。

图 12-7 中左下所注 FP—6. 3WA—Z—Ⅱ为风机盘管的型号及规格。新风管的立管设在电梯井下侧的管道井里。循环水管的主管设在卫生间下侧墙上，如图 12-7 中卫生间的Ⓓ轴墙处。

（二）空调工程系统图

空调工程系统也分新风系统和循环水系统两部分，如图 12-8 所示。本工程系统以立管为主干，水平管及风道在平面上已能表示清楚，所以仅绘制了立管系统及各层水平管接口关系，并标注了各层标高及各层接口管径及风道尺寸。

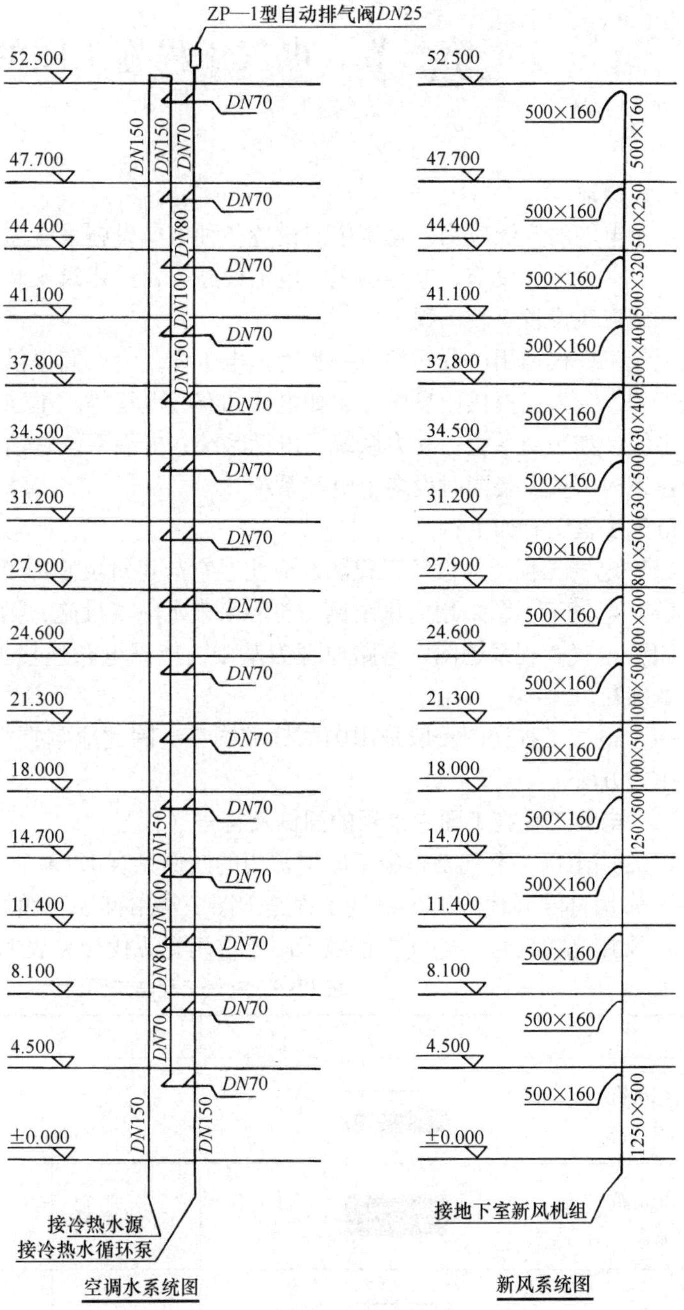

空调水系统图

新风系统图

图 12-8　空调详图轴测图

（三）空调工程安装详图

空调工程安装详图较为复杂，有厂家提供的设备图样、空调机房安装工程图样、设备基础图样、设备布置平面图、剖面图等，一般均为正投影方式绘制。但设备图样是依机械制图标准所绘，识读时应予以注意。

第三节　电气工程施工图的识读

一、概述

由于电能的广泛应用，建筑中需设置各种电气设施来满足人们生产和生活的需要，如照明设施、动力电源设施、电热设施、电信设施等，给建筑安装电气设施的工程称为电气安装工程，属建筑设备安装工程。

电气工程根据用途分两类：一类为强电工程，为人们提供能源及动力和照明；另一类为弱电工程，为人们提供信息服务，如电话和有线电视等。不同用途的电气工程应独立设置为一个系统，如照明系统、动力系统、电话系统、电视系统、消防系统、防雷接地系统等。同一个建筑内可按需要同时设多个电气系统。

电气工程图有如下特点：

（1）电气工程图为设备工程图，应注意它与建筑及装饰工程图的关系。

（2）电气工程图采用大量图例、符号来表示电气设施，因此应熟悉各种图例、符号。

（3）电气工程系统图以电路原理为基础，依据电路连接关系绘制，因此应掌握一定的电气基础知识。

（4）电气工程详图一般采用国家标准图集，因此应掌握根据图样提供的索引号去查阅标准图的方法。

二、电气工程施工图中常用的图例及符号（代号）

1. 常用图例　电气工程施工图中常用的图例见表 12-3。

2. 常用符号（代号）　电气工程施工图中常用符号（代号）见表 12-4 ~ 表 12-7。

3. 常用光源代号　电气工程施工图中常用光源代号见表 12-8。

表 12-3　电气工程施工图图例

名　称	图　例	名　称	图　例
电力配电箱（板）		荧光灯	
照明配电箱（板）		嵌入石英灯	
电度表箱		嵌入荧光灯	
母线和干线		嵌入筒灯	
重复接地		防尘灯	

（续）

名　称	图　例	名　称	图　例
交流配电线路	单根导线 两根导线 三根导线 n根导线	壁灯	
		疏散指示灯	
		安全出口标示灯	E
暗装接地单相插座		应急灯	
密闭接地单相插座		枝形花吊灯	
暗装接地三相插座		天棚灯	
安全型带开关三极暗装插座		开关	暗装单极开关 暗装双极开关 暗装三极开关
空调插座	K		
管线引线符号	上引线 下引线 上下引线	电视插座	TV
		电话插座	TP
		烟感探测器	
		消火栓报警按钮	
监控摄像机		手动报警按钮	带电话插孔
		广播切换模块	

表 12-4　根据线路敷设方式选配的导线型号表

线路类别	线路敷设方式	导线型号代号	额定电压/kV	产品名称
交直流配电线路	吊灯用软线	RVS	0.25	铜芯聚氯乙烯绝缘绞型软线
		RFS		铜芯丁腈聚氯乙烯复合物绝缘软线
	室内配线：穿管 线槽 塑料线夹 瓷瓶	BV	0.45/0.75	铜芯聚氯乙烯绝缘电线
		BLV		铝芯聚氯乙烯绝缘电线
		BX		铜芯橡皮绝缘电线
		BLX		铝芯橡皮绝缘电线
		BXF		铜芯氯丁橡皮绝缘电线
		BLXF		铝芯氯丁橡皮绝缘电线
	架空进户线	BV	0.45/0.75	铜芯聚氯乙烯绝缘电线
		BLV		铝芯聚氯乙烯绝缘电线
		BXF		铜芯聚氯乙烯绝缘电线
		BLXF		铝芯氯丁橡皮绝缘电线
	架空线	JKLY	0.6/1	辐照交联聚乙烯绝缘架空电缆
		JKLYJ	10	辐照交联聚乙烯绝缘架空电缆
		VV		聚氯乙烯绝缘聚氯乙烯护套铜芯电缆
		LJ		铝芯绞线
		LGJ		钢芯铝绞线

表 12-5　导线敷设部位的符号表

符　号	符号的意义	符　号	符号的意义
SR	沿钢索敷设	BC	暗敷设在梁内
BE	沿屋架或跨屋架敷设	CLC	暗敷设在柱内
CLE	沿柱或跨柱敷设	WC	暗敷设在墙内
WE	沿墙面敷设	FC	暗敷设在地面内
CE	沿天棚面或顶板面敷设	CC	暗敷设在顶板内
ACE	在能进人的吊顶内敷设	ACC	暗敷设在不能进人的吊顶内

表 12-6　导线敷设方式的文字符号表

符　号	符号的意义	符　号	符号的意义
K	用瓷瓶或瓷柱敷设	FPC	穿聚氯乙烯半硬质管敷设
PR	用塑料线槽敷设	KPC	穿聚氯乙烯塑料波纹电线管敷设
SR	用钢线槽敷设	CT	用电缆桥架敷设
RC	穿水煤气管敷设	PL	用瓷夹敷设
SC	穿焊接钢管敷设	PCL	用塑料夹敷设
TC	穿电线管敷设	CP	穿金属软管敷设
PC	穿聚氯乙烯硬质管敷设		

表 12-7　灯具安装方式的文字符号表

符　号	符号的意义	符　号	符号的意义
CP	线吊式	S	吸顶或直附式
CP	自在器线吊式	R	嵌入式
CP_1	固定线吊式	CR	顶棚内安装
CP_2	防水线吊式	WR	墙壁内安装
CP_3	吊线器式	T	台上安装
Ch	链吊式	SP	支架上安装
P	管吊式	CL	柱上安装
W	壁装式	HM	座装

表 12-8　常用光源的代号

光源	白炽灯	荧光灯	汞灯	钠灯	碘灯	氙灯	氖灯
代号	IN	FL	Hg	Na	I	Xe	Ne

三、电气工程施工图的识读

图 12-9 ~ 图 12-11 为电气工程平面图和系统图。图 12-9 属强电施工图，反映室内照明设备、开关插座以及线路布局、材料选用等内容，图 12-10、图 12-11 为弱电施工图，反映音频、视频设备和消防监控设施的布局、线路走向，选用设备的规格、型号、安装要求等。

读图时应先从设计说明开始，然后识读系统图、平面布置图、安装详图等。识读中还需前后对照，综合理解各种电气设备及其线路的走向、空间位置和相应的安装技术要求。

从图 12-9 会议室照明平面布置图可见，照明电源线（VV-1kV5 ×16—PVC50 WE WC）沿该层走廊引至控制室，接入配电箱（代号 AL）。从配电箱中分出 N1、N2、N3…等回路到各个照明电器；图 12-9 下方的会议室插座平面布置图反映了从配电箱引出的其余回路的平面布置情况，反映了插座的位置和具体用途。电源线“VV-1kV 5 ×16—PVC50 WE WC”意指：聚氯乙烯绝缘聚氯乙烯护套铜芯电力电缆，1kV 绝缘等级，5 根截面为 $16mm^2$ 导线，用管径 50mm 的 PVC 阻燃塑料管穿线，在走廊为沿墙明敷，在控制室为沿墙和顶棚内敷设。

在图 12-9 照明平面布置图中，主要反映了灯具、连接导线及开关的布置等内容。如 N1 回路连接着 18 只嵌入式筒灯（型号为 JC-17、每盏 36W，白炽灯泡安装高度 2. 8m，采用嵌入式安装，统一标注为“18-JC17 $\frac{36W \times IN}{2.8}R$”），由大门口旁的双联控制开关控制，进出会议室时可开、可关，起一般照明的作用。而其中的荧光灯（吊顶中光檐内的发光灯具）为 N3 ~ N6 回路连接（起装饰照明作用），统一由控制室的两个三联控制开关控制，便于管理员进行管理。N2 回路连接石英灯 24 只，也由控制室开关控制。

对于引入线，回路设置，导线的选用，相应的控制设备的规格、数量，在识读平面图时也应对照系统图，一同识读。从系统图中看到，走廊引入的电源线进入配电箱（TIXS—24 型）后连接有总开关 NC100/3P 63A，随后连接分支开关 C45N/1P 16A 共 18 只，之后连接各回路导线。根据图中标注，各导线均为 BV 塑料铜芯线，绝缘等级为 0. 5kV，穿线用 PVC 阻燃塑料管直径 20mm，沿顶和沿墙暗敷安装。

图 12-10 为会议室弱电施工图。从会议室弱电设备平面布置图中可看到会议桌上方的顶棚处安装有电脑投影仪，桌面上装有 10 只麦克风，图中还示出了笔记本电脑和展台等的布线及走向。在两侧和中间的顶棚内设置桥架，布置音频线和电子显示屏信号线。这些线路均引入控制台统一控制。通过会议室弱电系统图可见，中央控制器和调音台除控制前述线路外，还连接功放、无线麦克风、JVC 卡座、耳麦、DVD 机、台式电脑、笔记本电脑等设备，经中央控制器引出的电源线有四个回路，选用的导线均为塑料铜芯绝缘线，3 根截面面积 $2.5mm^2$，采用桥架（CT40 ×30）布置导线，沿顶暗装敷设。

图 12-11 为某图书馆夹层消防施工图。从平面图中看到：烟感探测器有 12 只，引入线在右侧楼梯口位置（由下一层垂直引上），是四根截面面积为 $1.5mm^2$ 的 RV 聚氯乙烯铜芯软线，电线穿线管直径为 20mm。监控摄像头三组，引上线在中间楼梯口位置，用金属桥架固定；水平分支线按 SC32 预留（详见监控系统图）。同时还可看到报警用扬声器两只，引上线为 RVS 聚氯乙烯绝缘铜芯软线，在平面的右侧标注。结合平面图和系统图，可看出每个夹层还有消火栓报警按钮一组以及手动报警按钮两组，构成完善的预警、报警网络体系。在系统线路中，监控系统与一层的监控主机相连，其他系统也与相应的控制柜（盘）相连，均设在一层的消防控制室中。系统图中两侧标注的“3F”、“3 + F”是三层和三层夹层的代号。

除设计说明、平面布置图、系统图外，电气施工图中还有设备明细表、安装详图等，用于详细反映设备的规格、数量、制作、安装要求，有些内容还应结合专业施工验收规范及相应的标准图识读、理解。

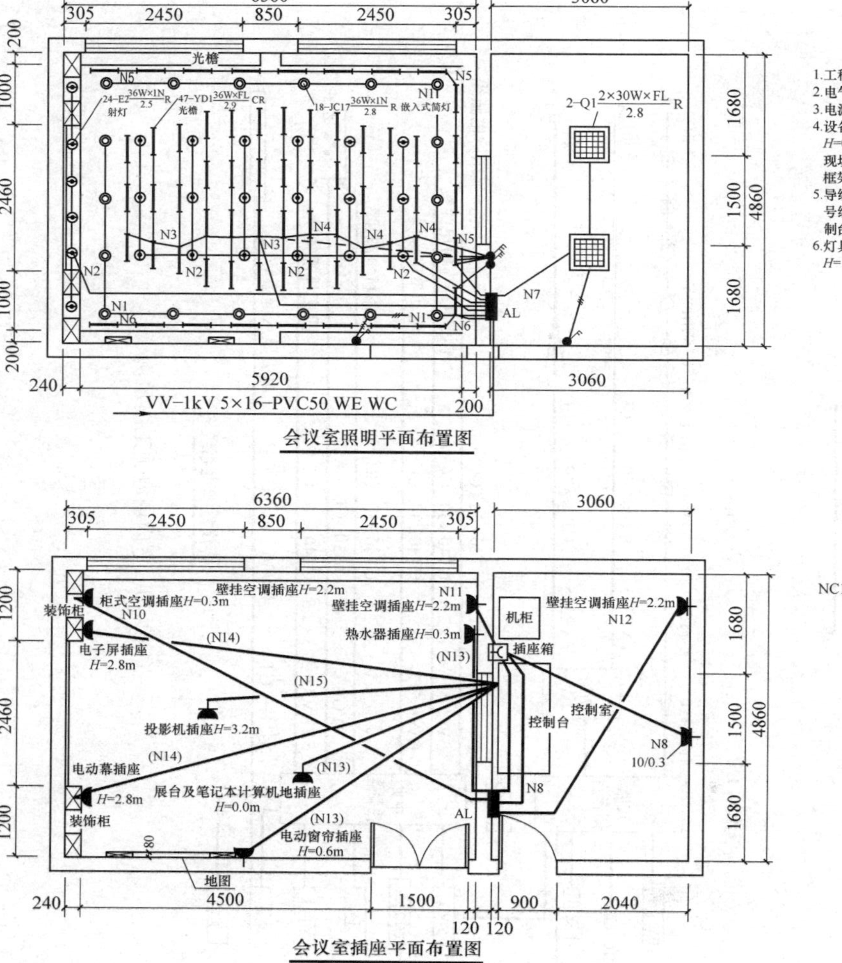

设计说明

1.工程概况：本工程为××市林业局防火指挥部会议室装修工程。面积90m²，层高3.3m。
2.电气工程设计包括：电气照明、电源插座、音频广播系统、视频多媒系统。
3.电源采用380/220V三相五线制由临近层楼配电箱引入。W-1kV-5×16聚氯乙烯绝缘电线穿PVC管沿墙敷设引入控制室配电箱。
4.设备选择及安装：配电箱采用嵌入式安装，底部距地H=1.4m，配电箱选用TXIS-24型。开关、插座均为暗装。普通插座距地H=0.3m，壁挂空调插座H=2.2m，柜式空调插座H=0.3m，投影机吸顶吊架安装，距幕6.5m。电子屏、电动幕依前墙装饰造型现场确定，引出线路至屏幕。机柜及控制台控制室落地安装，具体位置见图示。音箱吊架吸顶安装，地图用电动窗帘依地图框架造型现场定。
5.导线选择及敷设：支线均选用BV-0.5kV绝缘导线穿管沿墙、地、天花暗敷。投影机设电源线、视频线、VGA线。电子屏设信号线、电源线。电动幕电源及控制线型号、规格详见弱电系统标注，沿顶面架部分别引至设备。MIC线采用HTB120线，由控制台引出沿地面线槽至麦克风。
6.灯具选择及安装：灯具有筒灯、石英灯，嵌入安装。顶部有荧光灯光檐，照明依灯型和区域集中控制门口处设照明控制开关，H=1.4m。

TIXS-24 (PZ30)
VV-1kV 5×16-PVC50 WE WC
NC100/3P 63A
22kW 38A

C45N/1P 16A BV-0.5kV 2×2.5-PVC20 CC WC	N1 筒灯 0.72kW
C45N/1P 16A BV-0.5kV 2×2.5-PVC20 CC WC	N2 石英灯 0.72kW
C45N/1P 16A BV-0.5kV 2×2.5-PVC20 CC WC	N3 光檐 0.96kW
C45N/1P 16A BV-0.5kV 2×2.5-PVC20 CC WC	N4 光檐 0.96kW
C45N/1P 16A BV-0.5kV 2×2.5-PVC20 CC WC	N5 光檐 0.48kW
C45N/1P 16A BV-0.5kV 2×2.5-PVC20 CC WC	N6 光檐 0.48kW
C45N/1P 16A BV-0.5kV 2×2.5-PVC20 CC WC	N7 机房照明 0.18kW
C45N/1P 16A BV-0.5kV 3×2.5-PVC20 FC WC	N8 机房插座 3kW
C45N/1P 16A BV-0.5kV 3×2.5-PVC20 FC WC	N9 电热水器插座 1kW
C45N/1P 16A BV-0.5kV 3×4-PVC20 FC WC	N10 空调插座 5kW
C45N/1P 16A BV-0.5kV 3×4-PVC20 FC WC	N11 空调插座 1.5kW
C45N/1P 16A BV-0.5kV 3×4-PVC20 FC WC	N12 空调插座 1.5kW
C45N/1P 20A BV-0.5kV 3×2.5-PVC20 FC WC	(N13电动窗帘插座0.5kW)
C45N/1P 20A BV-0.5kV 3×2.5-PVC20 FC WC	展台及笔记本计算机插座 (N14电子屏电动幕插座0.3kW)
C45N/1P 20A BV-0.5kV 3×2.5-PVC20 FC WC	(N15投影机插座0.5kW)
C45N/1P 16A	备用
C45N/1P 16A	备用
C45N/1P 16A	备用

会议室电气系统图

图 12-9 室内电气施工图示例

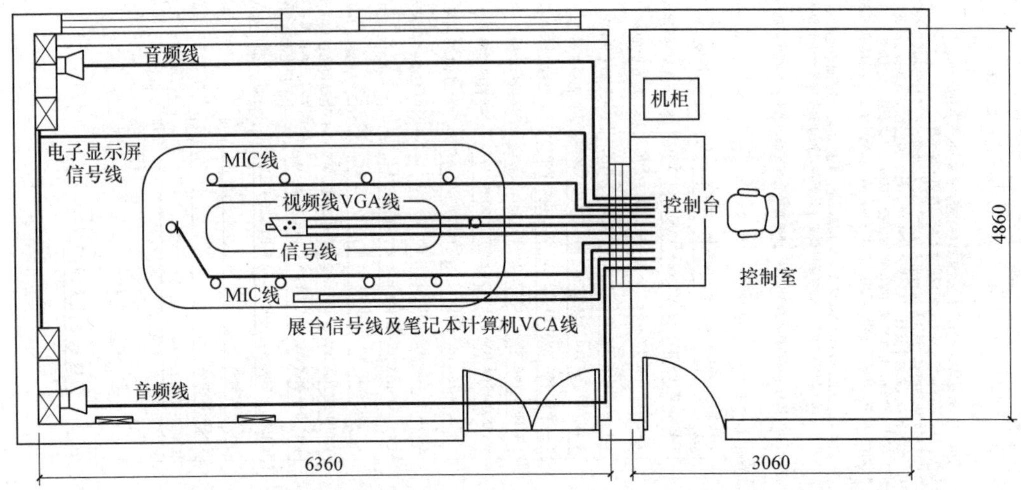

会议室弱电设备平面布置图

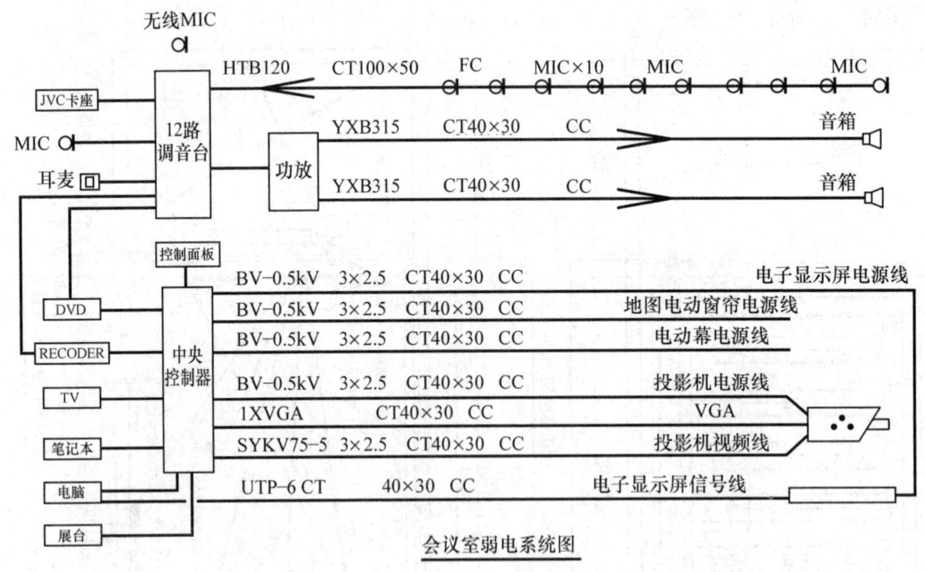

会议室弱电系统图

图 12-10 室内弱电施工图示例

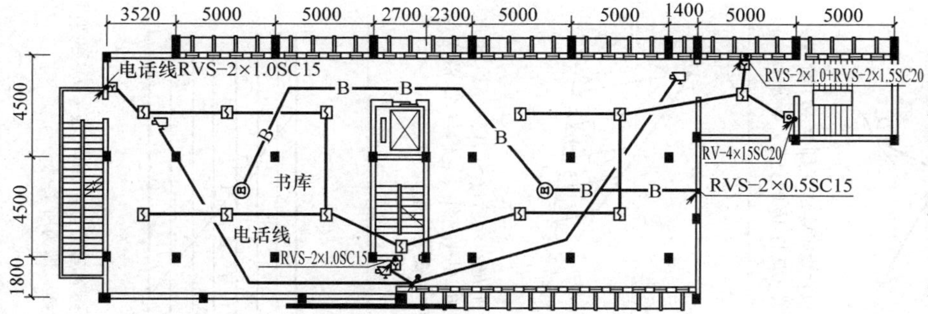

1.本工程为改造工程，消防为二级保护对象，采用总体保护方式，火灾自动报警及消防联动系统采用集中系统的形式。
2.系统参照GK602总线制智能消防系统进行设计。
3.消防控制中心采用双回路交流电源供电，末端自动切换，其中一路为应急电源，另外消防主控屏应配有备用蓄电池，在外部电源中断后，应保证系统正常运行时间不小于0.5h。
4.报警回路总线采用RVS−2×1.5导线，电源线采用RV−2×2.5导线，分支电源线采用RV−2×1.5电缆。广播线采用RVS−2×0.5导线，电话线采用RVS−2×1.0导线，消防联动线采用RV−4×1.5电缆。
5.所有消防线路均穿钢管沿墙、地暗敷设，在吊顶内为明配钢管。

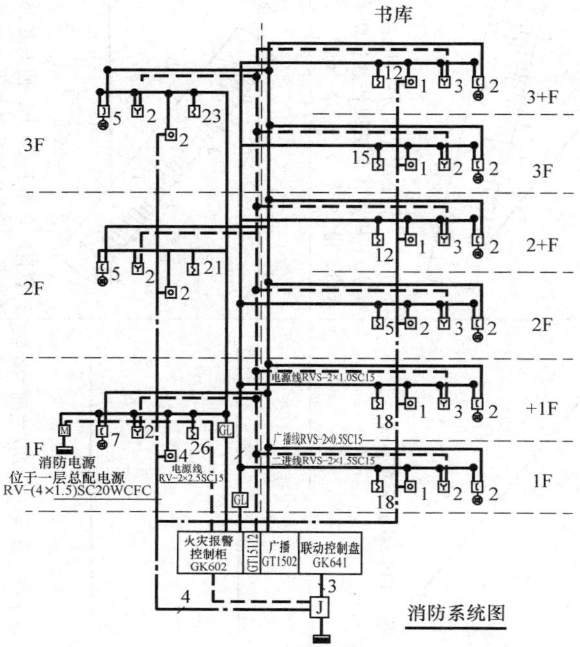

3520　5000　5000　2700　2300　5000　5000　1400　5000　5000
4500　4500　1800
电话线RVS−2×1.0SC15
RVS−2×1.0+RVS−2×1.5SC20
RV−4×15SC20
RVS−2×0.5SC15
书库
电话线
RVS−2×1.0SC15

二、三层夹层平面图

书库
3+F　3F　2+F　2F　+1F　1F
电源线RVS−2×1.0SC15
广播线RVS−2×0.5SC15
二总线RVS−2×1.5SC15
1F 消防电源 位于一层总配电源 RV−(4×1.5)SC20WCFC
电源线 RV−2×2.5SC15
火灾报警控制柜 GK602
GT15112
广播 GT1502
联动控制盘 GK641
消防泵控制柜

消防系统图

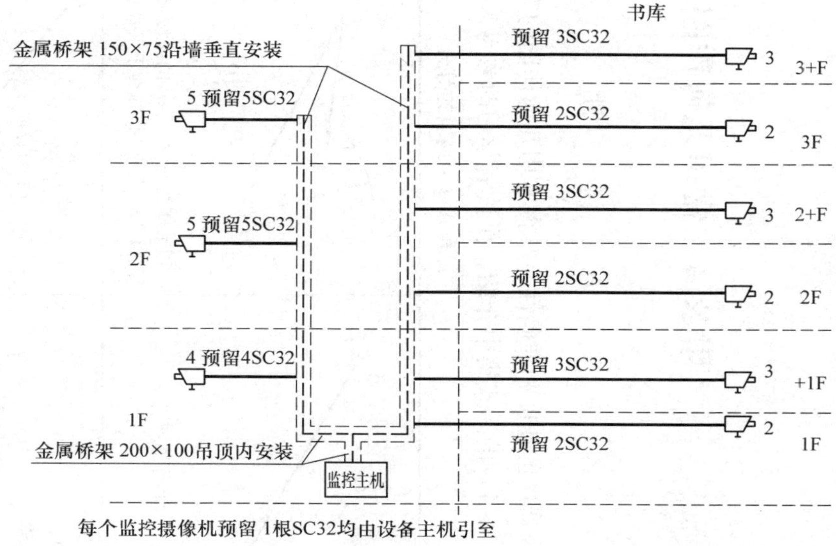

书库
金属桥架 150×75沿墙垂直安装
3F　5 预留5SC32
2F　5 预留5SC32
1F　4 预留4SC32
金属桥架 200×100吊顶内安装
监控主机
预留 3SC32　3　3+F
预留 2SC32　2　3F
预留 3SC32　3　2+F
预留 2SC32　2　2F
预留 3SC32　3　+1F
预留 2SC32　2　1F
每个监控摄像机预留 1根SC32均由设备主机引至

监控系统图

图 12-11　某图书馆夹层消防施工图

附　　录

附录 A　常用几何作图方法

说　　明

为了提高作图的速度和准确性，掌握常用几何作图的方法是很有必要的。在此采用表格（表 A-1 ~ 表 A-4）的形式集中介绍，供读者学习时参考。

表 A-1　线段的等分

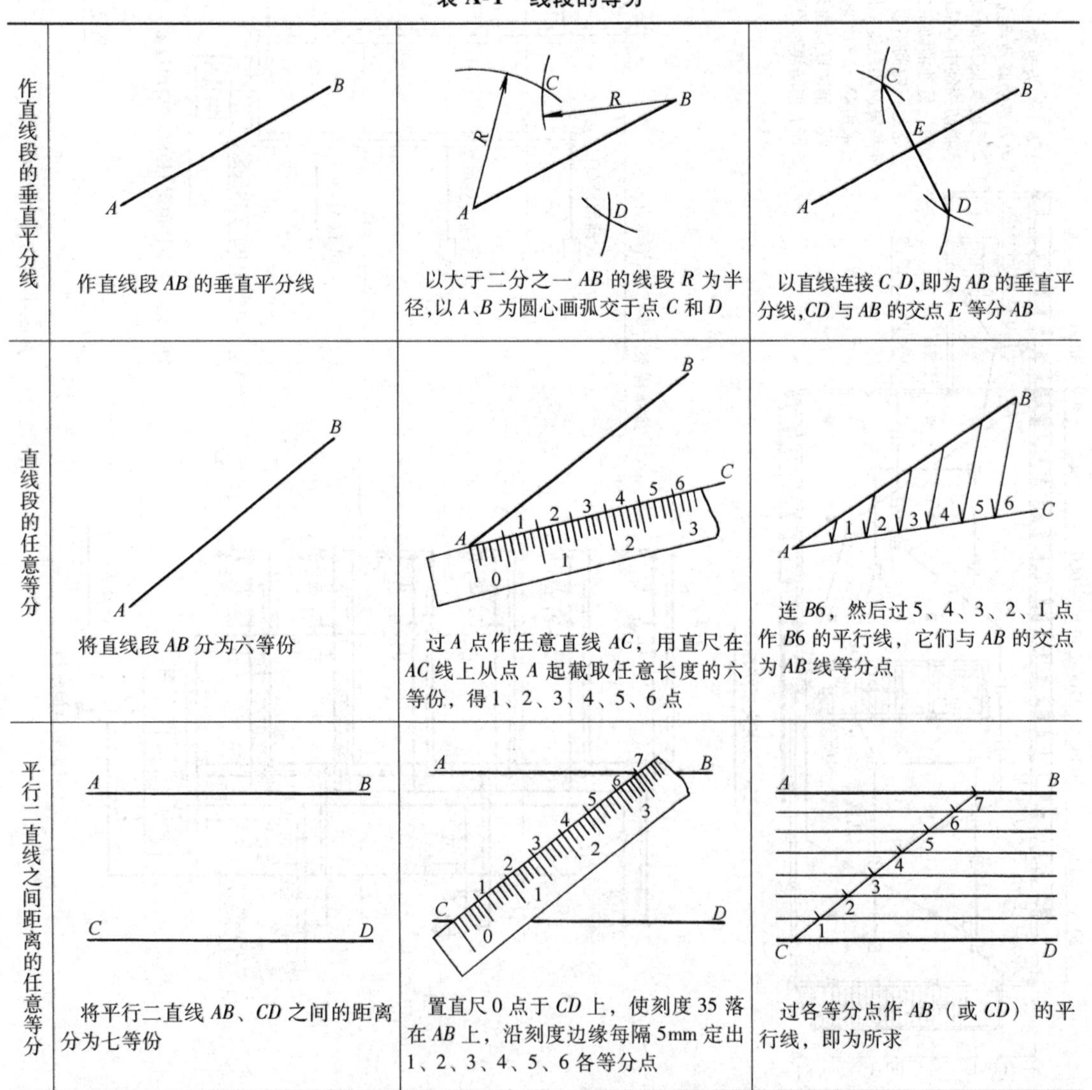

作直线段的垂直平分线	作直线段 *AB* 的垂直平分线	以大于二分之一 *AB* 的线段 *R* 为半径，以 *A*、*B* 为圆心画弧交于点 *C* 和 *D*	以直线连接 *C*、*D*，即为 *AB* 的垂直平分线，*CD* 与 *AB* 的交点 *E* 等分 *AB*
直线段的任意等分	将直线段 *AB* 分为六等份	过 *A* 点作任意直线 *AC*，用直尺在 *AC* 线上从点 *A* 起截取任意长度的六等份，得 1、2、3、4、5、6 点	连 *B*6，然后过 5、4、3、2、1 点作 *B*6 的平行线，它们与 *AB* 的交点为 *AB* 线等分点
平行二直线之间距离的任意等分	将平行二直线 *AB*、*CD* 之间的距离分为七等份	置直尺 0 点于 *CD* 上，使刻度 35 落在 *AB* 上，沿刻度边缘每隔 5mm 定出 1、2、3、4、5、6 各等分点	过各等分点作 *AB*（或 *CD*）的平行线，即为所求

表 A-2　圆内接正多边形的画法

作圆内接正方形	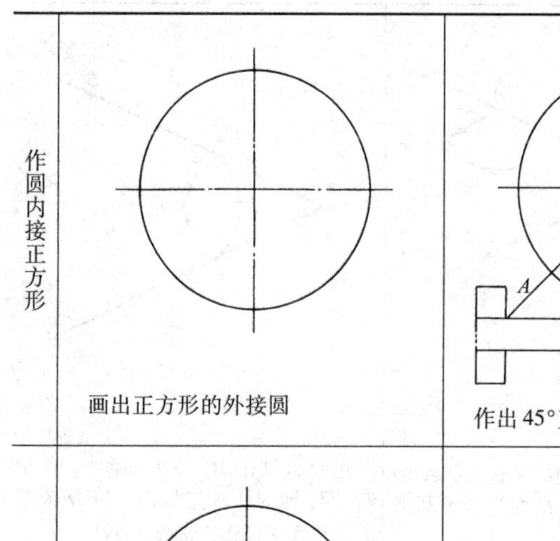 画出正方形的外接圆	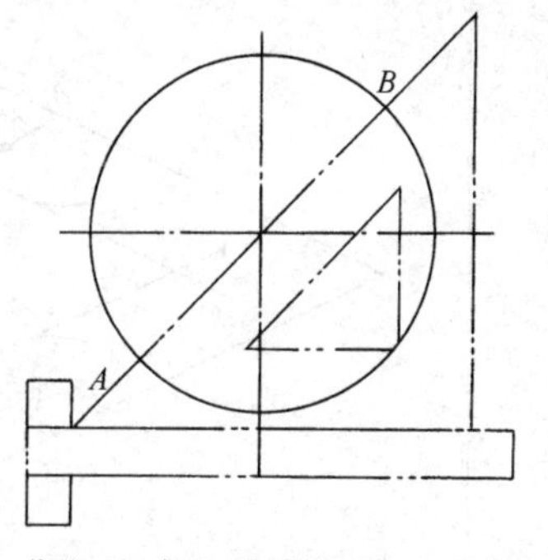 作出 45°直径，交圆周于 A、B 两点	过 A、B 两点作水平线、竖直线，完成作图
作圆内接正五边形	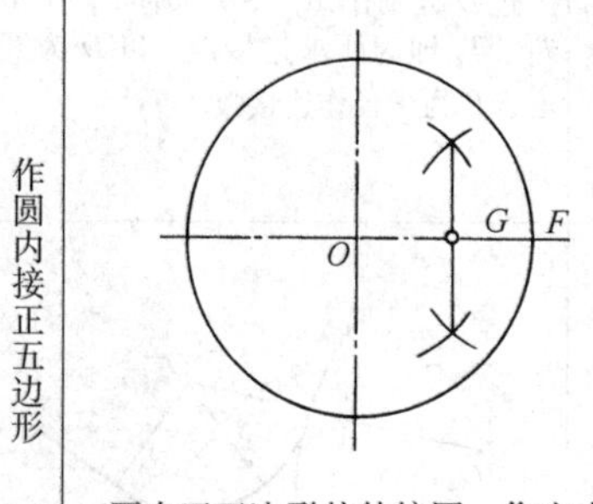 画出正五边形的外接圆。作出半径 OF 的等分点 G	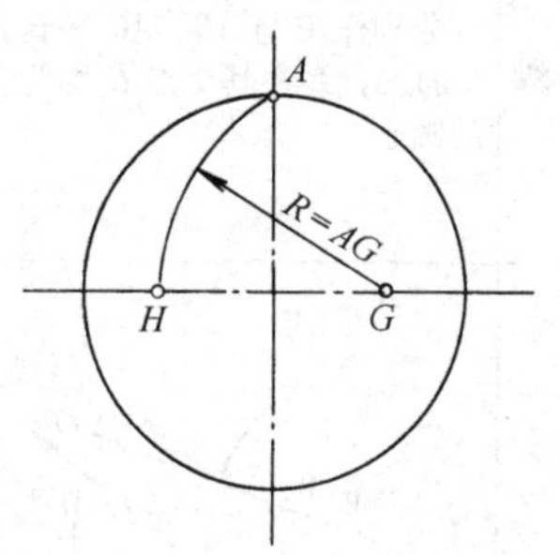 以 G 为圆心，GA 为半径作圆弧交直径于 H	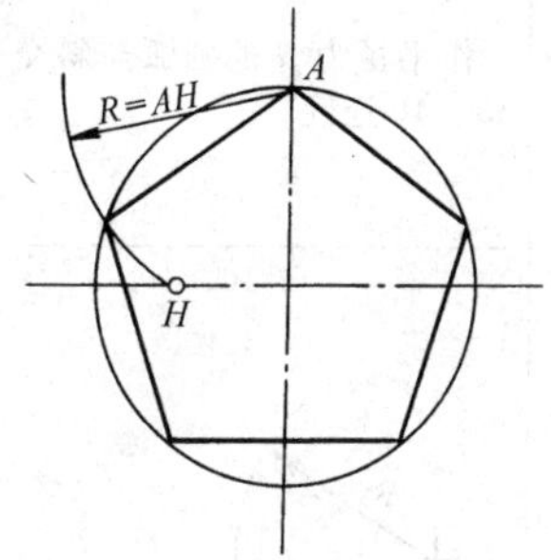 以 AH 为半径，分圆周为五等份，顺序连接各等分点，即为所求
作圆内接正六边形	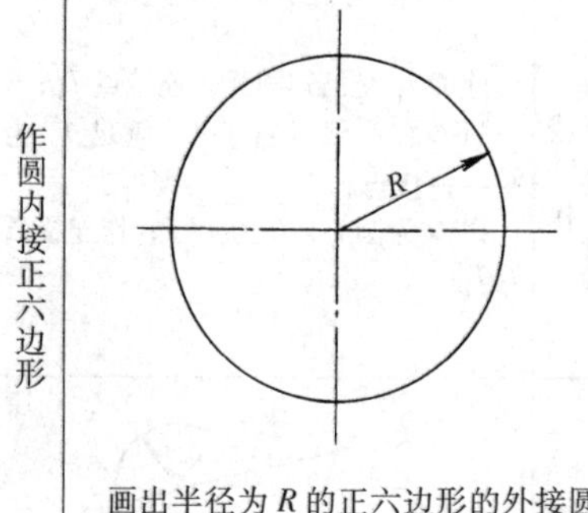 画出半径为 R 的正六边形的外接圆	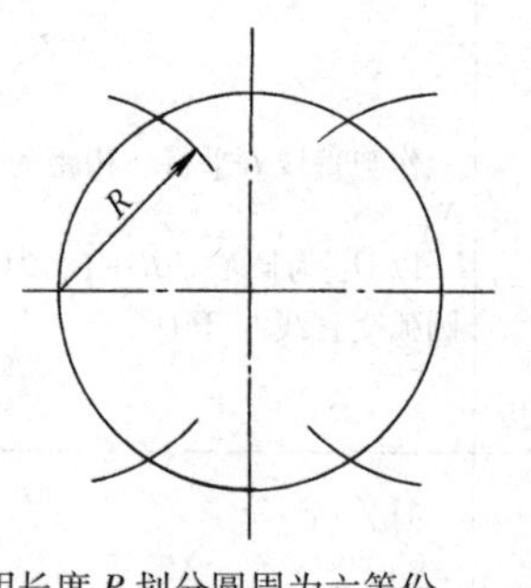 用长度 R 划分圆周为六等份	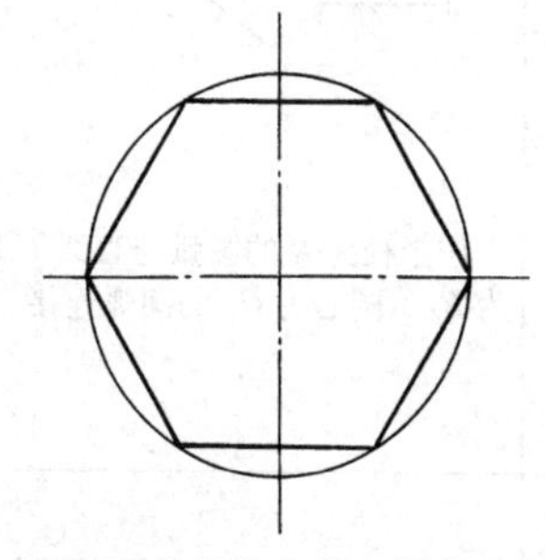 顺序将各等分点用直线段连接，即为所求

表 A-3　圆弧连接

作圆弧与正交二直线连接	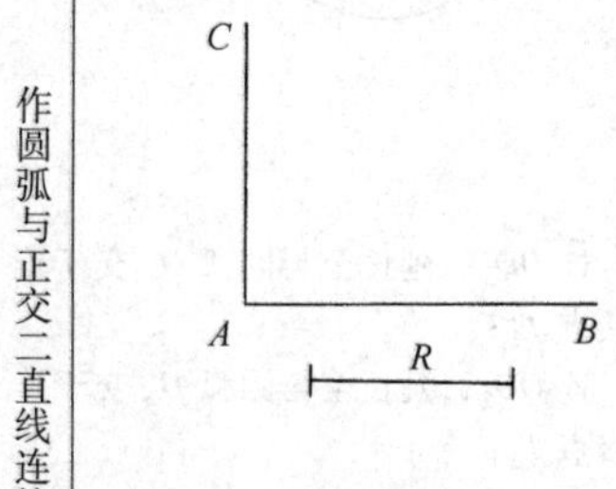 作半径为 R 的圆弧与正交二直线 AB、AC 连接	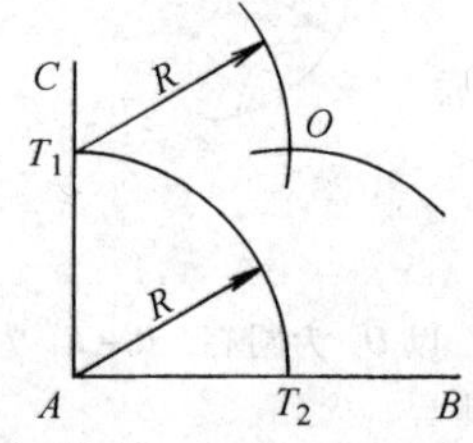 以 A 为圆心，R 为半径作圆弧交 AC、AB 于 T_1、T_2，以 T_1、T_2 为圆心，R 为半径作圆弧交于点 O	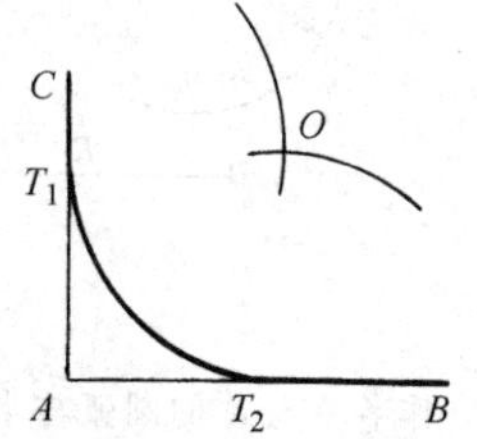 以 O 为圆心，R 为半径作圆弧 T_1T_2，即为所求，T_1、T_2 为连接点

（续）

作圆弧与斜交二直线连接	作半径为 R 的圆弧与斜交二直线 AB、AC 连接	分别作出与 AB、AC 平行，相距为 R 的二直线，其交点 O 即为所求圆弧的圆心	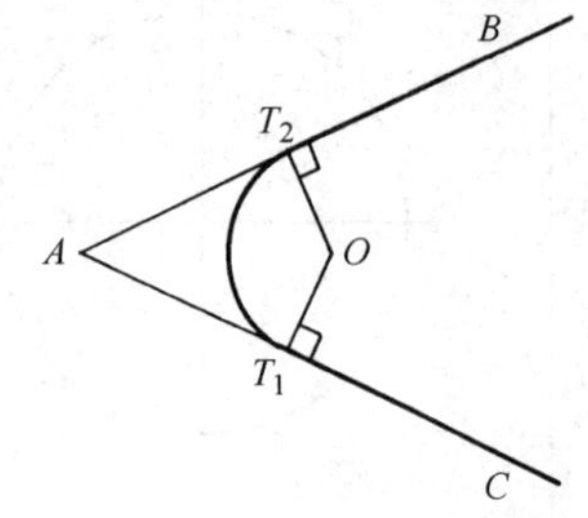 过 O 分别作 AC、AB 的垂线，垂足 T_1、T_2 即为所求连接点，以 O 为圆心，R 为半径作连接弧 T_1T_2
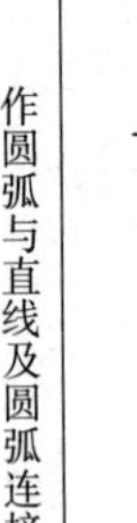 作圆弧与直线及圆弧连接	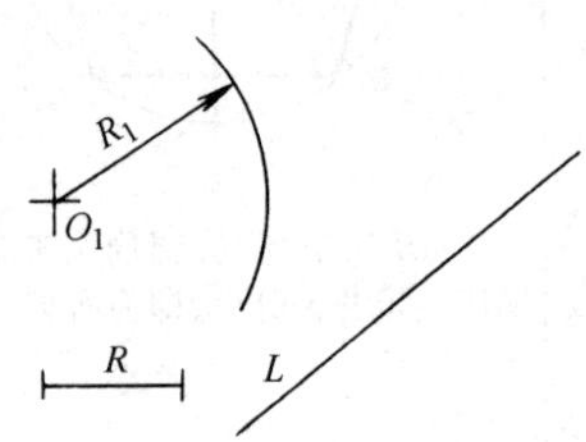 作半径为 R 的圆弧与直线 L 及半径为 R_1、圆心为 O_1 的圆弧连接	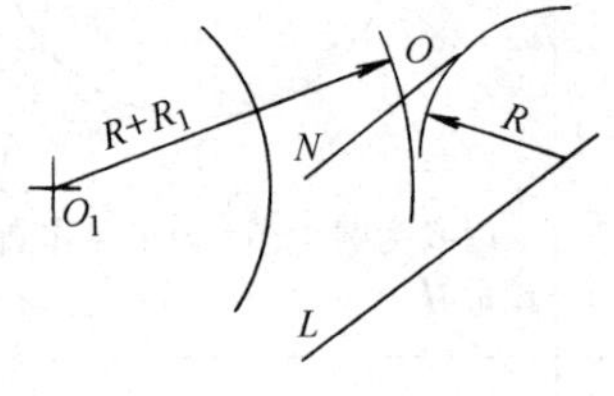 作与直线 L 平行、相距为 R 的直线 N； 以 O_1 为圆心，$R+R_1$ 为半径，作圆弧交直线 N 于 O	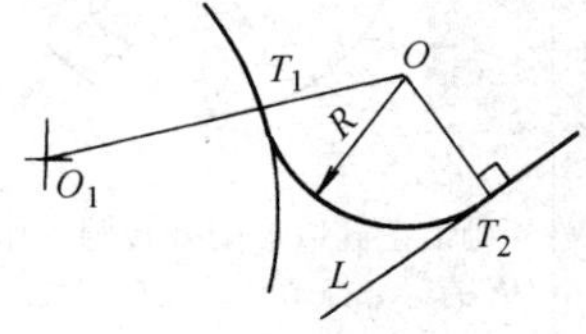 连 OO_1 交已知圆弧于连接点 T_1； 过 O 作直线垂直于 L，垂足 T_2 为另一连接点； 以 O 为圆心，R 为半径，作连接弧 T_1T_2
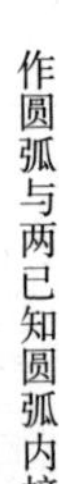 作圆弧与两已知圆弧内接	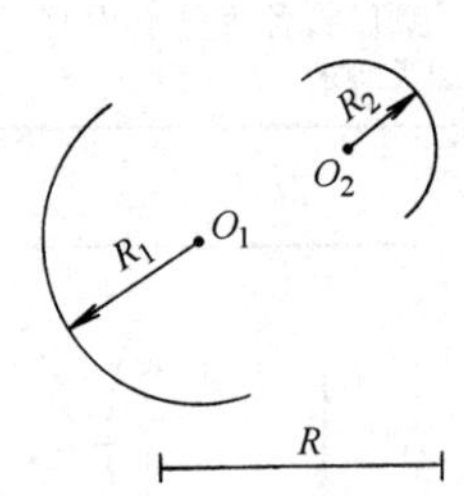 作半径为 R 的圆弧与半径为 R_1、R_2，圆心为 O_1、O_2 的两圆弧内接	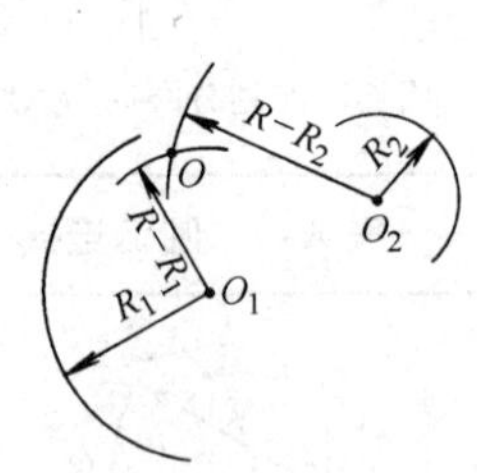 以 O_1 为圆心，$R-R_1$ 为半径作圆弧； 以 O_2 为圆心，$R-R_2$ 为半径作圆弧与①的圆弧交于点 O	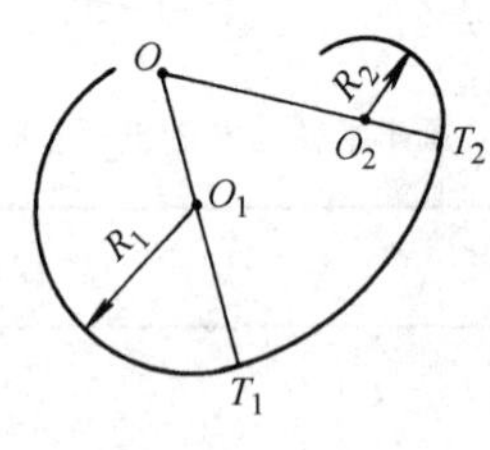 连 OO_1，延长至与圆弧 O_1 交于连接点 T_1； 连 OO_2，延长至与圆弧 O_2 交于连接点 T_2； 以 O 为圆心，R 为半径，画连接弧 T_1T_2

（续）

作圆弧与两已知圆弧外接	作半径为 R 的圆弧与半径为 R_1、R_2，圆心为 O_1、O_2 的两圆弧外接	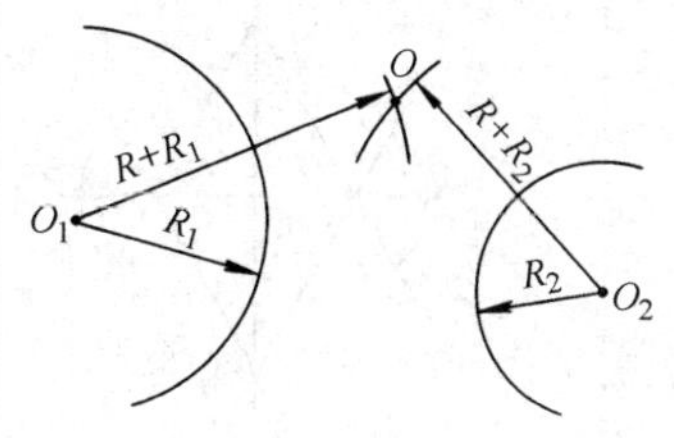 以 O_1 为圆心，$R+R_1$ 为半径作圆弧； 以 O_2 为圆心，$R+R_2$ 为半径作圆弧与①的圆弧交于点 O	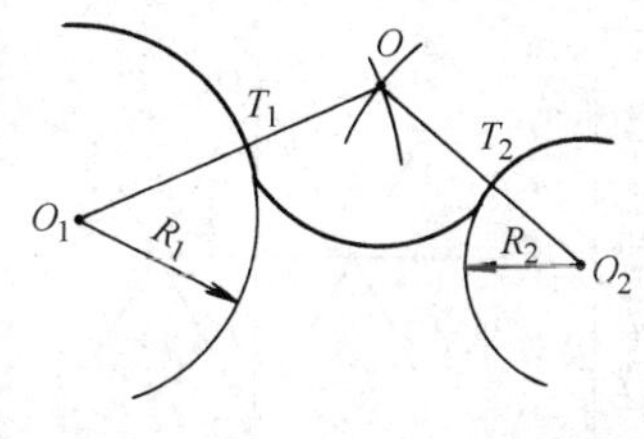 连 OO_1，交圆弧 O_1 于连接接点 T_1； 连 OO_2，交圆弧 O_2 于连接接点 T_2； 以 O 为圆心，R 为半径，画连接弧 T_1T_2
作圆弧与一已知圆弧内接与另一已知圆弧外接	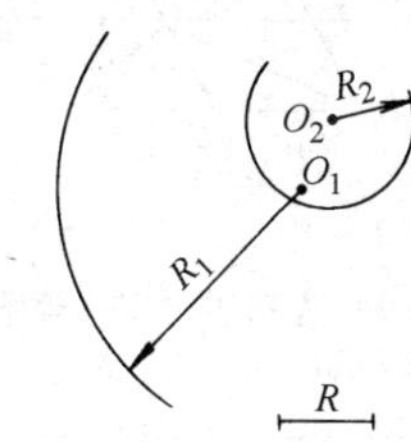 作半径为 R 的圆弧与半径为 R_1、圆心为 O_1 的圆弧内接；与半径为 R_2、圆心为 O_2 的圆弧外接	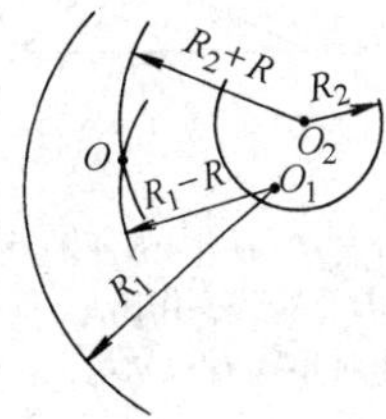 以 O_1 为圆心，R_1-R 为半径作圆弧； 以 O_2 为圆心，$R+R_2$ 为半径作圆弧与①的圆弧交于点 O	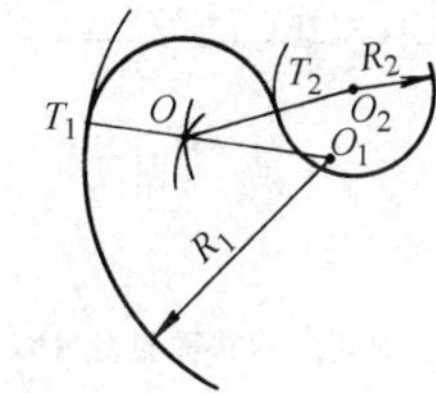 连 OO_1，延长至与圆弧 O_1 交于连接点 T_1； 连 OO_2，交圆弧 O_2 于连接点 T_2； 以 O 为圆心、R 为半径，画连接弧 T_1T_2

表 A-4　椭圆的画法

已知椭圆的长短轴画椭圆	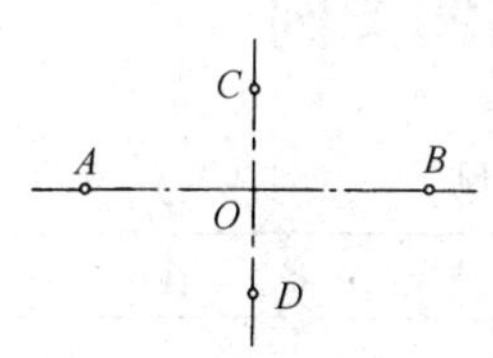 已知椭圆长轴 AB、短轴 CD	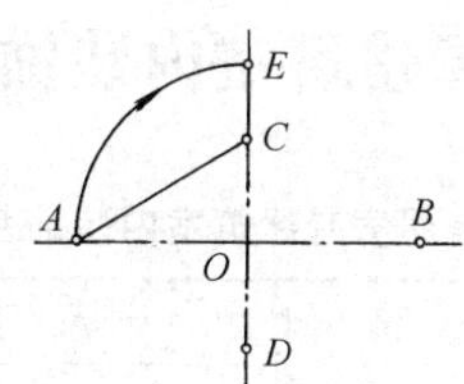 连 AC，以 O 为圆心，OA 为半径作弧交短轴延长线于 E	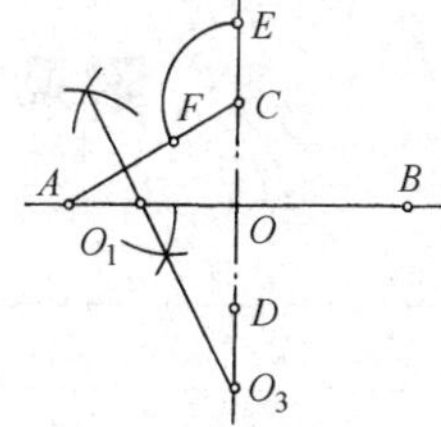 以 C 为圆心，CE 为半径画弧交 AC 于 F；作 AF 的垂直平分线交长轴于 O_1、交短轴（或其延长线）于 O_3

（续）

已知椭圆的长短轴画椭圆	在 AB 上截取 $OO_2=OO_1$，在 CD 延长线上截取 $OO_4=OO_3$，连 O_1O_3、O_1O_4、O_2O_4、O_2O_3 并延长之	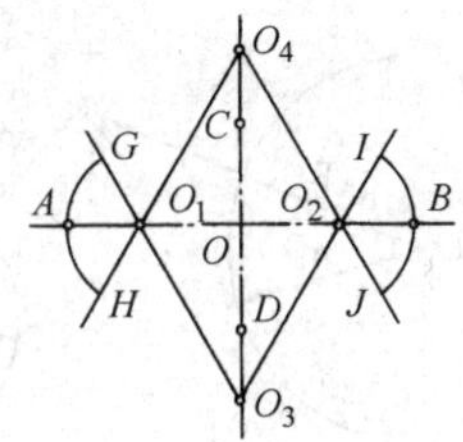 以 O_1、O_2 为圆心，O_1A 为半径画弧与 O_1O_4、O_1O_3 和 O_2O_4、O_2O_3 的延长线交于 H、G、J、I 点	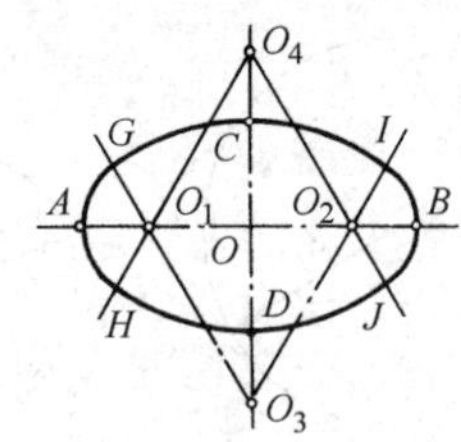 以 O_3、O_4 为圆心，O_3C 为半径画弧 GI、HJ
已知椭圆的共轭直径画椭圆	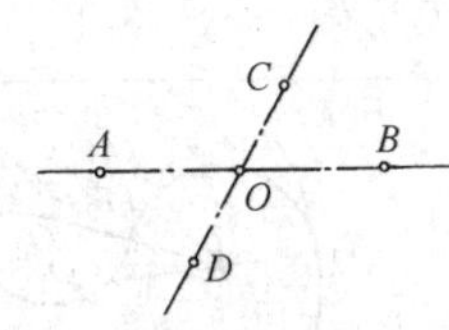 已知椭圆的共轭直径 AB、CD	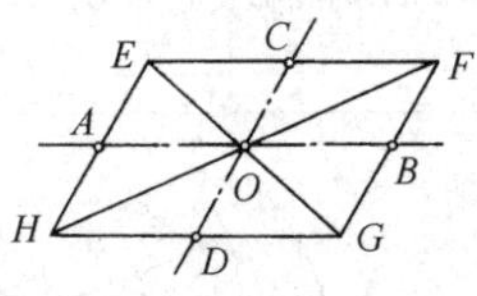 过点 C、D 作 AB 平行线，过点 A、B 作 CD 平行线，作出平行四边形 $EFGH$，并作对角线 EG、FH	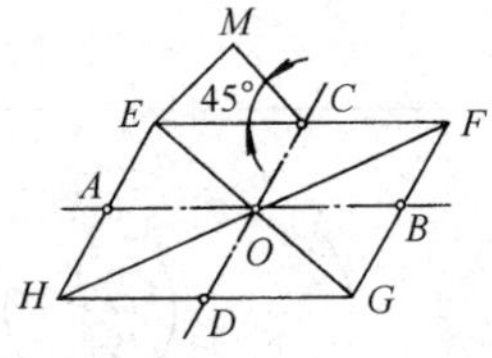 以 EC 为斜边，作一等腰直角三角形 ECM
	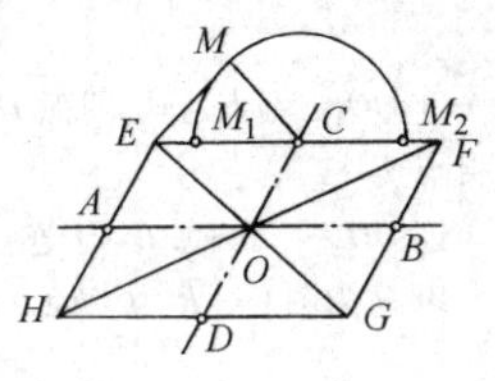 以 C 为圆心，CM 为半径画半圆交 EF 于点 M_1、M_2	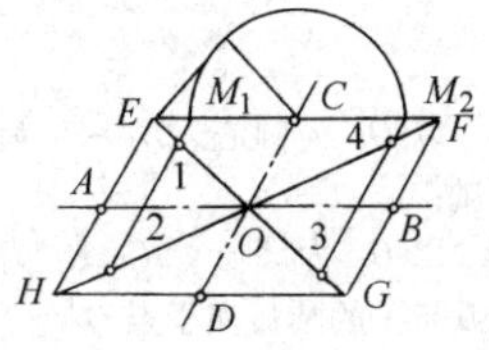 过点 M_1、M_2 作 CD 的平行线交 EG、FH 于 1、2、3、4 点	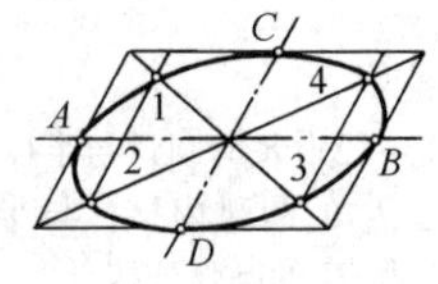 将八个点 A、1、C、4、B、3、D、2 依次光滑连接

附录 B　房屋建筑室内装饰装修制图图例

表 B-1　常用房屋建筑室内装饰装修材料图例

序号	名　称	图　例	备　注
1	夯实土壤		—
2	砂砾石、碎砖三合土		—
3	石材		注明厚度

（续）

序号	名　称	图　例	备　注
4	毛石		必要时注明石料块面大小及品种
5	普通砖	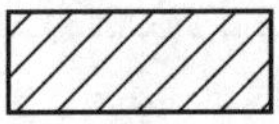	包括实心砖、多孔砖、砌块等。断面较窄不易绘出图例线时，可涂黑，并在备注中加注说明，画出该材料图例
6	轻质砌块砖	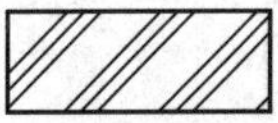	指非承重砖砌体
7	轻钢龙骨板材隔墙	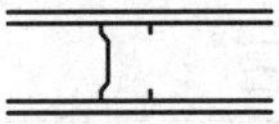	注明材料品种
8	饰面砖		包括铺地砖、墙面砖、陶瓷锦砖等
9	混凝土	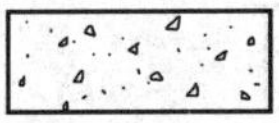	（1）指能承重的混凝土及钢筋混凝土 （2）各种强度等级、骨料、添加剂的混凝土 （3）在剖面图上画出钢筋时，不画图例线 （4）断面图形小，不易画出图例线时，可涂黑
10	钢筋混凝土	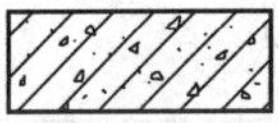	
11	多孔材料		包括水泥珍珠岩、沥青珍珠岩、泡沫混凝土、非承重加气混凝土、软木、蛭石制品等
12	纤维材料	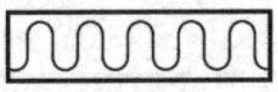	包括矿棉、岩棉、玻璃棉、麻丝、木丝板、纤维板等
13	泡沫塑料材料	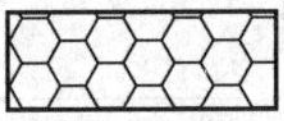	包括聚苯乙烯、聚乙烯、聚氨酯等多孔聚合物类材料
14	密度板	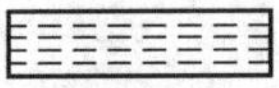	注明厚度
15	实木		表示垫木、木砖或木龙骨
			表示木材横断面
		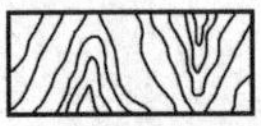	表示木材纵断面
16	胶合板		注明厚度或层数
17	多层板	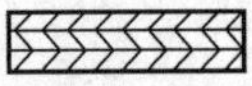	注明厚度或层数
18	木工板	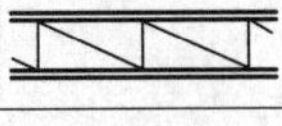	注明厚度
19	石膏板	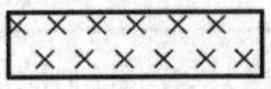	（1）注明厚度 （2）注明石膏板品种名称

（续）

序号	名 称	图 例	备 注
20	金属		（1）包括各种金属，注明材料名称 （2）图形小时，可涂黑
21	液体	(平面)	注明具体液体名称
22	玻璃砖		注明厚度
23	普通玻璃	(立面)	注明材质、厚度
24	磨砂玻璃	(立面)	（1）注明材质、厚度 （2）本图例采用较均匀的点
25	夹层（夹绢、夹纸）玻璃	(立面)	注明材质、厚度
26	镜面	(立面)	注明材质、厚度
27	橡胶		—
28	塑料		包括各种软、硬塑料及有机玻璃等
29	地毯		注明种类
30	防水材料	(小尺度比例) (大尺度比例)	注明材质、厚度
31	粉刷		本图例采用较稀的点
32	窗帘	(立面)	箭头所示为开启方向

注：序号1、3、5、6、10、11、16、17、20、23、25、27、28图例中的斜线、短斜线、交叉斜线等均为45°。

表 B-2　常用家具图例

序号	名称		图例	备注
1	沙发	单人沙发		(1) 立面样式根据设计自定； (2) 其他家具图例根据设计自定
		双人沙发		
		三人沙发		
2	办公桌			
3	椅	办公椅		
		休闲椅		
		躺椅		
4	床	单人床		
		双人床		
5	橱柜	衣柜		(1) 柜体的长度及立面样式根据设计自定； (2) 其他家具图例根据设计自定
		低柜		
		高柜		

表 B-3 常用电器图例

序号	名称	图例	备注
1	电视	TV	(1) 立面样式根据设计自定； (2) 其他电器图例根据设计自定
2	冰箱	REF	
3	空调	A C	
4	洗衣机	W M	
5	饮水机	WD	
6	电脑	PC	
7	电话	T E L	

表 B-4 常用厨具图例

序号	名称		图例	备注
1	灶具	单头灶		(1) 立面样式根据设计自定； (2) 其他厨具图例根据设计自定
		双头灶		
		三头灶		
		四头灶		
		六头灶		

（续）

序号	名称		图例	备注
2	水槽	单盆	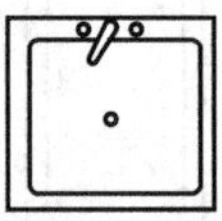 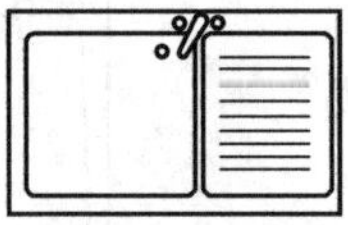	（1）立面样式根据设计自定；（2）其他厨具图例根据设计自定
		双盆	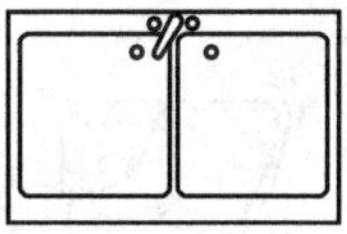 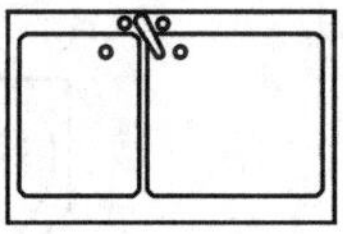	

表 B-5　常用洁具图例

序号	名称		图例	备注
1	大便器	坐式	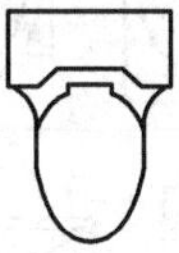 	（1）立面样式根据设计自定；（2）其他洁具图例根据设计自定
		蹲式	 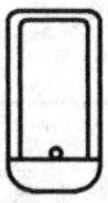	
2	小便器		 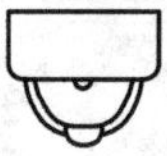	
3	台盆	立式	 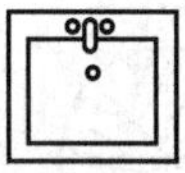	
		台式	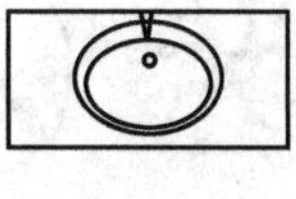 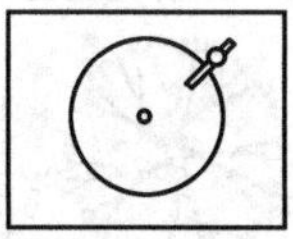	
		挂式	 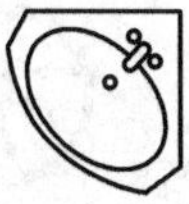	
4	污水池		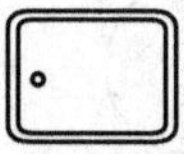 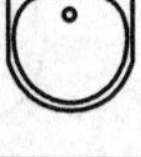	

（续）

序号	名称		图例	备注
5	浴缸	长方形	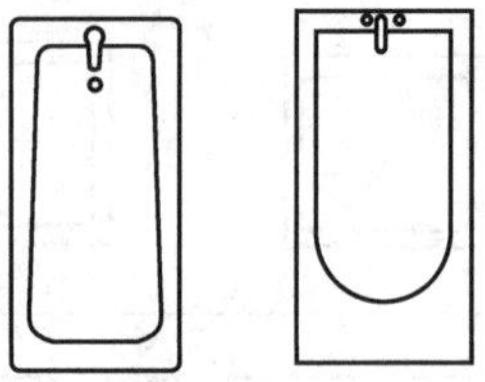	（1）立面样式根据设计自定； （2）其他洁具图例根据设计自定
		三角形	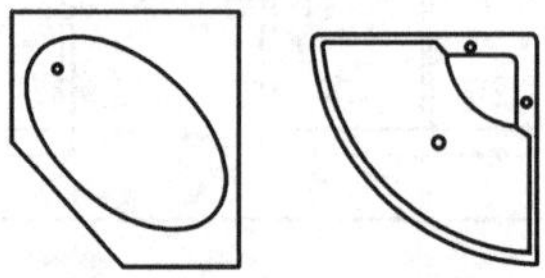	
		圆形	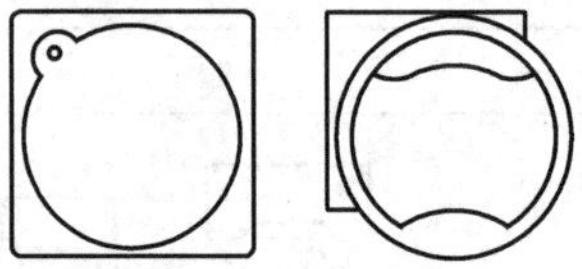	
6	淋浴房		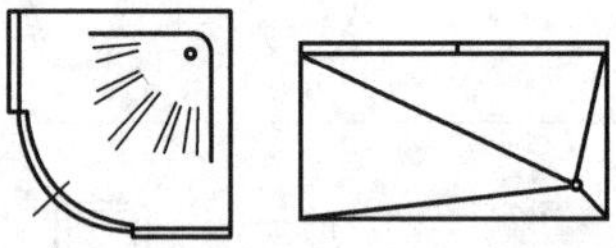	

表 B-6　室内常用景观配饰图例

序号	名称		图例	备注
1	阔叶植物		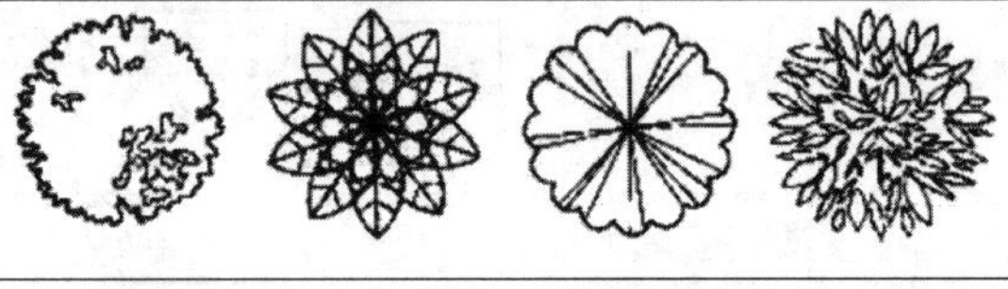	（1）立面样式根据设计自定； （2）其他景观配饰图例根据设计自定
2	针叶植物		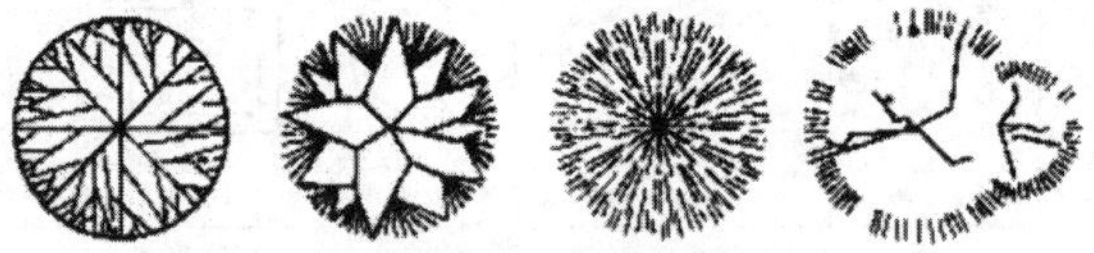	
3	落叶植物		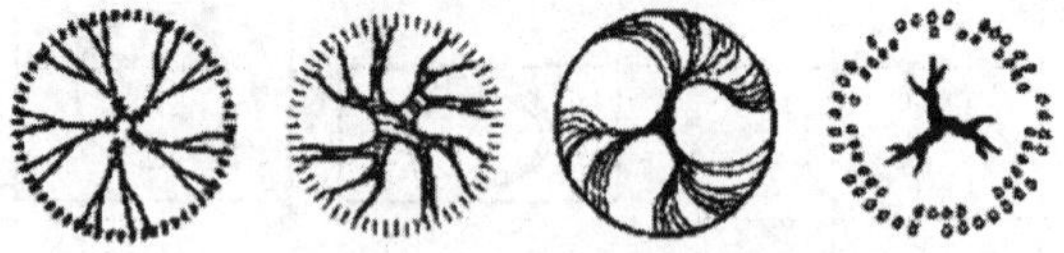	
4	盆景类	树桩类		
		观花类	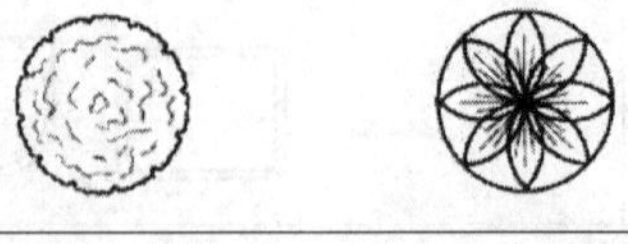	

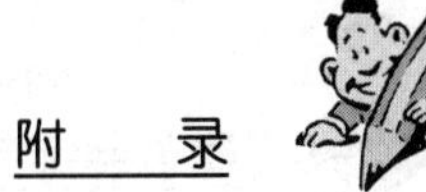

（续）

序号	名称		图例	备注
4	盆景类	观叶类		（1）立面样式根据设计自定；（2）其他景观配饰图例根据设计自定
		山水类		
5	插花类			
6	吊挂类			
7	棕榈植物			
8	水生植物			
9	假山石			
10	草坪			
11	铺地	卵石类		
		条石类		
		碎石类		

表 B-7　常用灯光照明图例

序号	名称	图例	序号	名称	图例
1	艺术吊灯		3	筒灯	
2	吸顶灯		4	射灯	

（续）

序号	名称	图例	序号	名称	图例
5	轨道射灯		10	台灯	
			11	落地灯	
6	格栅射灯	(单头)	12	水下灯	
		(双头)	13	踏步灯	
		(三头)	14	荧光灯	
7	格栅荧光灯	(正方形)	15	投光灯	
		(长方形)	16	泛光灯	
8	暗藏灯带				
9	壁灯		17	聚光灯	

表 B-8　常用设备图例

序号	名称	图例	序号	名称	图例
1	送风口	(条形)	6	安全出口	EXIT
		(方形)	7	防火卷帘	F
2	回风口	(条形)	8	消防自动喷淋头	
		(方形)	9	感温探测器	
3	侧送风、侧回风		10	感烟探测器	S
4	排气扇		11	室内消火栓	(单口)
5	风机盘管	(立式明装)			(双口)
		(卧式明装)	12	扬声器	

表 B-9　开关、插座立面图例

序号	名称	图例	序号	名称	图例
1	单相二极电源插座		8	音响出线盒	M
2	单相三极电源插座		9	单联开关	
3	单相二、三极电源插座		10	双联开关	
4	电话、信息插座	(单孔)	11	三联开关	
		(双孔)	12	四联开关	
5	电视插座	(单孔)	13	锁匙开关	
		(双孔)	14	请勿打扰开关	DTD
6	地插座		15	可调节开关	
7	连接盒、接线盒		16	紧急呼叫按钮	

表 B-10　开关、插座平面图例

序号	名称	图例	序号	名称	图例
1	（电源）插座		8	电接线箱	J
2	三个插座		9	公用电话插座	
3	带保护极的（电源）插座		10	直线电话插座	
4	单相二、三极电源插座		11	传真机插座	F
5	带单极开关的（电源）插座		12	网络插座	C
6	带保护极的单极开关的（电源）插座		13	有线电视插座	TV
7	信息插座	C	14	单联单控开关	

附录 C　某营业厅一层室内装饰装修施工图

说　明

1）为了提高读者的识图能力，这里选编了原中国电信某营业厅一层室内装饰装修施工图作为识图训练之用。

2）该营业厅分收费大厅和业务展示厅两个空间。收费大厅布置有电信收费、咨询、接待、休息等功能区域；业务展示厅布置有新业务展示、产品发布、大客户接待、办公等功能区域。

3）限于篇幅，选编了其中的主要图样。

4）由于印刷制版的原因，图形缩小，图中的比例已不是原图所标注的比例。

某营业厅一层室内装饰装修施工图

设计说明

一、本工程为某电信营业厅一层室内装饰装修。

二、大厅

1. 顶棚用轻钢龙骨 9mm 厚防火纸面石膏板贴 3mm 厚白银灰铝塑板吊顶，主龙骨用上人 50 系列，次龙骨用上人 50 系列。

2. 墙面木龙骨架，9mm 厚密度板基层，贴 3mm 厚白色及白银灰铝塑板。

3. 地面铺 20mm 厚 800mm × 800mm 山东白麻光面花岗石：基层原混凝土垫层，1:3 干硬水泥砂浆垫层 30 ~ 50mm 厚，撒干水泥，铺贴面层。

4. 大厅地面镶嵌 200mm × 1600mm 黑金砂，服务台外侧镶贴 1200mm 宽黑金砂。

三、展示厅

1. 吊顶用轻钢龙骨，9mm 厚防火纸面石膏板贴 3mm 厚白银灰铝塑板面层，主龙骨用上人 50 系列，次龙骨用上人 50 系列。

2. 墙面木龙骨骨架，9mm 厚密度板基层，贴 3mm 厚象牙白及白银灰铝塑板。

3. 地面铺 20mm 厚 800mm × 800mm 山东白麻光面花岗石：基层原混凝土垫层，1:3 干硬水泥砂浆垫层 30 ~ 50mm 厚，撒干水泥，铺贴面层。

4. 展示厅北门门斗地面做圆形地面拼花（详见装施 10）。

5. 办公区吊顶为 T 形轻钢龙骨矿棉板吊顶，格栅灯，12mm 厚玻璃隔断。

四、所有木龙骨、木基层背面均罩防火漆处理，木基层板刷聚酯清漆封底。木门为实木门，3mm 厚胡桃夹板饰面罩聚酯清漆，竖向拼贴 120mm 宽白银灰铝塑板装饰。

五、走廊、西门厅、北楼梯口及电梯间地面装饰：铺 20mm 厚 600mm × 600mm 山东白麻光面花岗石，在西侧电梯间拼贴 120mm × 1200mm × 20mm 黑金砂点缀。

图纸目录

图别	名称	图号	图别	名称	图号
装施	设计说明 图纸目录	1	装施	一层展厅柜台详图	8
装施	一层平面布置图	2	装施	一层展示厅展示柜详图	9
装施	一层吊顶平面图	3	装施	一层地面拼花大样	10
装施	一层大厅 A、C 向立面图	4	装施	吊顶 A-A、B-B、C-C 剖面	11
装施	一层大厅 B、D 向立面图 一层展厅 E、G 向立面图 一层大厅 E、F 向立面展开图	5	装施	大厅、展厅局部详图	12
			装施	大厅边柱装饰详图	13
			装施	大厅中柱装饰详图	14
装施	⑦ ~ ⑧轴间形象牌详图	6	装施	一层玻璃隔断尺寸图	15
装施	一层大厅柜台详图	7			

六、电梯间、西门厅

1. 吊顶用 50 系列上人轻钢龙骨，9mm 厚防火纸面石膏板，刮白罩白色乳胶漆三遍。

2. 墙面木龙骨架，9 厚密度板基层，贴 3 厚白银灰铝塑板。

××建筑设计事务所				工程名称	××市通信公司	
				项目名称	××路营业厅	
所　长		校　对		设计说明　图纸目录	工程编号	
总工程师		设　计			图　别	装　施
审　核		制　图			图　号	1
项目负责人					日　期	

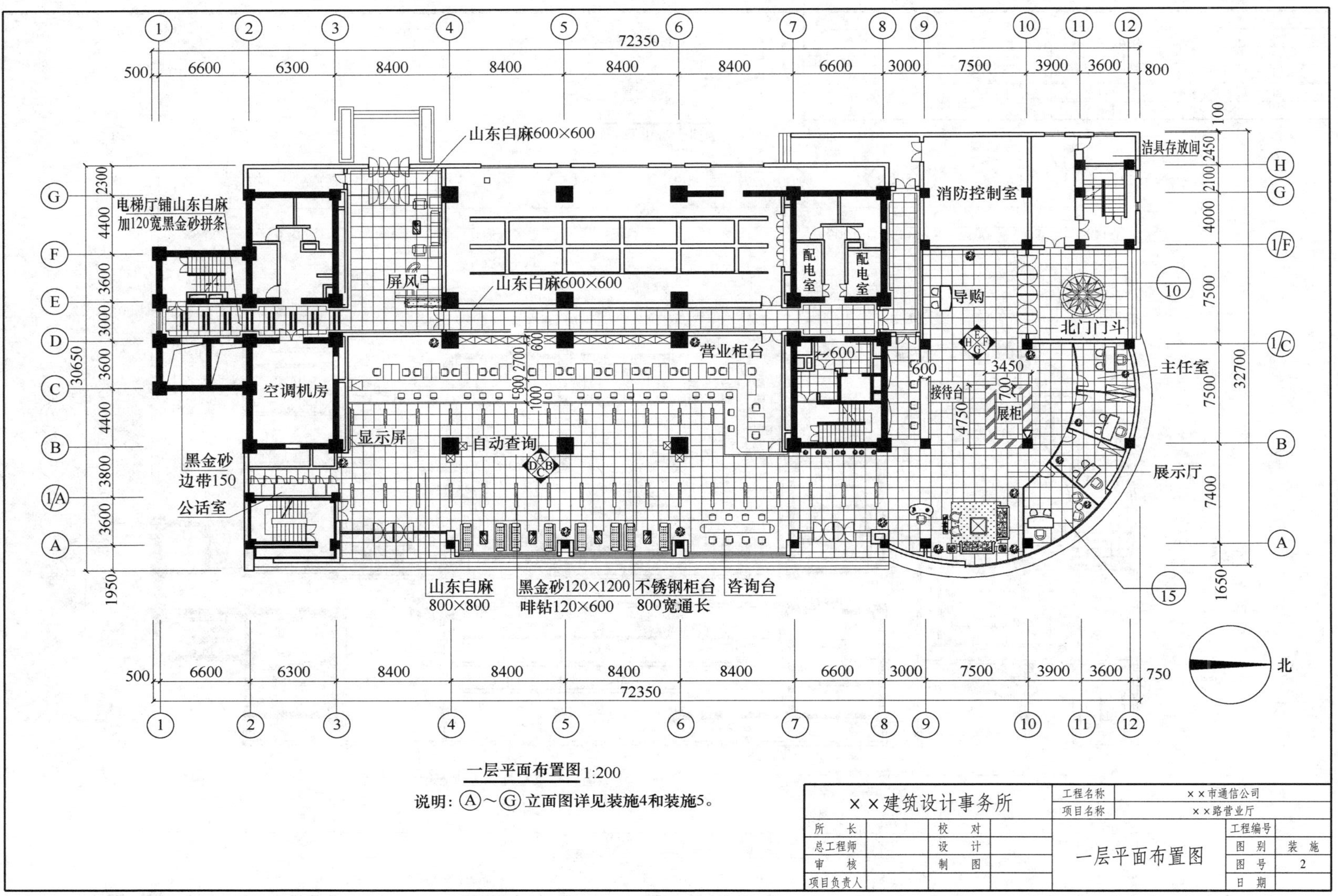

一层平面布置图 1:200

说明：Ⓐ～Ⓖ立面图详见装施4和装施5。

××建筑设计事务所				工程名称	××市通信公司	
				项目名称	××路营业厅	
所长		校对		一层平面布置图	工程编号	
总工程师		设计			图别	装施
审核		制图			图号	2
项目负责人					日期	

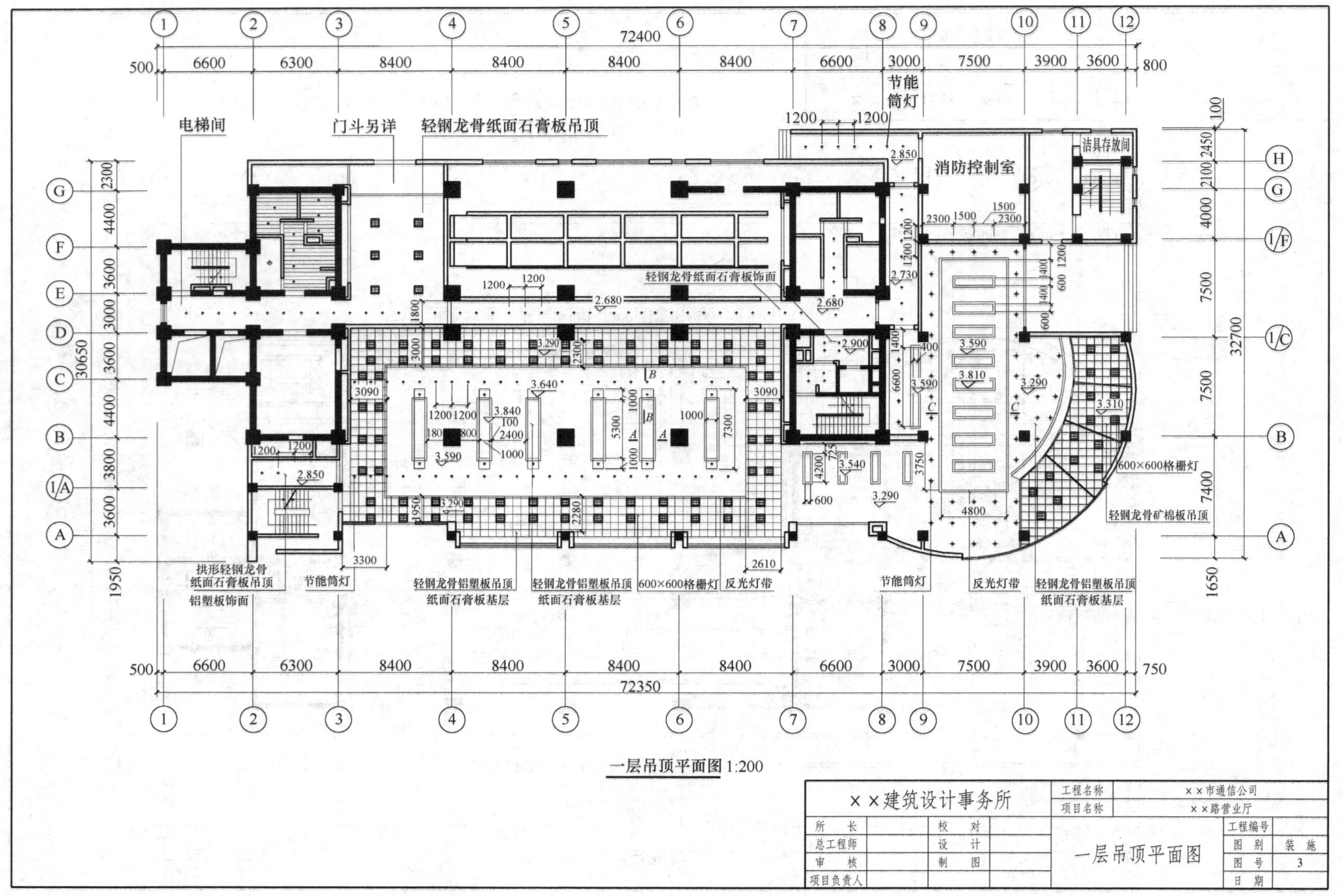

一层吊顶平面图 1:200

××建筑设计事务所				工程名称	××市通信公司	
				项目名称	××路营业厅	
所长		校对		一层吊顶平面图	工程编号	
总工程师		设计			图别	装施
审核		制图			图号	3
项目负责人					日期	

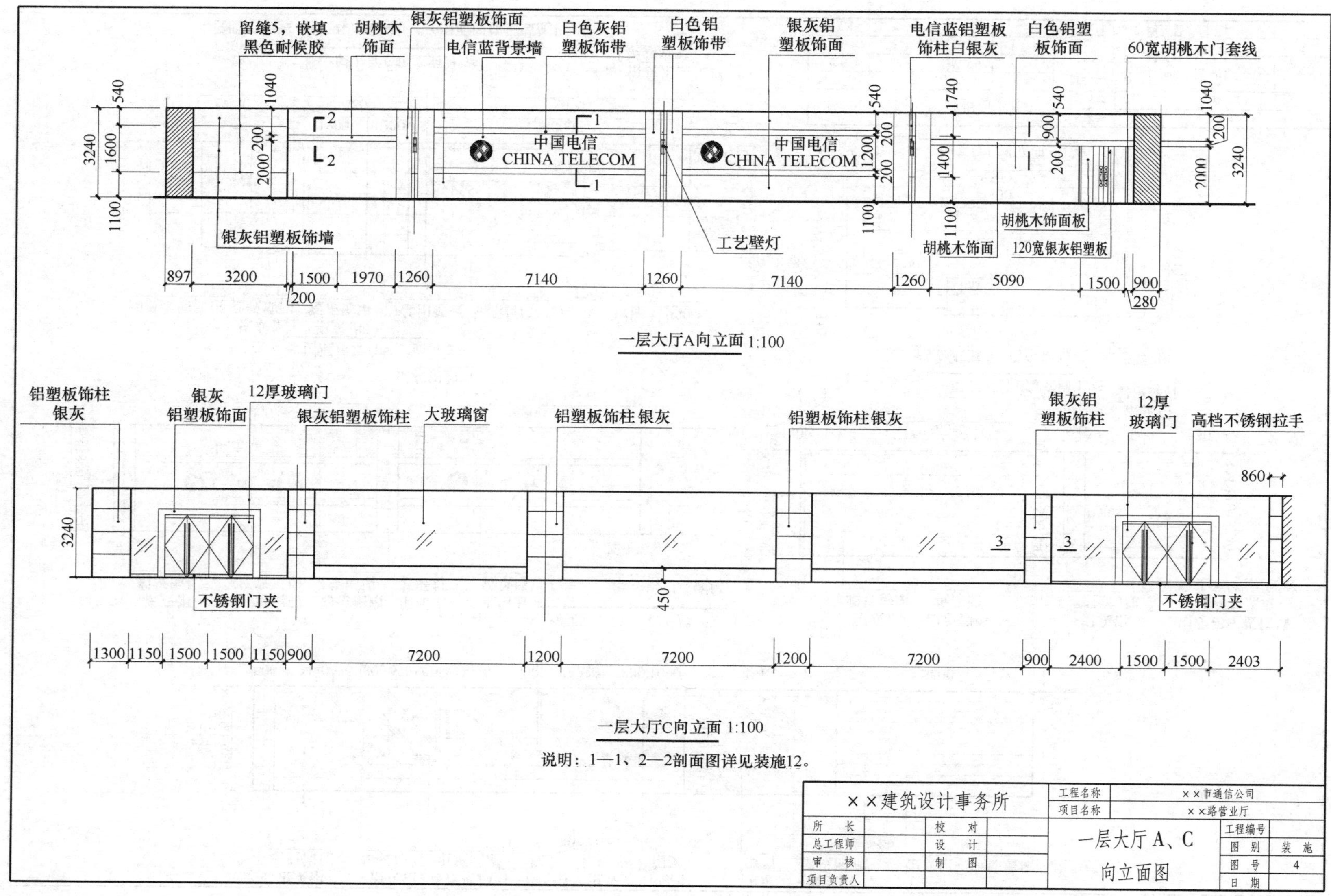

一层大厅A向立面 1:100

一层大厅C向立面 1:100

说明：1—1、2—2剖面图详见装施12。

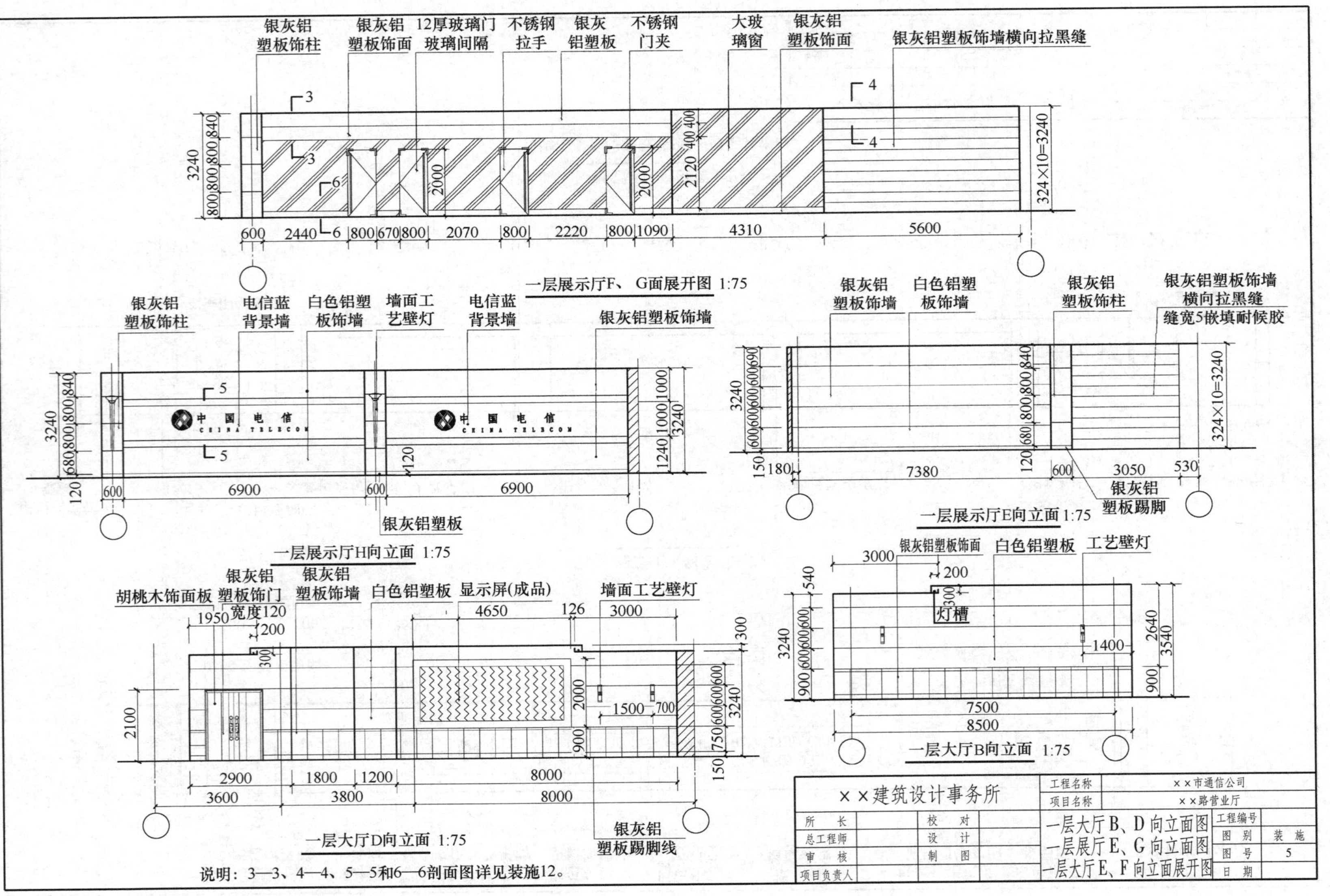
一层展示厅F、G面展开图 1:75
一层展示厅H向立面 1:75
一层展示厅E向立面 1:75
一层大厅D向立面 1:75
一层大厅B向立面 1:75
说明：3—3、4—4、5—5和6—6剖面图详见装施12。
××建筑设计事务所
工程名称 ××市通信公司
项目名称 ××路营业厅
一层大厅B、D向立面图
一层展厅E、G向立面图
一层大厅E、F向立面展开图
图别 装施
图号 5

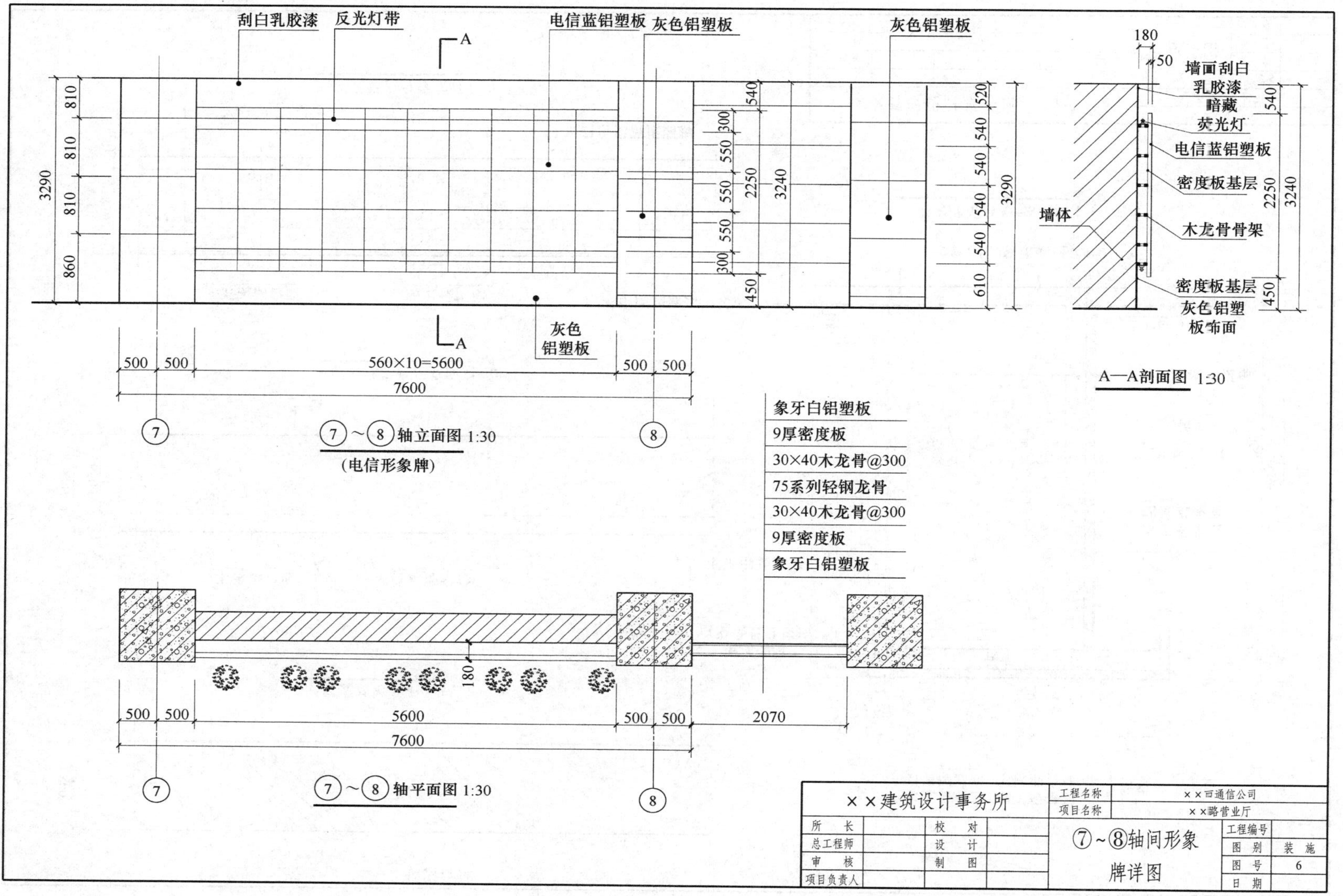
刮白乳胶漆
反光灯带
电信蓝铝塑板
灰色铝塑板
灰色铝塑板
灰色
铝塑板
560×10=5600
7600
⑦~⑧轴立面图 1:30
(电信形象牌)
墙面刮白
乳胶漆
暗藏
荧光灯
电信蓝铝塑板
密度板基层
木龙骨骨架
墙体
密度板基层
灰色铝塑
板饰面
A—A剖面图 1:30
象牙白铝塑板
9厚密度板
30×40木龙骨@300
75系列轻钢龙骨
30×40木龙骨@300
9厚密度板
象牙白铝塑板
⑦~⑧轴平面图 1:30
××建筑设计事务所
所长
总工程师
审核
项目负责人
校对
设计
制图
工程名称 ××通信公司
项目名称 ××营业厅
⑦~⑧轴间形象牌详图
工程编号
图别 装施
图号 6
日期

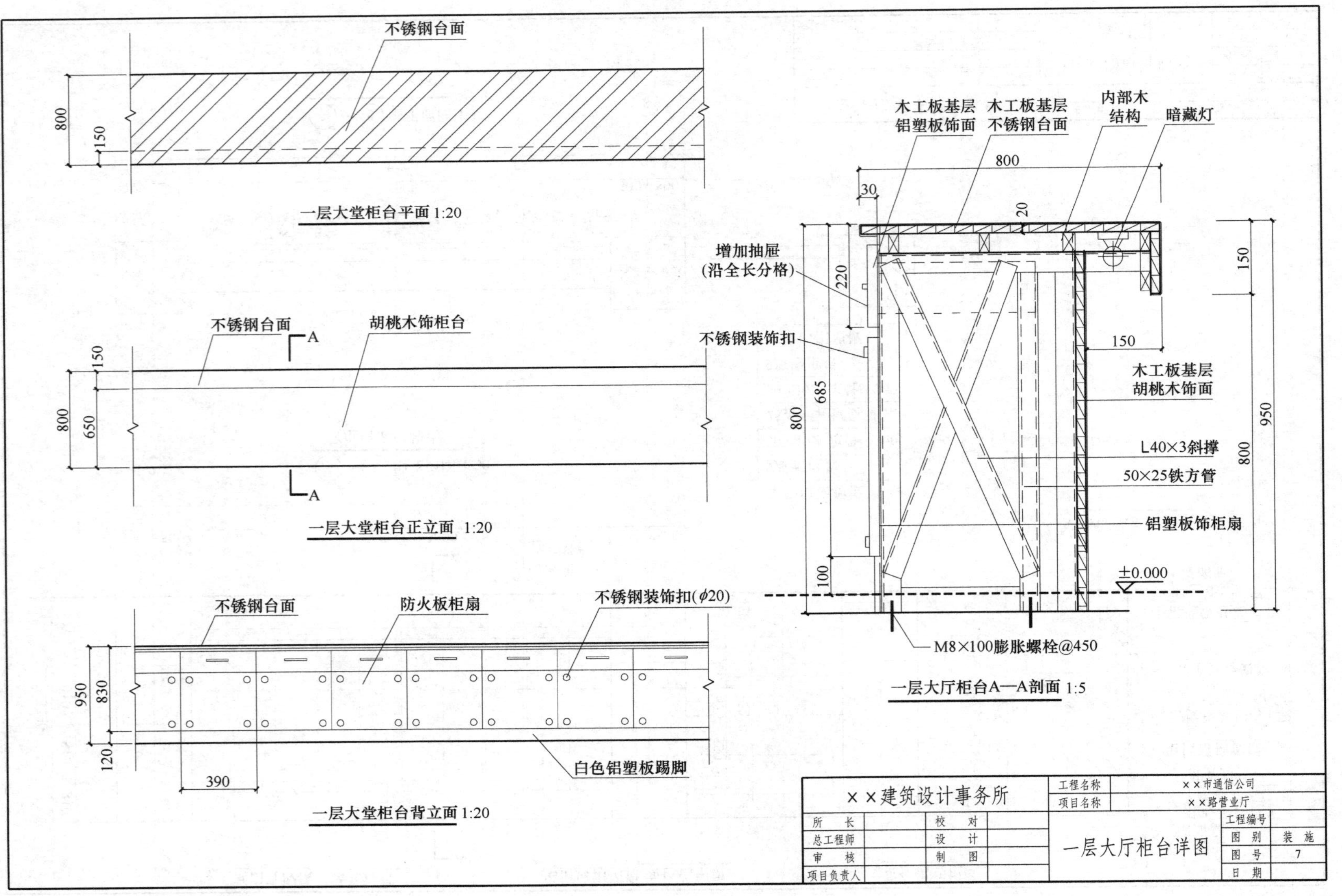
不锈钢台面
800
150
一层大堂柜台平面 1:20
不锈钢台面
胡桃木饰柜台
A
150
800
650
一层大堂柜台正立面 1:20
不锈钢台面
防火板柜扇
不锈钢装饰扣(ϕ20)
950
830
120
390
白色铝塑板踢脚
一层大堂柜台背立面 1:20
木工板基层
铝塑板饰面
木工板基层
不锈钢台面
内部木
结构
暗藏灯
800
30
20
增加抽屉
(沿全长分格)
220
不锈钢装饰扣
150
685
800
木工板基层
胡桃木饰面
L40×3斜撑
50×25铁方管
铝塑板饰柜扇
±0.000
100
950
M8×100膨胀螺栓@450
一层大厅柜台A—A剖面 1:5
××建筑设计事务所
所 长
总工程师
审 核
项目负责人
校 对
设 计
制 图
工程名称
××市通信公司
项目名称
××路营业厅
一层大厅柜台详图
工程编号
图 别
装 施
图 号
7
日 期

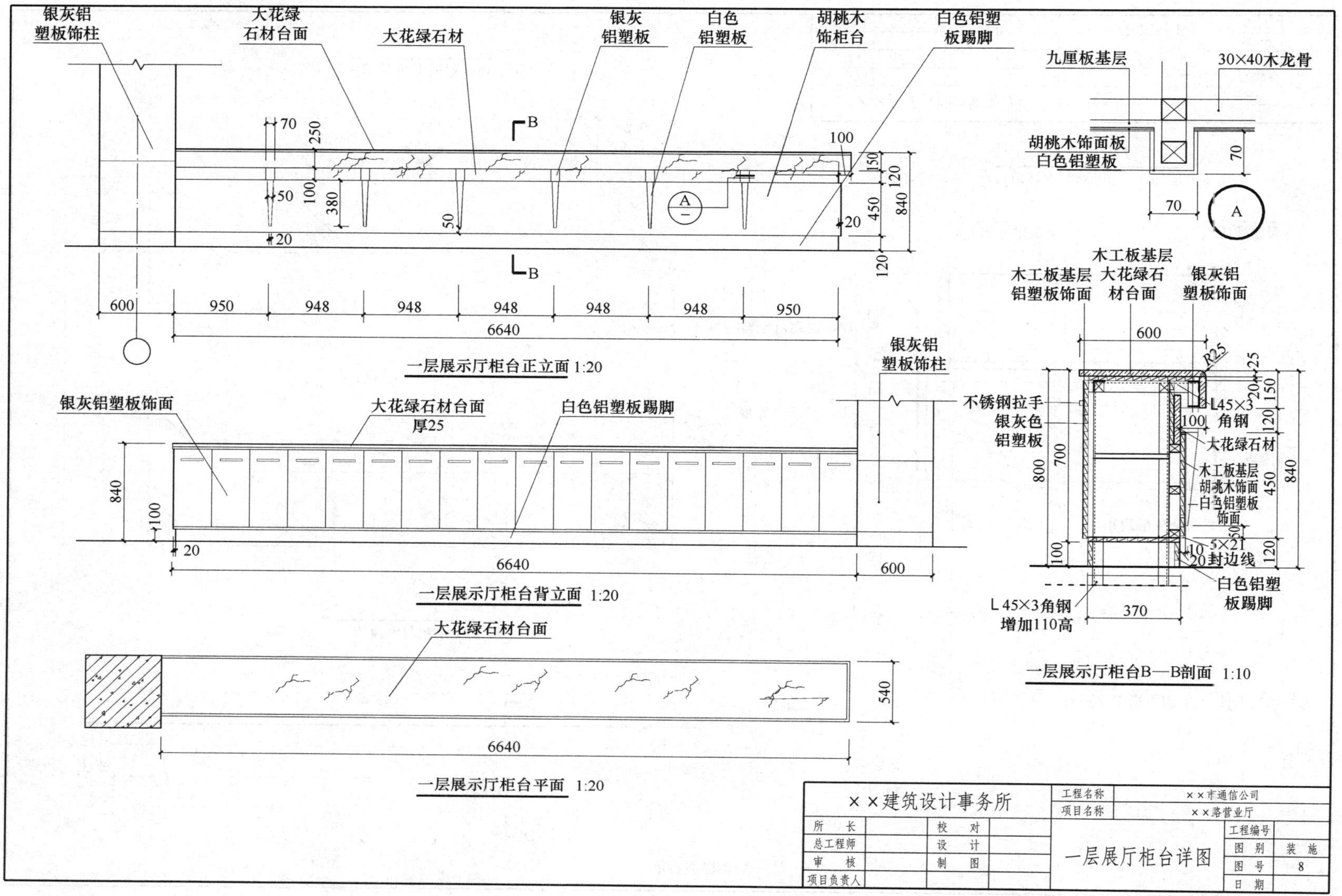
银灰铝塑板饰柱
大花绿石材台面
大花绿石材
银灰铝塑板
白色铝塑板
胡桃木饰柜台
白色铝塑板踢脚
一层展示厅柜台正立面 1:20
银灰铝塑板饰面
大花绿石材台面厚25
白色铝塑板踢脚
一层展示厅柜台背立面 1:20
大花绿石材台面
一层展示厅柜台平面 1:20
九厘板基层
30×40木龙骨
胡桃木饰面板
白色铝塑板
木工板基层铝塑板饰面
木工板基层大花绿石材台面
银灰铝塑板饰面
不锈钢拉手
银灰色铝塑板
L45×3角钢
大花绿石材
木工板基层胡桃木饰面白色铝塑板饰面
5×21封边线
白色铝塑板踢脚
L45×3角钢增加110高
一层展示厅柜台B—B剖面 1:10
××建筑设计事务所
工程名称 ××市通信公司
项目名称 ××路营业厅
所长
总工程师
审核
项目负责人
校对
设计
制图
一层展厅柜台详图
工程编号
图别 装施
图号 8
日期

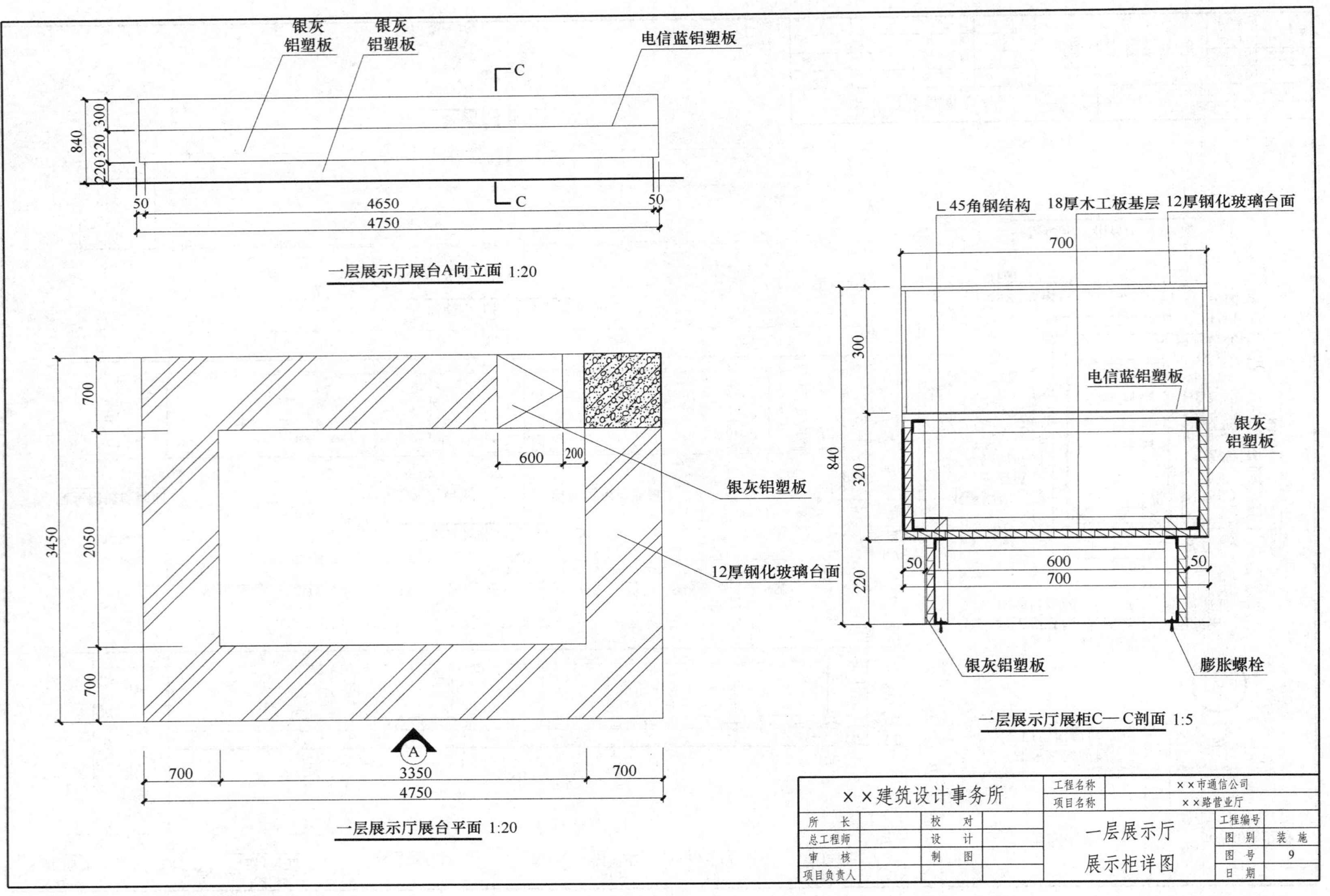
银灰
铝塑板
银灰
铝塑板
电信蓝铝塑板
C
C
840
300
320
220
50
4650
50
4750
一层展示厅展台A向立面 1:20
700
2050
700
3450
600
200
银灰铝塑板
12厚钢化玻璃台面
A
700
3350
700
4750
一层展示厅展台平面 1:20
L45角钢结构
18厚木工板基层
12厚钢化玻璃台面
700
300
电信蓝铝塑板
银灰
铝塑板
840
320
220
50
600
700
50
银灰铝塑板
膨胀螺栓
一层展示厅展柜C—C剖面 1:5
××建筑设计事务所
工程名称
××市通信公司
项目名称
××路营业厅
所长
校对
总工程师
设计
审核
制图
项目负责人
一层展示厅
展示柜详图
工程编号
图别
装施
图号
9
日期

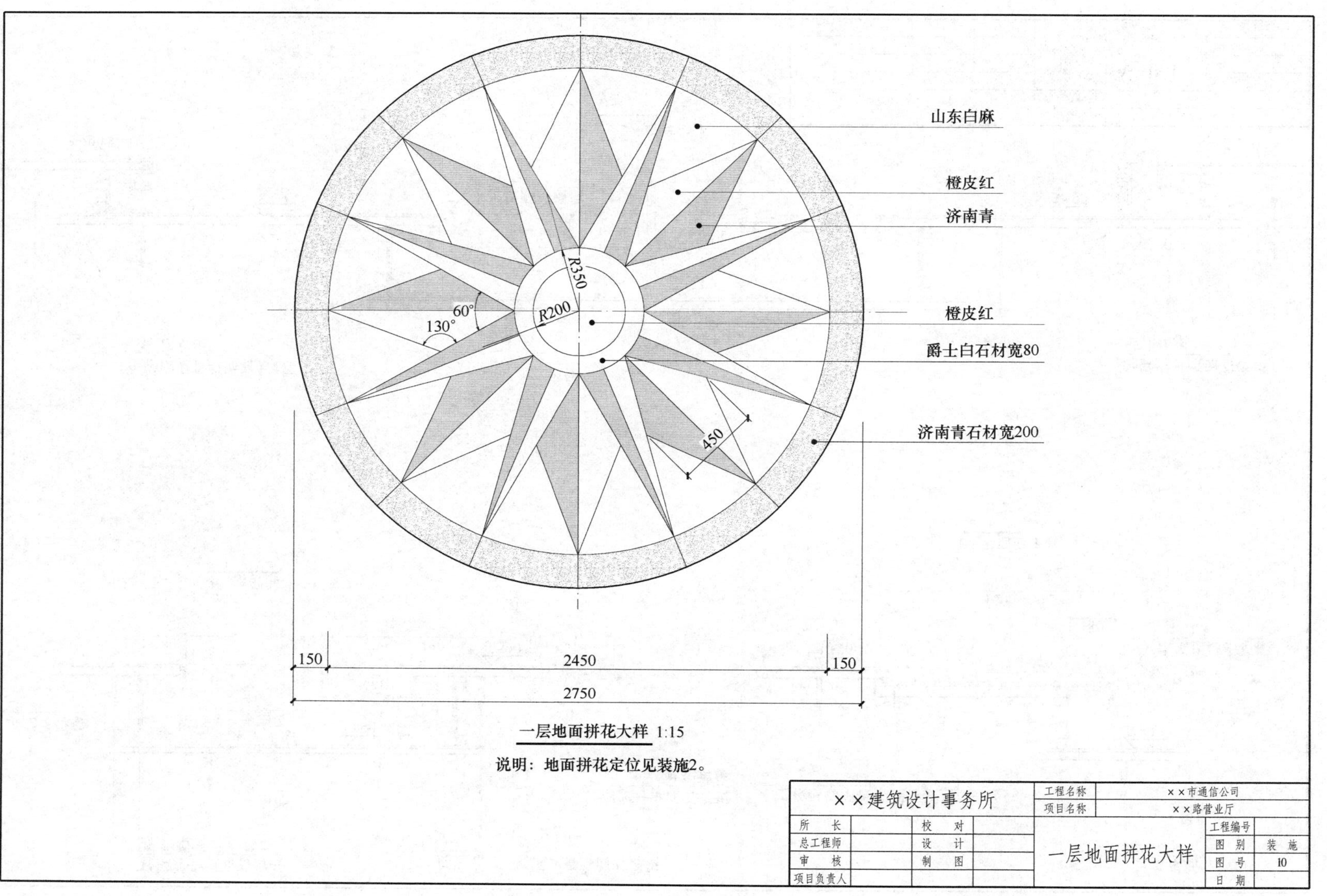

一层地面拼花大样 1:15

说明：地面拼花定位见装施2。

××建筑设计事务所				工程名称	××市通信公司	
				项目名称	××路营业厅	
所　长		校　对		一层地面拼花大样	工程编号	
总工程师		设　计			图　别	装　施
审　核		制　图			图　号	10
项目负责人					日　期	

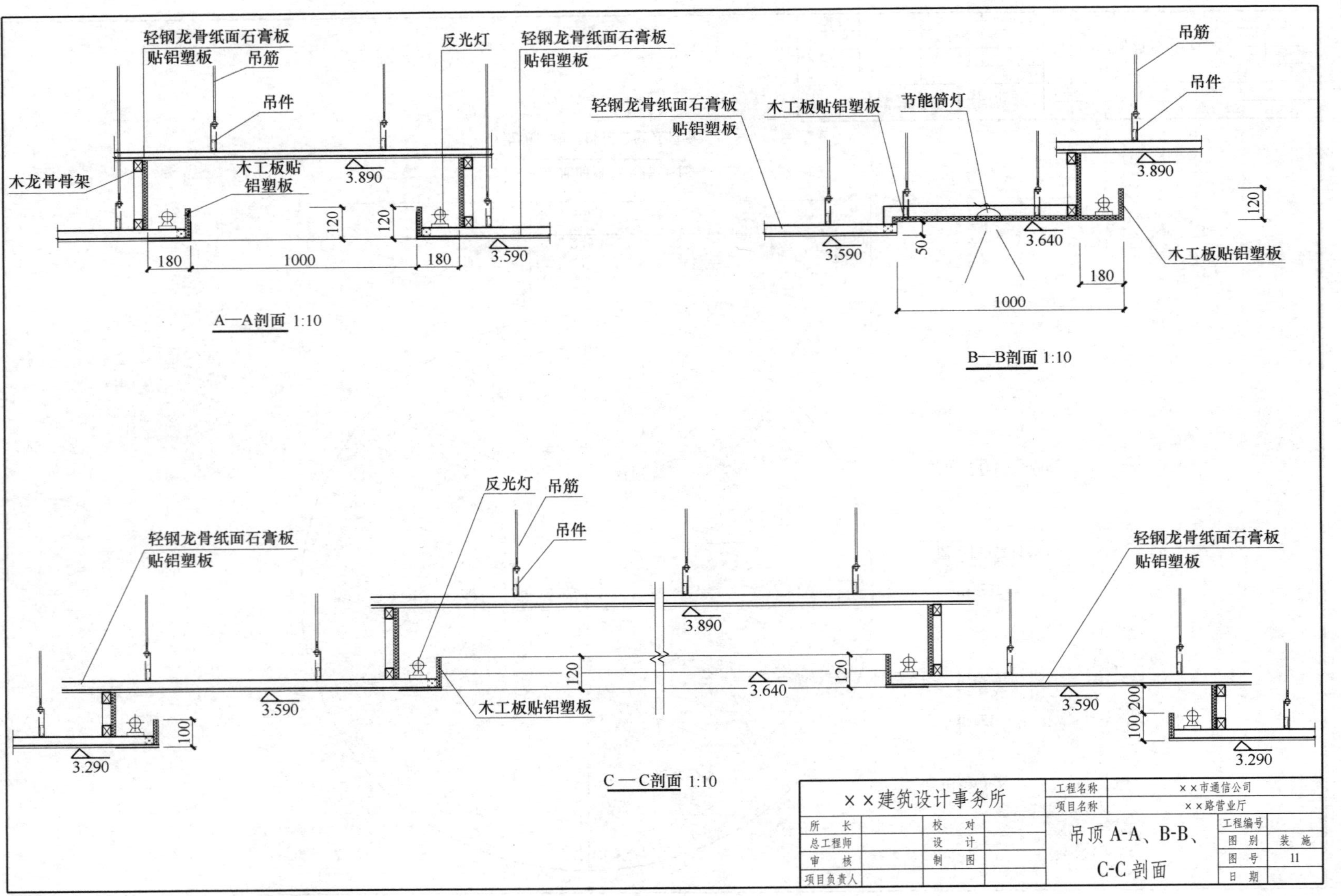
轻钢龙骨纸面石膏板
贴铝塑板
吊筋
吊件
木龙骨骨架
木工板贴
铝塑板
反光灯
3.890
120
180
1000
3.590
A—A剖面 1:10
轻钢龙骨纸面石膏板
贴铝塑板
木工板贴铝塑板
节能筒灯
吊筋
吊件
3.890
3.640
3.590
50
180
1000
120
B—B剖面 1:10
反光灯
吊筋
吊件
轻钢龙骨纸面石膏板
贴铝塑板
木工板贴铝塑板
3.890
3.640
3.590
3.290
120
100
100
200
C—C剖面 1:10
××建筑设计事务所
所　长
总工程师
审　核
项目负责人
校　对
设　计
制　图
工程名称
××市通信公司
项目名称
××路营业厅
吊顶 A-A、B-B、
C-C 剖面
工程编号
图　别
装 施
图　号
11
日　期

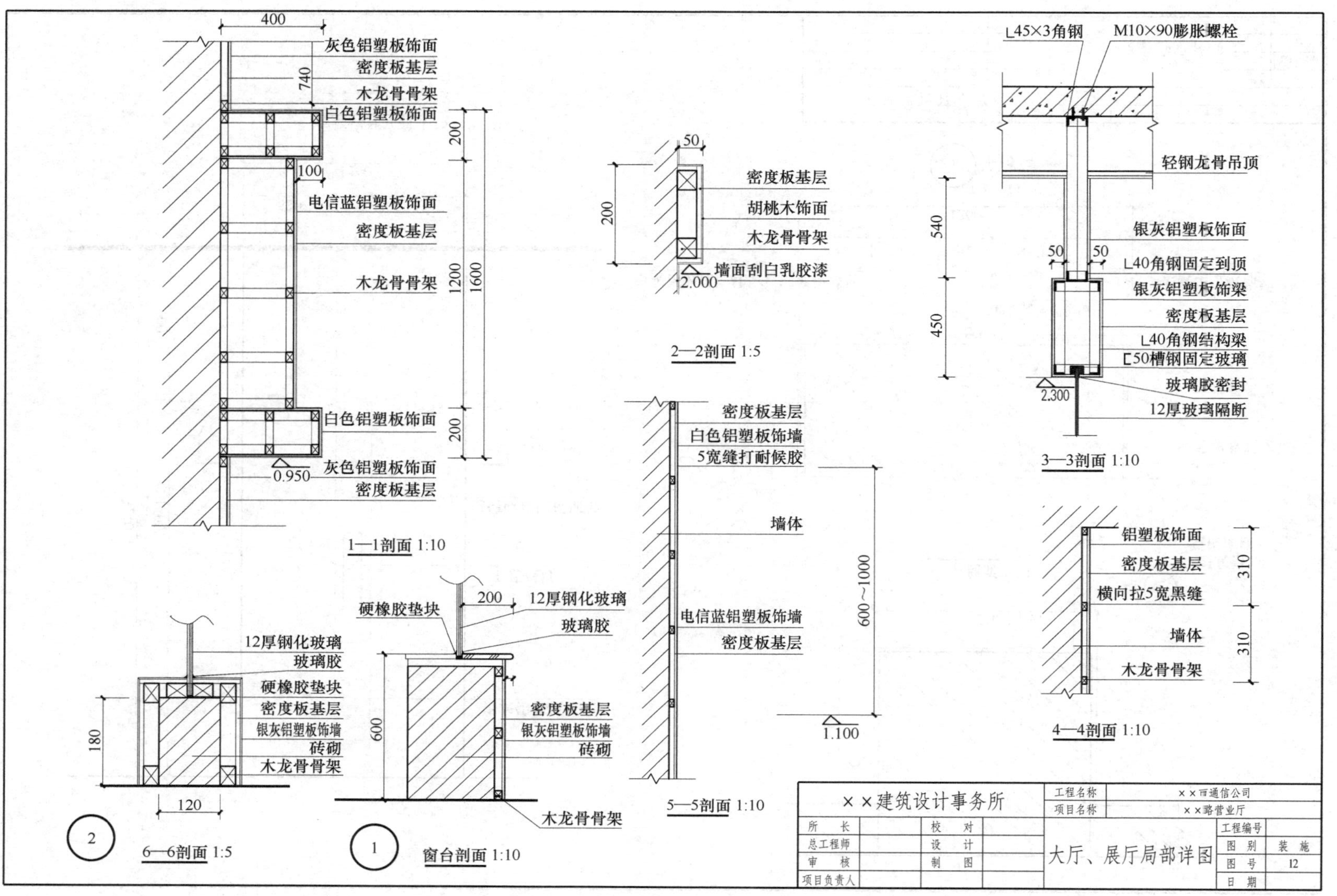

400
灰色铝塑板饰面
密度板基层
740
木龙骨骨架
白色铝塑板饰面
200
100
电信蓝铝塑板饰面
密度板基层
1200
1600
木龙骨骨架
白色铝塑板饰面
200
0.950
灰色铝塑板饰面
密度板基层
1—1剖面 1:10
50
密度板基层
200
胡桃木饰面
木龙骨骨架
墙面刮白乳胶漆
2.000
2—2剖面 1:5
L45×3角钢
M10×90膨胀螺栓
轻钢龙骨吊顶
540
银灰铝塑板饰面
50
50
L40角钢固定到顶
银灰铝塑板饰梁
密度板基层
450
L40角钢结构梁
[50槽钢固定玻璃
玻璃胶密封
2.300
12厚玻璃隔断
3—3剖面 1:10
密度板基层
白色铝塑板饰墙
5宽缝打耐候胶
墙体
600~1000
电信蓝铝塑板饰墙
密度板基层
1.100
5—5剖面 1:10
铝塑板饰面
310
密度板基层
横向拉5宽黑缝
墙体
310
木龙骨骨架
4—4剖面 1:10
12厚钢化玻璃
玻璃胶
硬橡胶垫块
密度板基层
180
银灰铝塑板饰墙
砖砌
木龙骨骨架
120
6—6剖面 1:5
200
12厚钢化玻璃
硬橡胶垫块
玻璃胶
密度板基层
600
银灰铝塑板饰墙
砖砌
木龙骨骨架
窗台剖面 1:10
××建筑设计事务所
所长
总工程师
审核
项目负责人
校对
设计
制图
工程名称 ××市通信公司
项目名称 ××路营业厅
大厅、展厅局部详图
工程编号
图别 装施
图号 12
日期

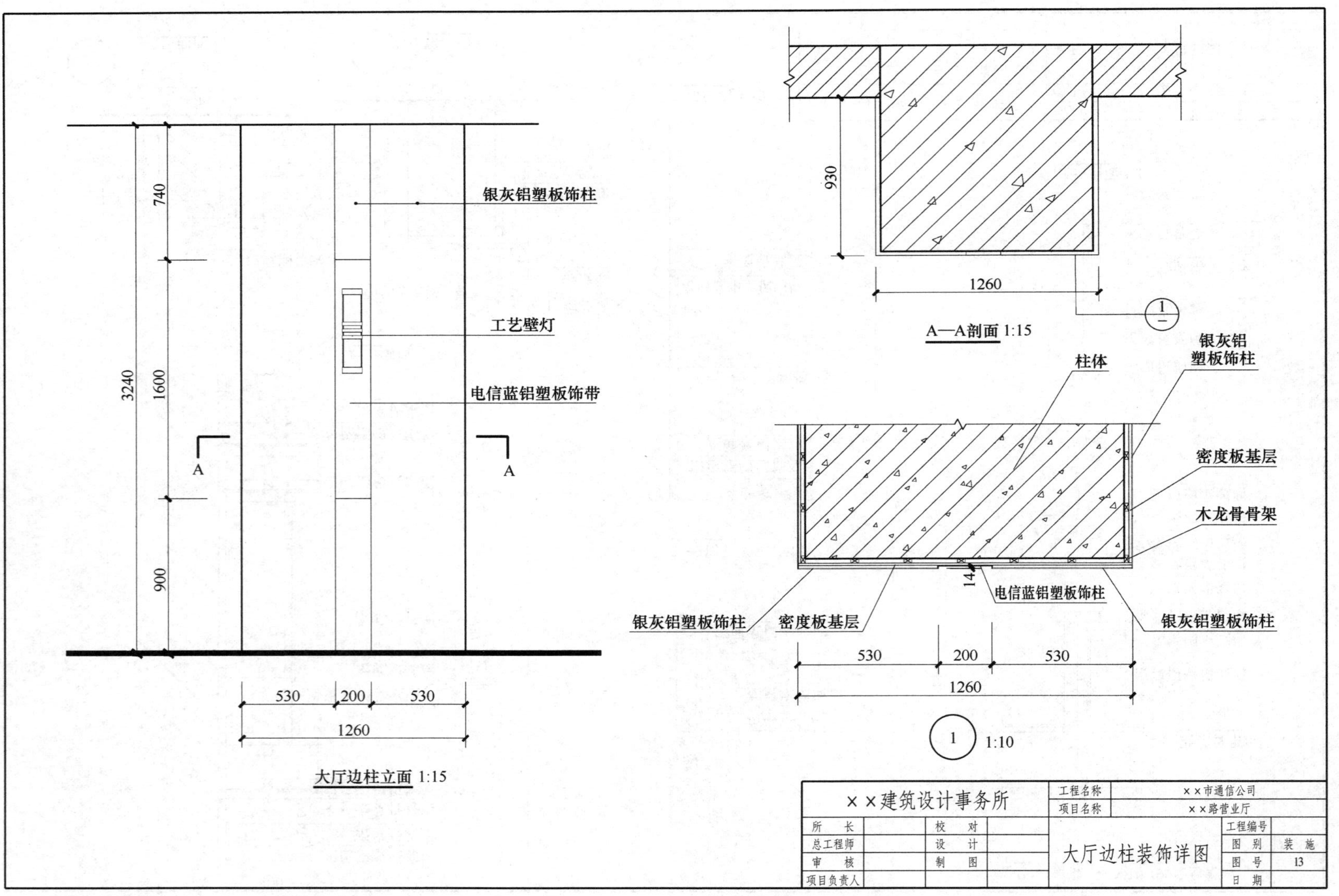
银灰铝塑板饰柱
工艺壁灯
电信蓝铝塑板饰带
740
1600
900
3240
A
A
530
200
530
1260
大厅边柱立面 1:15
930
1260
A—A剖面 1:15
柱体
银灰铝塑板饰柱
密度板基层
木龙骨骨架
14
电信蓝铝塑板饰柱
银灰铝塑板饰柱
密度板基层
银灰铝塑板饰柱
530
200
530
1260
1 1:10
××建筑设计事务所
工程名称 ××市通信公司
项目名称 ××路营业厅
所长
总工程师
审核
项目负责人
校对
设计
制图
大厅边柱装饰详图
工程编号
图别 装施
图号 13
日期

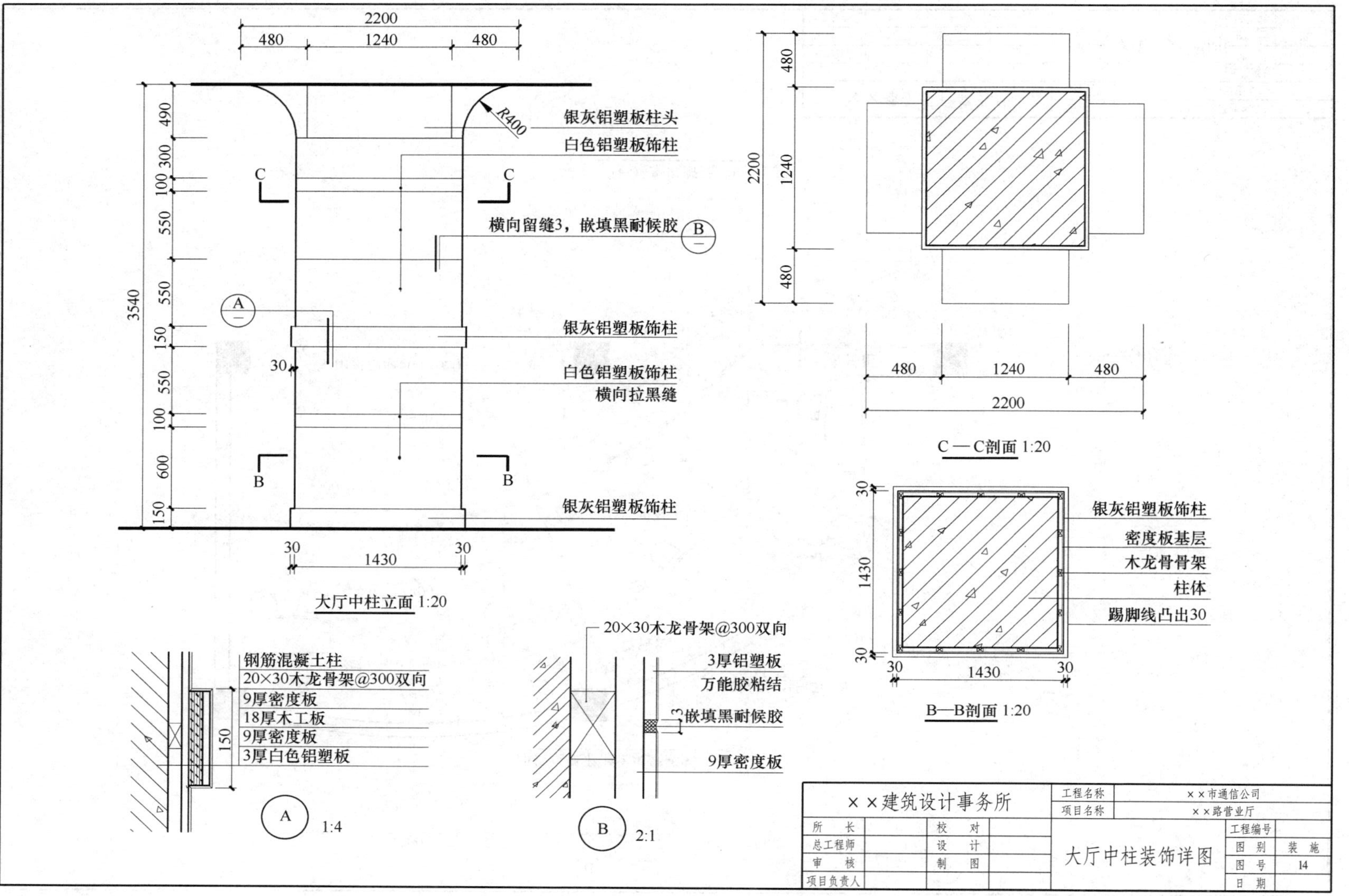
银灰铝塑板柱头
白色铝塑板饰柱
横向留缝3，嵌填黑耐候胶
银灰铝塑板饰柱
白色铝塑板饰柱
横向拉黑缝
银灰铝塑板饰柱
R400
大厅中柱立面 1:20
C—C剖面 1:20
银灰铝塑板饰柱
密度板基层
木龙骨骨架
柱体
踢脚线凸出30
B—B剖面 1:20
钢筋混凝土柱
20×30木龙骨架@300双向
9厚密度板
18厚木工板
9厚密度板
3厚白色铝塑板
A 1:4
20×30木龙骨架@300双向
3厚铝塑板
万能胶粘结
嵌填黑耐候胶
9厚密度板
B 2:1
××建筑设计事务所
所长
总工程师
审核
项目负责人
校对
设计
制图
工程名称
××市通信公司
项目名称
××路营业厅
大厅中柱装饰详图
工程编号
图别
装施
图号
14
日期

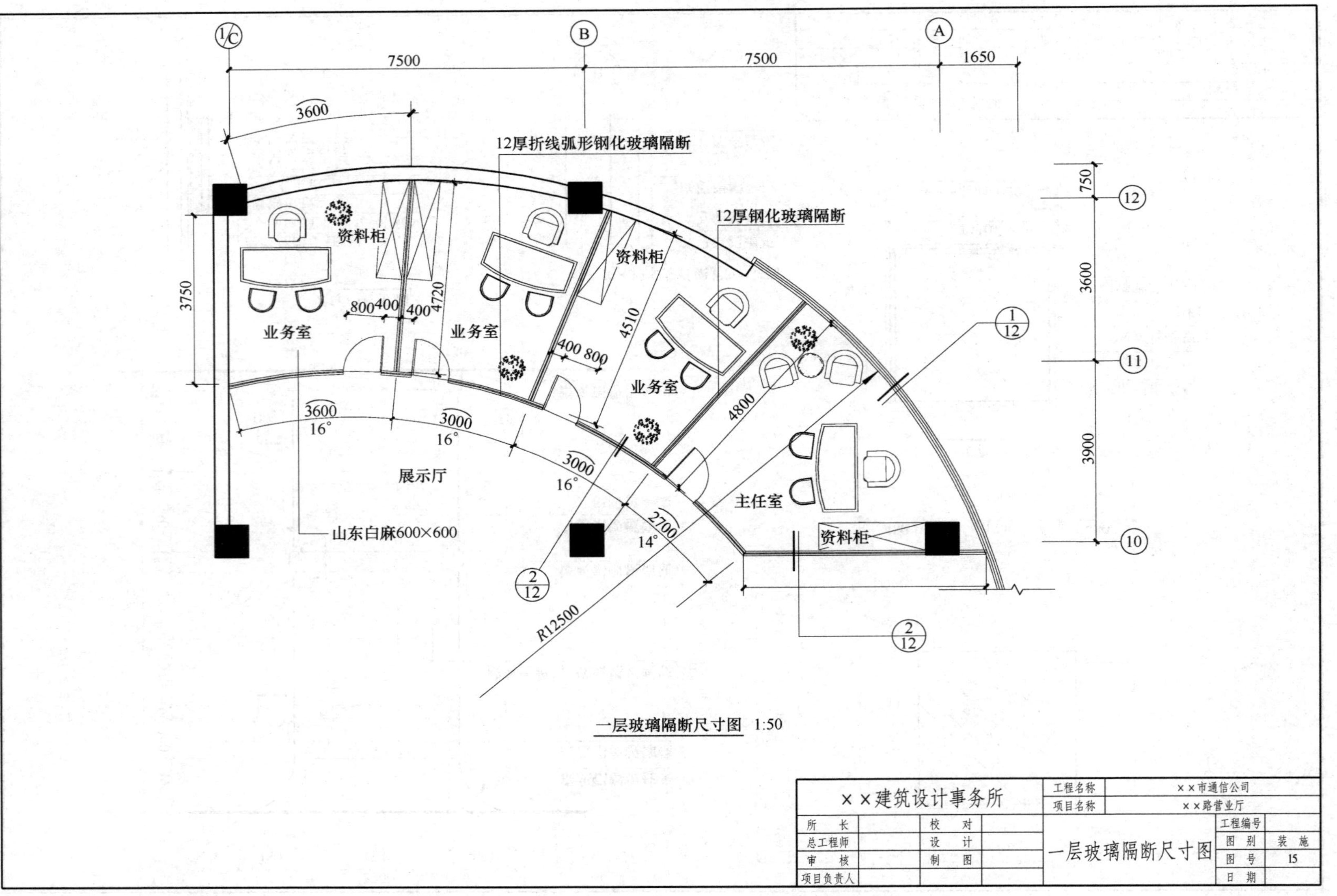

7500
7500
1650
3600
12厚折线弧形钢化玻璃隔断
12厚钢化玻璃隔断
资料柜
资料柜
3750
800 400 400
4720
业务室
业务室
400 800
4510
业务室
4800
3600
16°
3000
16°
3000
16°
2700
14°
展示厅
主任室
资料柜
山东白麻600×600
R12500
750
3600
3900
一层玻璃隔断尺寸图 1:50
××建筑设计事务所
所长
总工程师
审核
项目负责人
校对
设计
制图
工程名称 ××市通信公司
项目名称 ××路营业厅
一层玻璃隔断尺寸图
工程编号
图别 装施
图号 15
日期

参考文献

[1] 曹宝新，齐群. 画法几何及土建制图 [M]. 2版. 北京：中国建材工业出版社，2012.
[2] 李思丽. 建筑装饰工程制图与识图 [M]. 北京：机械工业出版社，2013.
[3] 居义杰，李思丽. 建筑识图 [M]. 武汉：武汉理工大学出版社，2011.
[4] 乐荷卿，陈美华. 土木建筑制图 [M]. 武汉：武汉理工大学出版社，2010.
[5] 尚久明. 建筑识图与房屋构造 [M]. 2版. 北京：电子工业出版社，2012.